"十四五"测绘导航领域职业技能鉴定规划教材

无线电导航设备操作技术

（机电方向）

连政兵　钟　帅　张鑫州　牛亚飞
王　越　张建伟　刘　赟　徐　桥　编著

国防工业出版社
·北京·

内容简介

无线电导航设备操作技术，包括发控和机电两个方向，本书主要介绍机电相关内容。本书结合机电岗位设备实际情况，系统介绍了柴油发电机组、配电系统和温控系统的基础知识、组成原理以及设备实操。

本书可作为无线电导航设备操作员鉴定教学用书，也可作为相关行业技术人员的工具书或培训教材。

图书在版编目（CIP）数据

无线电导航设备操作技术. 机电方向 / 连政兵等编.
北京：国防工业出版社，2025. 9. -- ISBN 978-7-118-13651-7

Ⅰ. TN96

中国国家版本馆 CIP 数据核字第 2025Z92Z88 号

※

国防工業出版社出版发行

（北京市海淀区紫竹院南路 23 号　邮政编码 100048）

三河市天利华印刷装订有限公司印刷

新华书店经售

*

开本 710×1000　1/16　**印张** 30¾　**字数** 554 千字

2025 年 9 月第 1 版第 1 次印刷　**印数** 1—1500 册　**定价** 156.00 元

国防书店：（010）88540777　　书店传真：（010）88540776

发行业务：（010）88540717　　发行传真：（010）88540762

前言

本书主要适用于无线电导航设备操作员专业学习及鉴定。无线电导航设备操作技术，包括发控和机电两个方向，本书主要讨论机电相关内容，结合机电岗位编写。

无线电导航设备操作员机电岗位人员，主要负责 6250Z 型柴油发电机组、高低压配电设备，以及 LF84N/86N 型空调等设备的操作使用。本书主要阐述相关设备的专业理论知识，为从业人员学习业务知识，掌握工作原理，了解基本操作，提供系统的教学内容。

本书由三篇 20 章内容组成。第一篇柴油发电机组，包括柴油机的结构和原理、发电机的结构和原理、柴油机常用工具及仪表、柴油发电机组的维护保养、柴油发电机组的常见故障及排除；第二篇配电系统，包括电工基础、低压电器、高压电器、电力变压器、电机、电力电缆、电力系统、工具和仪器仪表、配电系统的常见故障及排除；第三篇温控系统，包括制冷基础知识、LF84N 空调的基础知识、空调常用工具仪表、LF84N 空调常见故障及排除、LF84N 空调的部件更换、独立式空调机和除湿机。本书力求立足岗位，简明扼要，内容全面，重点突出，难度适宜，实用为主，够用为止。为指导考生练习，本书配套题库，概括重点内容，同时指导鉴定工作。为了准确讲解和说明设备的组成和操作，本书参考了相关专业基础书籍和厂家设备的使用说明书，在此表示感谢。

本书由连政兵主编，负责全书的策划、组织和审稿。具体编写工作如下：王越、钟帅负责第 1 篇的编写，张建伟、牛亚飞负责第 2 篇的编写，徐桥、张鑫州、刘赟负责第三篇的编写，战兴华、王云、刘文彬、沙星楠负责全书的校对。

由于编写人员的作业范围、技术视野和学术水平有限，鉴于现代专业技术发展迅速，本书内容难免存在疏漏、过时甚至错误之处，敬请读者批评指正。

编者

2023 年 5 月

目录

第一篇　柴油发电机组

第二篇　配电系统

第一篇

柴油发电机组

300GFZ2柴油发电机组由6250Z型柴油机和H26-1-10型同步电动机组成发电机组，由控制台和BKF-WC型配电屏组成供配电系统。6250Z型柴油机为往复活塞式，四冲程，直列直喷，水冷，固定式涡轮增压低速柴油机。气缸数6个、气缸直径250mm，额定转速600r/min，额定功率300kW。为保证柴油机可靠运行，冷却水泵为柴油机水冷却系统的循环提供动力。空气瓶为柴油机起动提供动力，空压机为空气瓶提供适当压力的空气，输油泵为柴油机燃油提供适当的压力，保证燃油的正常供应。发电机采用无刷励磁系统结构，由发电机和励磁机两部分组成。BKF-WC系列控制屏，是为55～800kW无刷励磁柴油发电机配套设计的，主要作用是根据负载的变化，通过自动或手动方式调节发电机励磁电流，从而使发电机输出电压稳定，自动调整时可获得高精度电压调整率，且对发电机的过载、短路进行保护。

本篇主要介绍柴油机的结构和原理，发电机的结构和原理，柴油机常用工具及仪表，柴油发电机组的维护保养，柴油发电机组的常见故障及排除。

第 1 章

柴油机的结构和原理

柴油机由于效率高、机动性好、操作简单方便，在各个领域得到了广泛的应用。作为发电机组原动力，它的性能决定了发电机组的效率、功率大小等，而柴油机的性能又与其机构有关。柴油机按工作原理分为二冲程柴油机和四冲程柴油机，6250Z 型柴油机属于四冲程柴油机。本章重点介绍四冲程柴油机的工作原理及 6250Z 型柴油机的各组成结构。

1.1 柴油机的工作原理

柴油机是以柴油作燃料的压燃式内燃机。工作时，空气在气缸内被压缩产生高温，使喷入的柴油自行着火燃烧，产生高温、高压的燃气，燃气进而膨胀做功，将热能转变为机械功。柴油机的工作循环由进气、压缩、喷油着火燃烧、膨胀做功和排气等过程组成。这些过程可以由四冲程柴油机来实现也可由二冲程柴油机来实现。

1.1.1 四冲程柴油机的技术参数

如图 1.1 所示是四冲程柴油机结构简图。工作时活塞做往复直线运动，曲轴做旋转运动。活塞改变运动方向的瞬时位置称为止点（死点），止点处的活塞瞬时运动速度为零。离曲轴中心最远的止点称为上止点，最近时的止点称下止点。

曲柄销中心与主轴颈中心之间的距离称曲柄半径 R。连杆大、小端中心间的距离称连杆长度 L。上、下止点的距离称活塞行程（冲程）S。活塞行程等于曲柄半径的两倍，即 $S=2R$。活塞在上下止点间移动所扫过的容积称气缸工作容积 V_h，可表示为

$$V_h=\frac{\pi}{4}D^2\cdot S \tag{1.1}$$

式中：D 为气缸直径（缸径）。

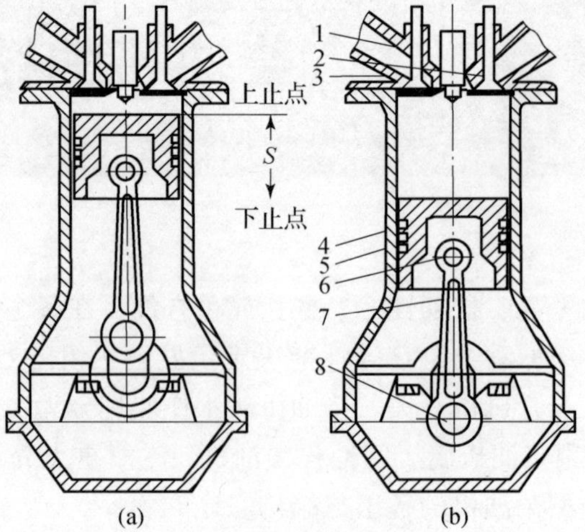

图 1.1　柴油机结构简图

1—进气门；2—排气门；3—气缸盖；4—气缸套；

5—活塞；6—活塞销；7—连杆；8—曲轴。

活塞位于上止点时活塞顶与气缸盖之间的气缸容积称燃烧室容积 V_c。气缸总容积与燃烧室容积之比称压缩比 ε，可表示为

$$\varepsilon=\frac{V_a}{V_c}=\frac{V_c+V_h}{V_c}=1+\frac{V_h}{V_c} \tag{1.2}$$

柴油机的工作是由进气、压缩、做功（燃烧膨胀）和排气四个过程来完成的，这四个过程构成了一个工作循环。活塞走四个过程才能完成一个工作循环的柴油机称为四冲程柴油机。

1.1.2　四冲程柴油机的工作原理

1. 进气冲程

第一冲程——进气，如图 1.2（a）所示，它的任务是使气缸内充满新鲜空气。当进气冲程开始时，活塞位于上止点，气缸内的燃烧室中还留有一些废气。当曲轴旋转时，连杆使活塞由上止点向下止点移动，同时，利用与曲轴相连的传动机构使进气阀打开。随着活塞的向下运动，气缸内活塞上面的容积逐渐增大，造成气缸内的空气压力低于进气管内的压力，因此外面空气就不断地充入气缸。进气过程中气缸内气体压力受气缸的容积变化影响。进气开始时，由于存在残余废气，所以气缸内气体压力稍高于大气压力 P_0。在进气过程中由于空气通过进气管和进气阀时产生流动阻力，因此进气冲程的气体压力低于

大气压力，其值为0.085~0.095MPa，在整个进气过程中，气缸内气体压力大致保持不变。当活塞向下运动接近下止点时，冲进气缸的气流仍具有很高的速度，惯性很大，为了利用气流的惯性来提高充气量，进气阀在活塞过了下止点以后才关闭。虽然此时活塞上行，但由于气流的惯性，气体仍能充入气缸。

2. 压缩冲程

第二冲程——压缩，如图1.2（b）所示，压缩时活塞从下止点向上止点运动，这个冲程的功用有二：一是提高空气的温度，为燃料自行发火做准备：二是为气体膨胀做功创造条件。当活塞上行，进气阀关闭以后，气缸内的空气受到压缩，随着容积的不断减小，空气的压力和温度也就不断升高，压缩终点的压力和湿度与空气的压缩程度有关，即与压缩比有关，一般压缩终点的压力和温度分别为 $P_c=4\sim8$MPa，$T_c=750\sim950$K。柴油的自燃温度为543~563K，压缩终点的温度要比柴油自燃的温度高很多，足以保证喷入气缸的柴油自行发火燃烧。喷入气缸的柴油，并不是立即发火的，而是经过物理化学变化之后才发火，这段时间有0.001~0.005S，称为发火延迟期。因此，要在曲柄转至上止点前10°~35°曲柄转角时开始将雾化的燃料喷入气缸，并使曲柄在上止点后5°~10°时，在燃烧室内达到最高燃烧压力，迫使活塞向下运动。

3. 做功冲程

第三冲程——做功（燃烧膨胀），如图1.2（c）所示，在这个冲程开始时，大部分喷入燃烧室内的燃料都燃烧了。燃烧时放出大量的热量，因此气体的压力和温度便急剧升高，活塞在高温高压气体作用下向下运动，并通过连杆使曲轴转动，对外做功。所以这一冲程又称做功冲程。随着活塞的下行，气缸的容积增大，气体的压力下降，做功冲程在活塞行至下止点，排气阀打开时结束。做功冲程的压力变化上升部分表示燃料在气缸内燃烧时压力的急剧升高，最高点表示最高燃烧压力 P_z，此点的压力和温度分别为 $P_z=6\sim15$MPa，$T_z=1800\sim2200$K。

最高燃烧压力与压缩终点压力之比（P_z/P_c），称为燃烧时的压力升高比，用 λ 表示。根据柴油机类型的不同，在最大功率时 λ 值的范围为 $\lambda=P_z/P_c=1.2\sim2.5$。

4. 排气冲程

第四冲程——排气。排气冲程的功用是把膨胀后的废气排出去，以便充填新鲜空气，为下一个循环的进气做准备。如图 1.2（d）所示，当做功冲程活塞运动到下止点附近时，排气阀开起，活塞在曲轴和连杆的带动下，由下止点向上止点运动，并把废气排出气缸外。由于排气系统存在着阻力，因此在排气冲程开始时，气缸内的气体压力比大气压力高 0.025～0.035MPa，其温度 T_b = 1000～1200K。为了减少排气时活塞运动的阻力，排气阀在下止点前就打开了。排气阀一打开，具有一定压力的气体就立即冲出缸外，缸内压力迅速下降，这样当活塞向上运动时，气缸内的废气依靠活塞上行排出去。为了利用排气时的气流惯性使废气排出干净，排气阀在上止点以后才关闭。排气过程中，缸内的气体压力几乎是不变的，但比大气压力稍高一些。排气冲程终点的压力 P_r 为 0.105～0.115MPa，残余废气的温度 T_r 为 850～960K。由于进、排气阀都是早开晚关的，因此在排气冲程之末和进气冲程之初，活塞处于上止点附近时，有一段时间进、排气阀同时开启，这段时间用曲轴转角来表示，称为气门重叠角。排气冲程结束之后，又开始了进气冲程，于是整个工作循环就依照上述过程重复进行。由于这种柴油机的工作循环是由四个活塞冲程即曲轴旋转两周完成的，故称四冲程柴油机。

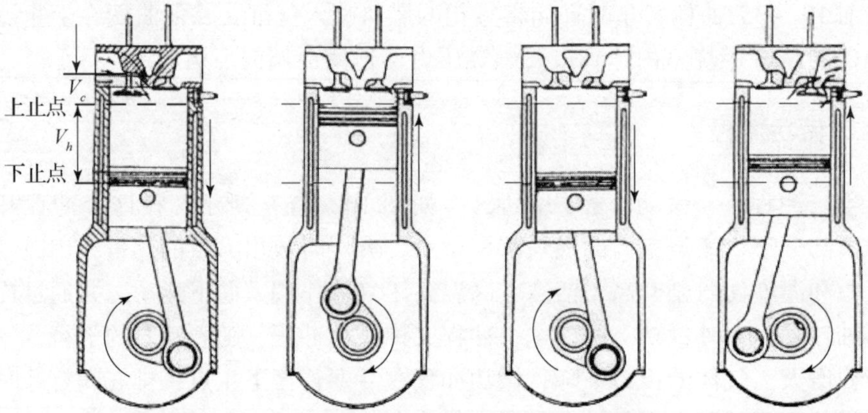

(a) 进气冲程　(b) 压缩冲程　(c) 做功冲程　(d) 排气冲程

图 1.2　柴油机四冲程

1.2　柴油机的基本结构

1.2.1　柴油机的优点

柴油机自 1897 年问世以来，经过一个多世纪的发展，其技术已经取得了很大进步并趋于完善，在动力机械中已占据极为重要的地位。柴油机能在动力机械中占有重要地位，是因为它具有许多优越的条件。与其他热机相比有如下优点。

（1）热效率高。大型低速柴油机的有效效率已达到了50%～53%，远远高于其他热机，而且柴油机在全工况范围内的热效率都较其他热机高。热效率高，也就是燃料消耗量小，柴油机能燃用重油甚至劣质燃油，而且在停车状态时不需要消耗燃料。故燃料费用低，船舶的续航力大。

（2）功率范围大。柴油机的单机功率范围为1～68000kW，因此其适用的领域宽广。

（3）机动性好。正常起动只需要3～5s，并能很快达到全负荷。有宽广的转速和负荷范围。

（4）尺寸小，重量轻。柴油机不需要锅炉等大型附属设备，使柴油机动力装置的尺寸小、重量轻，特别适合于在交通运输等动力装置中应用。

（5）可直接反转。柴油机可设计成直接反转的换向柴油机，而且倒车性能好，装置结构简单。

1.2.2 柴油机的分类

由于柴油机的应用广泛，因此为满足不同的使用要求，柴油机的类型也多种多样。根据柴油机不同特点以及不同的分类方法，柴油机大概有以下几种类型。

（1）按工作循环分类，有四冲程柴油机和二冲程柴油机。

（2）按进气方式分类，有增压柴油机和非增压柴油机。

（3）按曲轴转速分类，有高速、中速和低速柴油机。高速柴油机，即$n>1000$r/min；中速柴油机，即$n=300\sim1000$r/min；低速柴油机，即$n<300$r/min。

（4）按柴油机结构特点分类，有筒状活塞和十字头式柴油机，有单列气缸和多列气缸柴油机。

1.2.3 6250Z型柴油机基本结构

为保证正常工作，一台柴油机应具备必需的机件、部件和系统，具体如下。

（1）主要固定机件。它们是柴油机的骨架和支撑，在机体内外安装有柴油机所有主要的零部件和附件。6250Z型柴油机机体采用整体浇铸而成，气缸盖采用单缸整体式。

（2）主要运动机件。它们把气缸内燃烧气体做的功转换成以曲轴回转形式输出。主要部件有活塞组、连杆组和曲轴飞轮组。

（3）驱动机构。它们是将曲轴输出的一部分动力传递给配气机构和各附件，使它们和曲轴以一定的速度比和相位角关系联动起来，保证柴油机协调的工作。

（4）进/排气系统。主要实现柴油机的换气和增压，向气缸内提供新鲜的一定压力的空气，排出燃烧过后的废气。主要部件有进/排气管、进/排气门、废气涡轮增压器。

（5）起动系统。主要实现柴油机的起动和停止，由空气压缩机、空气瓶、开车阀、起动阀及管路组成。

（6）燃油供给系统。柴油机的重要组成部分，负责定时、定量、定压地向柴油机提供燃油，保证柴油机正常工作。主要部件有储油池、日用油桶、燃油输送泵、燃油滤清器、喷油泵、高压油管和喷油器。

（7）润滑系统。柴油机重要组成部分，将清洁的、温度适宜的润滑油按一定压力送至各个摩擦表面，使柴油机各机件能正常工作。主要包括机油箱、机油泵、机油精滤器、机油粗滤器、调压阀、机油冷却器和机油安全装置。

（8）冷却系统。主要作用是对柴油机进行冷却，将受热部件的温度控制在允许的范围内，另外也要保持适当的冷却水温度，以便获得较高的经济性能。主要包括蓄水池、日用水箱、冷却水塔和冷却水泵。

1.3 机体及气缸盖

1.3.1 机体

1. 功用

机体为发动机的骨架，在机体内安装和固定发动机所有主要的零部件和附件。

2. 工作条件

发动机工作时，机体承受着复杂多变和强大的作用力负荷，如拉伸、弯曲、扭转力等。因此，机体应当具有足够的强度和纵向、横向弯曲刚度。为了保证曲轴主轴承工作可靠，主轴承座应有足够的刚度。为了保证燃烧室密封可靠，气缸体的上面密封部位也应有足够的刚度。

3. 材料

机体的材料一般多采用灰铸铁，少数用球墨铸铁，高速发动机有用铝合金的，大发动机也有铸钢等材料的。6250 系列柴油机采用高强度灰铸铁。

4. 机体构造

发动机机体构造方式可分为整体式与组合式。整体式为整体一起铸造，整体刚度较大，但生产制造有困难。组合式移动方便。整体式按其曲轴支承方式及曲轴箱结构不同，又可分为龙门式、平分式、隧道式三种，如图 1.3 所示。

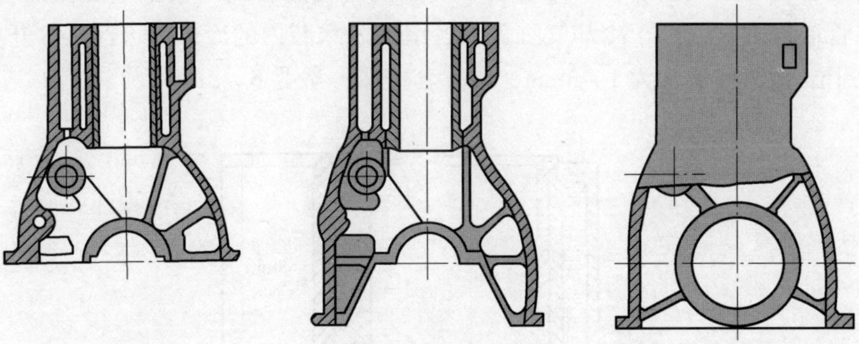

(a) 龙门式　　(b) 平分式　　(c) 隧道式

图 1.3　机体构造

（1）龙门式：上下曲轴箱的结合面在曲轴中心线以下，刚度较大。

（2）平分式：上下曲轴箱的结合面在曲轴中心线上，结构简单、高度小，重量轻，刚度较差。

（3）隧道式：曲轴箱为整体。6250 系列柴油机采用隧道式结构。为了拆装连杆、曲轴等方便，6250 型机体为弓形，机体两侧都开有窗口；主轴瓦盖用螺栓固定，非整体铸造；为减轻中间主轴承的负荷，中间 3、4 缸的缸心距增至 415mm；机体下侧在检查主轴承和连杆轴承的长方孔位置有呼吸器和防暴门，以防爆炸事故。6250 型机体开口侧（弓形开口侧）用紧固螺钉和距离圈连接，并承受负荷。其上有标记，不准互换。主轴承盖用顶压螺钉固定与压紧。机体由气缸体和曲轴箱及油底壳组成。图 1.3（c）为 6250 型机的机体图，曲轴孔上、下部分为曲轴箱；曲轴箱上部为气缸体；油底壳和公共底盘一体，用钢板焊接而成。气缸体内有冷却水腔（与气缸套共同组成）。曲轴箱主要用于支撑曲轴，使发动机运动部件在运动中保持相对位置精确。油底壳用于封闭曲轴箱，收集和贮存发动机各处流回的润滑油。机体两端装有前、后盖板。

1.3.2 气缸套

气缸套为圆筒状，是燃烧气体的工作室，也是活塞运动的轨道。

为了保证气缸套内壁与活塞间的良好密封，减小摩擦阻力，气缸套内壁必须极为光滑。气缸套分干式和湿式，如图1.4所示。湿式的套外壁同机体共同组成冷却水腔，而干式的冷却水腔为单独的。6250Z型柴油机气缸套是湿式的，如图1.4（b）所示，材料为耐磨的合金铸铁。气缸套与机体配合较紧，需有专用工具拆装。中上部和底壳部凸缘用于定位。底部用封水橡皮圈密封，安装时若变形太大会漏水，需重装。气缸盖与气缸套间用紫铜垫圈保证气密。出水管通气缸盖，用于冷却气缸盖上各组件。水腔内的冷却水可经放水开关放出。干缸套壁厚通常为1～3mm，湿缸套壁厚一般为5～8mm。

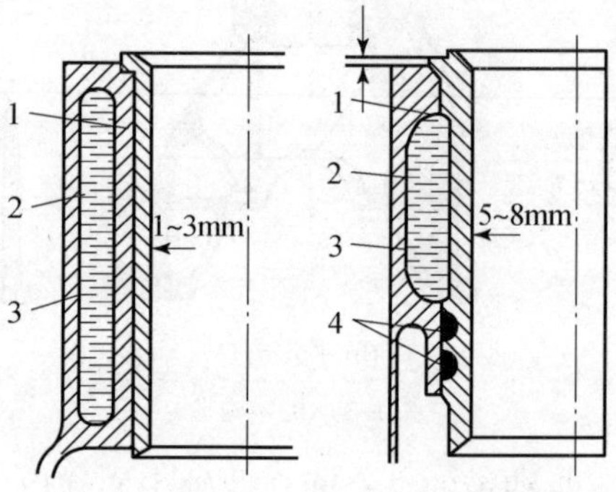

(a) 干缸套　(b) 湿缸套

图1.4　气缸套图

1—气缸套；2—水腔；3—气缸体；4—橡胶环。

1.3.3 气缸盖与气缸垫

1. 气缸盖

1）作用

气缸盖又称气缸头，安装在气缸体的上面，形状如图1.5所示。气缸盖下面与气缸套、活塞上面组成燃烧室，同时为许多零部件提供安装位置。

2）工作条件

气缸盖承受高温、高压燃烧气体的作用以及其他零部件的作用力，因此承受的机械应力和热力很大，而且不均匀，易变形，甚至破裂。

3）材料

气缸盖通常采用灰铸铁，大型机器采用合金铸铁或合金球墨铸铁。6250型采用合金铸铁，6250Z型采用球墨铸铁。

4）结构

水冷式气缸盖的结构形式有整体式、分段式和单体式三种。整体式为所有气缸盖为整体铸铁铸造，结构紧凑、零件少，但受力不均、形状复杂、废品率高。单体式为每缸单独一个气缸盖，铸造方便、成品率高，通用性好，维修方便，密封好，不易变形，但增加了机器的长度和重量。分段式为二或三个气缸盖组成一体，如图1.5所示，两个气缸盖为一体。6250系列为单体式。气缸盖与气缸体间用螺栓紧固，安装时需对称均匀拧紧，扭力大小应按规定进行。气缸盖中铸有冷却水套（腔），冷却水由气缸体水套经过气缸垫和气缸盖下部水管进入，利用橡皮圈密封。

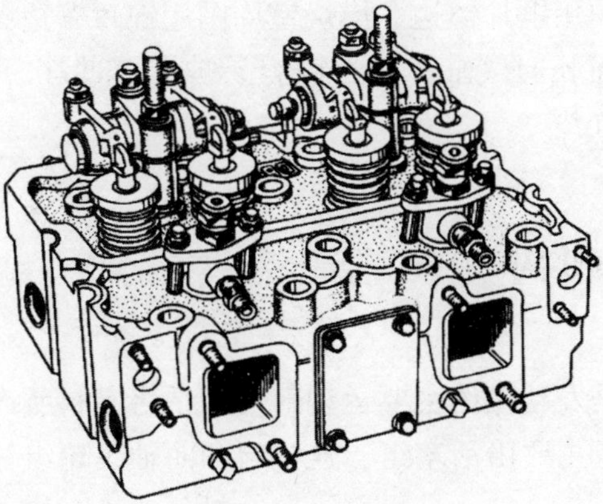

图1.5　气缸盖

气缸盖中有许多孔，孔内装有进/排气阀组件、起动阀组件、喷油器部分组件等，上面还装有摇臂座、出水管和进/排气管等。气缸套前侧面（或上部）还装有安全阀，当爆发压力超过一定值时可自动打开，降低燃烧室压力，也可人工搬动手柄检查燃烧室情况或接上仪表测量爆发压力。

2. 气缸盖螺栓

气缸盖螺栓是固紧气缸盖和气缸体的连接件，它的分布位置对于气缸盖和气缸体的受力情况、密封可靠性以及气缸套的变形大小，都有着直接的影响。

所以每个气缸盖周围，都有四个以上的气缸盖螺栓，它们围绕气缸中心线几乎按等角多边形分布。

气缸盖螺栓受力很大，一般用优质合金钢制造。为了保证结合面有良好的密封，要求气缸盖螺栓具有一定的预紧力。但预紧力过大，会使螺栓遭到疲劳破坏，也会造成气缸盖翘曲变形，以致漏气、漏水，甚至冲坏气缸垫等。

安装时应按要求扭矩和拧紧次序进行。一般是由中间逐步向两端对称，交叉（一左一右）进行，且分 2 ~ 3 次拧紧，以达到使气缸盖受力均匀，不发生翘曲，防止气缸漏气。

3. 气缸垫

气缸垫是气缸盖和机体结合面之间的弹性密封元件，其功用为填补结合面上的微观孔隙，进一步保证结合面处有良好的密封性。随着内燃机热负荷和机械负荷的不断增加，气缸垫的密封作用愈加重要，因此要求其在高温、腐蚀的条件下，应具有良好的弹性。通常气缸垫采用金属和石棉制成。如自由状态下厚 3mm 的气缸垫，石棉外面包金属块，石棉中间夹金属丝或金属屑，外覆钢皮或铜皮。水孔周围用铜片镶边，燃烧室周围用镍片镶边，以防烧损，装配时应注意将光滑的一面朝向气缸体，否则容易被燃气冲坏。6250 系列柴油机采用紫铜或软钢片气缸垫。

1.4 曲柄连杆机构

曲柄连杆机构是发动机的主要运动部件，是将燃料所产生的热能转变为机械能的主要机构。它主要由活塞组、连杆组和曲轴飞轮组等构成。

1.4.1 活塞组

活塞组包括活塞、活塞环、活塞销及其固定件，是动力传递的主要部件，也是发动机的心脏。

1. 活塞

活塞在做功冲程中，将燃烧气体的压力通过连杆传递给曲轴，使曲轴旋转。同时又受连杆和曲轴的带动，活塞在气缸中往复运动，完成进气、压缩、排气冲程。活塞顶部还与气缸盖共同组成燃烧室。

如图 1.6 所示，6250Z 型柴油机的活塞采用合金铸铁制造，为了保证工作过程中飞溅的油雾不与燃烧室底部直接接触，其内腔安装有法兰铁板，为达到隔热目的不可拆除。

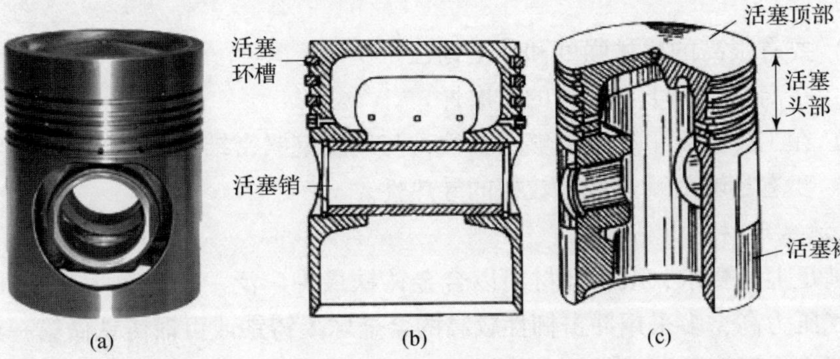

图 1.6 活塞

每个活塞均开有四道环槽，前三道安装气环，最后一道安装油环。同时第一道气环材料与其他两道不同，采用镀铬处理提高了强度。本机的活塞环均为直切口，气环的端面为矩形环。油环为螺旋弹簧涨圈油环。

本机活塞为凹顶型活塞，与倒立式气门配合，使所形成的燃烧室接近于球形，有利于改善燃烧条件。同时，在活塞顶部还有两个直径为 100mm 的凹坑，防止进/排气门与活塞顶在运行时发生碰撞事故，坑的深度根据机型不同有所变化。活塞在安装时凹坑的对称中心靠近进/排气管侧面。

在活塞中部开有活塞销孔。本机活塞销采用浮动式，内孔为圆柱形。活塞销在销孔内可以自由滚动，这样可减小活塞销的磨损及起到表面均匀磨损的作用。活塞销口两侧均制有卡槽，用以安装活塞销定位圈。

2. 活塞环

活塞环又称涨圈，按用途可分为气环和油环，安装在活塞头部活塞环槽内，如图 1.6 所示。

1）活塞环的作用

气环防止漏气，阻止高温高压燃气从气缸活塞之间漏入曲轴箱，并把活塞顶部的大部分热量传给气缸壁。

油环可刮除气缸壁上多余的润滑油，并涂铺一层均匀的油膜，既可防止润滑油窜入气缸燃烧形成积炭，又可减少磨损与摩擦阻力起到封气的辅助作用。

2）活塞环的工作条件及对其要求

气环受热最高，弹力和耐磨性均降低，磨损快，易导致燃气泄漏，润滑油窜入气缸。由于气缸加工不均匀或变形，加之活塞环高速运动，会产生沿径向一张一缩交变运动，活塞环容易折断，尤其是受弯曲应力最大环的切口对面部位。高压燃气对第一道环冲击作用力最大，容易把环冲成碎块。对活塞环的要求如下。

（1）要有很高的机械强度和冲击韧性。

（2）在高速运动下有足够的耐磨性。

（3）在工作温度下要有足够的弹性，与气缸壁紧密结合。

（4）要有足够的耐热性和较好的导热性。

3）活塞环材料

为满足上述要求，活塞环材料以合金铸铁最为广泛。功率较大的柴油机，由于燃气压力高，多采用冲击韧性较高的合金球墨铸铁或可锻铸铁做第一道气环。油环也有用钢片制造的，它能提高刮油能力。在活塞环的径向外表面镀以多孔性铬、钼层，由于孔中可积存润滑油，环的耐磨性提高。合金铸铁环的径向外表面经过镀锡或磷化处理后，可以改善磨合性（密封好）。

3. 活塞销

1）活塞销的作用

活塞销用来连接活塞和连杆小头，将活塞上的气体压力传递给连杆。

2）活塞销的工作条件及对其要求

活塞销的工作温度较高，要承受很大的周期性冲击负荷，且润滑条件较差，摩擦也较大。要求活塞销要有高的强度和刚度、耐磨和重量轻。

3）活塞销材料及构造

活塞销多用优质低碳钢或低碳合金钢加工成圆筒状，外表面经过渗碳淬火，并进行精磨与抛光，以提高硬度及光洁度。活塞销内孔也可以渗碳淬火，以提高抗疲劳强度。活塞销也可以精选45号钢制造，其外表面进行高频淬火。6250系列的活塞销应采用低碳合金钢材料，外表面经过渗碳淬火处理和磨光，为防止活塞销轴向位移，采用弹性定位卡环（又称定位圈）进行轴向定位。为确保定位可靠6250Z型机活塞销两端还加有“闷头”（铝镁合金制）；活塞销孔座采用阶梯形，具有较高的承压能力。活塞销依靠连杆中间的润滑油道的油进行润滑。活塞销的安装位置如图1.6所示。

4. 活塞销与连杆的连接

活塞销必须使活塞和连杆小头紧密接合，但又要使连杆能左右活动。活塞销的连接方法有两种：全浮式和半浮式。

（1）全浮式活塞销在销座孔中和在连杆小头铜套内均能转动，称为全浮式。全浮式活塞销磨损较小，且在整个外表上磨损均匀。另外，全浮式活塞销卡住也不会造成严重后果，因为它在连杆中卡住，并不影响它在活塞中转动；相反地，若它在活塞中卡住，也不影响它在连杆中转动。6250 系列活塞销与活塞的配合较紧密，安装或拆卸时，需先将活塞在 90～110℃的机油或柴油中加热膨胀后，再将活塞销推入（活塞销也同时穿过了连杆小头的衬套孔），以免破坏销孔这一精加工表面。

（2）半浮式活塞销固定在活塞销座孔内或者固定在连杆小头上，在连杆小头或销座孔内一处转动，由于性能不如全浮式，现已应用较少。

1.4.2 连杆组

连杆组由连杆、连杆螺栓（钉）和连杆轴承（瓦）等组成。

1. 连杆的作用

连杆的作用是把活塞、连杆和曲轴连接起来，在做功冲程时将活塞承受的气体力传给曲轴，将活塞的直线往复运动变为曲轴的旋转运动，在进气、压缩和排气冲程又将飞轮的惯性力传给活塞。

2. 连杆的工作条件及材料

连杆承受三方面的力：作用在活塞上的气体力；活塞组和连杆小头往复运动的惯性力；连杆本身受活塞销做变速摆动的横向惯性力。这些力的大小和方向是周期性改变的。因此，连杆是在压缩、拉伸和横向弯曲等交变应力下工作的，需要有较高的钢度和强度。连杆的材料通常用中碳钢或合金钢，近年来我国也采用稀土镁球墨铸铁制造高速柴油机连杆，效果良好。6250 型用中碳钢，6250Z 型用中碳合金钢制作。

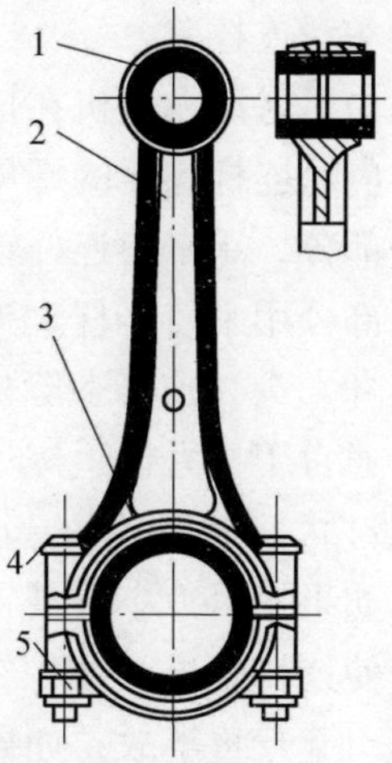

图 1.7　连杆
1—连杆小头；2—连杆身；
3—连杆大头；4—连杆螺栓；
5—连杆螺母。

3. 连杆的构造

连杆由连杆小头、连杆大头、连杆身、连杆螺栓和连杆螺母等组成，如图 1.7 所示。

1）连杆小头

连杆小头通常为短圆管形的，根据活塞销、活塞和连杆连接方法的不同，也有特殊形状的，如6250Z型连杆小头为阶梯形，以增加承压面，其销孔中压入的衬套为钢背高锡铝合金制造。6250型为圆管形，销孔内压入铜衬套，衬套有孔与连杆及曲轴相通，为润滑油通道，小头上还有螺钉防止衬套转动，衬套上制有油槽供润滑用，活塞销装在衬套内。

2）连杆身

6250型连杆身为中碳钢材料，6250Z型为中碳合金钢。它们的截面都做成“I”字形，保证重量轻，机械强度高。由于弯曲力越往下越大，为了使力能均匀分布在曲柄销上，连杆身被做成下大上小。

3）连杆大头

连杆大头与曲柄销、连杆轴颈相连，是曲柄销的轴承。它多为分开式，被分开部分称连杆盖，用连杆螺栓固定在大头上。连杆盖切口平面与连杆中心线成直角的称平切口（6250型为平切口），与中心线成一定角度的称斜切口（6250Z型为斜切口），目的是为了拆卸时，连杆可以从气缸内穿过。切口面加工精度很高，平切口靠连杆螺栓和圆柱销定位，斜切口定位方法较多，6250Z型采用锯齿定位。

4）连杆螺栓（或连杆螺钉）

连杆螺栓用来紧固平切口连杆大头和连杆盖，连杆螺钉用来紧固斜切口连杆大头和连杆盖。

为了保证内燃机在任何工作情况下运转时，连杆盖与连杆大头都能密合无缝，应对连杆螺栓的螺母（或连杆螺钉）施加一定大小的预紧力。此预紧力的一部分，用来使连杆轴瓦与大头孔具有过盈配合，而又贴合良好；预紧力的另一部分用来使连杆大头和连杆盖之间具有足够的压紧力，防止在往复惯性力和连杆大头（连杆盖除外）的离心力作用下，大头剖分面产生缝隙。

通常用扭力扳手按一定次序，分2~3次逐步拧紧连杆螺栓的螺母（或连杆螺钉）。最终施加的扭紧力必须符合工厂产品所规定的规格。

如果扭紧力小于规定标准，则连杆在工作中，其大头剖分面处会产生离缝，使连杆螺栓（或螺钉）受到更大的交变冲击载荷，因而容易造成疲劳断裂，引起严重事故；如果扭紧力超过规定标准，则容易造成连杆螺栓材料超过屈服极限，连杆大头剖分面压不紧，导致连杆螺栓（或螺钉）在工作中受到交变拉伸作用而产生疲劳断裂。

扭紧后，为防止工作中松动，必须用软铁丝、锁紧片、开口销、自锁螺母等保险。近年来也有采用提高螺栓加工精度以及合理的预紧力等措施，则可不用防松装置。

螺栓（或螺钉）表面通常采用镀银、镀镍或镀铜防锈。镀铜还有防松的效果。它们通常都是采用高级合金钢制造。

通常螺栓身要细些，使其具有弹性，提高其承受弯曲和冲击载荷的能力。而有螺纹处较粗，可以减轻螺纹的载荷。头部与杆身用较大的圆弧过度，以防应力集中。也有的连杆螺栓头部铣有直边，在扭紧螺母的过程中，螺栓不会跟着转动。防松用的开口销和铅丝只允许使用一次。

5）活塞连杆的安装

活塞连杆组在装入气缸套前，各零件必须经过严格清洗，并用压缩空气吹净，而后在各零件表面涂以清洁的机油，将装活塞环的工具放在气缸套上，转动曲轴把要安装处的连杆轴颈转到上止点，然后把活塞连杆组谨慎地装入气缸套内，最后在两侧窗口将连杆盖按装配对记号装上，并按规定力矩扳紧连杆螺母，仔细装上开口销。此项工作必须细心正确，否则会引起严重事故。活塞连杆组拆卸时应注意下列事项。

（1）刮清气缸上部的积炭与油污，若发现因气缸套磨损产生较严重的毛刺时，应先用油石磨光后，再吊出活塞。切忌硬拉，以免造成活塞环断裂、缸壁及活塞表面擦伤。

（2）转动曲轴把要拆下的活塞转到上止点。

（3）用拆吊活塞工具将活塞吊出。

（4）活塞吊出后，连杆轴瓦、连杆盖、连杆螺钉及螺母都应装上原连杆体。活塞连杆组件在重装前必须严格检查，必要时应拆检活塞销及测量各组件的磨损情况。

6）连杆轴瓦

为了减小连杆大头与曲柄销间的磨损，大头内装有连杆轴瓦。连杆轴瓦一般是由钢板作底板，上面浇一层巴氏合金、铜铅合金或铝基合金等，6250 系列采用钢背高锡铝合金（铝基合金）。瓦片上往往压有凸出的定位销，可以嵌入连杆轴瓦盖内。连杆盖（瓦盖）与连杆之间安放垫片，用以调整曲柄轴颈与连杆轴瓦间的径向间隙。安装时上、下瓦和连杆盖、螺栓等要注意和原位置是否配套，不可混装。

连杆轴瓦与曲柄销之间有一定的配合间隙。间隙过大时，不仅会产生较大的冲击，而且润滑油膜也不易建立，进而导致连杆轴瓦磨损加速，甚至会引起减摩合金层剥落；间隙过小时，间隙中的润滑油流动阻力增大，流量减小，因而轴瓦散热不良，容易烧坏。

1.4.3 曲轴飞轮组

曲轴飞轮组由曲轴和飞轮等组成。

1. 曲轴

1）作用

曲轴承受从活塞、连杆传来的动力，转化为圆周运动，由曲轴的末端传出去，成为可以利用的动力。

2）工作条件

在发动机运转过程中，曲轴受质量旋转的离心力、周期性气体力、往复惯性力等共同作用，易造成疲劳损坏。由于在高速下运转，轴及轴承的磨损也很严重。

3）材料

曲轴通常采用高强度球墨铸铁或45号优质中碳钢。由于球墨铸铁价廉、耐磨、制造方便等因而广泛应用。大型柴油机也有用合金钢的，其性能更好。6250系列用球墨铸铁制造。

4）构造

曲轴由三部分组成，曲轴前端（或称自由端）、曲拐（包括主轴颈、连杆轴颈和曲柄等）、曲轴后端，如图1.8所示。

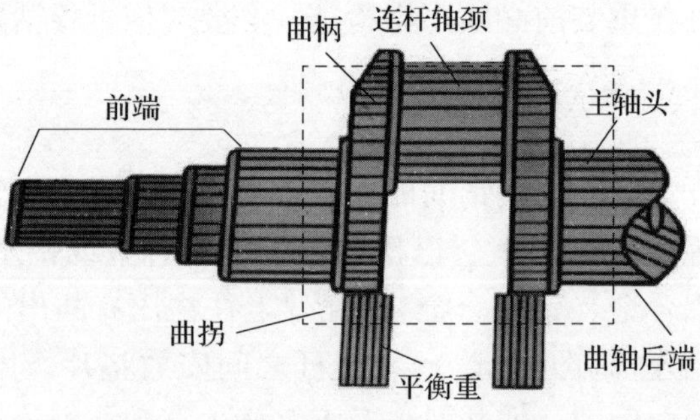

图1.8 曲轴结构

直列式发动机曲拐数等于气缸数，V型发动机曲拐数为气缸数的一半。曲拐排列方式，主要考虑曲轴转动受力平衡。如四气缸四冲程发动机曲拐排列在同一平面内，每隔180°便有一个气缸做功；又如六气缸发动机，曲拐排列在三个互成120°角的平面上，其中一和六、二和五、三和四每两个曲拐排在一个平面内。

（1）主轴颈（曲轴颈）是曲轴的支撑点，也是曲轴旋转的轴线，安装在曲轴箱上的轴瓦内，其数目比气缸数目多一个，曲轴每旋转两圈全部气缸都能做功一次。为减轻重量和离心力，球墨铸铁曲轴颈都做成空心的，称为减轻孔或卸载腔。而45号钢曲轴颈，一般为实心。有的还将减轻孔作为储油孔或油道。主轴颈至连杆轴颈的斜孔中压有油管，是机油由主轴承到连杆轴颈的油腔。

（2）连杆轴颈在连杆大头与连杆连接用，数目常与气缸数相等，圆形中空，6250Z型两端有油孔以形成油腔。

（3）平衡铁（平衡重）是当曲轴旋转时用以平衡连杆轴颈和曲轴臂产生的惯性离心力，使曲轴运转平稳。一般不准拆下，拆下后要按原位装好。

（4）曲轴臂又称曲柄（或曲柄臂），把曲轴颈和连杆轴颈连成整体。曲轴臂内有油道，把曲轴颈和连杆轴颈的油道连通。

（5）曲轴前端又称自由端，6250Z型曲轴前端为锥形，上有键槽（平键）以安装正时齿轮。正时齿轮带动机油泵和输油泵齿轮、调速齿轮、配气凸轮轴的齿轮等，使全机协调的工作，最外端的法兰盘可带动减震器等。有的曲轴前端为阶梯状。6250型为直的，并装有齿轮，带动其他齿轮使全机协调的工作。

（6）曲轴后端装有法兰盘，用以连接飞轮，后端通常伸出机体外，为防止机油漏出，装有甩油盘（有的机器曲轴前端也有）。

5）曲轴的轴向定位

由于齿轮带动的辅助机体等产生的作用力，曲轴延轴向窜动，因此必须对曲轴进行轴向定位（或止推）。通常采用的方法有三种。

（1）用最后的主轴颈（靠飞轮端）定位。其主要优点是在曲轴受热后，只向前端伸长，在曲轴后端同时有作用力时，曲轴弯曲变形小，确保后端装置的轴向间隙配合有保证。6250系列采用此种方法。但前端的齿轮配合间隙有变化，配气定时、调速等可能会受到一定的影响。

（2）第一主轴颈定位（前端）。其主要优点是曲轴受热后，只向后伸长，配气定时及调速等不受影响，维修也方便。但后端来的轴向力会使曲轴易变弯曲，通常用在功率小的机器上。

（3）中间主轴颈定位。优缺点介于上述两者之间，汽车、拖拉机中常用此法定位。

6）减振器

6250Z型机曲轴前端连接减振器。由于活塞等的作用力不均衡，曲轴产生扭转运动，当达到共振频率时，曲轴易疲劳断裂。加减振器后可大大消除扭振。通常有橡胶和硅油橡胶两种减振器。橡胶减振器结构简单，轻巧，工作可靠，汽车中常用。本机用硅油橡胶减振器，减振效果良好，重量和体积也比较小，一般不能拆卸，其壳体质软怕碰。

7）止推轴瓦和曲轴瓦

止推轴瓦：用主轴颈作轴向定位时，必须在该主轴颈上设置止推轴瓦或止推轴承，以防止固定处的主轴瓦盖的两端与主轴产生磨损。止推轴瓦的形式有两种，即翻边止推轴瓦和半圆止推片，其中以半圆止推片应用最广泛。翻边止推轴瓦，其两端外侧外表面上有浇铸的减磨合金，由于其制造工艺复杂，现已少用。

半圆形带有小耳舌的止推片，装在主轴承盖内的相应槽中，小耳舌可以防止止推片在工作中转动。止推片的外侧面上浇注有减磨合金，为保证润滑其单片有油槽。6250 系列有止推片，靠沉头螺钉固定。

曲轴瓦：曲轴瓦同连杆轴瓦类似，都是半圆形钢片上浇注减磨合金（6250 系列用高锡铝合金），瓦上有环状油槽，曲轴上的油孔可以与其相通，并与连杆轴瓦相通。轴瓦垫片和调整垫片用于调整轴瓦与轴颈的配合精度，而且与瓦盖等往往是一起镗削而成，轴瓦不可互换。瓦盖与瓦座由螺钉固定，扭紧时，应按规定值进行。

油封：由于曲轴前、后端往往伸出曲轴箱外，为防止漏油必须在油孔中装油封。油封常由石棉、毛毡或皮碗等组成。

8）工作次序

考虑到曲轴受力均匀和稳定，各气缸工作时间错开，每隔 120°有一个气缸做功。6250Z 型工作次序为 1→4→2→6→3→5 缸；6250 型为 1→5→3→6→2→4 缸。

2. 飞轮

飞轮是安装在曲轴输出端法兰盘上的大圆盘，用于储存做功冲程的能量，供给其他冲程所用，同时飞轮的惯性保持曲轴的转速均匀。飞轮的外形像一个大圆盘，其轮缘通常做成宽而厚，以得到较大的转动惯性。飞轮多采用灰铸铁制造（6250Z 型为球墨铸铁）。飞轮的外缘上有刻度线来标志各气缸在上止点时的位置，用以调整气门与供油提前角。外缘上有 16 个大孔，供盘动曲轴时插入撬杠用。与法兰盘连接的螺钉，是靠端部顶紧及螺纹镀铜防松的。飞轮上还有 16 个孔中有细螺孔，这是吊装飞轮时安装专用工具的。

为了使飞轮与曲轴实现动平衡，飞轮是经过校准的。安装时注意记号，不可将原位搞错。飞轮采用螺栓与联轴器连接，联轴器内安装减震橡胶圈，柔度大、吸振性能好，工作可靠。

1.5 驱动机构

1.5.1 驱动机构

驱动机构的作用是将曲轴的一部分动力传给配气机构、油泵、水泵、调速器等附件，使它们和曲轴以一定的速度比和相角关系联动起来，保证发动机协调一致地工作。

驱动机构的工作条件主要由驱动对象的载荷特征及工作要求决定，按载荷特征可分为：所传递的扭矩是周期性的冲击载荷，如喷油泵和配气机构；小负荷附件如机油泵、水泵、输油泵（燃油）、调速器等。按工作要求可分为：要求与曲轴保持严格的相位角关系，如配气机构、喷油泵等；无相位角关系，如机油泵、水泵、调速器等。因此，对驱动机构的要求是布局合理，结构紧凑，工作可靠，寿命长，对驱动相位角要求严格的部件，应保持其相位角准确、稳定、调整方便，此外要求制造工艺好，便于拆装。

驱动机构一般根据机器的总体布置、驱动部件位置及对机器体积、重量要求等，可由不同的结构（传动元件）和布置形成。

驱动机构可集中布置在内燃机的前端（自由端），这不仅因为曲轴前端尺寸可以做得较小，使整个驱动机构小、结构紧凑，而且其他各附件容易布置，所以这种形式广泛应用。但据分析，自由端扭振振幅最大，而输出端为扭振节点，振幅最小，因而也有将驱动机构布置在输出端的机器；或将要求相位角严格的驱动附件放在输出端，其他附件置于前端。这样可使喷油器、配气机构等少受影响，增加可靠性并延长寿命。

驱动机构按其所采用的元件不同可分为圆锥齿轮驱动机构、圆柱齿轮驱动机构和链条式驱动机构。6250Z 型采用圆柱齿轮驱动机构，其布置在曲轴的自由端。

6250 型柴油机的燃油、机油输送泵为一体，由曲轴经楔导承块直接驱动；调速器、喷油泵和超速保险装置及配气系统由曲轴经正时齿轮带动凸轮轴驱动。6250Z 型由曲轴正时齿轮经过介轮带动凸轮正时齿轮再带动凸轮轴来驱动配气机构、喷油泵、调速器和燃油输送泵；机油泵等由曲轴正时齿轮经介轮直接驱动。各齿轮皆为低碳合金钢制成，介轮轴通过法兰固定在机体或机体前底板上，轴瓦为钢背高锡铝合金整圆套，轴向止推片为铸青铜圈。轴承润滑由专用孔送入机油（来自主油道），齿面润滑由前盖喷油接头喷油。

圆锥齿轮驱动机构采用圆锥齿轮作为驱动元件，具有尺寸小、重量轻、啮合间隙可以调整、方便装配与维修等优点，但承载能力差、传动不平稳、噪声大、加工精度要求高、制造困难、成本高，因此只在V型气缸柴油机上使用。

链条式驱动机构方便安装，对整机紧凑布置有利，但精密且高速转动的链条制造质量要求高，且可靠性与耐久性差，因此仅在平稳性好、噪声低、工作负荷不大的高速汽油机上使用。近年来也有用同步齿形胶带代替链条应用的。

1.5.2 配气机构

配气机构的功用是按照气缸间发火顺序和气缸中所进行的工作过程，适时地打开和关闭进、排气门，相应地保证气缸填充新鲜空气（燃料混合气或空气），并使气缸内的废气得以排除。

由于气缸进、排气所占用的时间与内燃机转速有关，在高速内燃机中气缸填充及排出过程极为短促，因此配气机构零件是在急剧变化的高速下进行工作，其中有些零件还受燃气高温的影响。它们受到很大的惯性力和热应力以及严重的润滑不良，因而零件的磨损增大，正确的配气易遭受破坏。

对于内燃机配气机构的要求是：能保证气缸排气充分、进气完善；尽量减少振动和噪声；延长使用寿命，工作可靠；配气正确以及便于调整等。

内燃机现时采用的配气机构有气门式、气孔式、气孔-气门式。四冲程内燃机广为采用气门式配气机构。二冲程内燃机多采用气孔式配气机构，它是利用活塞控制气缸中部的气孔（通过位移）实现换气。有些二冲程内燃机应用气孔-气门式配气机构，利用气缸上的气孔进气，利用装在气缸盖上的气门进行排气，6250Z型柴油机配气机构为气门式。

1. 基本布置结构

气门式配气机构形式较多，按气门的布置形式可分为顶置式气门和侧置式气门；按凸轮轴的布置位置可分为上置式凸轮轴和下置式凸轮轴；按曲轴和凸轮轴的传动方式可分为齿轮式传动和链条式传动；按每个气缸气门数目和排列，有两只气门的、四只气门的、六只气门的。侧置式用二只气门，顶置式用二、四只气门，也有用六只气门的。6250Z型柴油机为齿轮式传动，下置式凸轮轴，顶置式两气门。

1）气门的布置形式

气门的布置形式取决于燃烧室的形状。目前内燃机气门的布置可分为顶置式和侧置式两大类。

顶置式气门配气机构的进、排气门均倒装在气缸盖上（气门大头朝下）。气门的开启和关闭过程如下：凸轮轴由驱动机构驱动，并按一定的方向旋转，当凸轮轴顶端转动上升时，推动挺柱、顶杆，使杠杆式摇臂压紧气门的杆端，克服气门弹簧的弹力，使气门向下移动开启，并同时压紧气门弹簧；当凸轮轴顶端转动下降时，挺柱、顶杆等均向下移动，摇臂放松对气门杆和气门弹簧的压紧，由于气门弹簧的恢复伸长，带动气门落回气缸盖上的气门座上。

2）凸轮轴布置形式

凸轮轴布置在气缸盖下面的称为下置式凸轮轴（一般布置在气缸体内），图 1.9 为顶置式气门配气机构。

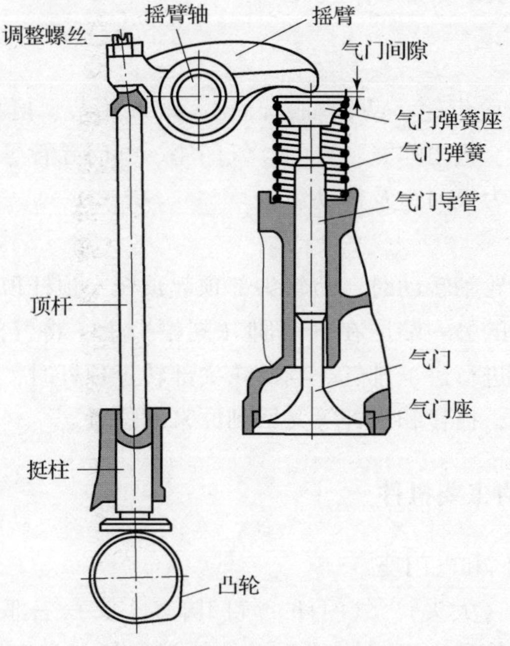

图 1.9　顶置式气门配气机构

顶置式气门应用下置式凸轮轴时，由于气门与凸轮轴相距较远，需用挺柱、顶杆及摇臂等传动零件，且在高速机上，配气机构的传动组件产生较大的惯性力，加剧了零件的振动和磨损。但因曲轴与凸轮轴距离较近，可以简化二者之间的传动装置，有利于整机的布置并可获得适合的机壳外形。这种结构广泛应用于各种类型的内燃机上。

3）气门数目及布置

一般气门式配气机构内燃机都采用每气缸两个气门，即一个进气门一个排气门。如 6250 型机，为了改善气缸的换气，总是采用较大的气门通路面积并常使进气门直径大于排气门直径。每缸两个气门的布置多采用所有气门沿机体纵向排成一列的方式。它可将相邻两缸的进、排气门尽可能地合用一个气道，这样可使气道简化并使气道截面增大。还有一种是将进、排气门交替布置，每缸单独用一个气道，可使气缸盖冷却均匀。柴油机的进、排气道多分置于机体的两侧，以免排气对进气的加热。汽油机多置于机体的一侧，以使进气受到排气的预热。在有特别要求的内燃机中，也有气门排成两列的，气门排列分置于曲轴轴向两边成为两列，它的进、排气道也相应地分布于机体的两侧，但其驱动机构较为复杂。

2. 配气机构的组成及工作过程

1）组成

配气机构由凸轮齿轮、凸轮轴、凸轮、球形关节、挺柱、顶杆、调整螺丝、摇臂、弹簧座、气门弹簧、气门、气门座、气门导管等组成，如图 1.9 所示。按其功能可分为气门组及传动组。

2）工作过程

当曲轴带动凸轮轴转动时，凸轮尖部顶起顶杆，顶杆顶摇臂的一端，使摇臂绕轴摆动，摇臂的另一端压在气门脚（阀帽）上，将气门压开并同时压缩气门弹簧，这时可进行进、排气。当凸轮尖部转过顶杆时，气门在气门弹簧的弹力作用下而关闭，摇臂和顶杆等又回到原来的位置。

3. 配气机构的主要机件

1）气门（阀）和气门座

气门由气门顶（大头）、气门杆、气门脚（小头）三部分组成。杆部插在气门导管中，沿导管壁上下做直线运动。气门顶与气门座紧密接触，以防漏气。气门分为进、排气两种。一般发动机为提高充气量，增大功率，将进气门的直径做得较排气门略大些。气门座位于气缸盖上，是个圆形的洞孔。

气门与气门座在工作中所承受的温度很高，进气温度 300～400℃，排气温度 600～800℃，冷却和润滑条件较差，而且相互冲撞力很大，次数很多，故易磨损。所以要求制造气门的材料能在高温下保持足够的机械强度和耐磨性，同时密封性要好，对气流的阻力小等。因此进气门多用镍铬钢，排气门多用特种耐热的硅铬钢制成。

气门与气门座接触面通常做成锥形，这样可使气门与气门座密合，防止在关闭时漏气。锥形面的角度一般为 30°或 40°两种。

气门的排列：在不同的多缸机上，进、排气门排列的次序各不相同。如果不知道气门的排列次序，当拆开气缸盖后，可以从气门顶的颜色来判断，即进气门顶部呈黑色，因温度低；排气门顶部呈暗红色，因温度高。当末拆开气缸盖时，可由气门杆的动作情况而定，即在同一气缸上当进、排气门相继打开时，首先打开的为排气门，后打开的为进气门。

气门杆表面磨光，杆端环槽内装气门锁夹（或压紧瓣），用以与弹簧座锁紧，防止气门掉入气缸，造成事故。工作中可每隔2~3h在进气门杆及顶杆与摇臂连接处加少量机油，在排气门杆处加少量混合油（机油、柴油各半），以保证润滑。

2）气门导管

气门导管的作用是保证气门做往复直线运动，使气门与气门座正确配合，并可将气门杆的热量传给水套（气缸盖内的水套）。气门导管在较高温度（250~300℃）及润滑不良情况下工作，较易磨损。通常用灰铸铁或球墨铸铁制成。形状为圆筒形，导管内外表面均精加工，且以适当的过盈量压入气缸盖或气缸体上。导管与气门杆间留有很小的空隙，否则会引起气门摇摆，影响气门正常工作。

3）气门弹簧

气门弹簧的作用是当凸轮尖部转过后，促使气门迅速回位，与气门座紧密座合，并防止气门、顶杆及摇臂间在运动中有脱开现象。

弹簧用特种钢制成，单根弹簧时为防止共振断裂，螺距常做成不等的，安装时螺距大的一端与弹簧座相连（气门小头），6250系列双根弹簧一粗一细，也可以防止共振（与气门开闭频率共振），为防止断裂后卡住，弹簧绕制方向相反，其中一根断裂后，另一根仍可继续工作。安装时，气门弹簧套在气门导管外面，下端顶在气缸盖上，上端卡在气门弹簧座上。

4）气门顶杆

为避免凸轮驱动气门时，凸轮转动的横向力直接作用在气门杆上，使气门杆身单面磨损，以致气门在上升时发生偏斜，影响气门与座的正确配合，因此在气门与凸轮之间加有气门顶（挺）杆等。顶杆在支架孔内运动，两端装有球形关节，与凸轮接触的一端有滚轮。

5）凸轮轴

凸轮轴的作用是控制进、排气门的开闭，控制燃油泵及输油泵等协调的工作。

由于凸轮轴要承受比较大的弯曲扭转应力和冲击力，因此要求它有足够的韧性和刚度，使其受力变形最小，且凸轮表面应耐磨。因此一般用优质钢、合金铸铁或球墨铸铁制成。6250 型用球墨铸铁，6250Z 型用低碳合金钢制成。轴颈及凸轮表面经渗碳淬火。凸轮有单体式套入轴上的，便于拆卸，也有固定在轴上的。凸轮轴有整根的，也有分段的。为拆装方便，凸轮轴颈做得比较粗（外颈大于凸轮）。6250Z 型凸轮轴套为钢背高锡铝合金，有 6 档压入机体内，自由端直径小而长压入轴套外圈装入机体，自由端装有止推片。润滑来自主油道，自后端向前，经轴套、轴颈、凸轮轴中央至其他各轴承。凸轮表面飞溅润滑。

6）摇臂

摇臂是顶杆与气门之间的传动零件，将顶杆的推力改变方向作用于气门帽上，打开气门。为减轻重量摇臂多做成“T”形或“I”形断面，近年来广为采用球墨铸铁制成。调节螺钉用于调整静态下气门间隙。

7）配气相位（定时）及气门间隙

配气相位。气门开始开启和关闭终了时的曲轴转角称为配气相位。用环形图表示配气相位叫作配气相位图。

四冲程内燃机的配气相位，理论上它的气门开启和关闭都应在活塞冲程的开始和终了时实现，即进气门在上止点时开启，在下止点时关闭；排气门在下止点时开启，在上止点时关闭。进气、排气时间各为 180°曲轴转角。但在高速内燃机中，每一个活塞冲程经历的时间均极短，仅 0.1s。为了尽可能地增大进气和排气时间，以使气缸中能进气较充足，排气较彻底。因此高速内燃机的进气门及排气门大都早开和迟关。进气门早开是为了保证当进气冲程开始时，进气门开度较大，使进气顺利、充足。而进气门迟关是为了在压缩冲程开始时，仍可利用气流的惯性和气缸内外压力差，继续进气。排气门早开是因为在排气冲程开始时气缸外压力较低，稍微早开排气门不仅不影响做功冲程，反而促使气缸内的废气压力仍高于大气压力，并可利用排气流量的惯性较多地排出废气。

内燃机配气相位如图 1.10 所示，进气门早开 a 度，迟关 b 度，进气冲程持续角相当于曲轴转角 $180° + a + b$。a 角常用值为 10°~30°，b 角常用值为 40°~70°。排气门早开 c 度，迟关 d 度，排气冲程持续角相当于曲轴转角 $180° + c + d$，c 角常用值为 40°~60°，d 角常用值为 10°~30°。

如图 1.10 所示，进气门在上止点之前开启，而排气门在上止点之后关闭，因而进气门和排气门会在一段时间内同时打开，发生气门重叠现象，所重叠的角度叫作气门重叠角。最佳配气相位常由工厂实验得出，出厂时在正时齿轮上均标有安装记号，只要按记号安装就可保证配气相位的正确性。

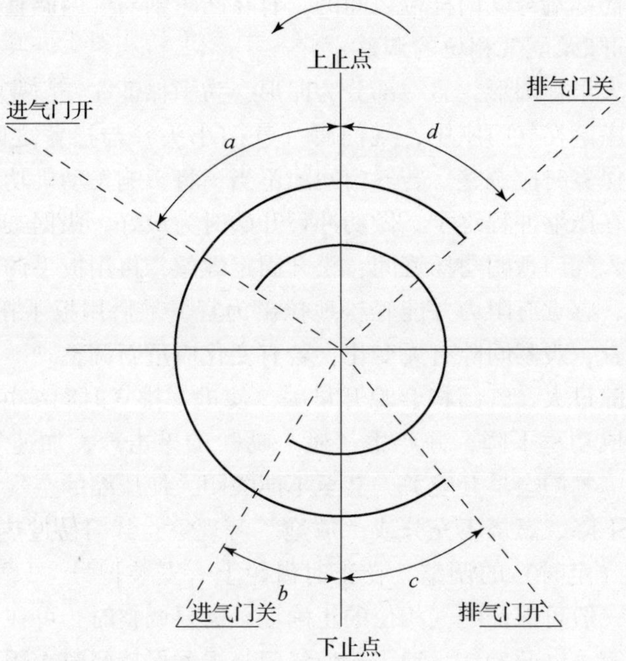

图 1.10 配气相位

a—进气提前角；b—进气延迟角；c—排气提前角；d—排气延迟角

6250Z：$a=60°$；$b=30°$；$c=40°$；$d=50°$

气门间隙。为了使气门在任何情况下，甚至在内燃机工作过热时都能紧密关闭，必须在气门冷态时预留一定的间隙，以使气门及其传动机构受热伸长时，气门还能座合紧密。当气门处于关闭状态时，气门与传动件之间所保留的间隙称为气门间隙，如图 1.11 所示。

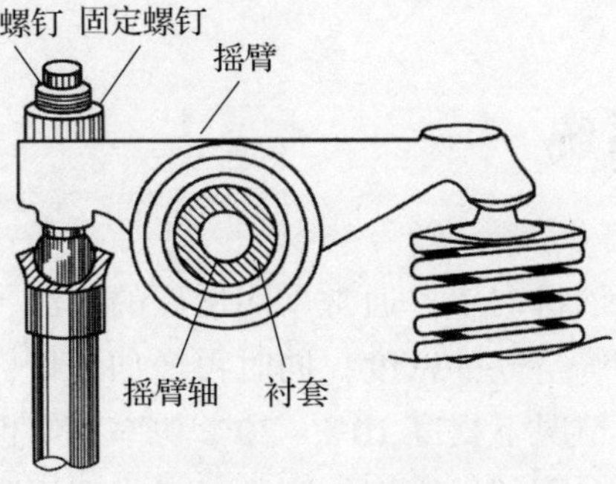

图 1.11 气门间隙

气门间隙随各种内燃机的配气机构的结构不同而不同。影响气门间隙的因素很多，如配气机构各机件的磨损、变形及安装状态发生改变等。调节气门间隙的位置有在摇臂端与气门杆端之间的，有在凸轮轴与气门调整盘之间的。

8）气门间隙及配气相位的调整

凸轮有一大半为圆形，另一部分为卵形，为了保证在气门受热膨胀情况下能完好地密坐座落在气门座中，气门脚（气门小头）与摇臂之间需要一定的间隙，发动机保养时应调整。若气门间隙不当，将影响发动机功率。调整应在冷机下进行，在压缩冲程终了，做功冲程开始时为最好。根据柴油机要求，选好厚薄规，插入气门顶帽与摇臂间，松开固定螺丝，再用扳手调整螺丝，并用手拉动厚薄规，感觉有阻力并能轻松地拉出为宜，最后用扳手扭紧固定螺母，扭紧后再次检查，观察间隙有无变化，若有变化应重新调整。

若气门间隙过大，气门将会晚开早关，使进、排气时间缩短，进气不足，排气不净，造成功率下降，并产生“哒、哒”的敲击声，加速气门磨损；若气门间隙过小，气门会早开晚关，甚至不能关闭，使压缩的空气流入进、排气管，引起功率下降、燃烧不充分或“放炮”等现象，气门易过热烧蚀。

配气相位（定时）的调整，在正时齿轮上有安装记号，只要按其记号安装驱动机构，一般可保证配气相位的正确性。需要调整时，可在气门间隙调整后进行。先从第一缸开始，盘动飞轮使气门与摇臂保持间隙，用手抓住摇臂调整螺丝（钉）部位，上下摇动，同时慢慢转动飞轮（6250 型为顺时针，6250Z 型为逆时针），当摇臂刚刚不能上下摇动时，则表示气门开始开启，这时便可根据飞轮上的指针刻度确定气门开启角度。继续盘动飞轮，当摇臂由不能上下摇动到刚刚可以摇动时，即表示气门关闭，再记下关闭角度，数据应符合要求（6250Z 型进气门为 1.2 ~ 1.7mm，排气门为 1.5 ~ 2.0mm）。如若不符，可适当调整气门间隙，做微量补偿。若凸轮等部件磨损太大，应更换部件。

1.6 进/排气系统

为进一步提高柴油机功率，通常采用增压的办法，增压是指将空气进行压缩，提高进入气缸新鲜空气的密度，同时再增加油量，以提高功率，这样可在不增加体积、重量的情况下提高 10%~30% 功率。但也有一些新问题，如机械负荷和热负荷均增加，零部件磨损加剧，材料强度下降，容易引起损坏，所以要求发动机结构必须强化，选用高级材料制作，同时必须加强维护保养工作。增压后的发动机结构和各系统工作状况相应有一些变化：为防止最大爆发力急剧增加，保证工作可靠延长寿命，其压缩比和供油提前角应适当减小；为增大充气量，降低热负荷，其气门重叠角必须加大，以加强扫气，并使气门间隙适当加大；为保证增压后供油量增加的需要，其喷油压力应增大，喷油孔直径应增大；进/排气系统流通截面应加大；润滑、冷却需加强等。

6250Z 型柴油机进/排气系统由进、排气管，空气滤清器及废气涡轮增压器等组成。

1.6.1 进气管

6250Z 型柴油机进气管与废气涡轮增压器的压气机相连，新鲜空气经过空气滤清器过滤后，经压气机压缩通过弯管进入进气总管分配至各气缸。

进气总管与弯管均用钢板焊接。各连接法兰处均有石棉橡胶板垫片，保持密封，不得有漏气现象。

进、排气管的作用是为柴油机供应新鲜空气和排出废气。对其要求是管道阻力应尽量小，一般由铸铁、铝合金、钢板等材料制成。6250Z 型用铸铝焊接而成。同气门相适应，固定在气缸盖或气缸体上，其固定螺钉有镀铜的，6250 系列用不锈钢的，以免锈蚀难以拆卸。各连接法兰处均装有石棉橡胶板垫片，保持密封，不得有漏气现象。排气管外均用石棉绳，玻璃丝布包扎。6250 型排气管接头有活塞式膨胀接头，密封用 135 型柴油机的气环。

1.6.2 排气管

增压排气管采用铸铁材料，每缸分段结构，便于拆装。相互三根气封环密封，同时保证排气管受热后能自由伸缩。排气管由上下两总管组成，上总管同 1、2、3 缸支管连接，下总管同 4、5、6 缸支管连接。各缸支管及两总管均可安装热电偶测量废气温度。为使增压器能充分利用柴油机的废气能量，排气管不用水冷却，排气管外用硅酸铝绳和玻璃布包扎隔热。非增压排气管采用焊接结构，有内外层，中间用水冷却，以降低温度，废气接烟囱过消声器，直接排入大气。

1.6.3 空气滤清器

空气滤清器的作用是清除空气中的灰尘和杂质，减小气缸、活塞、连杆等组件的磨损，延长机件寿命。据统计，不装滤清器时，气缸活塞磨损增加 3 ~ 5 倍，活塞环增加 8 ~ 10 倍，曲轴连杆轴承增加 5 倍，曲轴颈增加 2 倍。

对空气滤清器的基本要求是具有高度不变的滤清能力，对气流阻力小，能连续长期工作，维护简便。滤清方法有三种。

（1）惯性法，利用灰尘及杂质比重大于空气的特点，经旋流管，在离心力作用下，将灰尘及杂质甩出去或分离开来。

（2）油浴法，使空气经过机油，灰尘和杂质被粘住，空气流走，灰尘杂质落入油中。

（3）过滤法，引导气流通过滤芯，使灰尘杂质被隔离黏附在滤芯上。

空气滤清器外壳用薄铁皮制成，滤芯多用金属丝、麻类及化纤丝、纸质制作。

原理是：新鲜空气经防护网进入滤清器后，在旋流管中将灰尘杂质分离落入底部（底部有出灰口），气流改变方向向上，经粗、细滤网（钢丝），再进入压缩机或进气总管。

对增压式机器还有管片式中冷器，用于冷却增压机出来的空气，以提高进气量和功率。

1.6.4 废气涡轮增压器

废气涡轮增压器由离心式压气机和废气涡轮组成。废气涡轮机利用柴油机排出的废气能量来驱动，再由涡轮机带动离心式压气机。

1. 主要性能参数

1）压力升高比（简称压比）

压气机的出口空气压力与进口空气压力之比。

2）流量（或称风量）

单位时间内增压机提供给发动机的空气量，有两种表示方法：

（1）容积流量：单位时间内所提供的空气体积，单位为 m^3/h 或者 m^3/min。

（2）重量流量：单位时间内所提供的空气重量，单位为 kg/s。

3）转速

增压机转子轴每分钟转速。废气涡轮增压器的转速一般都很高，从每分钟几万转到十几万转。

4）涡轮进气温度

废气进入涡轮时的温度，该温度越高，涡轮做功就越大。但过高温度会使材料机械性能降低，易损坏叶片等，因此进气温度有一定限制与规定。

2. 结构及工作原理

废气涡轮增压器的结构如图 1.12 所示。这是个原理图，与实际结构不完全一样。实际机器是由一个单级轴流式涡轮与一个单级离心式压气机组成，它们共用一根转子轴，不受任何机械控制。

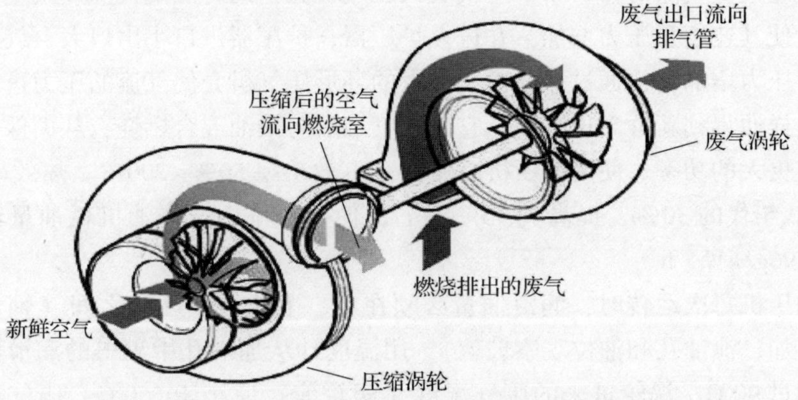

图 1.12　废气涡轮增压器原理图

增压器主要由压气机蜗牛壳（压气机壳）、中间壳、涡轮壳、转子体、滚珠轴承（图 1.12 中画的是浮动轴承）等组成。转子轴（主轴）与涡轮盘焊成一体，涡轮叶片紧固地焊入轮盘槽内（喷嘴环下面，图 1.12 中未标出），压气机叶轮以紧密配合形式装在主轴上，主轴两端还装有润滑油盘，随轴旋转飞溅润滑油来润滑轴承，这些共同组成转子体。

主轴的滚珠轴承用弹性支承，可承受一定的振动力。涡轮端轴承允许主轴轴向自由伸缩，压气机端采用两个滚珠轴承可承受轻微的轴向推力。两端润滑油池互不相通，必须分别加入润滑油。润滑油的冷却在涡轮端依靠涡轮进气壳水冷却，压气机端由吸入的新鲜空气冷却。为了防止润滑油耗损，每端轴承装有内、外两道油封。

喷嘴环的作用是使柴油机的排气具有必要的速度和方向进入涡轮叶片。为了防止燃气沿主轴向涡轮端轴承泄露，除在主轴上装有气封片外，还从压气机方面引少量的压缩空气来平衡燃气。压气机入口装有空气滤清消音器。涡轮壳与柴油机排气管连接，压气出口通往柴油机气缸。涡轮出气壳与压气机间，用一填满石棉的绝热墙分开，以免被压缩的空气受热及压气机叶轮受热损坏。绝热墙上装有气封片，防止压缩空气漏入涡轮出气壳。

将柴油机的排气管接到增压器的涡轮壳上。柴油机排出的具有 497 ~ 647℃高温和一定压力的废气经涡轮壳进入喷嘴环，由于喷嘴环的通道截面做成由大到小，因而废气的温度和压力下降，而速度却迅速升高，高速的废气流以一定方向冲击着涡轮叶片，使涡轮高速旋转（15000r/min）。废气的压力、温度和速度越高，涡轮转速越快。通过涡轮后的废气最后排到大气中。

由于涡轮与压气机叶轮固定于同一轴上，所以压气机叶轮与涡轮以同速旋转，将经过空气滤清器的新鲜空气吸入压气机壳，同时压气机叶片把空气甩向外缘，使其速度和压力增加，并进入扩压器，扩压器进口小出口大，气流速度下降、压力增加，再通过截面由小到大的环形压气机壳使气流的压力进一步提高。这样便得到新鲜高压空气，它进入气缸后与柴油混合燃烧，从而保证发动机产生更大的功率。使用增压机后可提高有效功率 50%～200%。热效率由 20 世纪 30 年代的 30%，提高到 45% 左右，使大功率中速柴油机耗油量已降至 190～196g/kW·h。

增压机每次运转时，润滑油量必须在上、下油位刻度线之间（轴承室盖板上有加、泄油孔和油位观察玻璃），用温度计从加油孔中测得的润滑油温度不得超过 90℃，涡轮进来的废气温度（涡轮前）应小于 550℃，压气机出口空气压力比约 1.37。这些均应定时检查和记录（时间间隔应与柴油机相应的检查相同）。每运转 600h 应更换润滑油。运转 5000h 后应更换滚珠轴承。空气滤清器一般运转 150～950h 后应清洗一次，可用柴油或碱水洗，洗后用压缩空气吹干。

1.6.5 消声器（排气消声器）

废气在排气流动时，具有一定的能量，气流是脉动的。如让废气直接排入大气中，会产生强烈的排气噪声，而且还带有火星威胁场地的安全。为减小噪声、消除火星，通常在排气管出口处装有排气消声器。其基本工作原理是消耗废气能量并平衡废气流的压力波动。

消声一般采用以下几种方法：

(1) 多次改变气流方向。

(2) 重复地使气流通过收缩、扩大结合的流通断面。

(3) 分割气流为小支流并沿不平滑的面流动。

(4) 使气流冷却。

消声器一般用薄钢板制成，且各种机器采用的消声器结构基本相同。它由外壳，内管和隔板等组成。内管上有许多狭缝，收缩断面。内管与外壳隔板成三个尺寸不同的滤音室。当废气流过消声器时，一部分从内管直排入大气，另一部分经内管狭缝进入滤音室，然后再流回内管排入大气中。这样，废气经过消声器后，获得冷却和膨胀效果，消耗了能量，压力波动和它与大气之间的压差也大为减小。因此能较好地达到减小噪声和消灭火星的目的。

1.7 起动系统

发动机能由静止状态转入工作状态，必须用外力旋转曲轴，直到发动机开始出现爆发所必须的转速，保证吸气、压缩、喷油着火能正常地进行。发动机由静止状态转入工作状态的全过程称为起动过程。完成起动所需的装置称为起动系统。

1.7.1 起动系统的组成及原理

柴油机常用的起动方法有手摇起动、电动机起动和压缩空气起动等。

6250 型机系均采用压缩空气起动。起动系统主要由空气压缩机、空气瓶、开车装置、空气分配器、管路及气缸组成，如图 1.13 所示。

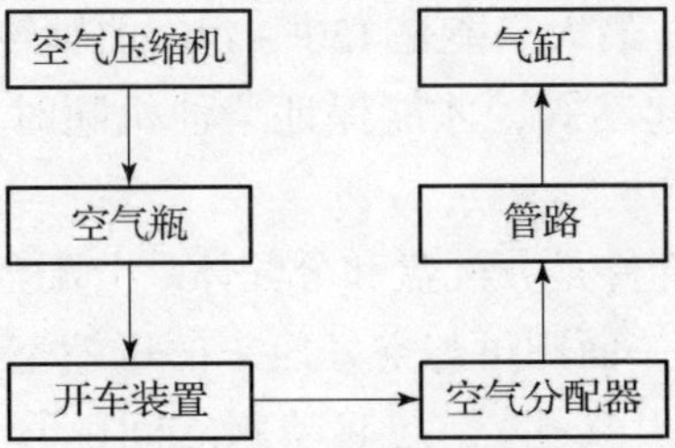

图 1.13 起动系统示意图

压缩空气起动是将高压空气按柴油机工作次序，在做功（膨胀）冲程时供入各气缸，借助高压气体的膨胀力，推动活塞移动，使曲轴以一定速度转动，实现柴油机起动。这种方法具有起动力矩大、不受环境温度影响、起动可靠等优点。但结构复杂、零部件制造要求高，且起动时压缩空气在气缸内膨胀使温度下降，气缸磨损增大，同时小机器上也难以布置起动阀等，故多用于大机器的起动。

为了能做到随时起动柴油机，空气瓶中应经常保持有压力约 2.5MPa 压缩空气（低速柴油机一般需 2～3.0MPa、高速柴油机需 5.1～10.2MPa 的压力），6250Z 型机要求瓶内压力是 2～3.0MPa。打开空气瓶后，压缩空气可经管道开车装置，当把开车手轮（或手柄）转动开车位置时，总开车阀被顶开，压缩空气经总开车阀流进空气分配器，依各缸工作次序，经分配器孔到各气缸并控制机油和燃油供给等，使柴油机起动。

6250 型机起动转速为 50～60r/min。完成起动（听见气缸内爆发声响）

时，开车时手轮应转到行车位置，此时关闭总开车阀，切断压缩空气。然后关上空气瓶。

1.7.2 起动系统主要机件

1. 空气分配器

在6250型机说明书中没有提到空气分配器，而在6250Z型机的说明书中有说明。

为了充分利用压缩空气膨胀做功，空气进入气缸时应在膨胀冲程，且需有一定的提前角度，称供气提前角。

为了保证发动机能随时顺利起动，并不发生倒转而影响正常起动，在多缸柴油机上，至少有1~2个气缸在起动时应接通高压气体，这就要求在同一台柴油机上要安置一定数量的起动阀。对四冲程发动机而言，实际供气角度由于受到进气门早开的限制，最大只能是130°~140°曲轴转角，故多缸四冲程机上至少应有6个气缸装有起动阀，才能保证柴油机随时均可起动。6250型机每个气缸装有一个起动阀。

空气分配器的核心部件是分配盘和分配体。分配盘上有一个占圆周角度为60°的椭圆形分气孔，另一面则可与空气瓶来的压缩空气相通（经开车装置）。分配体上有6个圆孔（出气孔），与起动阀之间由管道相连。当转动分配盘时，它上面的分气孔总是和分配体上的一个或两个孔（出气孔）相通，压缩空气便可被导入相应的气缸（经气动阀），使柴油机转动。

如若分配盘中间的驱动轴与喷油泵的驱动轴间用齿轮啮合或与凸轮轴间用齿轮啮合，则分配盘的转动规律，将会符合气缸工作次序的规律（初始安装时可通过齿轮调好位置）。也就是说，分气孔何时与哪个出气孔相通，会刚好是哪个气缸开始工作在做功冲程。

这就是空气分配器的基本原理。对于具体机器，其空气分配器的结构可能不同，材料也不一样。通常可调节分配盘与其驱动轴间的相对位置，使供气时刻在活塞压缩冲程上止点前60°±3°范围内。

2. 空气起动阀

空气起动阀是一个单向阀，它的作用是使高压空气进入气缸，而阻止气缸内气体进入空气起动装置，起动阀形状很像进、排气门，由气动阀、阀壳座、弹簧、行程限止套、螺母、密封垫圈等组成。进、排气门是靠摇臂顶压后克服弹簧力而打开的；而起动阀则靠压缩空气克服弹簧弹力而打开。平时阀门弹簧力与阀壳座紧密配合而关闭，阀门密封锥面角度为45°，经过紧密研磨，以保证与阀壳座密封。另外，为了保证进气充分，要求起动阀门的升程应为 2 ± 0.5mm，由行程限制套和螺母来保证。

3. 开车装置

开车装置是柴油机的操纵机构，控制柴油机所处的状态。6250 型机通过手轮操纵，6250 型机通过操纵手柄。二者虽然结构、原理有差异，但所完成的任务相同。它们都分三档，一档为“停车”，二档为“起动”，三档为“行车”。在“行车”位置时，柴油机的油、水、气路全通，机器处于正常工作运行状态。在“起动”位置时，开始几秒钟，虽然正常的油、水、气路都通，但由于柴油机还没起动起来，还不能由曲轴带动机油泵和燃油泵供油正常运转，因此主要靠比行车状态时多出的一路气路压缩空气来推动柴油机转动。在“停车”位置时，手轮可控制供给燃油（拉动燃油泵齿条），此时可停车，其他水、气路可通（如果未人工关掉的话），机油路由于曲轴停转而停供。

开车装置处在“起动”位置时的工作过程如下。当做好开车前准备后，可转动手轮到起动位置。此时与手轮相连的轴上装有三个凸轮有两个起作用。一凸轮顶在气动阀顶头上，气动阀顶头（小圆头螺钉状物，不是气缸上的气动阀）顶压总开车阀（类似气门状），使弹簧压缩，阀门打开，压缩空气从总开车阀与阀座间隙中流过，进入空气分配器，再从空气分配孔经管子到气缸气动阀，推开气动阀进入气缸推动活塞使曲轴转动。另一凸轮则推动制止杆头进入传导杆杆孔（传导杆是牵动喷油泵齿条的），其目的之一是限制起动时喷油泵的喷油量，避免起动时可能出现的“飞车”；二是限制刚起动时转速过低，机油压力达不到 0.07MPa（6250Z 型为 $2.2+0.3\text{kgf/cm}^2$）造成机油压力过低，机油安全装置起作用迫使停车。

起动时虽然油、水路不通，但开始几秒内，由于曲轴转速低，机油泵和喷油泵均不能正常工作供油，只靠压缩空气推动机器运转。着火后，由于柴油爆发压力大于压缩空气力，气动阀被燃气压力关闭，这时压缩空气路虽通，但进不了气缸，这时已起动成功，需转动开车手轮到“行车”位置，转入正常运行状态。

4. 空气瓶

0.34/30BF（2ZF－0.34/30－B）型空气瓶的作用是储存压缩空气。它由锅炉钢板卷焊而成，容积约 300L。当瓶内气压为 2.5MPa、室内温度为 0℃以上时，冷车起动，可供连续 6 次顺利起动，每次起动时间均应在 8s 以内。

从空气压缩机送来的压缩空气，经进气管、进气阀门，在小手轮的控制下进入空气瓶内储存。需要时，则操纵大手轮，打开出气阀，压缩空气便可通过管路送到开车装置，供起动柴油机用。小手轮处还有螺塞，可由此引出压缩空气，作为吹净机件等用。进气阀处装有安全阀，当压力超过 2.5MPa 时，安全阀自动打开，确保安全。安全阀开起压力的高低，可通过调压螺钉进行调节(配合压力表)。压力表指示瓶内压缩空气的压力。

空气中的水蒸气，在压缩空气中凝结为水滴，为了避免水汽进入气缸，气瓶顶部还设有放水阀，放水阀由铜管直通气瓶底部，扭动放水螺塞，可将瓶底的水在气压的作用下放出。

日常应检查安全阀是否灵敏，起作用压力是否准确。压力表的指示是否准确，应给予充分重视，定期校验。经常放掉气瓶中的水。

5. 空气压缩机

0.34/30BF 型空气压缩机是双极、单动、立式、风冷空气压缩机。由 5.5kW 型号为 Y132s－4 的电动机带动，每分钟排气量≥0.34m^3。最大压缩压力为 3MPa。

1）结构原理

双极压缩，分别由两个气缸活塞完成，第一级活塞直径 108mm，第二级 95mm。连杆曲轴由电动机经皮带和皮带盘带动。曲轴安装在曲轴箱的两个滚动轴承上。连杆大头是直切式，连杆盖用螺钉固定，调整垫片用于调整间隙。连杆轴瓦采用巴氏合金。两个活塞上有不同数目的气密环和刮油环。各进、出气阀均能自动打开。进气是经滤清器过滤的。空压机的级间都有保险阀用于卸荷和超压保险。压力控制由控制阀来完成。压力表指示第二级出气压力。

动作原理是电动机带动活塞往复运动，气缸容积的改变导致气缸内压力的变化，空气自大自然经滤清器进入压缩机，气缸头（盖）里的进、出气阀自动打开，经一级、二级气缸内压缩，最后达到额定压力，输往空气瓶储存。

2）冷却及润滑

气缸和气缸头铸件均有许多散热叶片，同时级间有三根散热管道（在机外靠皮带盘一边)，管道上密集的散热片是用锡焊焊接的。当被压缩气体散出热量时，皮带盘（既是皮带盘又是风扇）的辐条板旋转产生大量的冷风，吹向散热管、气缸等，达到冷却目的。风冷压缩机出气温度小于 180℃。

气缸、滚动轴承、曲柄销、连杆轴瓦等润滑采用飞溅润滑。润滑油规格均采用13号压缩机油，夏季可采用19号压缩机油。润滑油装在曲轴箱内，应每连续工作两个月更换一次润滑油。更换时旋开曲轴箱下部的泄放螺塞以及前后门盖，彻底清洗曲轴箱内油泥等杂质。加油时拔出量油尺杆，旋开加油口盖，使油面保持在量油尺杆二刻度之间，不可过多，否则会在工作时溢出。

3）安全卸荷起动及压力控制

安全卸荷起动。在一、二级排气管路上都装有保险阀或安全阀，它们都是弹簧跳动式，由阀座、阀芯、阀杆、弹簧等组成，都是利用气压超过弹簧力时使阀自动开启，否则关闭。它们的开启压力，在出厂时已调好：一级为0.6~0.8MPa；二级为3.1~3.2MPa。使用中应定期检查保险阀的开启压力是否正常，关闭是否灵活。

第一级保险阀（在气缸侧面）同时起卸荷作用（负荷太重时，起动困难，需卸荷后起动），卸荷时用手拧起保险上的钥匙圈（铜圈），转动一定角度阀便打开，高压气卸掉，空压机可进入正常工作状态。关闭时只需将圈拉起，再反方向转一角度，便可使阀关闭，此时空压机已进入正常工作状态。

压力控制。空压机输出高压气的额定压力，是由控制阀自动控制的。其结构同保险类似。动作原理是：当气压超过额定值时，控制阀自动打开并将高压空气（第二级的输出气体）返回到第一、二级气缸的进气阀处使其打开，此时空压机便空载工作，节省电力消耗，当气压降到一定值后，控制阀在弹簧力作用下自动关闭，空压机恢复正常压气工作。关闭压力的大小是可以调节的，控制阀下边闸阀（带横向螺塞），其开口大，关闭压力就低；其开口小，则关闭压力高。阀打开时，有压力的气体到一、二级气缸进气阀，使气阀打开，达到卸荷目的。

1.8 燃油供给系统

柴油机燃油供给系统的作用是根据柴油机工作要求，定时、定量、定压地将雾化质量良好的柴油按一定的喷油规律喷入气缸内，并使其与空气迅速而良好地混合和燃烧。

1.8.1 燃油供给系统的组成及工作过程

燃油供给系统主要由日用油桶（箱）、燃油输送泵、燃油滤清器、喷油泵、喷油器、燃烧室和调速器等组成，另外台上还有室外储油池，油池由管道与日用油桶相通，如图1.14所示。

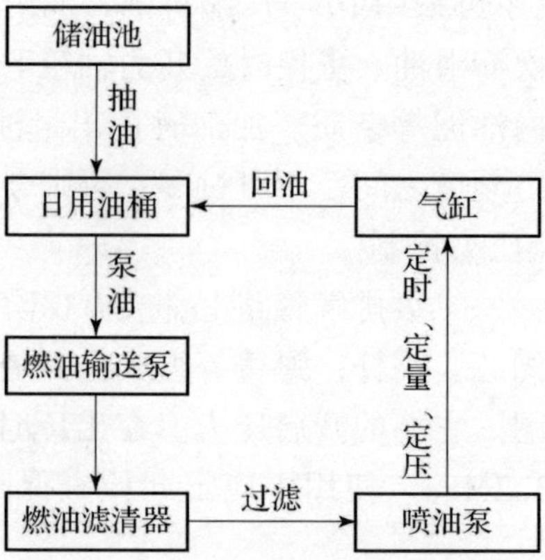

图 1.14　燃油供给系统示意图

经储油池沉淀和过滤的柴油可用泵送入日用油桶（有的为增加储存量还有副油箱），经燃油输送泵先送入燃油滤清器，使油中的水分和机械杂质得到滤清，然后进入喷油泵，自喷油泵输出的高压燃油经高压油管和喷油器喷入燃烧室。由喷油泵、喷油器渗漏及多余的燃油经回油管可回到日用油桶或另备的油罐内。日用油桶到喷油泵入口的这段油路的油压是由燃油输送泵建立的，其输油压力较低（6250z 型机是 1.0MPa），故称这段油路为低压油路；从喷油泵到喷油器这段油路中的油压是由喷油泵建立的，其油压较高（一般为 100kg/cm^2 以上），故称此段油路为高压油路。

为便于排出整个油路中的空气以及保证柴油预热，油路中设置有手摇输油泵和放气螺钉，并将部分低压输油管装入综合加湿装置中。为保证柴油滤清质量、延长清洗周期、增大滤清面积，方便经济，柴油滤清器是由两个完全相同且与油路并联的滤清器组成的。

调速器是同喷油泵连接在一起的，用于调节供油量，以控制柴油机的转速。为了便于排出整个油路中的空气，6250 型的燃油、机油输油泵是装在一起串联的。

1.8.2　柴油

柴油是在一定温度内从石油中提炼出的碳氢氧化合物，柴油机以其为燃料，它的使用性能指标主要是发火性、蒸发性、粘度和凝点，这些指标对柴油机正常工作影响很大。

发火性是指柴油机的自燃能力。柴油喷入燃烧室后并非立即燃烧，需经准备时间，又称着火落后期或滞燃期。滞燃期长短由柴油含 16 烷值决定，太长则爆发力强，工作粗暴，起动性能差，太短则燃烧不充分、排气冒黑烟。

蒸发性影响滞燃期内的柴油蒸发量及燃烧完全度。柴油的黏度决定柴油的流动性。流动性小会使滤清、沉淀困难，而且雾化不好；流动性太大，喷油器各机件磨损增大且易漏油。

凝点是指柴油冷却到开始失去流动性的温度。好的柴油凝点低。凝点太高会造成低温下油路阻塞。

柴油分轻、重柴油两大类，重柴油用于中低速柴油机，轻柴油用于高速柴油机。6250 系列柴油机用 GB 252—81 标准的 RC—0 号或 RC—10 号轻柴油。国产柴油均以凝点作为牌号，0 号凝点为 0℃，10 号凝点为 -10℃等。

1.8.3 供油系统的主要机件

1. 储油池

储油池用钢板焊接而成，设置在机房外，有利于柴油沉淀，要求使用前应经过一周的沉淀（在储油池中），并经过过滤，以除去燃油中的机械杂质。储油池容量一般不小于 10t。

2. 日用油桶（箱）

多用钢板冲压焊接而成，其内表面一般镀锌或锡等防护层以防腐蚀。其上方有来自储油池的进油管；还有量油尺用于检查油量（有的用量油表）；通气孔防止工作中出现真空影响供油；出油管、回油管也在上边。6250 系列日用油桶容量为 680kg 柴油，200kW 柴油机可用 12h。有的在储油池与日用油桶间加一只每寸 60 ~ 90 目铜丝的滤清器。出油管末端装有钢珠单向阀，停车后保持油路充满燃油，便于起动。日用油桶底部一般都装有放油装置（油管、开关等）以便于将底部的沉积物和水分放出。

3. 燃油输送泵

燃油输送泵的作用是保证低压油路中柴油的正常流动，克服柴油滤清器和管道中的阻力，并以一定的压力向喷油泵输送足量的柴油。

柴油机常用的输油泵有旋板式、活塞式、蝶门式和齿轮式多种。6250 系列采用齿轮式输油泵。

旋板式输油泵的工作原理主要是通过一对圆柱齿轮驱动，具有平行工作的增压和回油功能。工作时，传动轴带动旋板旋转，相互垂直的旋板与钉子及两端轴承面所形成的四个腔的容积逐渐发生变化，即有两个腔的容积由小变大形成真空吸油，同时另两个腔的容积不断减小而排油。传动轴连续地带动旋板转动，从而完成连续不断的吸油和排油过程。

活塞式的工作原理是：利用凸轮尖通过推杆顶压活塞，进油道的进油阀关闭，出油道的出油阀打开，输出油；在弹簧作用下复位，同时出油阀关闭，进油阀打开，进油。

蝶门式原理同旋板式相当，只是腔内放两个圈座（出、入油阀门），轴在中间，两个叶轮（不是旋板）共将腔分成四份，叶轮左右来回转动时，由于阀座不动，则四个小腔的体积在不断变化，使油压入出油口输出，并不断从进油口吸入。

齿轮式输油泵的结构简单、机械加工方便、工作可靠、使用寿命长、能产生较高压力，故在各种发动机中广为应用，如机油泵等。齿轮式输油泵的工作原理：如图 1. 15 所示，两个齿数相同的齿轮啮合，并且装在泵体的中间（齿轮室内），齿轮与泵体间保持有很小的间隙，以保证其工作性能。

图 1. 15　齿轮式输油泵

工作时，主动齿轮（两个齿轮之一）由曲轴驱动旋转，从动齿轮由主动齿轮带动做逆时针旋转。随着齿轮的旋转，燃油被齿间空隙带动压入油腔内，使压油腔内燃油不断增加，压力上升，从出油口压送输出。吸油腔内燃油被带走，产生局部真空，日用油桶中的燃油便不断地被吸入补充到吸油腔中。供油压力通常由限（减）压阀控制，限压阀（也称调压阀）装在泵体内，也可装在油路中。当油压过高时，限压阀被打开，使燃油直接泄回吸油腔中，以避免油路中压力过高和燃油泵过载。油压的改变通过调阀门上的调节螺钉，改变限压阀弹簧的预紧力，向里拧动调节螺钉，阀弹簧的预紧力增大，燃油压力升高；往外松出调节螺钉，弹簧预紧力减小，燃油压力降低。当燃油压力超过弹簧压力时，钢球被推开，燃油通向吸油腔，否则钢球封住回油道。

油泵工作时，在两齿轮的啮合处，有一部分油被困在两齿隙之间，齿隙间的油产生一定的压力，作用到齿轮轴上造成轴承磨损加剧和功率损耗加大，影响泵的正常工作。为此，在泵盖上（齿轮的一端处）开有一短条卸油槽，使两齿轮中间受挤压的油进入压油腔。齿轮油泵的工作性能，主要取决于油泵齿轮与壳体间的配合间隙（端面间隙和径向间隙）。当间隙过大时，燃油泄漏严重，油压过低，油量减少甚至使油泵不能供油；当间隙过小时，则使齿轮与泵体相互接触，产生磨损，严重时可使油泵卡死损坏。因此，对上述端面和径向间隙都有严格要求。泵盖与泵体间的密封垫做得很薄，既可防止漏油又可用来调整间隙。

6250型机油泵和燃油泵串为一体，装在机体自由端罩壳上，两者原理相同，尺寸和轴承等有所不同，机器起动前，应将随机的摇手柄插入燃油、机油输送泵（应松开进油总管及喷油泵放气螺钉），摇手柄使输送泵转动，使管路充满油，以免管内有空气使起动困难和工作不稳定。由于特殊的连接机构，手摇输送泵时，曲轴不会产生转动，待燃油及机油压力表读数达到要求（0.1MPa）时，取出手柄，柴油机即可起动。起动后油泵由曲轴直接带动旋转。6250Z型的燃油泵在调速器座上，由凸轮轴驱动，非曲轴直接驱动。

输油泵如有泄漏现象，可在转动轴两端更换密封填料或拧紧填料压紧螺母加以解决。泄漏出的油，通过输油泵底部回油管，接到另外的油罐内。

4. 燃油滤清器

燃油滤清器的作用主要是清除燃油中的机械杂质和其他杂质，减小精密偶件（油泵芯套、出油阀和喷油器等）磨损，延长使用寿命。

输送泵将油送入滤清器，在压力作用下从进油管接头进入外壳与滤芯之间，然后渗入滤芯的中央，清洁的柴油便经出油管接头流往喷油泵。

燃油滤清器采用两个并联布置，目的是增大流通面积，降低柴油流速，使柴油中的杂质一方面因流速慢而沉淀，另一方面在通过滤芯时被阻挡在滤芯外面。

燃油滤清器由壳体、盖和滤芯三个主要部分组成。滤芯为微孔纸质的，通过性能好，滤清效率高，寿命也比较长，它同铜基粉末冶金滤芯互换。滤芯装在滤芯座上，整个滤芯组还包括滤布，滤布应经常拆下清洗或更换。

柴油机每运转100h，应对滤芯进行清洗，清洗可在不停车下进行，只要转动三通手柄，按标记切断一条滤清器油路（工作时两个滤清器都工作），就能够将该滤清器拆下清洗。放在轻柴油中被仔细洗涤后的滤芯，应用压缩空气从座孔由内向外吹干净，切不可用压缩空气在滤芯外表面乱吹，造成杂质阻塞流通间隙。滤芯如有破裂、穿孔、漏胶和脱胶现象时应立即更换。经清洗后装好，再用上述办法清洗另一支滤清器。滤芯使用周期为一年（每天按24h算），到期应更换。

5. 喷油泵

喷油泵的作用是提高油压，定时、定量地将柴油压送到喷油器。

喷油泵的结构形式很多，目前最常用的为柱塞式喷油泵。6250 型机单体柱塞式，用螺钉固定在支架上。如图 1.16 所示，柱塞式喷油泵的供油性能好、工作可靠性高，但结构复杂，制造维修较困难。喷油泵上有放气螺钉，供起动前放气用。

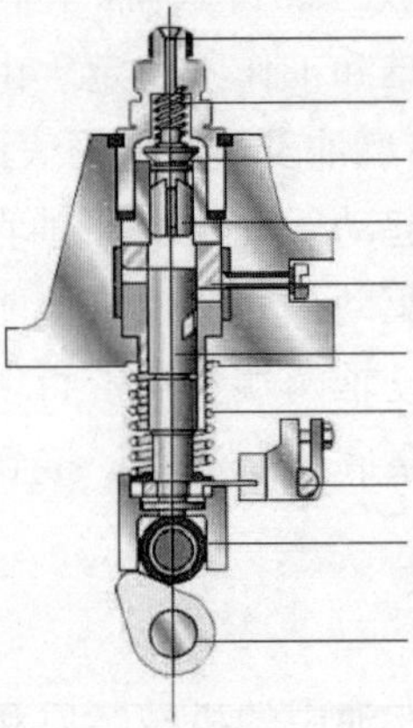

图 1.16　喷油泵

1）柱塞式喷油泵的基本构造和工作原理

柱塞式喷油泵通常由柱塞偶件、出油阀偶件、油量控制机构、传动机构、泵体等组成。主要工作部分是油泵芯子（柱塞）和芯子套筒（柱塞套筒），它们是采用优质合金钢制造，经配对研磨的偶件，不得任意互换。柱塞头部开有螺旋形斜槽，用于调节油量。柱塞中部的环形小槽用于储油，利于润滑。柱塞尾部的凸耳用于连接油量控制机构。

柱塞套筒开有两个径向孔，一个是进油孔，一个是回油孔，燃油从输送泵送来。上部的出油阀偶件，用弹簧压紧在座中，平时密封，柱塞上升时压油打开，高压油通往喷油器，往气缸内喷油。油量控制有齿杆式和拨叉式两种。6250 型采用齿杆式，油泵中间的齿杆，上面刻有刻度，齿杆可带动调节齿轮转动，齿轮下端开有槽卡在柱塞下端的凸耳上，带动柱塞转动而改变供油量。驱动机构有凸轮、推杆、摇臂、挺杆等，在配气凸轮驱动下顶杆推摇臂，摇臂的另一端顶压挺杆，挺杆推动柱塞往复运动（回程由弹簧完成）。如图 1.17

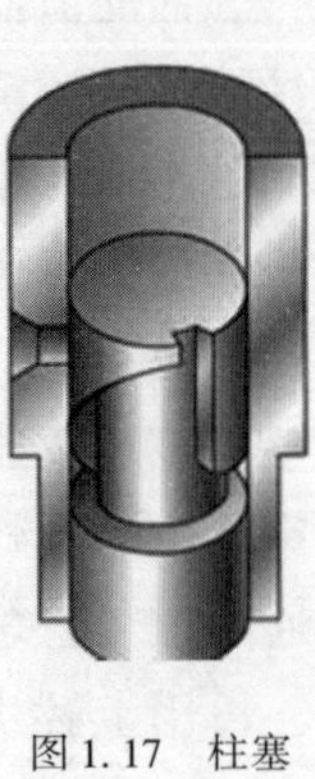

图 1.17　柱塞

所示，柱塞式喷油泵工作原理如下。

平时在弹簧作用下，柱塞位于下面位置，出油阀关闭，柱塞上头的套筒内充满燃油。当凸轮尖顶压推杆后，柱塞上升，直至柱塞将套筒左右两个油孔都遮蔽时柱塞上部成为密封空间。随着柱塞继续上升，油压迅速升高，于是推开出油阀向喷油器供油。供油直到柱塞上的斜槽边缘越过回油孔的下边缘时，燃油从回油孔流回油压降低，出油阀复位，停止供油。当凸轮尖部转过后，柱塞在弹簧作用下下落复位。当柱塞上端面低于进油孔时，柴油已被吸满柱塞上部的空间，准备再次供油。

供油量的调节，取决于柱塞上端的有效压油行程，即柱塞顶部到斜槽边的距离。转动柱塞可使柱塞顶部到斜槽边的距离改变（在回油孔上方的距离）。

2）供油提前角的调整

在油泵外壳小窗口上刻有一条细线，在导程筒上也刻有一条细线，当二线对齐时即供油开始。调整时可先卸下第一缸高压油管，盘动飞轮，使指针对准飞轮上的零度线，第一缸活塞位于膨胀冲程起始点。然后将曲轴反转30°，再缓缓顺转，当看到出油阀紧座中油面刚刚开始波动时，即表示第一缸开始供油，根据飞轮上的刻度就可确定供油提前角，非增压6250型机为19°，增压型为18°。若不符合要求时，可通过支架窗口调节摇臂处顶头螺钉，先将保险螺母松开，每向右转60°（六角的一面），螺钉上升0.25mm可将供油开始时间提早1.5°曲轴转角，向左转60°则延迟1.5°曲轴转角，调整后应将保险螺母扳紧。而后按工作次序每缸隔120°，逐缸调整，起动运转后再测量排气温度、爆发力，观察各缸是否平衡。调整应注意顶头螺钉上升高度不可超过5mm，因油泵芯子行至上止点时会碰到上面的出油阀而损坏。

6. 喷油器

喷油器的作用主要是将喷油泵送来的高压燃油雾化并以一定的喷注形状喷入燃烧室。

喷油器按结构可分为开式和闭式两大类。开式指喷油器内部与燃烧室保持畅通，由于其喷油质量不好和滴油故少用。闭式指喷油器内部除喷油时间外，均被针阀隔开。闭式又可分为轴针式和孔式两种。轴针式喷油器的针阀下端为一段圆柱体和倒锥体，轴针圆柱体位于喷孔中间并有一定间隙，高压油由此喷向燃烧室。倒锥体用于密封，起阀门作用。轴针往复运动（在高压燃油和弹簧作用下），进行喷油。

孔式喷油器的针阀前端细长，没有轴针结构，只起喷孔的启闭作用，燃料喷射状况主要由针阀体下部（针阀外面的）的喷油孔决定。6250系列采用单

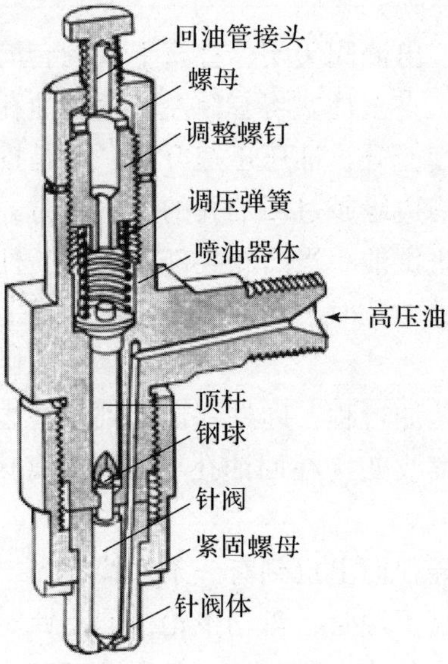

图 1.18　喷油器

体长型多孔封闭式喷油器，如图 1.18 所示。

喷油器主要由针阀体、针阀、顶杆、喷油器体、调压弹簧、调整螺钉、回油管接头等组成。其中针阀体和针阀是精密偶件，经过严格选配研磨，绝不允许单件调换。喷油压力可以通过调压弹簧调节。长形的孔式喷油器由于针阀前端细长，针阀的导向部分远离燃烧室，可避免在高温工作时引起针阀和针阀体之间的变形和卡死。为了防止细小的油孔堵死和减小油针的磨损，进油管处还装有缝隙式高效过滤器（6250Z 型机）以进一步清除柴油机中的杂质。喷油器的工作过程如下：平时，弹簧的弹力通过挺（顶）杆将针阀紧压在针阀座上（针阀体），使针阀的锥面与针阀座内的锥面紧密接触，这样就把喷孔堵死，柴油便不能流出；当喷油泵将高压燃油送到喷油器时，燃油沿喷油器内的油道积聚在针阀头部周围空间，当油压升到大于弹簧压力时，针阀被顶起高压燃油迅速从油孔喷入燃烧室，形成雾状并与压缩空气混合；当喷油泵停止供油时，柴油压力迅速降低，在弹簧力作用下迅速将油针压下，关闭喷油孔，喷油停止。

喷油器的喷油压力与弹簧力有关。喷油压力过大时，针阀（针阀与座）晚开早关，喷油时间短，供油量少，功率下降，同时喷油孔阻力加大使油泵束射程短且靠油孔两侧会出现油粒造成雾化不好，燃烧不完全，可能会冒黑烟或机器工作粗暴，甚至敲缸。但喷油压力过小时，油束的速度动能较小，使喷出的油粒增大，甚至出现滴油现象，使之雾化不良，燃烧不完全，因而发动机的功率、经济性均差，排气管冒黑烟。

调整喷油压力时，可先旋下护帽，旋松紧固螺母，然后用起子旋动调整螺钉，顺时针拧为增大喷油压力，逆时针拧为减小喷油压力，调好后应将紧固螺母拧紧，最后罩上护帽。在喷油器内的气体，可将放气螺杆转松放出。

1.8.4　柴油机的燃烧过程

柴油机的燃烧过程分为三个主要阶段。

1. 着火延迟期（滞燃期）

从喷油器喷油到火焰开始在燃烧室内传播，这一阶段称为着火延迟期或滞燃期。

在压缩冲程接近终了时，燃油喷入燃烧室，柴油与高压、高温的空气相遇后，一方面受空气加热挥发（挥发时吸收空气热量）并同空气混合；另一方面柴油与氧气化合物放出热量又对空气加热。在最初阶段挥发是主要的，柴油吸取的热量比放出的多，气温和压力都会略有降低。之后随着挥发量的增加和活塞上升使空气温度和压力升高，氧化成为主要方面，柴油放出的热量大于吸取的热量，所以气体的压力和温度迅速上升，当气温达到柴油的自燃点时出现了火源。

火源出现在自燃条件最好的油束表面或靠近极热机件的部位，可能会有多处火源，因此柴油一旦着火其燃烧速度很快。

着火延迟期对发动机影响很重要，因喷油仍在进行，如延迟期长，燃烧室内堆积的油量增多，一旦着火形成瞬时燃烧，压力将突然上升，虽经济性会稍提高，但发动机工作粗暴，机件磨损加重，因此应尽量缩短着火延迟期。方法主要是设计好压缩比（使压缩终了时气体压力、温度提高）和燃烧室（使气体产生涡流运动）以及选择适当的燃油。

2. 速燃期（火焰传播期）

从火焰开始，传播到整个燃烧室被火焰占据，称为速燃期。

速燃期内，由于是几个火源传播，而且这一时期燃烧的不仅是以前喷入的燃油，还有一些柴油边喷边燃烧，因此燃烧进行得非常激烈，压力增长极快，因而柴油机工作中的敲缸声要比汽油机大得多，这就要求柴油机在构造上，机件必须具有足够的机械强度。

3. 慢燃期（逐步燃烧期）

从火焰占据整个燃烧室到燃烧将近结束，称为慢燃期。

慢燃期的特点是边喷油边燃烧，但由于气缸容积已经开始迅速增大，虽然气体温度还在继续升高，但压力升高很小或者保持不变，甚至略有下降，总之压力变化不大。

慢燃期后，仍有少量油在燃烧，这很不利，应设法减少。

4. 影响柴油机燃烧过程的因素

1）燃烧性质

柴油机十六烷值对着火延迟期影响很大。十六烷值越高，自燃性能越好，延迟期越短。但太高时柴油黏度过大，会使喷油质量变坏，反而使延迟期加长，所以一般高速柴油机用油的十六烷值为 40 ~ 60，低速柴油机在 35 ~ 50 之间。

2）喷油时间

当喷油时间过早时，气体温度较低，着火延迟期稍延长，但火焰出现时间仍比较早，因此压力增长很快，压缩冲程可能尚未结束，受到反压力很大，影响发动机功率和经济性，工作粗暴，机件磨损严重，应当加以避免。

当喷油时间过晚时，功率和经济性下降，同时会造成机温和排气温度过高，亦应避免。

正常的喷油时间应该使气体的最高压力出现在活塞刚过上止点，此时喷油提前角（中、高速柴油机）为 20°左右。

3）机温

机温尤其是燃烧室壁面的温度对着火延迟期的影响非常明显。当机温高时，燃料蒸发和氧化反应进行得较快，所以延迟期短，发动机工作“柔和”，经济性也提高；反之，延迟期增长，甚至不能着火，机器工作粗暴，经济性下降。因此柴油机必须用冷却办法保持正常工作温度，为保证起动顺利，一般柴油机都有预热装置。

4）负载

如果转速不变，负载减小时，循环供油量也减少，于是过量空气系数加大，氧气量相对增多，燃烧加快，且可完全燃烧，所以经济性好。但负载太小，喷油量太少，机温下降，会使着火延迟期加长，对油机工作也不利。

5）转速

如果负载不变，转速增加，将使涡轮运动加强，热力状态改善，会使着火延迟期缩短。但曲轴转角的增加和速度是成正比的，因此着火延迟期按曲轴转角算有所增加，这样延迟期实际影响不大，故一般没有自动调整供油提前角的装置。

6）喷油质量

喷油质量好，可缩短延迟期，且可做到完全燃烧，机器工作柔和，起到性能好，经济性得到改善。

燃烧室形状的设计，对雾化、燃烧影响很大，有直接喷射式、预燃室式、涡流室式、补助空气式等。本机采用直接喷射式，由于涡轮较小，故喷油压力高且采用小孔喷油，同时活塞顶部做成凹顶形状，便于雾化。优点是散热面积较小、发动机功率高、压缩温度高、易于起动。

1.8.5 柴油机爆发压力及排气温度的调整

1. 爆发压力的调整

爆发压力的调整，可通过改变供油提前角来达到。要提高爆发压力，应提早喷油；要降低压力，应迟后喷油。

2. 排气温度的调整

排气温度的调整可通过改变供油量来达到，当需增加供油量提高排气温时，只要拧紧喷油泵连接杆上的调节螺母，反之则松开调节螺母。拧紧与松开程度要看需要，调节时切不能过快，应少量转动。

1.9 润滑系统

1.9.1 润滑系统的作用及对润滑油的要求

1. 金属机件互相摩擦的危害

一般机械加工的机件表面，看起来光滑，实际有许多细小的齿纹，两机件表面接触运动时，由于齿纹的阻力，便形成了摩擦，另外分子间吸引力，也是造成摩擦的原因。这将产生以下危害。

（1）阻碍机件运动，消耗动力。

（2）使运动件温度升高，金属强度减弱，加速对运动件的磨损或烧坏。

2. 减少摩擦的方法

为减少摩擦，常采用两接触表面间加具有一定黏度的润滑油，使金属表面之间隔一层薄的油膜，形成液体摩擦。

3. 润滑系统的作用

保证柴油机机件润滑的机构总称为润滑系统，主要作用如下。

1）润滑作用

使摩擦部分之间的摩擦力由干摩擦系数为 $f=0.14 \sim 0.30$，减到液体摩擦系数 $f=0.001 \sim 0.005$，降低到几十分之一。

2）冷却作用

润滑油的循环冷却，可带走摩擦机件中产生的热量。

3）清洗作用

润滑油的循环流动，将摩擦造成的金属粉末和其他杂质带走。

4）密封作用

零件表面增加了一层黏性油膜，可提高零件的密封效果。如活塞与气缸壁之间，防止漏气，增加压缩力。

5）防锈作用

润滑油附着于零件表面，可防止氧化锈蚀。

4. 对润滑油的要求

（1）有一定的黏度。黏度太小，易流失，不能保持一定厚度的油膜；黏度太大，不易流入机件间隙。同时要求黏度随温度变化小。

（2）有良好的黏着性。黏着性越大，油膜越稳定，摩擦面上的油膜越不易被破坏。

（3）凝固点。凝固点高的润滑油，在冬季将失去流动性，机件润滑得不到保证，易发生故障。

（4）应有尽量小的酸性，以防止腐蚀机件，并应不含水和其他杂质。

6250 系列机所用机油，按 SY1152—79 标准：夏季适用 HC－14 机油；冬季适用 HC－11 机油。新机或大修后运转 100h 后应更换新机油；正常情况下，每运转 500h 后应更新机油一次。机油更换应在停机后 1h 的热机情况下进行。

1.9.2 应润滑的机件及方法

6250 系列采用半干式油底壳润滑系统。湿式为机油储存在底壳中，由机油泵抽出润滑，回油流回油底壳；干式有单独的储油箱供机油。6250 型润滑的机件油路如下：机油从机体油底壳出口进入油箱，经油箱内的粗过滤器及油管吸入机油泵，在机油泵压力的作用下，通过精过滤器进入机油冷却器，使机油冷却到需要的温度（55～65℃），进入机油主油道，由主轴上的各油孔润滑主轴（曲轴）瓦、连杆轴瓦，再由连杆中心孔上行，润滑连杆小头铜衬及活塞销，流出和飞溅的机油和油雾（经油环）润滑气缸壁。其余几路分油道润滑如下。

1. 一路分油道

由主油道经机体、气缸体到气缸盖摇臂轴，再流回支架推杆孔，再经机体流回油底壳。

2. 二路分油道

由主油道经机体进入凸轮轴，润滑各轴承，凸轮表面采用飞溅和油浸方式润滑。然后机油流回油底壳。

3. 三路分油道

由主油道经机体进入调速器，润滑调速器各转动件，其中各齿轮为飞溅润滑，然后流回油底壳。

4. 四路分油道

由主油道至飞轮端（6250Z 型为自由端）罩壳喷油孔，将机油喷在传动齿轮与主动齿轮咬合面上润滑，回油到油底壳。

1.9.3 润滑系统的主要机件

1. 机油泵

机油泵是压送机油的装置，常用的有齿轮式和活塞式两种。6250 系列机采用齿轮泵，其结构及工作原理与燃油输送泵相同，不再赘述。

6250Z 型机有单独的机油预压泵，是蝶门式的。其手柄摇动位置可自行调整，使用中手柄摇动位置不可过大，以免其内部零件因撞击而损坏。

2. 机油滤清器

机油滤清器的主要作用是滤掉机油中的杂质，以保持机件润滑良好，减少磨损，保持油道畅通。机油滤清器按其作用和构造的不同，分为粗、细（精）

两种。粗滤器起到初步滤清的作用，由于它对机油的阻力小，所以串联在机油泵与主油道之间。精滤器是使部分机油彻底滤清，由于它对机油的阻力较大，所以与主油道并联。

按照滤清的方式不同，又可分为过滤式和离心式两大类。过滤式按其结构不同，可分为网式、线绕式、刮片式、纸板式、毛毡式、锯末式、纸质滤芯式及复合式多种。6250Z 型机用金属网片式粗滤器，串联在油路中；精滤器装在机体侧盖板上，采用过滤式，并联在油路中。其中精滤器的滤网外层 150 目/in①、内层 200 目/in。

6250 型机粗滤器为多孔金属圆筒，外面包有 60 目铜丝布；精滤器两个，由内外两个圆筒组成，用 160 ~ 200 目/in 的铜丝布作为滤网，两个精滤器可同时使用，也可单独使用，维护方便。

机油从外向内流通，从中间滤芯管出。盖上有放气孔，座上有调压阀，调节主油道压力（6250Z 型、6250 型在油管上，6250 型底座上有减压阀）。

当 6250 型机的精滤器芯子阻塞时，滤清器旁通阀会自动打开，机油则不过滤芯而直接流入润滑油路，防止供油中断。

精滤器虽不过滤全部机油，但可以改善油底壳机油的总体技术状态。

机油滤清器应经常取出清洗，以保证机油清洁及流动畅通。在柴油机每运行 100h 后应取出清洗一次。精滤器两组滤芯，可在柴油机运行中转动三通阀，关闭一组滤芯通路，停止其工作，拆卸并取出滤芯清洗，一旦发现滤网损坏，应立即更换，否则会影响滤清效果。清洗好的滤芯装入壳体后，再按上述方法清洗另一只滤芯。转动三通阀方向手柄应旋转自如。

当发现旁通阀自动打开时（精滤器阻塞）应立即清洗滤芯。旁通阀一般不需要用户调整。

6250 型机的滤清器在机油箱内，机油箱上还安有油尺，按油尺的标记，进行日常机油添加。

3. 机油冷却器

柴油机工作中，机油从各零件带回的热量，使机油温度升高，黏度变小，影响正常润滑，因此需要强制冷却。6250 系列机采用水冷，机油冷却器呈圆筒状，上部有进出机油孔，一端有进出冷却水孔，底下有放水阀。筒内有许多铜管，铜管内流冷却水，铜管外有许多隔板，机油在铜管外的隔板间迂回流通，接受铜管内冷却水的热交换作用，达到机油冷却的目的，如图 1.19 所示。

① 1in = 2.54cm

图 1.19 机油冷却器

机油冷却温度达不到要求时，应对冷却器进行清洗，清除水垢和污物，拆装时应保证油、水密封圈的密封性，如发现平时有漏油、漏水现象应及时处理。冷却器的锌块为防腐块（防止铜管腐蚀），其表面污垢应清除，如有严重腐蚀，应更换锌块。若发现铜管有破裂或脱焊，应及时更换或补焊，或封死该铜管。

1.9.4 润滑油

润滑系统使用柴油机所用润滑油，按 GB 5323—85 标准：夏季适用 HCA－14 柴油机润滑油；冬季适用 HCA－11 柴油机润滑油。

润滑油必须保持清洁，使用期间应定期更换。新的柴油机或大修后，第一次更换润滑油应在运转 100h 后进行。在正常情况下，每运转 500h 更换一次。润滑油更换应在柴油机热状态下进行，即停车后 1h。

1.10 冷却系统

柴油机工作时，气缸内温度很高，最高可达 2500℃，这使气缸、活塞、气门等部件温度很高，如不加以冷却，不仅会使吸入的空气量下降，燃烧不正常，引起动力性能和经济性降低，还会导致机械材料性能下降，产生热应力，受热变形、裂纹、机件间隙改变，引起磨损增加。另外，高温导致润滑油变质结焦积碳，使热传导不良，机件局部过热，造成不易停车或损坏机件。

当然，如果冷却太强，机油黏度大，不利于润滑，同时热量利用率不高，且燃油进入气缸后不易挥发，影响正常燃烧做功。

总之冷却的作用主要是保证发动机的正常工作温度，同时保持适当的冷却液温度，以获得较高的经济性。

柴油机冷却方式主要有风冷和水冷两种。水冷分自然循环冷却和强制循环冷却。而它们又可分为开式和闭式两种类型。6250 系列机采用强制循环水冷，根据用户工作环境可用闭式或开式。导航台采用闭式冷却系统。

1.10.1 冷却系统的组成及工作过程

冷却水在水泵压力的作用下，一路经机油冷却器到机体、气缸盖而进入总出水管，回水冷却塔和储水池；另一路是进入机体后流经排气管，再进入总出水管到储水池。

储水池中水来自水井（塔），对淡水水质的要求是：应接近中性，即氢离子浓度 pH 值为 6.5 ~ 9.5；有机物质和悬浮机械杂质含量均不大于 25mg/L；含油量不大于 5mg/L；暂时硬度不大于 10°（硬度 1°相当于 1L 水中含 10mg 氧化钙或 7.19mg 氧化镁）。

出水总管在自由端或飞轮端，随不同机型而不同，出水温度最高不超过 75℃，最好保持在 55 ~ 65℃之间，进、出水温差应保持在 5 ~ 10℃之间。

1.10.2 冷却系统主要机件

1. 水泵

在强制冷却系统中有水泵，其作用是对冷却水加压，使之在冷却系统内加速循环。目前多采用离心式水泵，也有采用旋涡式水泵的。离心式水泵具有结构简单、尺寸小、工作可靠、制造容易等优点，特别是当水泵故障停止工作（此处指水泵工作中自动停转，非指人工关断水管和水泵）时，冷却水仍能进行循环，防止机器局部过热而损坏。

离心式水泵主要包括泵壳、叶轮、泵轴、泵架等结构。

离心式水泵工作原理：当电机带动水泵转轴转动时，将带动叶轮转动，离心力迫使水自叶轮四周抛出；经泵壳排出泵外，叶轮中心造成低压，从而将水吸入，形成不断的循环。叶轮的叶片有的采用直叶片，以简化工艺；有的采用弧叶片，以提高效率。

冷却水泵壳上装有加水杯，作为开动前引水和放水用。泵壳下有一个放水螺塞，可作为寒冷天气停车放水之用。轴向有漏水时，可旋紧阻漏盒盖上螺母，使填料被压紧。水泵经拆修后，应重新在轴承室内加入适量的润滑脂。

离心式水泵的抽水高度称为扬程，它是采用“吸进来”“甩出去”的方法来抽水的。泵的总扬程=吸水扬程+压水扬程，其中吸水扬程由大气压决定。第一级扬程称为“吸水扬程”，叶片旋转形成一个低压区，靠大气压把水压入低压区。1标准大气压能支撑10m高的水柱，吸水扬程的极限值是10.33m。第二级扬程称为“压水扬程”，叶片旋转把水甩出去，水甩出去的速度越大，这级扬程也越大。

2. 储水桶

储水桶用三个柴油桶焊接而成或用其他材料制成相当大小的体积。用来储存柴油机出来的一部分热水，供调节进水温度用。此桶通常由用户自备。

3. 冷却水塔及储水池

柴油机排出的热水，通过冷却塔冷却后，流入储水池，循环使用。储水池的水来自清洁的自来水或河水，应注意保持储量。

1.11 YT-111 调速器

1.11.1 调速器的作用及分类

调速器应属供油系统机件，但由于内容较多，故单独讨论。

1. 调速器的作用

调速器的作用是当负载发生变化时，按发电机组输出功率的需要，自动调整高压油泵（喷油泵）的供油量，从而使发电机组始终保持额定转速。

柴油机工作时，如果输出的扭矩等于负载的扭矩，则速度保持一定工作稳定。若负载扭矩大于输出扭矩时，转速下降；反之，转速升高。在负载不断变化中，若要保持速度稳定，必须改变供油量。通过转动喷油泵柱塞改变供油量后，发动机输出扭矩会改变，使速度保持不变。自动调节油量的装置就是调速器。

2. 调速器的分类

总的来说，调速器由两部分组成，即转速感应元件和调节供油齿条位置的执行机构。按这两个基本组成部分的不同，可将调速器分成机械式、气动式和液压式三种。机械式调速器采用有一定重量的飞块或钢球作感应元件，利用感应元件旋转时离心力的变化来驱动执行机构。感应元件旋转是由曲轴齿轮等带动的。气动式调速器，是利用流体力学原理。流体（空气）在管道中流动时的速度和静压力是随管道的截面而变化的，截面越小，其流速越大，而静压力越小；反之，流速小，静压力大。进气管中放置感应膜片可带动执行机构调节油量。液压式调速器是在机械式的基础上增加液压放大器，再去推动执行机构，其调节作用力比较大。

6250 系列，采用机械式和液压式两种调速器。6250Z 型采用 YT－111 型调速器，如图 1.20 所示。

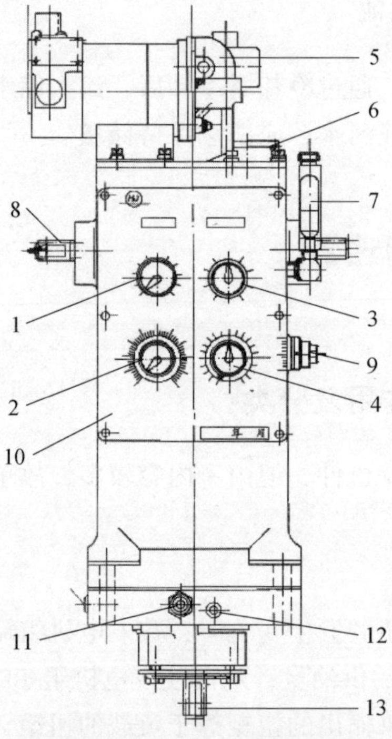

图 1.20　YT－111 型调速器

1—不均匀度调节；2—负荷指示与限制；3—转速调节；4—转速指示；5—调速电动机；
6—加油盖；7—油位表；8—输出轴；9—反馈指针；10—表盘；
11—节流针阀；12—放油塞；13—驱动轴。

调速器按能控制发动机转速范围又可分为单制式、双制式和全制式（全程式）三种。单制式在单一转速上起控制作用；双制式只在低速和高速时起作用；全制式在整个工作转速范围内都起作用。6250 系列采用全制式。

1.11.2 液压调速器工作原理

YT-111 型液压调速器的原理图如图 1.21 所示。

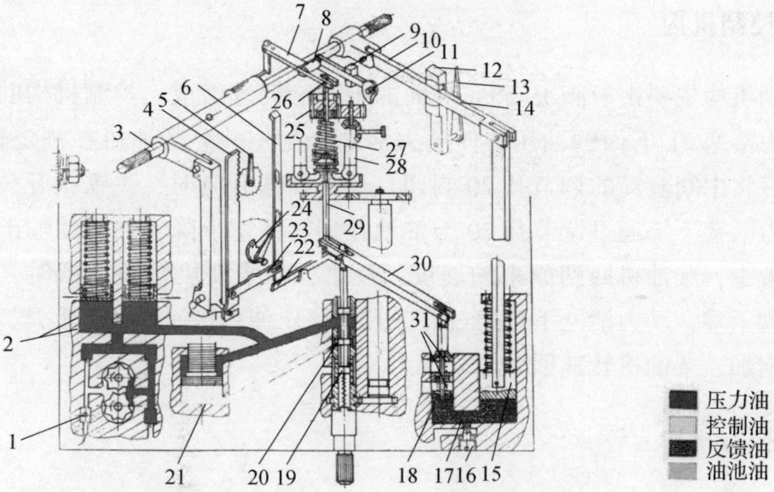

图 1.21 YT-111 型液压调速器的原理图

1—球阀；2—蓄压室；3—输出轴；4—齿条；5—复合指示指针；6—紧急停车推杆；7—不均匀度杠杆；8—滑灵；9—支杆；10—小杠杆；11—不均匀度调节凸轮；12—摇臂；13—补偿指针；14—补偿杠杆；15—大补偿活塞；16—补偿针阀；17—补偿空间；18—小补偿活塞；19—滑阀；20—调节孔；21—动力活塞；22—小杠杆；23—连接杆；24—负荷限制凸轮；25—调速齿轮；26—调速弹簧；27—调速弹簧；28—飞铁；29—调速导杆；30—浮动杠杆；31—补偿弹簧。

1. 驱动机构

调速器的传动轴由柴油机凸轮轴经齿轮驱动（按一定转速比），使飞铁 28 旋转，并将与柴油机转速成正比的“速度信号”（转动惯性）传递给感应机构。

2. 感应机构

感应机构主要由飞铁 28 和调速弹簧 27 组成。飞铁在其座上可以转动，飞铁脚（底部的）作用在调速导杆 29 上部的平面轴承端部。调速导杆可在飞铁座中上下移动，其上端受调速弹簧 27 的作用，下端与浮动杠杆 30 的上端铰接。浮动杠杆 30 的下端与小补偿活塞 18 的活塞杆铰接，在上端点与下端点之间又与滑阀 19 的杆端铰接，这样在柴油机转速发生变化时，飞铁就会张开（转速高时）或合拢（转速低时），并通过飞铁脚、调速导杆等传动件，使滑阀上下位移。

3. 控制机构

控制机构主要由滑阀 19 和它外面的中间套筒等组成。控制机构的作用是控制动力活塞 21 下面的油压，使动力活塞产生位移。柴油机在额定转速时，滑阀正好将中间套筒的调节孔 20 封闭。而当转速升高时，飞铁张开，滑阀上移，动力活塞下部通过调节孔 20 与油池接通，活塞下降，并转动输出轴 3 使喷油量减少，柴油机回到原来的速度；反之，当柴油机转速降低时，飞铁合拢，滑阀下移，动力活塞下部通过调节孔与高压油路接通，活塞上升，使喷油泵油量增加，柴油机转速回到原来值。

4. 执行机构

执行机构主要由动力活塞 21、动力油缸、输出轴 3 以及连接杠杆等组成。动力活塞的上下运动，通过杠杆机构的转换，转动输出轴 3，输出轴带动传导杆等，牵动喷油泵齿条运动，从而控制油量的增加或减少，进而控制柴油机的转速，使之保持额定速度。

5. 液压补偿机构

当柴油机由于负载等的变化，使转速改变时，液压调速器可自动调节速度，但调节中由于机件惯性，易产生增油或减油过量，使柴油机速度产生周期性来回游动。液压补偿机构可以消除上述现象。其动作原理为动力活塞带动输出轴 3 旋转时，经补偿杠杆 14、大补偿活塞 15、小补偿活塞 18，使浮动杠杆 30 绕上端转动从而控制滑阀向反方向移动，抑制动力活塞超量移动，克服喷油泵增油或减油过量现象。

6. 调速机构

调速机构是通过改变调速弹簧 27 的预紧力，来改变柴油机稳定转速的，以达到全程调速的目的。对于表盘式液压调速器，通过旋转“速度调节旋钮”可改变弹簧预紧力；对于杠杆式液压调速器可利用杠杆旋转，改变弹簧预紧力，从而使柴油机稳定在一个新的速度上工作。

7. 液压系统

调速器中的高压油，是由其小齿轮泵供给的，蓄压室2使油压保持恒定。

8. 不均匀度调节机构

不均匀度调节机构可在两台柴油机并联运行时，自动将负荷均匀分配，使两台柴油机负荷达到平衡。单机运行时不均匀度调节旋钮旋在零位。

柴油机起动时，负荷限制旋钮应指“5”的位置，这样可防止供油过多柴油机加速过快；正常工作时，可将负荷限制旋钮置于“10”的位置或经实践确定下来的位置。

1.11.3 YT－111型液压调速器的安装、调整和使用

1. 调速器的安装

（1）安装前在调速器内装入清洁的22号（夏天用30号）透平油后，进行排气，调速器油路内空气一定要排净，否则调速器无法工作。

（2）将调速器安装到柴油机上时，特别要注意驱动轴轴线的对中和垂直，在液压调速器的底面与柴油机机体上相连接的平面之间必须安装垫片，调速器的驱动轴是具有三角花键的，安装时，利用调速器的自重就能轻松地装入柴油机相应的花键套上，安装时千万不能用力压调速器或敲打调速器。

（3）调速器输出轴和供油系统拉杆之间的连接环节不允许有松动和过紧现象。为了消除连接件之间由于有间隙而产生的松动，在连接拉杆的地方要求安装一根软的拉力弹簧，弹簧预紧力的方向与减少燃油的方向一致。切忌使用过硬的弹簧，这会超出调速器的工作能力而影响调速性能。

2. 调速器的调整

1）不均匀度调整

将不均匀度调节旋钮旋到零位，此时能使柴油机的转速不随负荷的变化而变化，也就是通常所讲的恒速运转，这样在单机运行时是适合的。在两台机或两台以上联合运行时，将不均匀度旋钮旋到较低刻度位置就能获得满意的负荷均衡分配。

当柴油机带动交流发电机时，联合的各调速器的不均匀度调节旋钮要调到

足够的大（指示盘上指示30～50位置），以防止负荷分配不均匀。

2）负荷限制的调整

因为负荷限制，是在动力活塞运动时才能反映出来的，所以调节了负荷限制，并不能看出实际负荷限制的数值，因此在将调速器安装到柴油机上以后，用特制的扳手旋转输出轴，一直旋到底（按减油方向，如果旋不下去，可按下紧急停车推杆，接着再旋转输出轴一直旋到底），然后将负荷限制旋钮旋至“0”位，再反转输出轴到受阻于负荷限制凸轮，此时将输出轴与柴油机供油拉杆相连，应是无供油位置（负荷等于零的位置）。

3）补偿调整

虽然在柴油机没有负荷时可以获得满意的调速性能，即能保持柴油机的恒速旋转。但在柴油机加载后，且负载又有变化时，转速波动大小及恢复到正常转速时的快与慢，在很大程度上取决于补偿调整的正确与否。

当调速器的工作油温达到正常使用温度值（一般为50～70℃）时，在柴油机无负载的情况下，对调速器的补偿做如下调整，以实现调速器的最佳控制。

（1）松开补偿指针外端的锁紧螺母，并轻敲指针，将补偿指针调到上面的极限位置（补偿最大）。然后拧紧锁紧螺母。

（2）松开补偿调节针阀外端的锁紧螺母，用螺丝刀将补偿调节针阀往外拧出（逆时针方向转）3～4转。让柴油机游车30s，将调速器油路系统内的空气排出去。

（3）再松开补偿指针外端的锁紧螺母，并将指针调到下面的极限位置（最小补偿）。然后逐渐关闭针阀（顺时针方向旋转）直到转速波动停止为止，对应于这一针阀位置用划针在壳体上做一标记，再检查针阀在这一位置的开度（距离针阀全闭位置差多少），重新将针阀拧出到原先标定的位置，调节柴油机转速，检查补偿调整的效果。如果转速稳定满足要求则调整完毕，将锁紧螺母拧紧。

（4）如在上述针阀最小开度的情况下，仍不能满足柴油机转速的稳定，则将补偿指针上升二格刻度，然后打开补偿针阀让柴油机游车。

（5）再按（3）调节补偿阀的位置。

（6）如果还不满意，可继续按（3）、（4）、（5）进行调整，直到柴油机的运转达到满意为止。一般地说，针阀的开度以1/2～3/4圈为宜。

（7）一般地说在保证柴油机能稳定运转的情况下，补偿值调整得偏小为好，此时将获得满意的动态性能。补偿值过大（针阀开度过小和补偿指针调整在过大位置上）则容易引起动态指标变坏，恢复时间过长；补偿值过小

（针阀开度过大和补偿指针调在过小位置上）则容易引起转速波动过大，恢复时间亦过长的弊病。

4）最大或最小速度限制的调整

（1）可在发动机运转时予以调整，将表盘拆下，根据要求旋动转速调节旋钮，使达到最高转速或最低转速。

（2）将转速指示旋钮拆下，此旋钮是用圆锥销固定在转轴上的。

（3）将齿轮抽出一点，使其与相啮合的齿轮脱开，此时旋转齿轮，使齿轮上的止钉与啮合的惰轮（中间齿轮）的轮齿相碰，如果发动机在调整时转速达到最高转速，则将齿轮按顺时针方向旋转，一直转到止钉与惰轮轮齿相碰，这就是限制发动机最高转速的位置；反之，发动机在调整时，转速正处于最低转速，则将齿轮按逆时针方向转动，一直转到止钉与惰轮轮齿相碰，这就是限制发动机最低转速的位置。

3. 调速器的使用

1）起动柴油机

起动柴油机前，先将负荷限制置于指示刻度“5”的位置，可以防止起动时给柴油机供油过多和加速过快。当柴油机工作温度升高以后，就可以将负荷限制置于指示刻度“10”的位置。转动速度调节旋钮，调节转速，通过实践，可以确定今后起动时负荷限制置于哪一个位置更为适宜。

2）调速器工作用油的要求

合理地选择工作用油能保证调速器的优良工作性能及使用寿命，油料应具有最小的发泡倾向，最小的空气含量，不具有任何形式的沉积物，油料不会腐蚀调速器的零件，也不会损坏油封和涂料，人造油料是不允许使用的，油料应具有适当的黏度，在正常工作温度下黏度值介于“赛氏通用黏度单位”100～200之间，一般采用22号透平油，夏天采用30号透平油能获得满意的工作。

油料的不干净是造成调速器性能变坏的一个很重要的原因，所以必须装用新油或经过过滤的旧油。

使用中若发现工作油过热，大概率是由于工作油过脏、也可能由于机油变质，性质变坏造成。此时就应放净旧机油，用同样牌号的轻质机油对调速器进行清洗，并灌注新机油。

如果使用条件良好，一般在六个月内不要更换用油。

更换用油时，打开顶盖，把调速器从柴油机上拆下来，将调速器翻过来，把旧油倒净，再灌满清洁的轻油清洗，以除去外来的杂质，把清洗的油彻底倒净，再将洁净的新油灌入调速器内。一旦调速器从柴油机上拆下来，都应经过上述清洗顺序。

如果不允许将调速器从柴油机上拆下来避免发动机较长时间的停车，则可打开放油塞，排净脏油，灌满清洗轻油，将补偿针阀全打开，游车 3s，再把清洗油排净，注入洁净的调速器油。

调速器在储藏期间必须灌满调速器油。

调速器首次使用装入 22 号透平油或更换用油后，用户必须进行排气，否则调速器油路内存有空气将无法正常工作。

1.11.4 调速器的注意事项

调速器的注意事项具体如下。

（1）要求针阀不能关死，关死易飞车。

（2）动力活塞上的开口销不能掉，掉后会飞车。

（3）调速齿不能卡死，卡死也有可能引起飞车。

（4）装配时，电机调速离合器中螺丝需扭紧，否则不调速。拆时注意按住，防止弹簧跳走。

1.12 保护装置

机油安全装置是机油低油压时的自动停车装置。其作用是确保柴油机在允许的油压范围保持正常润滑条件下工作。当机油压力低于最低压力时，自动停止柴油机工作，以防因润滑不良造成柴油机重大事故。

1.12.1 6250 型柴油机的机油安全装置

6250 型柴油机的机油安全装置如图 1.22 所示。

机油安全装置安装在调速器的下方。机油来自主油道，从机油安全装置外壳底下进入，活塞在油压的作用下上升，在正常压力（0.14 ~ 0.1MPa）下活塞应在 B—B 线以下 4 ~ 5mm。如果油压降低，活塞将被压在它上面的弹簧推下，推到 A—A 线时，活塞中间的活塞支柱顶部拉柄拉动自动停车机构，使柴油机紧急停车。此时应检查原因，以免盲目起动造成机件损伤。

若油压太高，则会因活塞继续升高，机油从溢出口溢出，这时油压便不会继续再升高。因此该安全装置既可防止油压过低情况下柴油机运转工作，又可对油压过高进行调节。

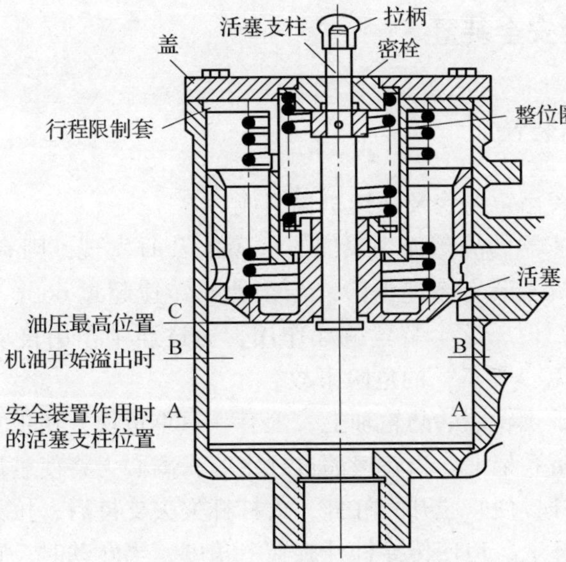

图 1.22　机油安装装置

此装置在出厂前已调整好，除大修时需拆下清洗外，一般不需调整。

如发现在正常工作中，机油压力表高出 0.14MPa 以上很多时，可调节机油泵上的调压阀，使之降低到规定数值。

1.12.2　机油安全装置与超速安全装置的复位

机油安全装置作用后的复位方法具体如下。

（1）将传导杠杆撬起并填上垫块或转动开车手轮使杠杆轴推入传导杠杆孔内，迫使其不能下落。

（2）将撬棒插入顶杆与飞轮端支柱之间，并将推开凸轮上的刻线与超速安全弹簧上的刻度线对准。

（3）将撬棒向自由端推动，拉紧弹簧箱，然后将推开凸轮按箭头方向推到底。

（4）取出撬棒，复位成功。在运转中用同样办法亦能进行复位。

若由于停车动作过猛出现推开夹脱离原位，而造成无法复位致使柴油机无法起动，则进行如下操作步骤。

（1）首先拆除推开夹，向上提起推开凸轮。

（2）用 Φ4mm，长约 200mm 的铁丝，伸入推开夹与弹簧制动盘间，按逆时针方向推动，直至弹簧制动盘落入弹簧箱内的键槽中。

（3）再装入推开夹，按正常办法复位。

1.12.3 超速安全装置

1. 超速停车装置

超速停车装置由重量块及连锁机构组成。

当柴油机调速器因故障而失灵时，如不能及时发现，则有“飞车”的可能。为此在柴油机上装有超速保险。当柴油机转速超过660r/min（根据需要可调到690r/min）时，这个装置就起作用，通过连锁作用自动关闭油门，使柴油机停车，避免“飞车”的危险事故。

超速保险装于飞轮端的凸轮轴上，上有一只重量块，在正常转速内靠弹簧与顶盘压紧于重量系架上。当转速超过规定时，离心力将使重量块飞出，以其凸起部撞击小杠杆，使它脱开大杠杆，大杠杆失去支持后，拉力弹簧就把它朝下拉压于传导杠杆上，迫使传导杠杆旋转一角度，当转动时，它的头部就把靠在它上面的推开凸轮推动，使紧固于其上的推开夹带动弹簧制动盘转动，当制动盘上四只导钉转至与超速安全弹簧箱四个缺口对正时，推开杆将带着支柱借弹簧的弹力，向飞轮端猛拉，这时支柱顶部相连接的传导杠杆也向同一方向移动，而把油泵齿条带向油门关闭位置促使柴油机停车。

当调速器或其他部分的故障排除后，重新开车前，必须先将这些装置恢复原状。

2. 超速安全装置复位

（1）将大杠杆提起，使其与小杠杆对准，确保大小杠杆平面对准。

（2）按机油安全装置办法进行复位。

1.12.4 防爆阀

为防止燃烧室压力过高损坏机体，每个气缸盖上均装有防爆阀，其开启压力出厂时已调在140kgf/cm^2（14MPa）（6250Z型机）。

安全阀体上还装有放气阀，其作用是柴油机运行时打开放气阀，可以从放出的燃气中观察气缸内燃烧是否正常。盘动飞轮时，打开放气阀可使盘动容易。可在阀体螺纹上安装不同测试仪器进行各种功能测试。

防爆门及呼吸器。每台柴油机有二扇防爆门，装于机体侧盖板上，开启压力为0.05kgf/cm^2（5KPa）（6250Z型机）。当曲轴箱内气体压力超过上值时，防爆门自动打开，将气体放出，以保证机件不受损坏。

经过活塞环漏入曲轴箱的气体，使曲轴箱压力增高，易使机油污染，甚至引起曲轴箱爆炸，为避免这些情况，有两只呼吸器装于机体侧盖板。呼吸器既保证了将曲轴箱内气体引出，又防止飞溅的油粒随同排出。另外，柴油机运转中可由此添加机油。

1.13 柴油机的操作使用

1.13.1 燃油、机油、冷却水及压缩空气的检查

1. 燃油

柴油机所用的燃油牌号按 GB 25—87 标准，为 RC－0 或 RC－10 号轻柴油。燃油必须清洁，使用前需经过 1 周的沉淀处理及严格过滤，以除去燃油中的机械杂质。

2. 机油

按 GB 5323—85 标准，柴油机夏季适用 HCA－14 机油，冬季适用 HCA－11 机油。机油必须保持清洁，使用期间应定期更换。新的柴油机或大修后，第一次更换机油应在运转 100h 后进行。在正常情况下，每运转 500h 更换一次。机油更换应在柴油机热状态下进行，即停车后 1h。

3. 冷却水

柴油机冷却水用雨水、自来水或清洁的河水为宜，井水由于含有较多杂质，易使水腔产生水垢，影响冷却效果而造成事故，故不宜使用。为了防止机油冷却器的腐蚀，在冷却器水腔内装有锌块。锌块的更换周期视腐蚀程度而定。在严寒的冬季里，当温度低于 5℃时，为了防止冰冻造成开裂现象，柴油机在停车后，必须将冷却水放尽。

4. 压缩空气

空气瓶中的压缩空气经常保持压力在 1.5～2.5MPa，同时每隔一周，应打开放水阀，将空气瓶内的冷凝水吹除掉。

1.13.2 柴油机的起动

1. 新机、长期停车或整机拆装后起动前的准备

新机和长期停车并经油封后的柴油机，首先应对柴油机进行启封，启封时应按厂家提供的“6250 型柴油机启封说明书”进行。

（1）检查柴油机各部分是否正常，各附件连接是否可靠。

（2）检查基础连接螺钉是否扳紧。

（3）检查冷却水泵及空气压缩机工作是否正常。将空气瓶充入 1.5MPa 的压缩空气，然后打开放水阀，放尽瓶中水及油污，松开总开车阀前管接头，用压缩空气冲洗管路，使管路畅通和清洁，然后使空气瓶压力达到 2.5MPa。

（4）机油箱和油底壳按要求加足机油，接通燃料油箱，用手柄摇动输送泵，排出燃油管内空气，使机油和燃油压力表显示 0.1MPa 左右的压力。

（5）打开安全阀撬动飞轮，检查配气定时、气门间隙及供油提前角是否符合要求。

（6）在停止燃油供给的条件下，通过 2.5MPa 的压缩空气，直接使柴油机转动，检查各部分有无不正常现象。

柴油机进行上述检查后，将发现的不正常现象全部排除，此时开车前的准备工作已结束，可按顺序进行起动。

2. 柴油机的起动

（1）日常使用起动前，必须检查油水管路是否畅通；打开安全阀盘车两转，检查是否有异常现象，用手摇动输油泵使机油、燃油压力表显示出压力，然后方能开车起动。

（2）开启空气瓶。

（3）转动开车手轮到“起动”位置，则总开车阀打开，压缩空气经总开车阀，通过起动阀按顺序进入气缸，促使柴油机转动。当达到起动转速，听到发动机开始工作声响时，再将手轮转到“行车”位置，此时起动完成。

（4）柴油机在低速下运转 5～10min 检查一切正常后，可使转速逐步升到 600r/min。

3. 柴油机的运转

（1）柴油机在标定转速下运转，当机油及冷却器水温度达到规定要求后，

方可逐步增加负荷，应尽量避免突增或突卸全负荷。

（2）运转期间，必须随时注意柴油机的工作情况和仪表的读数，发现问题立即排除，并做好记录。

（3）新机或大修后的柴油机，不宜开始就以标定功率工作，最初60h内应在50%左右标定功率下运转，以改善运动件的磨合情况，提高其使用寿命。

（4）新机或大修后的柴油机，当第一次开机运转1h后，应停车检查主要运动部件的质量。

（5）为保证柴油机能在正常情况下可靠运转，应尽量不开空车或在50%标定功率以下工作。

4. 柴油机停车

（1）柴油机停车前应先卸去负荷，然后逐步降低转速到400～500r/min，运转几分钟后，再转动手轮到“停车”位置，柴油机即停止转动。

（2）有外电源的用户，停车后最好使冷却水在水腔内继续循环5～10min，使柴油机温度逐步下降。无外电源的用户，用电动机带动空气压缩机时应检查空气瓶中是否储有下次开车的空气压力。

（3）在寒冷季节里或柴油机要长期停车时，停车后待水温降到30～40℃时，应放尽冷却系统中全部积水。

（4）必要时，打开机体盖板，检查轴瓦的温度和连杆螺钉的紧固情况。

（5）排除柴油机在运转中发现的问题，做好一切准备，以便随时起动。

1.13.3 工作参数的检查及调整

1. 气门间隙的调整

调整气门间隙时，先松开摇臂上的螺母及调节螺钉，将厚薄规（按规定厚度）插入摇臂与气门之间，拧动调节螺钉，直到摇臂及气门与厚薄规接触但尚能移动位置，然后将螺母锁紧，再重复移动厚薄规以做检查。

2. 供油提前角的调整

调整时可先拆下第一缸高压油管，盘动飞轮，使指针对准飞轮上零度线，第一缸活塞位于膨胀冲程始点。然后将曲轴反向转动30°，再缓慢而均匀地按飞轮回转方向顺转，同时密切注意出油阀紧座中油面情况，当油面刚刚发生波动的瞬时，即表示第一缸开始供油。根据指针所指飞轮上的刻度，就可确定供油提前角，非增压型柴油机为19°，增压型柴油机为18°。

若不符要求时，可通过支架窗口调节喷油泵顶头螺钉。先将保险螺母松开，每向右转60°（六角的一面），螺钉上升0.25mm，可将供油开始时间提早1.5°曲轴转角，向左转60°则延迟1.5°曲轴转角，调整后应将保险螺母扳紧，起动运转后再测量排气温度、爆发压力，观察各缸是否平衡。调整应注意顶头螺钉上升高度不可超过5mm，否则，喷油泵柱塞行至上止点时会碰到出油阀而损坏。

3. 配气定时的调整

气门间隙调整完毕后便可进行配气定时的调整。

调整时首先从第一缸开始，盘动飞轮使气门与摇臂保持间隙，用手抓在摇臂调整螺钉部位，做上下摇动，同时飞轮按回转方向慢慢转动，当摇臂刚刚不能用手做上下摇动的瞬时，即表示气门开始开启，这时就可根据飞轮上的指针刻度确定气门开启角度。

继续盘动飞轮，当摇臂从不能做上下摇动恢复到能摇动的瞬时，即表示气门关闭。以此按柴油机发火次序调整或检查各缸的配气定时。配气定时须符合规定数值，公差为±5°。如有因使用过久、磨损过大而不符合要求时，可借调整间隙，做微量的补偿。减小气门间隙可以使气门提前开启和延迟关闭；增加气门间隙则相反。但经过补偿调整后，气门间隙仍应在所规定的范围以内。

4. 燃油压力的调整

供油压力通常由限（减）压阀控制，限压阀装在泵体内，也可装在油路中。当油压过高时，限压阀被打开，使燃油直接泄回吸油腔中，以避免油路中压力过高和燃油泵过载。

油压的改变可通过调阀门上的调节螺钉，改变限压阀弹簧的预紧力，向里拧动调节螺钉，弹簧预紧力增大，燃油压力升高；往外松出调节螺钉，弹簧预紧力减小，燃油压力降低。

当燃油压力超过弹簧压力时，钢球被推开，燃油通向吸油腔，否则钢球封住回油道。

5. 机油压力的调整

6250型柴油机机油泵侧面机油管道上装有调压阀，首先拧掉螺帽，松开锁紧螺母，用螺丝刀转动调节螺钉。旋进时，机油压力升高；旋出时，机油压力降低。调整后，将锁紧螺母拧紧，拧上护帽。特别提醒操作手的是，若调整机油压力后，机油压力还是过低，则应对机油泵或机油的质量进行检查。

6. 爆发压力及排气温度的调整

爆发压力的调整可通过改变供油提前角来达到，要提高爆发压力，应提早喷油，降低则反之。

排气温度的调整可通过改变供油量的办法来进行。当需增加供油量、提高排气温度时，只需拧紧喷油泵连接杆上的调节螺母，反之则松开调节螺母。拧紧与松开程度看需要，调节时不能过快，应少量转动。

7. 喷油器实验和调整

将装配好的喷油器放在喷油器试验台上进行调试，具体如下。

(1) 用手泵泵至表压 17MPa，然后以约 10 次/min 的速度匀称地揿动手泵直至压力达 18.6±1MPa 开始喷油。在这段时间内，喷油嘴偶件不得有渗漏现象，喷孔允许有微量潮湿，但不得有滴漏现象，如有说明锥面密封不良，应重新清理或研磨密封锥面再进行试验。

(2) 上述试验结束后，调整针阀开启压力为 18.6MPa。

(3) 然后在 60～70 次/min 的速度上进行喷油器的雾化试验，油雾应细匀，雾束的任何切面中油粒应均匀分布，不得有肉眼可观察的油滴飞溅现象，燃油切断应及时，并有特殊的清脆声响。

第2章

发电机的结构和原理

电机是机械能与电能互相转换的机器，将机械能转换成电能的称发电机，将电能转换成机械能的称电动机。电机的工作是可逆的，它既可以作发电机用，又可作电动机用。按电流种类分，可分为直流与交流电机。交流电机中分同步电机和异步电机：电机转速与交流电频率之间保持恒定关系的是同步电机；而随着负载变化转速和频率间不保持恒定关系的是异步电机。交流异步电机又有单相和三相交流电机之分，它们分别由单相电或三相电驱动，异步电机多作为电动机用，由于工作性能差很少用作发电机。在自动控制系统中的旋转电机统称为控制电机。按用途分类，控制电机中又有直流测速发电机、电机放大机、伺服电动机，交流测速发电机、步进电机、自整角机。

交流电机的原理与直流电机的原理基本相同。本章结合具体应用讨论发电机的结构和工作原理。

2.1　发电机工作原理

三相交流发电机一般是指三相交流同步发电机，也就是说，多数交流电机采用同步发电机。

2.1.1　同步发电机的基本类型及结构

1. 同步发电机的特点

通常同步电机的定子是电枢，定子铁芯上开有槽，槽内安放绕组的导体；转子装有磁极和励磁绕组。在励磁绕组通以直流电后，转子即建立起恒定磁场。转子旋转时，磁场也旋转，定子绕组导体由于磁场有相对运动而感生交流电势，由于定子绕组安放的位置每组相差120°（三个绕组），因此产生的感生电势的相位也相差120°，同时由于切割的磁力线数量周期性变化，且磁力线方向也在周期性变化，因此感生电势是三相交流电。

每相电势的频率为

$$f = Pn/60 \tag{2.1}$$

式中：P 为转子磁极的对数；n 为转子每分钟转数。

可见当电机的磁极对数、转速为一定时，电机发出的交流电势的频率也是一定的。

若同步电机作电动机用，定子绕组通以三相交流电，将产生旋转磁场，转子通上直流电，通电导体在磁场力的作用下，转子将以旋转磁场同样的速度旋转，这时有

$$n = 60f/P \tag{2.2}$$

由式（2.2）可见，同步电机无论作为发电机或电动机使用，其转速和交流电频率之间都保持严格不变的关系，即在恒定频率下转速恒为同步速率，故称同步电机。

按国产电力系统规定，频率为50Hz，则电机额定转速为1000r/min，应有3对磁极；转速600r/min，应有5对磁极。

2. 同步电机的基本类型

按运行方式和功率转换方向，同步电机可分为发电机、电动机和补偿机三类。补偿机专门用来调节电网的无功功率，以改善电网的功率因数。

按原动机类别，同步电机可分为汽轮、水轮发电机和柴油发电机及燃气轮发电机等。

按结构特点，同步电机可分为旋转电枢式和旋转磁极式两种，前者多用于小容量同步电机中，后者广泛用于大、中容量的同步电机中。这主要是从转子电压和容量常比电枢小考虑的。

按照磁极的形状，同步电机可分为隐极式和凸极式两类，对转速低于1000r/min的原动机多采用凸极式，高达3000r/min以上的采用隐极式的。这主要是从转子强度和绕组固定考虑的。

3. 凸极式同步发电机的基本结构

凸极式同步发电机主要是由定子、转子、机架和轴承等组成的。下面讨论一般结构。

1） 定子

定子主要由定子铁芯、绕组和机座组成。定子铁芯由扇形硅钢片冲片叠成，每隔4～5cm留有通风整体。整个铁芯固定在机座内圆的定位筋上。同时

机座外壳与铁芯外圆间留有通风道。

铁芯内圆槽中安放定子绕组并用槽楔压紧，绕组端用线绳绑于支撑环上固定起来。

2）转子

转子主要由轴、转子支架、轮环（与轴连接）和磁极等组成。磁极是由1～1.5mm厚的钢板冲片叠成，两个端面上加有磁极压板，用铆钉铆成一个整体。磁极上装有主励磁绕组。

励磁绕组线圈多是由扁铜线绕成，匝间用石棉纸板绝缘，线圈经浸胶热压处理，使其成为一个坚固的整体。

有的在磁极上常装有阻尼绕组，绕组与鼠笼结构相似，由端部焊有铜环的许多裸铜条构成，以减小并联运行时转子振荡的幅值。

4. 同步电机的冷却

电机运行中，由于电流损耗而发热，温度过高会影响绝缘性能和材料强度及安全运行，大容量电机往往因冷却问题限制了其额定容量的增加。

一般中、小型电机多采用内装风扇或外装风扇的风冷方式进行冷却。大型电机尤其是高速隐极式电机，冷却比较困难，有的采用氢气冷却，近年来多采用水冷，用纯水和绝缘管通到绕组中进行冷却。

以前电机的冷却形式多采用自扇风冷却式，风从端盖两端进入，从机座两侧吹出，为了减少油污进入电机，现有的发电机已改成尾部进风，轴伸端出风。

2.1.2 电枢反应及励磁

1. 电枢反应

当同步发电机接入三相平衡负载后，如保持转速和励磁电流不变，发电机的静电压将随着负载而发生变化，如电阻性负载时端电压下降，电感性负载时端电压下降更多，电容性负载时端电压会增加，这就是电枢反应造成的。

当电机空载运行时，只有转子励磁产生的一个旋转的主极磁场；而带上负载后，除主极磁场外，定子绕组内流过的负载电流也产生一个电枢磁场，这两个磁场叠加后的合成磁场供发电用。电枢磁场的大小和相位是随负载大小和性质变化的，如果与主极磁场同方向，则合成磁场变大，如果与主极磁场方向相反（相位差180°），则合成磁场减小，电枢磁场对合成磁场的影响称为电枢反应。

分析表明，在电阻性负载时，电枢磁场较主极磁场落后90°，所以使合成磁场有一定的减小；在电感性负载时，电枢磁场落后于主极磁场180°，所以使合成磁场减小最多；在电容性负载时，电枢磁场与主极磁场的方向相同，故合成磁场增加。除合成磁场有大小变化外，还有相位的改变。

发电机带感性负载时，如要保持输出电压不变，必须加大直流励磁电流，这种情况称为发电机过励。反之在容性负载时，需减小直流励磁电流，这种情况称为发电机欠励。

实际上电枢反应不仅是引起端电压变化的主要原因，也是电机实现能量交换的枢纽。

负载电势减去定子漏阻抗压降后，便得到端电压，通常发电机担负感性负载，电枢反应起去磁作用，负载电势减小，即随着负载的增加，端电压下降，为了保持端电压不变，带感性负载时必须相应地增加励磁电流。另外，有了电枢磁场与主极磁场的相互作用，才得以产生电磁功率和电磁转矩，才会实现能量转换。

2. 同步发电机的励磁

过去大都采用直流励磁机作为励磁电源，但随着发电机容量的增加，励磁电机容量也增大，使制造困难，因此随着半导体工业的发展，出现了一系列新的励磁方式。从励磁系统与发电机间的关系，可分为他励式与自励式。目前直流励磁机和交流励磁机虽都有应有，但多数为复励式恒压励磁系统，所谓自励就是发电机自己供给本身所需要的励磁能量。所谓恒压就是励磁系统能自动地使发电机在任何负载下，端电压稳定在一定范围内，因此它除了需要建立空载额定电压所需的电压励磁外，还需在发电机带负载时，增加一个电流励磁绕组，以补偿电枢反应和电枢内阻压降的影响，故称复励。由于不同功率因数（相电压与相电流间夹角的余弦）下发电机输出电压升、降不同，所以维持电压恒定时，还必须考虑电压、电流励磁之间的相位关系，即要有一定的相位补偿，因此称相位补偿复励，简称相复励。半导体二极管装在交流发电励磁机输出端，将励磁机转子产生的交流电整流成直流后供发电机主励磁，主励磁场由发电机的转子产生，而发电机转子与励磁机转子同轴，因此不需要集电环、碳刷等。

单位机组所采用的励磁方法与上述相似，但没有移相用的电抗器和电容器，称为“无刷励磁”，即交流励磁机和发电机同轴，发电机主磁场由转子产生，转子所需的主励磁直流电由安装在发电机端的“旋转”二极管交流励磁机转子产生的交流电整流后供给，发电机与励磁机转子间的连接导线装在发电机空轴内（发电机转轴是空心的）。励磁机定子绕组的负励磁电流，分电压和电流复励两种：电压励磁由发电机输出电压供给，保证发电机空载发电；电流复励是经发电机输出线上电流互感器耦合而来的，以保证加负载后发电机输出电压稳定。发电机起动时靠剩磁或用蓄电池电起励建压。

2.1.3 交流发电机电势的频率和电势

1. 交流发电机电势的频率

电势的频率决定于电机的磁极对数和转速，若电机磁极对数 $p=1$，则转子转一转，电势 e 就变化一周。电势频率为电势在每秒钟内变化的周数，若转子每分钟转 n 转，则一对磁极时，发电机电势的频率为

$$F=n/60 \tag{2.3}$$

如果发电机的磁极对数为 p，转速为 n，则所发出的电势的频率为

$$f=pn/60 \tag{2.4}$$

由此可见，若使交流发电机的电势频率不变，则转速也应不变。若要实现对交流电势频率的调整，由于电机制成后，磁极对数已定，只有利用改变原动机（本书是用柴油机）的转速来实现频率的调整。

2. 交流发电机的电势

由于电枢绕组是由许多导体联接而成，因此应先计算每根导体绕组的电势，然后再算出匝数为 w 的绕组电势，电势的大小与每极下的磁通 ϕ、绕组系数 k（通常为0.8～0.95）、频率 f 和匝数 w 成正比，经计算其有效值可表示为

$$E_{相}=4.44fkw\phi(V) \tag{2.5}$$

这是短距绕组（迭绕组）的每相绕组的电势。全距绕组（波绕组）的相电势表达式中应去掉 k，单相交流发电机常采用全距绕组。

对于三相交流发电机，如果其电枢绕组为三角形接法时，其线电势 $E_{线}=\phi E_{相}$；若电枢绕组为星形连接（通常如此），则

$$E_{线}=\sqrt{3}E_{相} \tag{2.6}$$

由此可见，若改变发电机输出电压的高或低，通常是改变励磁电流的大小。

2.1.4 交流发电机的特性

交流发电机的基本工作特性有三种：空载特性、外特性和调整特性。

1. 空载特性

当发电机转速 n 等于额定转速 n_H 和负载电流等于零时，空载端电压 $U_0 = E_0$ 与励磁电流 I_B 之间的函数关系 $U_0 = E_0 = f(I_B)$ 称为空载特性。

在转速和频率为常数时，空载电势 E_0 与每磁极下的磁通 ϕ 成正比，因此空载特性就是更换纵坐标后的电机磁化曲线 $\phi = f(I)$。空载特性可以用来估计电机磁路的稍饱和程度。通常对应于额定电压的一点是在空载特性的膝部，即磁路稍呈饱和之处。因为这一点如果处在直线部分，磁路不饱和，当负载变化时，发动机的端电压变化太大；如果这一点处于磁路过于饱和的部分，则电压调整受限制。

2. 外特性

当发电机转速为额定值、励磁电流 I_B 为常数、负载功率因数 $\cos\phi$ 为常数时，发电机端电压与负载电流的函数关系 $U = f(I)$ 称为外特性。

当负载特性不同时，即 $\cos\phi$ 不同时，电枢反应的后果也将不同。

发电机的端电压随负载变化的原因有三：一是电枢电阻所产生的电压降；二是电枢感抗所产生的电压降；三是电枢反应。其中影响最大的是电枢反应。通常交流发电机的负载为电阻性或稍带一些电感性的。

为了说明发电机端电压随负载变化程度，通常用电压调整率 ΔU 来表示，即当发电机的转速为额定值和功率因数 $\cos\phi$（负载总有功功率比总的视在功率，ϕ 为相电压与相电流之间的相位差）为常数时，空载端电压 U_0 减去满载端电压后与额定电压之比再乘以百分之百，即

$$U = (U_0 - U)/U_H \times 100\% = (U_H - U)/U_H \times 100\% \tag{2.7}$$

有时发电机铭牌上会标出值，一般 $\cos\phi = 1$ 时 ΔU 为 10%~20%，$\cos\phi = 0.8$（电感性负载）时 ΔU 为 20%~30%。

3. 调整特性

在 $n = n_H \cos\phi$ 和端电压为常数时，励磁电流与负载电流的函数关系 $I_B = f(I)$ 称为调整特性。

由外特性曲线可知，当负载电流 I 增加时，如要保持端电压 U 不变，则需在电感性负载和纯电阻性负载下均增加励磁电流，而在电感性负载下所需增加的励磁电流更大。在电容性负载下需减小励磁电流，其中 I_{BO} 表示空载电压 U_0 等于额定电压时所需的励磁电流。调整励磁电流可手动（用电位器等），也可

自动（自动电压调节器）。为了正确使用交流发电机，它的额定值与基本特性曲线都需了解。

2.1.5 交流同步发电机的并联运行

1. 投入并联的条件

同步发电机与电网（或另一台发电机）并联合闸前，为了避免电流的冲击和转轴受到扭力矩，需要满足一定的并联条件。

(1) 发电机的端电压和电网电压应具有相同的有效值、极性和相位。

(2) 发电机端电压的频率与电网的频率应相等。

(3) 对三相发电机，要求端电压的相序与电网相同。

(4) 发电机端电压的波形应与电网电压波形一致，即均为正弦波。

上述条件中（4）项在制造电机时得到保证（电枢绕组均匀分布、转子磁场做圆周旋转）。(3) 项要求在安装发电机时，根据发电机规定的转向，确定发电机的相序，因而得到满足。可见，并联运行时只需满足（1）和（2）项条件，下面先讨论不满足这两个条件时造成的后果。

2. 不满足条件的后果

1）频率和相序相同，但电压不等

由于电压不等，合闸时电闸两端必有一电压差，此电压差将在电机与电网之间产生环流。如果电机电压与电网电压相位差较大或完全反相，此时电压差很大，产生的环流可达额定电流的 4～6 倍。此时由于电磁力的冲击，定子绕组端部就可能受到损伤，由于冲击转矩很大和机组的扭振，机组的转轴就可能受到损伤。

2）电压相等，但频率不同

由于频率的不同，两个电压间的夹角（相位）是在不断变化的，合闸后，电机和电网之间将出现一个大小和相位随时间变化的电压差，称拍振电压。拍振电压产生一个大小和相位随时间变化的拍振电流，在拍振电流落后拍振电压近 90°时，不仅会加重发电机的负载，还可能产生相当大的机械振动。在另一瞬间，拍振电流落后拍振电压大于 90°，这时发电机吸取电网的有功功率，即作为电动机运行，此时电机内同样将产生巨大的冲击电流和转矩。

总之，在合闸时，为不产生冲击电流，避免产生机械上的冲击，并联投入时应满足上述并联条件，具体并联方法应按自动化机组并联操作规程进行。

2.2 无刷同步发电机

2.2.1 无刷同步发电机的发展及应用

由于电能具有生产和变换比较经济，传输和分配比较容易，使用和控制比较方便等优点，因而成为现代最常用的一种能源。同时随着国民经济的不断发展，自动化程度越来越高，对电的需求量越来越大，不仅要求用电数量，同时对用电质量也提出了要求，无疑对同步发电机的性能也提出了高要求。励磁方式直接影响到发电机的性能、可靠性和技术要求，因此励磁方式的研究成为电机发展的一个重要课题。原来一直采用直流发电机来励磁，即用直流发电机发出的直流电，通过滑环和电刷引进同步发电机的转子绕组，但随着电机容量的不断增大，直流电机的换向已成为一大难题，并且需要碳刷和滑环，存在碳刷磨损和碳刷粉末玷污线圈绝缘和其他零部件问题。随着半导体技术的发展，推动了无刷电机的发展。

2.2.2 无刷同步发电机的结构特点

无刷同步发电机由主发电机（同步发电机）、交流励磁机、旋转整流器等主要部分组成，主发电机转子、励磁机电枢和旋转整流器都装在同一轴上一起旋转，励磁机磁极固定在定子内侧。主发电机结构大同小异，都是转场式的，有隐极和凸极两种，交流励磁机为转枢式的。同步发电机由有刷进化到无刷主要是有了交流励磁机和旋转整流器。

1. 交流励磁机

交流励磁机实为交流发电机，电枢铁芯用优质电工钢片冲制后，紧密叠压在电枢支架上，然后热套到轴上，电枢绕组端部用玻璃钢绑扎，以承受高速旋转下的离心力。磁极用特殊钢片组成，具有适当的磁积能，保证交流发电机能自立建压，为主发电机提供励磁电流。交流发电机一般依靠自己的剩磁建压，有时为了提高起励的可靠性，不仅在励磁回路中采取起励措施，而且还在交流励磁机的定子磁极极靴安放小块永久磁铁加以励磁。为了提高励磁系统的反应速度，交流励磁机的频率一般比主发电机的高，达数百赫兹，故交流励磁机的极数比主发电机多，但最好不是简单的整数倍（例如，某电机的主发电机极数为6，励磁机的极数为16）。

2. 旋转整流器

旋转整流器由半导体旋转整流二极管、快速熔断器、过电压保护器等元件组成，快速熔断器作为过电流或短路保护串联于每个二极管支路，浪涌抑制器或压敏电阻并联于旋转整流装置的直流侧两端可以吸收瞬时过电压，作为过电压保护。旋转整流器与主发电机转子也是同轴安装，整流电路（单相、三相）应与交流励磁机的相数相同，可以是全桥整流式或半桥整流式，旋转整流器的输入端（交流侧）接交流励磁机的输出端，其输出端（直流侧）通过转轴中心的轴孔与主发电机的转子励磁绕组相连，供给主发电机励磁。原理如图 2. 1 所示。

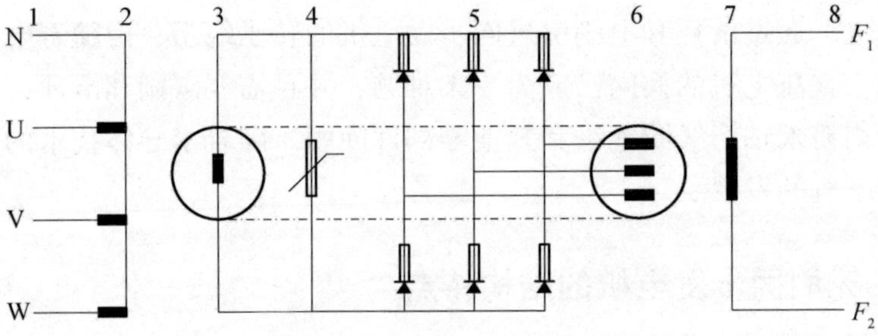

图 2. 1　无刷同步发电机接线原理图

1—定子出线端；2—主机定子；3—主机转子；4—压敏电阻；5—旋转整流器；

6—励磁机转子；7—励磁机定子；8—调压器连接端子。

旋转整流器不仅工作在高速、高温和有振动的场合，而且还承受过流、过压冲击的可能，是电机故障率较高的部件。因为在电机受到外界干扰时，尽管由负载电流产生的定子旋转磁场与转子绕组间无相对运动，但随着定子磁场幅值的突变，在转子绕组中便会感应出变压器电势；而当电机负载不对称时，定子绕组中将会流过负序电流，这个负序电流所产生的负序磁场对转子有两倍同步转速的相对速度，将在转子磁场绕组（感性元件）中感应出旋转电势；异相合闸常发生在同步设备检修后，因电压互感器一相错误连接而造成，当发电机电压与系统电压之间的相位角为60°合闸时，会导致很高的转子电压，在非对称短路或并网的误操作过程中，上述旋转电势和变压器电势将可能于某一瞬间同时产生，这两个瞬时电势加上交流励磁机电枢输送给旋转整流器的电势，再和主发电机转子磁场绕组中原有的电流相叠加，共同作用于旋转整流二极管，可使导通的二极管流过很大的正向电流，也可能使截止二极管承受很高的反向电压，将可能损坏二极管。在气隙较小、阻尼不良或没有阻尼的凸极同步发电机中，这一现象更为突出。

若交流励磁机的极对数是主发电机的极对数的整数倍，当发电机三相对称短路时，转子线圈中的感应电流也将流过正在导通的二极管，使二极管受损。基于以上分析，必须采取适当的措施来预防可能发生的故障：在转子磁极表面上装阻尼绕组，以改善动态性能；交流励磁机的极对数和主发电机的极对数不成整数倍；对旋转二极管采取过压和过流保护；选择旋转二极管额定容量时留有较大裕量。因此，旋转整流装置在安装方式、绝缘方式、振动、热容量等方面须经过精心设计、制造和严格的振动、超速、高温等试验，使其具有很高的可靠性。整流桥输出侧装有压敏电阻，以防发电机磁场绕组出现过电压时损坏整流二极管。而熔断器则作为过流或短路保护串联于每个二极管支路，一旦整流管出现故障，则与之串联的快速熔断器可保证其自动断开，从而防止励磁机局部严重超载过热。整流桥和励磁机的设计容量应考虑即使在一个整流管断开的情况下，仍能为发电机提供励磁电流，则发电机仍可带轻载运行而不会出现故障扩大现象。若在控制系统中配以适当的故障监测装置，则可以在最合适的时刻停车和排除故障。

3. 交流励磁机和旋转整流器的安装

把交流励磁机和旋转整流器装在主发电机非传动端的外侧，从转轴中心打孔，用导线穿过轴孔，将整流器整流后的直流电输送到主发电机转子的励磁绕组，这样可以给旋转整流装置的检修、维护带来方便，使二极管和熔断器的更换比较容易，提高运行的可靠性。

2.2.3 无刷同步发电机的工作原理

当原动机拖动主发电机旋转时，交流励磁机的电枢绕组首先将切割剩磁自励发出交流电，然后经旋转整流器变成直流电后进入主发电机转子绕组以励磁。这时主发电机的输出端有电压，励磁电源取自发电机输出端电压，称为自励恒压发电机。只要调节交流励磁机的励磁电流，就可以改变主发电机的励磁电流，从而控制主发电机的输出端电压，依靠连接于主发电机输出端和交流励磁机定子磁场绕组之间的自动电压调节器就可以稳定主发电机的端电压，如图 2.2 所示。

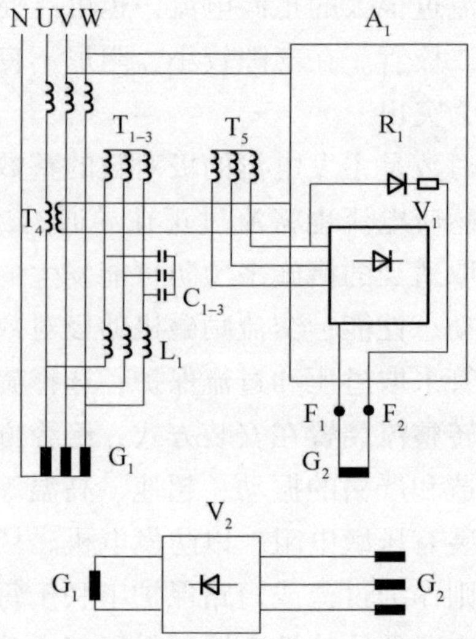

图 2.2　具有可控硅电压调节器的相复励励磁系统

A_1—电压调节器；C_{1-3}—电容器；G_1—主电机；G—励磁机；R_1—串联电阻；
T_{1-3}—单相电流互感器；T_4—整流变压器；T_5—整流变压器；
V_1—静止整流器；V_2—旋转整流器；L_1—电抗器。

2.3　无刷励磁发电机控制屏

BKF－WC 系列控制屏，是为 55～800kW 无刷励磁柴油发电机配套设计的，主要作用是通过自动或手动调节发电机励磁电流的大小以达到控制发电机输出电压稳定，自动调节时可获得高精度电压调整率，且对发电机的过载、短路进行保护。屏上仪表可显示发电机运行状态，供操作和监测用。控制屏与控制台联用便可对整个机组进行遥控式自动化操作。

2.3.1　无刷励磁发电机控制屏组成

控制屏主要由发电机主回路、发电机电压调节系统、计量保护系统组成。

1. 发电机主回路

发电机输出的三相交流 400V、50HZ 电压，直接进入控制屏，穿过三组电流互感器，在引出屏内所需的测量移相电压、励磁电压、电流复励励磁电压、同期开关用电压、电压测量用电压等后，经空气开关和隔离开关送至配电屏线输出。空气开关和隔离开关送至配电屏母线输出。空气开关具有失压、过流及短路保护装置。

2. 发电机电压调节系统

发电机电压调节系统（发电机励磁系统），由电压测量、脉冲移相、过压保护、电流复励、手动/自动转换和起励、调差环节组成，完成手动/自动调节发电机输出电压的任务，并限制发电机输出电压过高，起到保护作用。在机组并联时还可以实现无功功率的合理分配。

3. 计量保护系统

计量保护系统包括指示发电机电源、电压、功率、功率因数、频率等数据的仪表，以及发电机有功电能的电度表等。同期表为机组并联时，作临测仪表。

4～6LH 电流互感器串接 1～3GLJ 电流继电器，在发电机过流及负载短路时，可断开空气开关，对发电机起到保护作用。

2.3.2 发电机励磁系统工作原理

发电机采用无刷励磁系统，即取回一部分发电机的输出电压，送至励磁绕组，作为空载电压。发电机带负载时，输出电流经耦合作电流励磁，以补偿负载变化及电枢反应等。电流励磁绕组装在励磁机定子上，励磁机转子产生的交流电，经旋转二极管整流后加到主励磁绕组上（发电机转子上）产生励磁主磁场（发电机转子和励磁机转子同轴）发电机定子上的电枢绕组产生三相交流电输出到控制屏，下面对励磁系统的各环节分别讨论。

1. 电压测量环节

电压测量环节的作用是测量发电机输出电压的高或低。输出一个低或高的电压，去控制励磁电流的小或大，从而稳定发电机输出电压。它由空气开关、变压器、整流桥和稳压桥组成。

发电机输出三相电压分支过空气开关后，经变压器的次级输出，经电位器至整流桥。整流桥输出直流电压经电位器加到稳压桥输入端，稳压桥输出经耦合加到脉冲移向环节基极。其中调差电位器，在发电机并联时调节功率分配用。

阻容滤波器通过调节稳压桥的工作点，使发电机的输出电压整流后波形变得平滑，成为直流电压。

稳压桥是个比较电路。每对稳压管的稳定电压 U_{WY} 为标准比较电压，当输入电压 $U_m < U_{mY}$ 时，稳压管处于开路状态，设后级输入阻抗为 R 时，则比较电路输出电压是输入电压 U_m 在 R 上的分压，即

$$U_n = U_m R/R_4 + R + R_5 \tag{2.8}$$

可见 U_n 与 U_m 之间成正比。

当 $U_m > U_{WY}$ 时，稳压管两端电压稳定在 U_{WY} 值，电阻 R_4 或 R_5 上的压降为输入电压 U_m 减去 U_{WY} 的差值，即

$$U_r = U_m - U_{WY} \tag{2.9}$$

发电机输入点对地电压为 U_{WY}，电阻压降后对地电压为 $U_m - U_{WY}$，输出电压为

$$U_n = U_{WY} - (U_m - U_{WY}) = 2U_{WY} - U_m \tag{2.10}$$

式（2.10）表明，发电机电压的变化量 U_m 也给定标准值 $2U_{WY}$ 相比较而得到误差值 U_n，故比较电路工作时，随输入电压 U_m 升高，输出电压 U_n 减小。

比较电路与脉冲移向环节之间是矫正电路，其中加速电路使稳压桥输出波形边沿变陡；吸收电路使稳压桥输出波形边沿变缓。现将两电路放在一起，合理选择元件，可使加速作用与励磁绕组惯性元件所引起的延缓作用正好补偿，使输出立即反应输出的变化，提高系统的精度和稳定性。

2. 脉冲移相环节

脉冲移相环节是一个典型的单节晶体管式可控硅触发电路，电路的电源电压由变压器引入，经桥式整流和稳压后供给。

倒相放大器。随着稳压桥输出电压大小的变化，对电容器充电电阻的大小也变化（管子导通状态不同，内阻大小不同）。

当电容器充电到一定高度单节晶体管导通，在脉冲变压器初级上产生脉冲，同时电容器也通过基射结的二极管管子放电，电容器电压比较低时管子截止，脉冲变压器输出一个窄脉冲电压，输出后送电压励磁电源整流器，控制可控硅导通。而后又给电容器充电，再产生脉冲。

当发电机输出电压降低时，稳压桥输出电压升高，倒相放大器输出电压降低，导通加大，内阻变小，给电容器充电电流加大，充电速度加快，单节晶体管提前导通产生脉冲（使脉冲移相），可控硅导通角增大，励磁机副励磁电流加大，使发电机主励磁电流增大，输出电压上升。反之则相反。从而达到发电机输出电压的自动调节。消除初级反向产生电势，提供放电回路，起到保护作用。

3. 过压保护环节

发电机自动调压过程中，一旦输出电压超过电压整定值时，过压保护环节便动作，限制电压升高。

经变压器次级引来的单相电压，经桥式整流后，经电容滤波，经稳压电阻和整流电位器，加到单管稳压桥上。稳压桥输出加到基射极上，输出并到电容器两端。

当发电机正常运行时，电器线路未击穿，其上压将增大，不影响电容器充电。当发电机输出电压高于整定值时，电器线路击穿，其上压将减小，此时相当于电容器上并联了电阻，使电容器充电变慢，单结晶体管延迟导通，产生的触发脉冲相位后移，可控硅（副励磁电源）导通角减小，使发电机励磁电流减小，发电机输出电压下降，限定在过压整定值以下。

调节整流电位器大小，可调节过压保护环节的动作电压，从而调整过压整定值。

4. 电流复励环节

当发电机带负载（感性负载）时，负载电流产生的磁场将会抵消一部分主励磁磁场，使发电机输出电压跌落。增加第二副励磁绕组电流励磁，使励磁发电机发电量增加，可补偿负载引起的电压跌落。

有负载时，发电机输出三相线上必有电流，电流互感器可将这一交变电流感应产生电压加到三相桥式整流电路上，经整流后送第二副励磁绕组。其整流保护电路，当有强脉冲反向加于整流二极管上时，它起旁路作用，从而保护二极管并有滤波作用，可手动调节第二励磁大小。

电流复励时，励磁电流与发电机负载电流成正比变化，负载变化时能自动励磁电流，保证了发电机端电压稳定在额定工作点附近。当发电机突加、减负载时，复励电流还具有一定的强励功能，改善了发电机的动态特性。

5. 手动、自动转换和起励环节

电压励磁电源来自发电机输出三相电的支路上，即在空气开关过后的变压器初级，经变压器后加到手动、自动桥式整流电路上。电压调整电位器，用以调整手动时励磁电压的大小。可保护整流电路，又有滤波作用。起动时，面板上的调节转换旋钮打到手动位置，调节面板上的手动电压调整旋钮，可使发电机达到额定空载电压。运行时再打到自动，此时是短路手动电压调整旋钮、接通可控硅。

在起动时，若手动调节手动电压调整旋钮，发电机不能建压时，说明剩磁太低，需用蓄电池直流起动励磁，这时按下面板上的起励按钮，蓄电池的24V直流电经直流配电屏和控制屏起励按钮，待发电机输出电压上升至100多伏时，松开起励按钮，而后便可调节手动电压调整旋钮使发电机输出电压达到额定值。

6. 调差环节

调差环节的作用是实现并联机组间无功功率的合理分配。

它是由发电机输出A相上加电流互感器的副边串接（耦合在电流互感器付边引线周围）反馈互感器副边引线并接在测量环节的调差电位器上；同时C相电流互感器副边同样串接反馈互感器的副边引线，并接在调差电位器（测量环节的）上。

对于两台相等容量的发电机并联运行时，在保持输出电网电压不变和频率不变的条件下，若调节有功功率，必须调节发电机的输入功率，输入功率增加，则发电机输出的有功功率增加；若调节无功功率，必须调节励磁电流，对于感性负载励磁电流大，输出无功功率大，容性负载反之。

发电机并联运行中，为使各机组正常运行，各机组须有一基本相同的调节系数，且为正调差（感性负载时），这样机组才不至于“抢无功”（无功电流在电机绕组和输电线中会造成损耗）。正调差特性是当测量环节由于无功电流的引入，使稳压桥输入电压上升时，稳压桥输出电压下降，可控硅导通角减小，发电机励磁电流减小，改善了发电机并联时的无功分配。

我们知道，无功功率等于线电压与线电流之积再乘上φ角正弦的$\sqrt{3}$倍，可见φ角越大则无功功率越大。此角越大，从三相电流电压的向量图可知，由于电流I_c产生的电压与A相电压叠加，电流I_A产生的电压与C相电压叠加，因此使经整流后加在稳压桥上的电压越大，稳压桥输出的电压越低，可控硅导通角越小，励磁电流越小，也就是说，并联运行时，发电机励磁电流随功率因数（$\cos\varphi$）的减小而减小，此时无功功率输出减小，两个调差电位器是双连电位器，可调整调差的大小。转换面板上的调差转换开关，在单机工作时，使调差变为负调差，这时发电机励磁电流随负载功率因数的减小而增加，如功率因数降低，发电机输出电压下降，稳压桥输出电压升高，通过脉冲移向环节调整可控硅导通角增大，使励磁电流增加，使发电机输出电压升高。

2.4 有刷励磁发电机

有刷励磁发电机是内含电刷装置的将机械能转换成电能的旋转电机。区别于无刷发电机，电刷装置是用来引入或引出电压和电流的。有刷发电机是所有电机的基础，它具有起动快、制动及时，可在大范围内平滑地调速，控制电路相对简单等特点。

2.4.1 有刷电机的组成结构

有刷电机主要由定子、转子、电刷和换向器组成。

1. 定子

定子是电机静止不动的部分，会在转子周围产生固定的磁场。这一磁场可由永磁体或电磁绕组产生。

2. 转子

转子（也称为电枢）由一个或多个绕组构成。当这些绕组受到激励时，会产生一个磁场。转子磁场的磁极会被定子磁场的相反磁极所吸引，从而使转子旋转。在电机旋转过程中，会按不同的顺序持续激励绕组，因此转子产生的磁极绝不会与定子产生的磁极重叠。转子绕组中磁场的这种转换称为换向。

3. 电刷

电刷是与运动件做滑动接触而形成电连接的一种导电部件。电刷是用于换向器或滑环上，作为导入导出电流的滑动接触体的。

4. 换向器

结构上，换向器是几个接触片围成圆形，分别连接转子的每个触头，外边连接两个电极与之接触，同时只接触其中的两个。

2.4.2 有刷电机工作原理

有刷电机采用机械换向，磁极不动，线圈旋转。电机工作时，线圈和换向器旋转，磁钢和碳刷不转，线圈电流方向的交替变化是随电机转动的换向器和电刷来完成的。

在有刷电机中，这个过程是将各组线圈的两个电源输入端，依次排成一个环，相互之间用绝缘材料分隔，组成一个像圆柱体的东西，与电机轴连成一体，电源通过两个碳元素做成的小柱子（碳刷），在弹簧压力的作用下，从两个特定的固定位置，压在上面线圈电源输入环状圆柱上的两点，给一组线圈通电。

随着电机转动，不同时刻给不同线圈或同一个线圈的不同的两级通电，使得线圈产生磁场的 N－S 极与最靠近的永磁铁定子的 N－S 极有一个适合的角度差，磁场异性相吸、同性相斥，产生力量，推动电机转动。磁电极在线圈接线头上滑动，像刷子在物体表面刷，因此称“碳刷”。电机转动会摩擦碳刷，造成损耗，需要定期更换碳刷；碳刷与线圈接线头之间通断交替，会产生电火花，产生电磁波，干扰电子设备。

2.4.3 有刷励磁发电机的优缺点

1. 有刷励磁发电机的优点

（1）结构简单。

有刷电机结构简单，生产加工容易，维修方便，容易控制；直流电机还具有快速响应、较大的起动转矩、从零转速至额定转速具备可提供额定转矩的性能。

（2）运行平稳，起、制动效果好。

有刷电机通过调压调速，所以起动和制动平稳，恒速运行时也平稳。无刷电机通常是数字变频控制，先将交流变成直流，直流再变成交流，通过频率变化控制转速，所以无刷电机在起动和制动时运行不平稳，振动大，只有在速度恒定时才会平稳。

（3）控制精度高。

有刷电机通常和减速箱、译码器一起使用，电机的输出功率更大，控制精度更高，控制精度可以达到 0.01mm，几乎可以让运动部件停在任何想停的地方。所以精密机床都是采用直流电机控制精度。

2. 有刷励磁发电机的缺点

（1）电刷和换向器之间有摩擦，造成效率降低、噪声增加、容易发热，有刷电机的寿命比无刷电机短很多。

（2）维护麻烦，需要频繁换电刷。

（3）电阻大、效率低、输出功率少。

（4）电刷和换向器摩擦会引起火花，干扰大。

系统用柴油机为6250Z型柴油发电机组，其柴油机配电屏图纸见附图1，柴油机发电机图纸见附图2。

第3章

柴油机常用工具及仪表

3.1 塞尺

3.1.1 塞尺的功能

塞尺是由一组具有不同厚度级差的薄钢片组成的量规，如图3.1所示。塞尺用于测量间隙尺寸。在检验被测尺寸是否合格时，可以用通止法判断，也可由检验者根据塞尺与被测表面配合的松紧程度来判断。塞尺一般用不锈钢制造，最薄的为0.02mm，最厚的为3mm。自0.02～0.1mm间，各钢片厚度级差为0.01mm；自0.1～1mm间，各钢片的厚度级差一般为0.05mm；自1mm以上，钢片的厚度级差为1mm。除了公制以外，也有英制的塞尺。

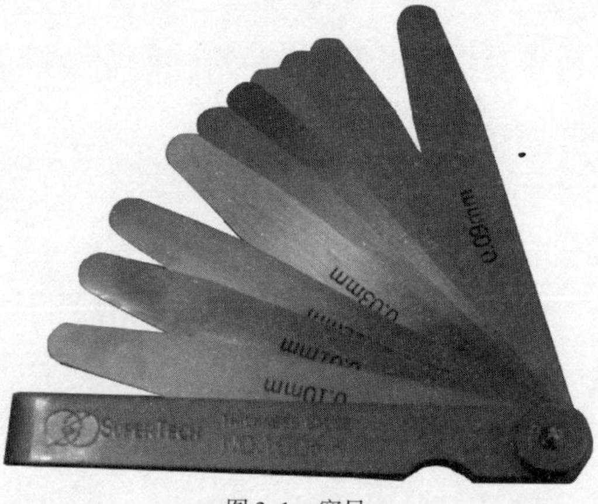

图3.1　塞尺

塞尺又称测微片或厚薄规，是用于检验间隙的测量器具之一，横截面为直角三角形，在斜边上有刻度，利用锐角正弦直接将短边的长度表示在斜边上，这样就可以直接读出缝的大小了。

塞尺使用前必须先清除塞尺和工件上的污垢与灰尘。使用时可用一片或数片重叠插入间隙，以稍感拖滞为宜。测量时动作要轻，不允许硬插，也不允许测量温度较高的零件。

3.1.2 使用方法

塞尺的使用方法具体如下。

(1) 用干净的布将塞尺测量表面擦拭干净，不能在塞尺沾有油污或金属屑末的情况下进行测量，否则将影响测量结果的准确性。

(2) 将塞尺插入被测间隙中，来回拉动塞尺，感到稍有阻力，说明该间隙值接近塞尺上所标出的数值；如果拉动时阻力过大或过小，则说明该间隙值小于或大于塞尺上所标出的数值。

(3) 进行间隙的测量和调整时，先选择符合间隙规定的塞尺插入被测间隙中，然后一边调整，一边拉动塞尺，直到感觉稍有阻力时拧紧锁紧螺母，此时塞尺所标出的数值即为被测间隙值。

3.1.3 使用注意事项

塞尺使用时的注意事项，具体如下。

(1) 不允许在测量过程中剧烈弯折塞尺，或用较大的力硬将塞尺插入被检测间隙，否则将损坏塞尺的测量表面或零件表面的精度。

(2) 使用完后，应将塞尺擦拭干净，并涂上一薄层工业凡士林，然后将塞尺折回夹框内，以防锈蚀、弯曲、变形而损坏。

(3) 存放时，不能将塞尺放在重物下，以免损坏塞尺。

3.2 游标卡尺

游标卡尺是工业上常用的测量长度的仪器，可直接用来测量精度较高的工件，如工件的长度、内径、外径以及深度等，如图 3.2 所示。

3.2.1 游标卡尺的概述

游标卡尺作为一种被广泛使用的高精度测量工具，它是由主尺和附在主尺上能滑动的游标两部分构成的。如果按游标的刻度值来区分，游标卡尺又分 0.1mm、0.05mm、0.02mm 三种。

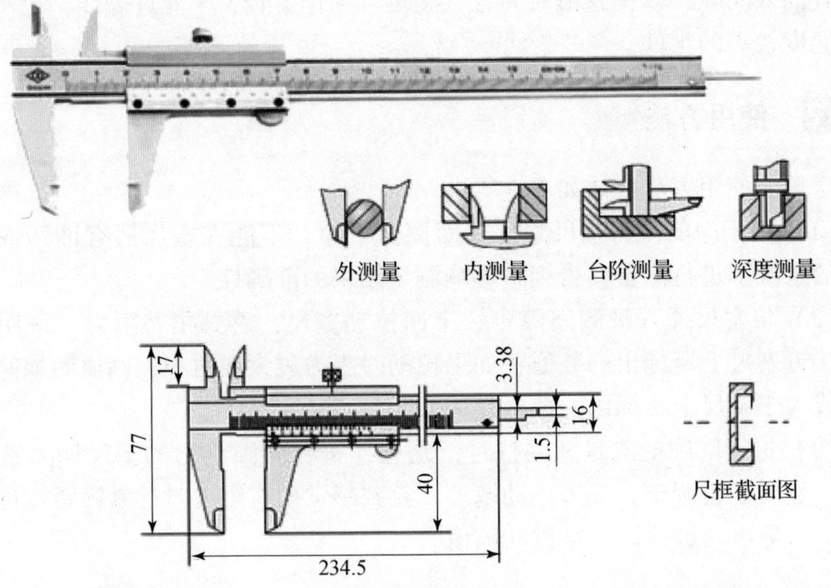

图 3.2　游标卡尺

游标卡尺的读数方法，以刻度值 0.02mm 的精密游标卡尺为例，读数方法可分三步。

(1) 根据副尺 0 线以左的主尺上的最近刻度读出整毫米数。

(2) 根据副尺 0 线以右与主尺上的刻度对准的刻线数乘上 0.02 读出小数。

(3) 将上面整数和小数两部分加起来，即为总尺寸。

如图 3.3 所示，副尺 0 线所对主尺前面的刻度 64mm，副尺 0 线后的第 9 条线与主尺的一条刻线对齐。副尺 0 线后的第 9 条线表示为

$$0.02 \times 9 = 0.18\ (\text{mm})$$

所以被测工件的尺寸为

$$64 + 0.18 = 64.18\ (\text{mm})$$

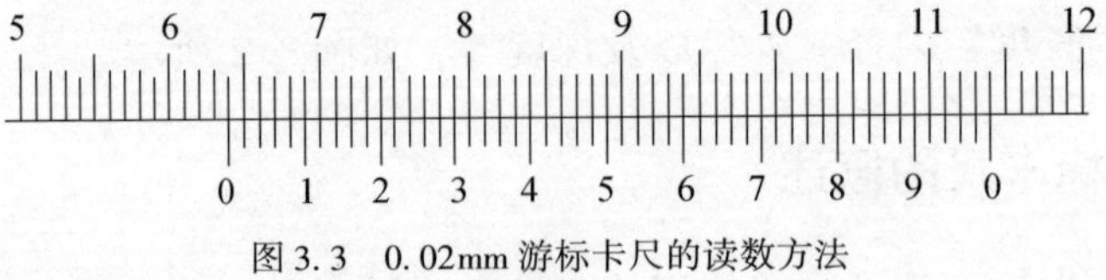

图 3.3　0.02mm 游标卡尺的读数方法

3.2.2 游标卡尺的使用方法

将量爪并拢，查看游标和主尺身的零刻度线是否对齐。如果对齐就可以进

行测量，如没有对齐则要记取零误差。游标的零刻度线在尺身零刻度线右侧的称正零误差，在尺身零刻度线左侧的称负零误差（这种规定方法与数轴的规定一致，原点以右为正，原点以左为负）。测量时，右手拿住尺身，大拇指移动游标，左手拿待测外径（或内径）的物体，使待测物位于外测量爪之间，当与量爪紧紧相贴时即可读数，如图 3.4 所示。

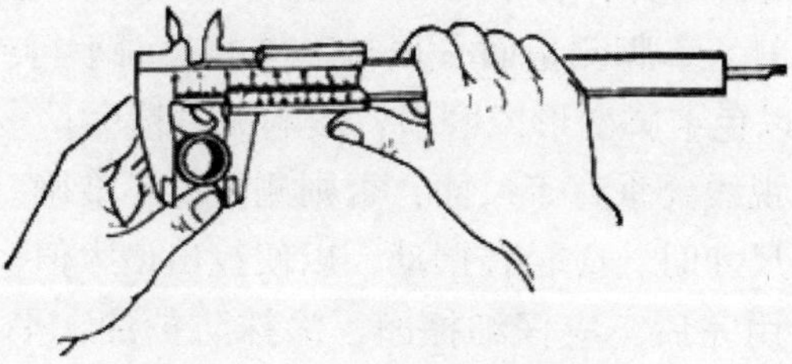

图 3.4 游标卡尺的正确使用方法

3.2.3 游标卡尺的应用

游标卡尺作为一种常用量具，其可具体应用在以下这四个方面。

（1）测量工件宽度，如图 3.5（a）所示。

（2）测量工件外径，如图 3.5（b）所示。

（3）测量工件内径，如图 3.5（c）所示。

（4）测量工件深度，如图 3.5（d）所示。

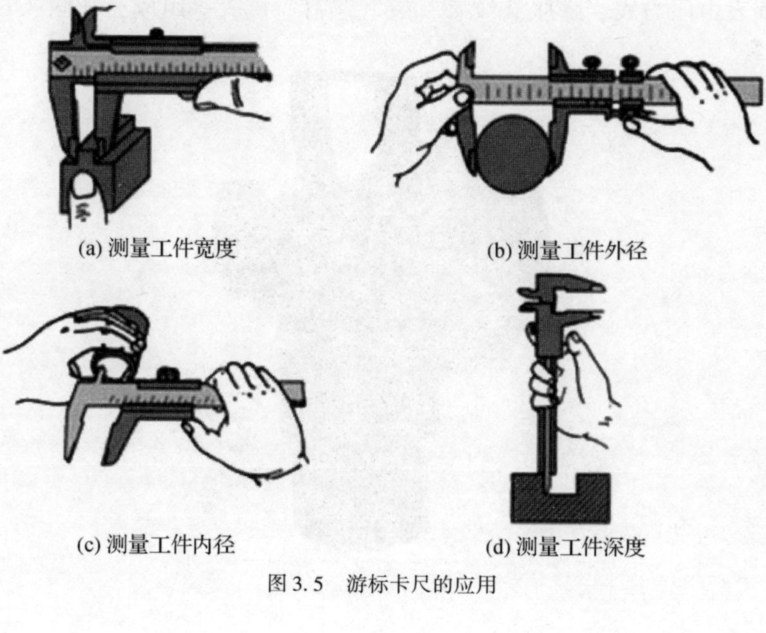

(a) 测量工件宽度　(b) 测量工件外径

(c) 测量工件内径　(d) 测量工件深度

图 3.5 游标卡尺的应用

3.2.4 使用注意事项

游标卡尺是比较精密的量具，使用时应注意如下事项。

(1) 使用前，应先擦干净两卡脚测量面，合拢两卡脚，检查副尺零刻度线与主尺零刻度线是否对齐，若未对齐，应根据原始误差修正测量读数。

(2) 测量工件时，卡脚测量面必须与工件的表面平行或垂直，不得歪斜。且用力不能过大，以免卡脚变形或磨损，影响测量精度。

(3) 读数时，视线要垂直于尺面，否则测量值不准确。

(4) 测量内径尺寸时，应轻轻摆动，以便找出最大值。

(5) 游标卡尺用完后，应仔细擦净，涂抹防护油，平放在盒内，以防生锈或弯曲。

3.3 爆压表

爆压表是测量柴油机最高爆发压力和压缩压力的专用仪表。

3.3.1 爆压表的组成

爆压表由压力表、膨胀波纹管、放气螺钉、接头等组成，如图 3.6 所示。

图 3.6　爆压表

3.3.2 爆压表的使用方法

爆压表的使用方法具体如下。

(1) 打开试功阀，放出缸内及试功阀内管中烟灰和杂质，关闭试功阀。

(2) 接好爆压表，并打开放气螺钉。

(3) 打开试功阀，吹出爆压表内杂质，关放气螺钉。

(4) 继续开大试功阀，读取最高爆发压力数值。

(5) 打开放气螺钉，吹出爆压表内杂质，关闭试功阀。

(6) 拆爆压表。

(7) 如需测取压缩压力，切断该缸燃油，可读取压缩压力数值。

3.3.3 使用注意事项

爆压表的使用注意事项具体如下。

(1) 柴油机正常运行2h后及柴油机各技术参数都处于正常状态值后，方能测取最高爆发压力。

(2) 测取前要通知驾驶台，将柴油机加速至最高额定转速或船舶常用转速，并使船舶处于正航状态，避免打舵，测取的数值应与柴油机原始数据相对比。

(3) 测取过程操作要灵活，所用的时间尽量缩短。

(4) 测量中打开阀门时，人员要避开阀门，以防止高温热气流伤人。

(5) 测取过程中操作人员一定要戴手套，防止爆压表碰撞、失落而损坏。

(6) 每测取一台机后，要将爆压表冷却3～5min，再测另一台柴油机，防止因爆压表温度过高测取不准。

(7) 测压缩压力时，要找合适部位切断燃油，如切断高压油泵进油，时间一定要短，以防止高压油泵柱塞偶件干摩擦而损坏。

3.3.4 爆发压力值分析

1. 爆发压力大

爆发压力大的分析如下。

(1) 供油定时大（单缸或全部缸）。

(2) 供油量大（单缸或全部缸）。

（3）机械负荷大。

（4）压缩压力大。

2. 爆发压力小

爆发压力小的分析如下。

（1）供油定时小（单缸或全部缸）。

（2）供油量小（单缸）转速低（全部缸）。

（3）机械负荷小。

（4）雾化不良、压缩压力低。

3.4 量缸表

3.4.1 量缸表组成

量缸表又称内径量表或内径百分表，是一种用于测量孔径的比较性量具，主要用于测量发动机气缸和轴承座孔的圆度、圆柱度误差和零件磨损情况。量缸表由百分表、表杆、表杆座、活动测杆、支撑架和一套长度不等的接杆组成，如图 3.7 所示。

量缸表是将测头的直线位移变为指针的角位移的计量器具，用比较测量法完成测量，用于不同孔径的尺寸及其形状误差的测量。

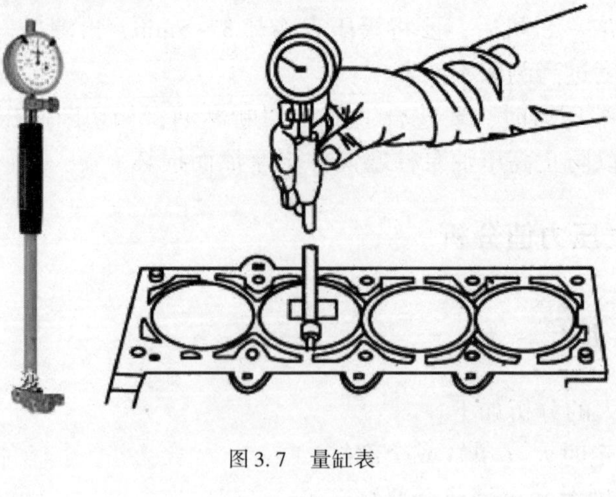

图 3.7　量缸表

3.4.2 使用前检查

量缸表在使用前应做如下检查。

（1）检查表头的相互作用和稳定性。

（2）检查活动测头和可换测头表面是否光洁、连接稳固。

3.4.3 读数方法

测量孔径，孔轴向的最小尺寸为其直径；测量平面间的尺寸，任意方向内均最小的尺寸为平面间的测量尺寸。百分表测量读数加上零位尺寸即为测量数据。

3.4.4 正确使用

量缸表的正确使用方法如下。

（1）把百分表插入量表直管轴孔中，压缩百分表一圈，紧固。

（2）选取并安装可换测头，紧固。

（3）测量时手握隔热装置。

（4）根据被测尺寸调整零位。用已知尺寸的环规或平行平面（千分尺）调整零位，以孔轴向的最小尺寸或平面间任意方向内均最小的尺寸对零位，然后反复测量同一位置2～3次后检查指针是否仍与零线对齐，如不齐则重调。为读数方便，可用整数来定零位位置。

（5）测量时，摆动内径百分表，找到轴向平面的最小尺寸（转折点）来读数。

（6）测杆、测头、百分表等配套使用，不要与其他表混用。

3.4.5 维护与保养

量缸表的维护与保养具体如下。

（1）远离液体，不使冷却液、切削液、水或油与内径表接触。

（2）在不使用时，要摘下百分表，使表解除其所有负荷，让测量杆处于自由状态。

（3）成套保存于盒内，避免丢失与混用。

3.5 外径千分尺

3.5.1 外径千分尺的组成

外径千分尺常简称为千分尺，它是比游标卡尺更精密的长度测量仪器，常用规格为 0 ~ 25mm、25 ~ 50mm 等，每 25mm 一个等级。精度是 0.01mm。外径千分尺的结构由固定的尺架、测砧、测微螺杆、固定套管、微分筒（又称可动刻度筒）、测力装置、锁紧装置等组成。固定套管上有一条水平线，这条线上、下各有一列间距为 1mm 的刻度线，上面的刻度线恰好在下面两相邻刻度线中间。微分筒上的刻度线是将圆周分为 50 等分的水平线，它是旋转运动的，如图 3.8 所示。

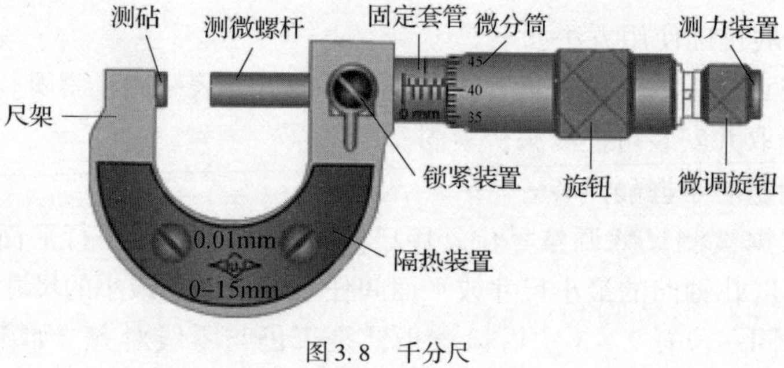

图 3.8　千分尺

根据螺旋运动原理，当微分筒旋转一周时，测微螺杆前进或后退一个螺距 0.5mm。这样，当微分筒旋转一个分度后，它转过了 1/50 周，这时螺杆沿轴线移动了 1/50 × 0.5mm = 0.01mm，因此，使用千分尺可以准确读出 0.01mm 的数值。

3.5.2 外径千分尺的零位校准

使用千分尺时先要检查其零位是否校准，先松开锁紧装置，清除油污，特别是测砧与测微螺杆间接触面要清洗干净。检查微分筒的端面是否与固定套管上的零刻度线重合，若不重合应先旋转旋钮，直至螺杆要接近测砧时，旋转测力装置，当螺杆刚好与测砧接触时会听到喀喀声，这时停止转动。如两零线仍不重合（两零线重合的标志是：微分筒的端面与固定刻度的零线重合，且可动刻度的零线与固定刻度的水平横线重合），可将固定套管上的小螺丝松动，用专用扳手调节套管的位置，使两零线对齐，再把小螺丝拧紧。不同厂家生产的千分尺的调零方法不一样，这里仅是其中一种调零的方法。

检查千分尺零位是否校准时，要使螺杆和测砧接触，偶尔会发生向后旋转测力装置两者不分离的情形。这时可用左手手心用力顶住尺架上测砧的左侧，右手手心顶住测力装置，再用手指沿逆时针方向旋转旋钮，可以使螺杆和测砧分开。

3.5.3 千分尺的组成结构

千分尺的准确度在0.01～0.001mm之间，常用于测量细丝和小球的直径以及薄片的厚度等。

使用千分尺测量物体长度时，要先将测微螺杆退开，将待测物体放在两个测量面之间。千分尺的尾端有棘轮旋柄，转动可使测杆移动，当测杆与被测物（或砧台）相接后的压力达到某一数值时，棘轮将滑动并产生喀喀的响声，活动套管不再转动，测杆也停止前进，此时即可读数。读数时，从主尺上读取0.5mm以上的部分，从微分筒上读取余下尾数部分（估计到最小分度值的1/10，即1/1000），然后两者相加。

3.5.4 千分尺的使用方法

1. 使用前的检查确认

千分尺在使用前应检查确认如下事项。

（1）在测量面（基准面，锭子）上，不能有缺口。

（2）旋转棘轮，检查确认，锭子移动顺利。

（3）用棘轮旋转移动锭子，使基准面和锭子缓慢地接触。在此时，检查确认基点（零点）正确。数显千分尺：进行复位，使显示为00.000。刻度显示千分尺：确认主轴零点和副轴零点重合，然后两者相加，使基准面和锭子缓慢地接触，再空转棘轮2～3次。确认主轴零点和副轴零点重合，如果不重合，需通过调整千分尺主轴来使主轴零点与副轴零点重合。

（4）在被测件的测量处上，不许有脏污、油等异物。

2. 正确读数的方法

读取刻度时眼睛视线尽可能地垂直于所要读取的刻度平面，以减少读取误差。

3.5.5 使用千分尺注意事项

使用千分尺的注意事项具体如下。

(1) 千分尺是一种精密的量具，使用时应小心谨慎，动作轻缓，避免打击和碰撞。千分尺内的螺纹非常精密，使用时要注意：旋钮和测力装置在转动时都不能过分用力；当转动旋钮使测微螺杆靠近待测物时，一定要改旋测力装置，不能转动旋钮使螺杆压在待测物上；当测微螺杆与测砧已将待测物卡住或旋紧锁紧装置的情况下，决不能强行转动旋钮。

(2) 有些千分尺为了防止手温使尺架膨胀引起微小的误差，在尺架上装有隔热装置。实验时应手握隔热装置，而尽量少接触尺架的金属部分。

(3) 使用千分尺测同一长度时，一般应反复测量几次，取其平均值作为测量结果。

(4) 千分尺用毕后，应用纱布擦干净，在测砧与螺杆之间留出一点空隙，放入盒中。如长期不用可抹上黄油或机油，放置在干燥的地方，切忌接触腐蚀性的气体。

3.6 同轴表

同心度测量仪又称同心度找正仪，用于离心泵、压缩机、风机、发电机等各种转动设备的两轴找同心度工作（又称对轮找正）。具有结构合理、精度高、误差小、适用范围广泛、使用维护方便等特点，是理想的专用测量工具，广泛用于石化、发电、造纸、纺织等机械行业。测量仪有轴向和径向二块双面百分表，读数方便。底座装有高性能磁钢，可以牢固地吸附在直径 30 ~ 900mm 的联轴器上，用于检测圆柱销式、齿轮式、固定式、弹性式等联轴器同心度，不但能提高测量精度，减少测量误差，而且可以大大提高工作效率，减小机器振动，延长使用寿命。

同心度测量仪装有高磁性座体，其垂直吸力大于 40kg，可牢固地吸附在联轴器或轴上。有双面径向、轴向百分表，可以从任何方向、角度读取示值。百分表具有正、负示值，其量程 -1.5 ~ +1.5mm，精度 1 级，测量时，可简化读数方法及烦锁的计算程序。适用范围为直径 $\Phi30 \sim \Phi900$mm 的各种联轴器均可使用。

同心度测量仪的主要用途如下。

(1) 轴类零件圆度、同心度、圆周跳动、断面差的精密测量。

（2）轴类零件外圆及内圆参数的同时精密测量。

（3）轴类零件多点参数的同时精密测量。

（4）断差面、内圆及外圆可同时快速测量。

同心度测量仪的特点如下。

（1）精度高0.005mm。

（2）快速测量节省时间。

（3）操作方便、通用性强。

（4）轻便易搬、维护简单。

（5）操作环境要求不高。

3.7 力矩扳手

3.7.1 力矩扳手作用及分类

力矩扳手又称扭矩扳手、扭力扳手、扭矩可调扳手，是扳手的一种，一般分为三类：电动力矩扳手、手动力矩扳手和气动力矩扳手。

手动力矩扳手，现阶段分为机械音响报警式、电子数显式、指针表盘式、打滑式（自滑转式），如图3.9所示。

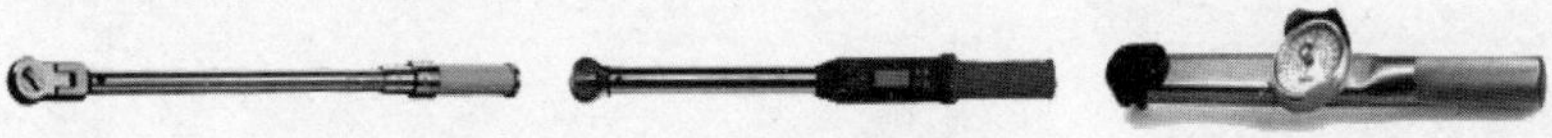

(a) 机械音响报警式扭矩扳手　(b) 电子数显式扭矩扳手　(c) 指针表盘式扭矩扳手

图3.9　力矩扳手

其中机械音响报警式采用杠杆原理，当力矩到达设定力矩时会出现“嘭”机械相碰的声音，此后扳手会成为一个死角，相当于呆扳手，如再用力，会出现过力现象。

电子数显式和指针表盘式相似，都是把作用力矩可视化，现阶段的数显和指针都是在机械音响报警式扭矩扳手的基础上工作的。

打滑式（自滑转式）采用过载保护、自动卸力模式，当力矩到达设定力矩时会自动卸力（同时也会出现机械相碰的声音），此后扳手自动复位，如再用力，会再次打滑，不会出现过力现象，是近两年才出现的新概念产品。

机械音响报警式是市场的主流产品，主要体现在价格便宜，其他三种相对来说价格昂贵。不过由于各行各业对这方面要求越来越高，以及对效率的要求，电子数显式、指针表盘式及打滑式（自滑转式）的需求会越来越高。

3.7.2 使用注意事项

力矩扳手的使用注意事项具体如下。

（1）使用力矩扳手时，应平衡缓慢地加载，切不可猛拉猛压，以免造成过载，导致输出扭矩失准。在达到预置扭矩后，应停止加载。

（2）不能使用预置式力矩扳手去拆卸螺栓或螺母。

（3）严禁在力矩扳手尾端加接套管延长力臂，以防损坏力矩扳手。

（4）根据需要调节所需的扭矩，并确认调节机构处于锁定状态才可使用。

（5）预置式力矩扳手使用完毕，应将其调至最小扭矩，使测力弹簧充分放松，以延长其寿命。

（6）应避免水分侵入预置式力矩扳手，以防零件锈蚀。

（7）所选用的力矩扳手的开口尺寸必须与螺栓或螺母的尺寸相符合，扳手开口过大易滑脱并会损伤螺件的六角。在进口汽车维修中，应注意扳手公英制的选择。

（8）各类扳手的选用原则：一般优先选用套筒扳手，其次为梅花扳手，再次为开口扳手，最后选活动扳手。

（9）为防止扳手损坏和滑脱，应使拉力作用在开口较厚的一边，这一点对受力较大的活动扳手尤其应该注意，以防开口出现“八”字形，损坏螺母和扳手。

第4章

柴油发电机组的维护保养

4.1 6250Z型柴油发电机组保养

柴油发电机组在工作中，各部件的技术状况是不断变化的，当变化发展到一定程度后，就会形成故障。机组在使用过程中，由于故障和事故的发生会影响正常供电，必须对机组进行定期保养，在故障未形成时就争取排除隐患。因此必须制定严格的维护与检查制度，以确保机组处于良好的备用状态。

4.1.1 日检拭

日检拭的主要工作内容如下。

（1）清洁机器外部和附件。

（2）检查各管系阀门及中冷器的密封性，排除漏泄现象。

（3）检查润滑油储存柜的油量，油量不足应当补充。

（4）检查调速器油位及循环调温水柜消除漏泄，不足应当补充。

（5）用手摇泵向柴油机泵油直至压力表有指示为止，同时打开各缸放气阀，人力盘车2~3转。

（6）检查操纵机构应当灵活可靠，紧固螺钉应当锁紧，各仪表应当正常。

（7）保持空气瓶压力为2.5~2.9MPa，放掉空气瓶内的积油、积水。

4.1.2 周保养

周保养的主要工作内容如下。

（1）完成日保养内容。

（2）活动各系统阀门，排除不正常现象。

（3）检查燃油日用油柜、燃油过滤器和润滑油过滤器。

（4）向各活动部件关节处滴注几滴油，保持润滑。

（5）经工作50h后检查气缸盖及各部件的固定情况，检查进、排气门应当无卡死、弹簧断裂情况，检查调整进、排气门间隙情况。

（6）如一周未工作，应起动机器运转15min，并检查各项情况应当正常。

4.1.3 月检修

月检修的主要工作内容如下。

（1）完成周保养内容。

（2）清洁燃油滤清器，润滑油粗、细滤清器及离心式精滤器。

（3）全面检查调整气门间隙。

（4）根据排温、爆压等情况，必要时抽检1~2只喷油器的雾化情况和喷油压力。

（5）检查连杆螺钉及主轴螺钉应当无松动，特别是开口销的销紧和保险丝的紧固情况应当良好。

（6）清洁增压器空气滤清器滤芯。

（7）检查调速器油质情况，必要时更换。

（8）检查润滑油失压保护装置应在规定范围内起作用，飞车保护装置应当在110%~115%额定转速起作用。

（9）向各注油处加注润滑油（脂）。

4.1.4 每年或者每工作500h检查保养

每年或者每工作500h检查保养的工作内容如下。

（1）完成每月保养内容。

（2）更换全部润滑油，清洗油底壳及润滑油泵吸口滤清器。

（3）清洗（或者更换）燃油滤清器芯子。

（4）检查柴油机机座与基础的坚固情况及弹性联轴器的连接情况。

（5）检查喷油提前角，校验全部喷油器。

（6）打开曲轴箱门板，用镜子反照的方法观察气缸内壁情况。

（7）清洗润滑油冷却器芯子，必要时更换防腐锌块，清洗后水压试验。

（8）检查凸轮滚轴和滚针的摩擦情况。

（9）检查喷油泵的油阀口及弹簧。

（10）检查调速器各部件的动作应当灵活并进行清洁保养，更换新油。

4.1.5 每工作1000h检查保养

每工作1000h检查保养的工作内容如下。

（1）完成每年或者每月保养内容。

（2）检查进、排气门及起动阀，必要时进行调整。

（3）根据使用情况抽调1~2只气缸盖，研磨进、排气门和起动阀，检查气门弹簧，如发现存在共性问题，应当做扩大拆检。

（4）检查油泵，更换损坏部件。

（5）根据泄漏情况，必要时对缸头或者缸套进行水压试验。

（6）检查安全阀、调节阀和防爆阀。

（7）清洗润滑油冷却器、调温水柜和冷却器，必要时更换防腐锌块，清洗后进行水压试验。

4.1.6 每工作3000h检查保养

每工作3000h检查保养的工作内容如下。

（1）完成1000h检查保养内容。

（2）检查柴油机机座与基础、机体与机座及螺钉的紧固情况。

（3）测量主轴承间隙，并选择两个原轴承拆开检查并做好记录。

（4）检查曲轴臂距差及轴向间隙并做记录。

（5）拆检连杆总成清除积炭，测量活塞环与环口间隙。

（6）检查连杆轴间隙，拆检任意两个连杆小头衬套，并测量间隙。

（7）研磨全部进排气门及起动阀，检查气门弹簧应当无裂痕及变形。

（8）清除气缸盖冷却水垢和积炭。

（9）拆检增压器清除积炭及污物，清洗涡轮压气机叶轮，检查增压器旋转的轴向间隙并做好记录。

（10）拆检冷却水泵，更换已损件。

（11）校验调速器的调速性能。

（12）检查校对柴油机的全部仪表。

4.2 交流同步发电机维护保养

4.2.1 日检拭

日检拭的工作内容主要如下。

（1）清洁发电机外部。

（2）柴油机盘车时，检查发电机内部有无卡滞或者不正常声音。

（3）检查发电机滑环与电刷间的接触应当良好，刷架无松动，电刷应当正常。

（4）测量发电机绝缘，不得低于0.5MΩ。

4.2.2 周保养

周保养的主要工作内容如下。

（1）完成日检拭内容。

（2）检查滑环握接线及固定情况。

（3）如一周内未使用，应结合柴油机运转15min，并进行配电，检查各部运转情况应当正常。

4.2.3 月检修

月检修的主要工作内容如下。

（1）完成周保养内容。

（2）清洁滑环与电刷，检查接触面状况及电刷能否在刷握内自由活动。

（3）检查清洁发电机内部可以接触到的地方，除去灰尘、油污、脏物。

（4）检查硅整流元件是否正常，接线是否牢固可靠，并进行清洁。

（5）检查前后轴承润滑脂有无流入定子线圈内，并进行内部清洁。

（6）检查发电机内部可以接触到的接线、导线、线圈和汇流条等连接应当可靠，并不应与转子相碰。

4.2.4 年检修

年检修的主要工作内容如下。

（1）完成月检修内容。

（2）用不超过$2kg/cm^2$压力的干燥压缩空气吹净内部灰尘，再用沾有无水乙醇的干净布擦拭内部。

（3）检查电刷与滑环的接触压力和电刷磨损情况及风叶等固定情况。

（4）根据实际工作，向轴承补加润滑脂。

4.3 ITZ25X 型废气涡轮增压器使用保养

4.3.1 日检拭

日检拭的工作内容主要如下。

（1）停止使用一日以上者，需使柴油机在空车状态下做短期运转，倾听及观察增压器运转应当平稳均匀。

（2）每次运转润滑油量必须在上下油位刻度线之间，同时，测量润滑油温度不得超过 90℃。

（3）在运转中检查压气机出口空气压力和涡轮前燃气温度不得超过规定值。检查时间间隔与柴油机相同。如前后记录数据差异较大，可参阅“运转中可能发生的故障”来寻找差异原因，采取有效措施。

4.3.2 定期检查

定期检查的工作内容主要如下。

（1）每运转 600h 后，润滑油需要全部更换。

（2）运转 3000h 后，调换滚珠轴承。

（3）定期检查冷却水水垢厚度，超过 2mm 以上的水垢必须清除，第一次检查是在运转 3000h 后，在这次检查基础上可以估计今后清除的期限。

（4）空气滤清器内填满金属物料，柴油机运转时周围的油雾已足够使空气滤清器湿润；如吸进的空气非常干燥，可用适量的润滑油浸润。

（5）空气滤清器需要定期清洗，清洗期限由吸入空气的清洁程度来确定，一般运转 150 ~ 950h 后清洗一次。如未改变柴油机负荷而进气压力减少，也表示需要清洗空气滤清器。清洗方法为将滤清器拆下浸在柴油或者热的碱水中淘洗，直至完全洗净污物为止，然后用压缩空气吹干。

第5章

柴油发电机组的常见故障及排除

5.1 柴油机的常见故障及排除

5.1.1 起动困难

1. 压缩空气压力不足，致使起动转速太慢

故障分析：由于压缩空气压力不足，其动能减弱。
检查方法：查看空气瓶内压缩气体压力值。
排除方法：提高空气瓶内压缩气体压力至2.5MPa。

2. 起动手轮位置不对

故障分析：由于手轮位置不正确，不能有效开启总开车阀和控制传导杆。
检查方法：转动手轮，检查控制情况。
排除方法：校正起动手轮位置。

3. 日用油箱无油或阀门未开

故障分析：因无燃料，做功冲程无法工作。
检查方法：检查阀门是否开启、日用油箱油量情况。
排除方法：打开阀门，在油箱内加油。

4. 燃油管路系统中有空气或漏油。

故障分析：因管道漏油或存在空气，不能正常提供可靠的工作条件。

检查方法：燃油压力值低同时有明显抖动，打开高压油泵放气螺钉有气泡冒出。

排除方法：开启置于燃油滤清器旁边的放气螺钉，摇动输送泵，直到油压表显示读数为止，放松喷油器放气螺钉，并用工具撬动喷油泵，使油管中充满柴油，再检查各接头处有无漏油。

5. 传导杆系统的机油安全装置、超速安全装置及弹簧箱未复位

故障分析：机油安全装置、超速安全装置未复位，致使弹簧箱未复位，使供油始终处于零状态。

检查方法：查看机油安全装置、超速安全装置及弹簧箱的状态。

排除方法：将装置复位。

6. 柴油机太冷

故障分析：机温太低，润滑油黏度增大，起动时消耗动能增加，同时压缩冲程终了温度相应降低，使着火条件变差。

检查方法：查看机房温度和冷却水水温。

排除方法：提高机房温度或在调温水箱中加入热水，给柴油机加热。

7. 起动系统严重漏气

故障分析：因系统漏气，造成压力减弱，致使起动转速达不到要求。

检查方法：一般严重泄漏时，会有明显声响。

排除方法：检修漏气处。

8. 喷油器工作不良，油孔堵塞，针阀咬住，弹簧压力不对漏油

故障分析：喷油器出现故障，致使不工作。

检查方法：进行喷油器压力和雾化试验。

排除方法：调整弹簧压力，修理或更换喷油嘴偶件。

9. 喷油泵工作不良，出油阀漏油、柱塞套磨损过多

故障分析：喷油泵出现故障，致使不工作。

检查方法：拆除高压油管，检查出油阀的密封情况；再拆出柱塞偶件，检查柱塞偶件的磨损情况。

排除方法：研磨、修理受损的偶件，或更换油泵。

10. 气门和气门座接合不密

故障分析：造成压缩压力不足，致使不能发火。

检查方法：对气缸压缩压力测试检查。

排除方法：研磨、修理气门或气门座。

11. 活塞环磨损，环在环槽中间隙过大，活塞环与气缸贴合不紧密，活塞环烧结，失去弹性

故障分析：燃烧室密封不严，压缩压力不足，致使不能发火。

检查方法：在运行中，如果透气孔有烟雾，应对气缸的压力测试检查，确定相应的缸数。

排除方法：检查和清洗、更换活塞环。

12. 调速器负荷限制为0状态

故障分析：无燃料供给，做功冲程无法工作。

检查方法：查看负荷限制是否0位。

排除方法：调整负荷限制。

13. 调速器输出轴与供油齿杆连接错误

故障分析：调速器连接时，如果输出轴处于最大供油位置，而供油齿杆处于0供油状态，则致使运行时无法供油。

检查方法：转动输出臂，此时负荷限制应在最大位置。

排除方法：重新连接调速器输出轴与供油齿杆，将输出臂调整至最小位，供油齿杆处于0位连接。

5.1.2 转速不稳

1. 喷油泵或喷油器发生故障

原因分析：因喷油泵或喷油器发生故障，造成个别缸或几个缸不工作。

检查方法：听高压油泵声音，检查燃烧情况，看工作温度是否异常。

排除方法：检修或更换高压油泵与喷油器。

2. 燃油管道有空气

原因分析：因管道有空气存在，不能正常提供可靠的工作条件。

检查方法：燃油压力表有明显的抖动，打开高压油泵放气螺钉有气泡冒出。

排除方法：开启置于燃油滤清器旁边的放气螺钉，摇动输送泵，直到油压表显示读数为止，放松喷油器放气螺钉，并用工具撬动喷油泵，使油管中充满柴油。

3. 各缸工作不均匀

原因分析：由于工作不均匀，各缸输出力的大小在不断发生变化。

检查方法：检查供油时间、爆发压力及缸温。

排除方法：调整各缸的工作，确保一致。

4. 操纵机构与喷油泵齿条间连接间隙过大或松脱

原因分析：间隙过大，导致供油齿杆来回滑动，供油量的大小在不断发生变化；齿杆松脱，供油量的大小不能随负荷改变。

检查方法：用活动扳手转动调速器输出臂，观察操纵机构与喷油泵齿条间连接间隙情况。

排除方法：增加垫片或拧紧螺母，使操纵机构与喷油泵齿条间连接间隙适当。

5. 调速器工作不正常

原因分析：因不能正常工作，供油量不断发生变化。

检查方法：观察调速器输出臂来回转动情况。

排除方法：修理或调整调速器。

6. 柴油机的变化突然，即瞬间变成空卸或突增负荷

原因分析：瞬间改变负载，造成突然减少或增加供油量。

检查方法：观察功率的变化情况。

排除方法：逐步降低或逐步增加负载。

5.1.3 功率不足

1. 燃烧室漏气，压缩压力不够

原因分析：燃烧室密封不严，压缩压力不足，致燃料不能充分燃烧，动力下降。

检查方法：检查气门的密封情况，气缸磨损程度，活塞环是否咬住或开口间隙太大。

排除方法：研磨气门，清洗或更换活塞环。

2. 喷油孔阻塞

原因分析：喷油孔阻塞，致使雾化不良，造成不能完全燃烧，动力下降。

检查方法：对喷油器进行雾化试验。

排除方法：除去积炭，用通针通孔，或更换喷油器。

3. 喷油压力不够

原因分析：喷油压力不够，致使雾化不良，造成不能完全燃烧，动力下降。

检查方法：对喷油器进行压力试验。

排除方法：调整喷油压力，检查喷油泵。

4. 气门启闭时间或供油提前角不对

原因分析：气门的启闭时间，直接关系到进、排气的质量，影响到燃料是否充分燃烧，供油时间不对，也关系到燃烧的质量。

检查方法：检查气门间隙及供油提前角。

排除方法：盘动飞轮校正气门定时或供油提前角。

5. 调速系统失灵

原因分析：因调速器失灵，在负载变化的情况下，不能自动调整供油量。

检查方法：调整负载，观察输出轴的转动情况。

排除方法：检修调速器及传导杆系统。

6. 排气管有阻塞

原因分析：排气管阻塞，造成气缸内的废气不能排出，气缸内氧气不够充分，致使燃烧不完善，动力下降。

检查方法：观察排烟是否通畅。

排除方法：除去阻塞物。

7. 喷油嘴规格不对

原因分析：喷油嘴规格不正确，使燃料不能较好与空气混合，造成燃烧不充分，动力下降。

检查方法：检查喷油器偶件是否使用正确。

排除方法：非增压 6mm ×0.3mm，增压 8mm ×0.3 或 9mm ×0.3 mm。

5.1.4 排气冒黑烟

1. 负荷过大

原因分析：因负荷过大，转速降低，供油量增加，不能完全燃烧。

检查方法：检查负荷量。

排除方法：减小负荷。

2. 某个缸不工作或个别缸超负荷

原因分析：主要是不燃烧或不完全燃烧。

检查方法：通过安全阀及排气温度检查各缸的工作情况。

排除方法：修理或更换高压油泵及喷油器，调整供油量。

3. 高压油泵供油时间太迟

原因分析：供油过迟，造成燃烧不完善。

检查方法：检查供油提前角。

排除方法：校正供油提前角。

4. 喷油器喷油压力太低，油孔堵塞、漏油

原因分析：喷油器故障，造成雾化不良，致使燃烧不完善。

检查方法：进行压力和雾化试验。

排除方法：调整压力，清理油孔或更换偶件。

5. 燃烧室密封差

原因分析：因燃烧室密封不严，压缩压力不足，不能较好燃烧。

检查方法：检查气门的密封，活塞环及缸套的磨损。

排除方法：研磨修理气门，更换活塞环或缸套。

6. 进/排气系统漏气或有阻塞

原因分析：因进/排气系统漏气或阻塞，影响增压压力，致使燃料不能完全燃烧。

检查方法：用手感觉进/排气系统各连接处气体泄漏情况。

排除方法：清理阻塞物，修理进/排气系统漏气部位。

7. 增压器故障

原因分析：增压器损坏，致使增压压力降低，影响燃料的充分混合，不能完全燃烧。

检查方法：检查增压器的运行状态及声响。

排除方法：修理增压器。

8. 润滑不良主轴承连杆轴承、活塞与缸套发生故障

原因分析：主轴承连杆轴承、活塞与缸套发生故障后，增加了柴油机的负载。

检查方法：观察润滑情况及有无异常响声。

排除方法：研磨修理或更换损坏的主轴承、连杆轴承、活塞及缸套。

9. 冷却水温度太低

原因分析：冷却水温度太低，造成机温降低，燃烧不够充分。

检查方法：测量进水温度。

排除方法：提高水温。

5.1.5 排气温度过高

1. 负荷过大

原因分析：因负荷过大，增加了供油量。
检查方法：检查负荷量。
排除方法：减小负荷。

2. 高压油泵供油时间太迟

原因分析：供油过迟，造成后燃严重。
检查方法：检查供油提前角。
排除方法：校正供油提前角。

3. 气门密封差

原因分析：排气门密封不严，高温气体向排气管泄漏。
检查方法：检查气门的密封情况。
排除方法：研磨或修整气门。

4. 排气背压过高

原因分析：排气背压过高，造成排气不畅。
检查方法：查看增压器工作是否正常，排气管道是否有阻塞现象。
排除方法：清除排气系统的阻塞或修整增压器。

5. 进/排气系统漏气

原因分析：进/排气系统漏气，影响增压压力，致使燃料不能完全在气缸内燃烧。
检查方法：用手感觉进/排气系统各连接处气体泄漏情况。
排除方法：修理进/排气系统漏气部位。

6. 增压器发生故障

原因分析：增压器损坏，致使废气不能有效排出。

检查方法：听增压器运行声音及观察排烟情况。
排除方法：修理或更换增压器。

7. 排气温度仪表或温度传感器损坏

原因分析：仪表及传感器损坏，不能正确指示。
检查方法：降低负载进行对比，损坏无变化。
排除方法：更换仪表。

5.1.6 冷却水出水温度过高

1. 水温表指示不正确

故障分析：实际温度与表的指示不一致。
检查方法：用手感觉水温或用其他温度表测量。
排除方法：更换水温表。

2. 水管阻塞

故障分析：水管阻塞，流量减弱，致使水温升高。
检查方法：查看压力与流量。
排除方法：除去阻塞物，加强过滤。

3. 水泵工作不正常

故障分析：水泵叶轮损坏或叶轮与泵体螺壳之间的间隙过大，造成水泵工作不正常，致使水压不足。
检查方法：查看水泵工作压力。
排除方法：检修水泵。

4. 冷却水进水温度过高

故障分析：水源不足，不能满足冷却循环的需要，或冷却水塔出现故障，对循环的冷却水不能及时散热。
检查方法：检查水源，观察冷却塔工作状态。
排除方法：增加水源，修复冷却塔调整进水温度。

5. 柴油机冷却水腔有阻塞物或结垢严重

故障分析：减少冷却水的流量。
检查方法：运行时用手摸机体后侧及各缸出水管，阻塞明显，温度升高。
排除方法：清除阻塞物，加强过滤。

5.1.7 柴油机内有敲击声

1. 有零件或杂物落在气缸内

原因分析：杂物或零件落入气缸后，在气缸内来回撞击。
检查方法：用传动听诊的方法判别。
排除方法：吊起气缸盖，清除杂物，检查气缸内部。

2. 供油时间过早

原因分析：供油时间过早，受到的反作用力过大。
检查方法：查看供油时间。
排除方法：校正供油时间。

3. 轴瓦间隙较大

原因分析：间隙过大，发生摆动或撞击。
检查方法：测量轴瓦间隙。
排除方法：校正轴瓦间隙。

4. 轴瓦将要咬死或者烧熔

原因分析：发出干摩擦的金属声。
检查方法：盘车检查。
排除方法：调整间隙，检查润滑油路，轴瓦中有无垃圾混入，若损坏严重需重新更换。

5. 气缸缸套与活塞磨损过大

原因分析：间隙过大，发生摆动或撞击
检查方法：透气孔有烟雾冒出。
排除方法：更换活塞和气缸。

6. 气缸中开始有咬死现象

原因分析：发出干摩擦的金属声。
检查方法：盘车检查。
排除方法：立即停车检查与修整，更换活塞与缸套。

7. 柴油机个别缸工作负荷过大

原因分析：个别缸供油量过大，爆发压力增大。
检查方法：检查各缸温度是否相近。
排除方法：调整负荷。

5.1.8 柴油机无显著事故而突然停车

1. 燃油中断

原因分析：日用油箱无油、阀门未打开、燃油滤清器堵塞均会造成停止供给燃料，致使柴油机停机。
检查方法：检查日用油箱的油位、阀门是否打开，燃油滤清器有无堵塞。
排除方法：补充燃油，打开阀门，清洗燃油滤清器。

2. 机油压力过低，机油安全装置起作用

原因分析：机油安全装置起作用后，传动杠杆迫使推开夹脱落，停止供油。
检查方法：检查推开夹状态。
排除方法：检查机油压力降低的原因。

3. 转速太高，超速安全装置起作用

原因分析：超速安全装置起作用后，大杠杆迫使推开夹脱落，停止供油。
检查方法：检查大杠杆及推开夹的状态。
排除方法：提起大杠杆，检查调速器，稳定负荷。

4. 负荷突然增加过度

原因分析：负荷突然增加超过柴油机的允许负荷量，致使扭矩力过大，造成柴油机停车。

检查方法：检查负荷量的突然变化情况。

排除方法：调整负荷。

5. 运动部件咬死

原因分析：活塞与缸套、连杆轴承及主轴承咬死，造成扭矩力增大，柴油机停车。

检查方法：打开安全阀，检查盘车的运转阻力。一般咬死，柴油机无法盘车。

排除方法：检修或更换活塞、缸套、轴瓦，必要时更换曲轴。

5.1.9 机油压力不足

1. 机油过稀

原因分析：机油过稀，流动性增强，压力相应降低。

检查方法：检查温度及润滑油的品质。

排除方法：调整温度或更换机油。

2. 油泵间隙过大

原因分析：油泵间隙过大，造成泄漏，压力上不去。

检查方法：检查齿轮间及泵体的间隙。

排除方法：检修或更换新油泵。

3. 机油被燃油冲淡

原因分析：机油被燃油冲淡后，黏度降低，流动性增强，压力降低。

检查方法：用食指和拇指之间蘸取少许机油，查看机油的黏度情况。

排除方法：寻找原因并隔绝燃油漏到机体内。

4. 机油滤清器太脏或阻塞

原因分析：机油滤清器太脏或阻塞，阻止了润滑油的循环量。

检查方法：检查网片式滤网表面的清洁度。

排除方法：除去阻塞物，清洗机油滤清器。

5. 冷却器阻塞

原因分析：冷却器阻塞，阻止了润滑油的循环量。
检查方法：查看冷却器两端温差是否过大。
排除方法：清洗冷却器芯子。

6. 轴瓦间隙过大

原因分析：轴瓦间隙过大，增加了润滑油的流速，因而降低了压力。
检查方法：测量轴瓦间隙。
排除方法：校正轴瓦间隙。

7. 机油太少

原因分析：油量太少，不能满足润滑系统循环需要。
检查方法：工作时查看润滑油箱油位是否在两刻度线之间。
排除方法：添加机油。

8. 调压阀泄漏

原因分析：调压阀泄漏造成润滑油回流。
检查方法：检查阀芯密封面有无变形及阀座有无损坏。
排除方法：检修或更换调压阀。

5.2 发电机的常见故障及排除

5.2.1 发电机不发电

1. 剩磁消失或剩磁微弱不足以励磁

检查方法：发电机全速运转，测量励磁机剩磁电压，仪表无读数，或读数很小。

排除方法：用蓄电池给励磁机励磁绕组通电充磁，应注意正负极与励磁机正负极一致。

2. 励磁回路断线或励磁绕组极间连接线脱焊

检查方法：将励磁机并励绕组一端拆下，用万用表欧姆挡测量其回路是否通路。

排除方法：接通断线，将脱焊处重新焊接。

3. 磁场变阻器断线，或变阻器滑臂接触不良

检查方法：拆下变阻器接线，用万用表测量其回路是否畅通，并反复调节变阻器，观察电阻值读数，是否相应均匀的增大或减小。

排除方法：接通变阻器断线，在滑臂接触不良的情况时，增大变阻器滑臂压力。

4. 并励绕组两点接地

检查方法：将并励绕组两端接线拆下，用兆欧表逐个测量励磁绕组对地的绝缘电阻，一般情况接地点多在绕组内孔四角上。

排除方法：重新包扎绕组绝缘层或重绕。

5. 励磁机电刷中心位置不对

检查方法：外观检查，电刷中心偏离主磁极中心位置。

排除方法：当电刷位置不对时，按下毫伏计上的“K”，毫伏计指示左右摆动，移动电刷直到毫伏计指示摆动微小。

6. 电刷卡住或刷面与换向器接触不良

检查方法：轻轻地提起刷瓣上下活动，观察是否有卡涩现象；再提出电刷，检查外观接合磨合情况。

排除方法：用00号玻璃砂纸，将电刷四周均匀打磨，电刷与刷握的间隙最小为0.1mm，最大为0.2mm，调整好后用00号玻璃砂纸重新打磨刷面。

7. 换向器表面油污严重，换向片间被油污填塞而断路

检查方法：检查换向器表面油污情况。

排除方法：小心剔除换向器片间脏污，擦拭表面油污，按要求将云母削薄。

8. 转子内部极间连接线断线或脱焊

检查方法：仪表盘上转子电流无指示，励磁电压表指示偏高；取出滑环电刷用试灯检查两滑环间是否通路。

排除方法：抽出发电机转子，用试灯在各磁极连接线依次测试，找出断路点并接通。

9. 励磁机电枢绕组短路

检查方法：用毫伏表逐片测试，当毫伏表指示低于其他绕组或无指示时，即表示该绕组短路。

排除方法：更换短路绕组。

10. 三次谐波励磁绕组断线或硅整流管击穿

检查方法：在三次谐波绕组接线端子上测量是否有交流电压，将三次谐波绕组在接线端子上拆下，用试灯检查是否通路，如绕组正常可将各硅整流管拆开，逐个测量其正反向电阻，若反向电阻很小，表明硅整流管被击穿。

排除方法：接通断线部分，更换同型号硅整流管。

11. 可控硅励磁不起励

检查方法：测量发电机是否有剩磁电压或调节移相电位器，测量移相触发器输出端是否有信号脉冲输出。

排除方法：用蓄电池向励磁机磁极绕组通电励磁，调整或更换移相触发器插件。

5.2.2 电压低

1. 发电机转速不够

检查方法：观察频率表读数，或用转速表直接测量发电机转速。

排除方法：提高原动机转速。

2. 检修后将励磁绕组接错

检查方法：将并励绕组的两端接 6～12V 直流电源，用指南针检查极性，各极应是N-S-N-S交替交换，如不符，说明励磁绕组头尾接错。

排除方法：校对极性，更正接线。

3. 励磁机励磁绕组短路

检查方法：以12~36V交流电依次接入励磁绕组，测量各绕组的交流阻抗，如励磁绕组电流相差超过5%，其中电流偏大的绕组可能存在短路故障，用单臂电桥直接测量各绕组直流电阻。

排除方法：重绕励磁绕组。

4. 励磁机磁极与电枢气隙太大

检查方法：用塞尺测量各个磁极与电枢间隙是否符合要求。

排除方法：卸下磁极铁芯，用铁皮在磁极背面做垫片以减小间隙。

5. 电刷不在中心线位置上

检查方法：目测检查。

排除方法：松开刷架座紧固螺丝，移动刷架座角度，使电刷对准主磁极中心，按下毫伏表上的“K”，若摆动则重新调整刷架座角度，直到表头不再摆动或摆动微小为止。

6. 发电机转子绕组短路

检查方法：用单臂电桥测试转子绕组直流电阻，较低时应抽查转子，以6~36V交流电源逐个对磁极绕组通电并记录电流值，各绕组电流应基本一致，其中电流超过平均值5%以上的励磁绕组应进一步判明是否断路。

排除方法：更换绕组。

7. 检修后转子绕组错接

检查方法：拆下端盖，检查绕组接线，是否有绕组元件接错或极相接错。

排除方法：改正错误。

8. 可控硅自励方式的发电机移相触发器导通角太小

检查方法：检查移相触发器的电容是否完好，并旋转滑臂，测试电位器的阻值，从零位到最大值是否均匀变化。

排除方法：更换电阻电容元件，必要时更换移相触发器插件。

9. 具有三相桥式整流自励方式发电机部分硅管击穿

检查方法：拆开各硅二极管接线，逐个测量硅管正反向电阻，查出被击穿的硅管。

排除方法：更换同型号的二极管。

10. 可控硅自励方式发电机的个别可控硅管被击穿

检查方法：拆下可控硅管，检查可控硅管，如按下开关可控硅管导通，灯泡发亮，证明可控硅管完好。

排除方法：更换参数相同的可控硅元件。

5.2.3 空载电压正常，加载后电压显著下降

1. 串励绕组接反使所产生的磁通与并励绕组产生的磁通相互抵消

检查方法：观察仪表指示，空载及低负荷时电压尚能保持，但随着负荷的增加，电压显著下降，负荷越大，电压越低。

排除方法：将串励绕组两端接线对调。

2. 检修时将换向极绕组接反，引起电枢反应加剧

检查方法：外观检查，励磁电机刷火花随负荷增加变大，整个电刷呈喷射形火花，端电压随负荷增加而下降很多。

排除方法：用指南针检查并纠正换向极绕组接线，换向极的极性沿转子旋转方向的极性顺序应为 N(换向极) - N 主磁极 - S(换向极) - S(主磁极)以此类推。

3. 发电机手动励磁时原动机转速上不去，而在负荷增加情况下，电压显著下降

检查方法：检查原动机的调速器是否完好，柴油机机油路是否畅通，观察仪表看频率是否缓降等。

排除方法：修理调速器部分，清洁机油油路滤清器，解决机械部分卡死现象。

5.2.4 电刷下冒火花

1. 同轴励磁机大轴弯曲，引起换向器径向跳动

检查方法：拆下励磁机电枢，用百分表测杆顶轴颈外沿，缓缓盘车，记录径向摆动值。

排除方法：将轴校直，用百分表复查。

2. 换向器表面不圆，不光洁

检查方法：将百分表测杆顶住电刷顶部，调整好零位，用手转动转子，观测百分表径向跳动量。

排除方法：可用00号玻璃砂纸研磨，换向器表面不圆应车削。在车削前，应先校正中心，转子两轴承对铁颈心外圆同心度偏差不超0.02~0.04mm方可车削。车削时，换向器线速度不应超过30mm/s，进刀量不超过0.05~0.10mm，走刀量不超过0.1mm。

3. 电刷与刷握间隙是否在0.1~0.2mm之间，并用小弹簧秤试测电刷压力

排除方法：用00号玻璃砂纸研磨电刷，使间隙保持在0.1~0.2mm范围，并调整电刷使刷压保持在$0.2\times9.8\times10^4$~$0.3\times9.8\times10^4$Pa之间。

4. 检修时将换向极绕组接反

检查方法：用指南针检查换向极性，顺旋转方向，极性顺序为N(换向极)–N(主磁极)–S(换向极)–N(主磁极)–S(换向极)–S(主磁极)。

排除方法：纠正错误接线。

5. 电刷位置不在中心线上

检查方法：检查刷握是否与原记号对准。

排除方法：按原记号对准，如无原记号可用感应法确定电刷中心线。

6. 磁极与电枢间间隙不均匀

检查方法：用塞尺测量各极间隙做好记录。

排除方法：调整磁极与磁扼间垫片，使各个磁极与电枢间间隙差别与平均值比较不超过0.4mm。

7. 与换向器相接的电枢绕组元件短路或脱焊

检查方法：用短路侦察器查明短路部位，或用万用表查明脱焊部位，用电阻法测出短路绕组。

排除方法：更换短路部位绕组，重焊脱焊绕组。

8. 励磁机磁绕组短路，引起磁场不对称

检查方法：测量各绕组的直流电阻，或用交流阻抗器做实验，查出短路绕组。

排除方法：重绕励磁绕组。

9. 电刷接触面太小，或电刷牌号不对

检查方法：抽出各电刷，检查弧形接合面磨合情况，查对电刷牌号。

排除方法：按生产厂家要求牌号更换电刷，并研磨电刷。

10. 换向片间短路

检查方法：外观检查换向片间的凹槽内是否被炭粉、铜屑或焊锡等杂物堵塞，片间的云母是否被电弧烧灼炭化。

排除方法：仔细剔除片间杂物，若炭化层很深，应彻底剔除炭化层。确实判明短路且排除后，在已除炭化层的凹槽内，用绝缘漆调和的云母填补。

5.2.5 温升过高

1. 电刷卡死

检查方法：轻轻地提起刷瓣上下活动，检查是否灵活。

排除方法：观察电刷被卡处的摩擦痕迹，用00号玻璃砂纸研磨，保持电刷与刷握间隙在0.1~0.2mm。

2. 发电机负荷

检查方法：检查发电机定子电流表及转子电流表读数是否超过铭牌规定数值。

排除方法：减负荷至额定值，若无功负荷过高，可安装移相电容。

3. 空气滤网被堵塞，冷却空气不畅通

检查方法：用硬质纸放在进风滤网处试验吸力大小，若无吸力或吸力很小，说明滤网堵塞。

排除方法：将滤网拆下，逐层用汽油清洗。

4. 定子绕组积尘太多，散热不良

检查方法：打开窥视窗口，观察绕组端部的积尘情况。

排除方法：抽出转子用压缩空气将定子铁芯通风道内及绕组端部的积尘彻底吹净。

5. 发电机长期长时间满负荷，低转速运行，使冷却风不足

检查方法：观察频率表读数，或计算原动机与发电机皮带轮变速比，判断是否适当或直接用转速表测量发电机转速。

排除方法：换掉皮带轮，或提高原动机转速，保证在额定的转速运行。

6. 定子绕组短路

检查方法：发电机空载时，三相电压不平衡，冷却空气出口处有焦臭味，停机后迅速用手摸定子绕组端部，发热异常、颜色异常和绝缘脆化的绕组即为短路绕组，或测量各定子绕组交流阻抗，以判明短路部位。

排除方法：更换短路绕组。

5.2.6 振动

1. 滚动轴承损坏或滑动轴承磨损严重，引起发电机转子下沉并与定子铁芯摩擦

检查方法：抽出转子，外观查看是否有明显的摩擦痕迹，定子槽锲和绝缘材料是否有烧焦痕迹，开启式或防滴式发电机在运行中从端部可见摩擦火花。

排除方法：更换滚动轴承或重新研磨轴承瓦，绝缘严重烧焦的更换绕组。

2. 联轴器中心不对

检查方法：用塞尺检查两联轴器端面互隔90°处的间隙是否一致，再用钢板尺移到联轴器外沿，用塞尺检查中心是否偏移。

排除方法：重新找正联轴器中心。

3. 转子绕组短路或气隙不均匀引起的磁场不对称

检查方法：断开励磁电流时，振动消失；接通励磁电流时，振动重复出现。

排除方法：重绕转子绕组或调整气隙。

4. 转动部分重换绕组后，未经平衡校正，或轮轴未经平衡校正

检查方法：查看不平衡严重两端轴承是否灵活时，用手盘车转子使之缓缓自由旋转，较重一端停在下边，不论断开或接通励磁，电流振动无变化。

排除方法：将转子和轮轴分别进行静平衡校正，容量较大的二级四极发电机转子应进行动平衡校正。

5. 负荷严重不平衡

检查方法：检查负荷情况。

排除方法：调整负荷。

5.2.7 发电机运行时有不正常的噪声等

1. 电刷牌号不符

检查方法：检查电刷牌号是否符合生产厂家要求。

排除方法：更换合格电刷。

2. 滚动轴承损坏

检查方法：用听针侧听轴承声响，正常声音应均匀和谐。

排除方法：更换轴承。

3. 气隙不均匀，转子铁芯与定子铁芯摩擦

检查方法：抽出转子，检查有无摩擦痕迹，并检查轴承是否损坏，是否因轴承内圈与轴颈配合太松将轴颈磨损引起转子下沉。

排除方法：更换轴承。

4. 定子铁芯松动在交变磁场作用下引起振动

检查方法：抽出转子，观察定子铁芯两端齿部是否松动。

排除方法：在已张口的铁芯齿部注入绝缘清漆后压紧，绝缘清漆干燥后即可。

第二篇

配电系统

随着现代科学技术的进步和发展，目前现代工业自动化控制系统已是一种以先进控制技术和智能控制技术为核心的综合自动化系统，其内涵不断扩充和深化，特征是信息化、数字化、智能化、网络化和集成化。现代工业自动化技术融合了信息集成技术、自动化技术、现代控制技术、网络通信技术、图像/视频技术、无线电遥控技术、嵌入式微控制器技术、机电一体化技术、数控技术、先进制造技术及现代管理等诸多学科的先进技术，内容十分广泛，包括工业计算机控制及系统、可编程序控制器及其网络控制系统、集散控制系统、通用变频器与伺服控制、仪器仪表、紧密微电机、真空设备、光电元件、执行器、接插件、低压电器、电线和电缆、开关电源等。

本篇将结合工作实际，论述常用高低压电器、电力变压器、电机、测量工具、稳压器等机电常用设备的结构组成、工作原理、选用原则、注意事项等，并就常见故障进行分析。

第 6 章

电工基础

6.1 电路的基本物理量及组成

6.1.1 电路中的基本物理量

1. 电量

自然界中的一切物质都是由分子组成的，分子又是由原子组成的，而原子是由带正电荷的原子核和一定数量带负电荷的电子组成的。在通常情况下，原子核所带的正电荷数等于核外电子所带的负电荷数，原子对外不显电性。但是，用一些办法，可使某种物体上的电子转移到另外一种物体上。失去电子的物体带正电荷，得到电子的物体带负电荷。物体失去或得到的电子数量越多，则物体所带的正、负电荷的数量也越多。

物体所带电荷数量的多少用电量来表示。电量是一个物理量，它的单位是库仑，用字母 C 表示。1C 的电量相当于物体失去或得到 6.25×10^{18} 个电子所带的电量。

2. 电流

电荷的定向移动形成电流。电流有大小，有方向。

1）电流的方向

人们规定正电荷定向移动的方向为电流的方向。金属导体中，电流是电子在导体内电场的作用下定向移动的结果，电子流的方向是负电荷的移动方向，与正电荷的移动方向相反，所以金属导体中电流的方向与电子流的方向相反，如图 6.1 所示。

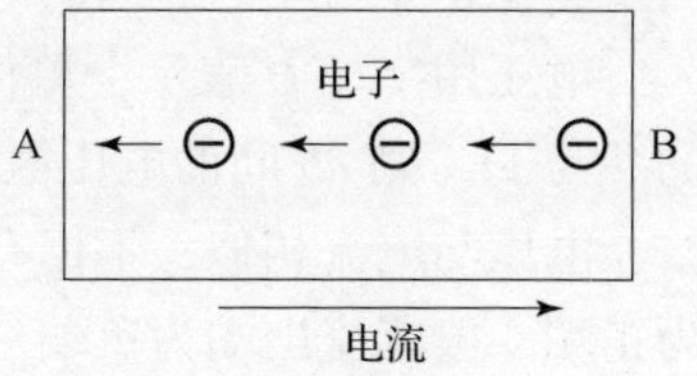

图 6.1　金属导体中的电流方向

2）电流的大小

电学中用电流强度来衡量电流的大小。电流强度就是 1s 通过导体截面的电量。电流强度用字母 I 表示，计算为

$$I=\frac{Q}{t} \tag{6.1}$$

式中：I 为电流强度，单位安培（A）；Q 为在时间 t 内，通过导体截面的电量数，单位库仑（C）；t 为时间，单位秒（s）。

实际使用时，人们把电流强度简称为电流。如果 1s 内通过导体截面的电量为 1C，则该电流的电流强度为 1A，习惯简称电流为 1A。

3. 电压

为了弄清楚电荷在导体中定向移动而形成电流的原因，我们对照图 6.2（a）水流的形成来理解这个问题。

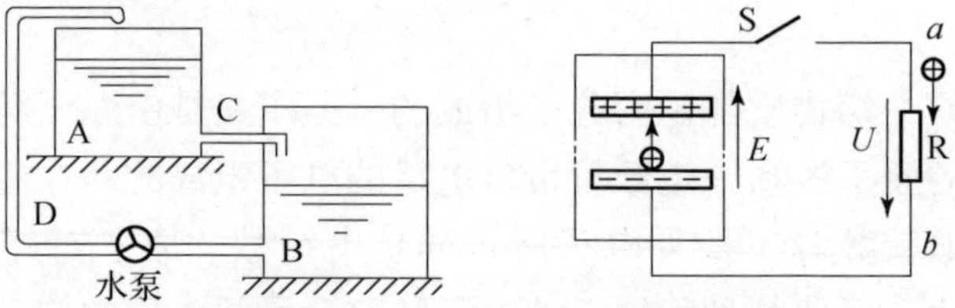

(a) 水流的形成　　(b) 电流的形成

图 6.2　水流和电流形成

从图 6.2（a）可以看到外水由 A 槽经 C 管向 B 槽流去。水之所以能在 C 管中进行定向移动，是由于 A 槽水位高，B 槽水位低所致，A、B 两槽之间的水位差即水压，是实现水形成水流的原因。与此相似，当图 6.2（b）中的开关 S 闭合后，电路里就有电流。这是因为电源的正极电位高，负极电位低。两个极间电位差（电压）使正电荷从正极出发，经过负载 R 移向负极形成电流。所以，电压是自由电荷发生定向移动形成电流的原因。在电路中电场力把单位正电荷由高电位 a 点移向低电位 b 点所做的功称为两点间的电压，用 U_{ab} 表示。所以电压是 a 与 b 两点间的电位差，它是衡量电场力做功本领大小的物理量。

电压用字母 U 表示，单位为伏特，电场力将 1C 电荷从 a 点移到 b 点所做的功为 1J，则 ab 间的电压值就是 1 伏特，简称伏，用字母 V 表示。

电压与电流相似，不但有大小，而且有方向。对于负载来说，电流流入端为正端，电流流出端为负端。电压的方向是由正端指向负端，也就是说负载中电压实际方向与电流方向一致。在电路图中，用带箭头的细实线表示电压的方向。

4. 电阻

一般来说，导体对电流的阻碍作用称为电阻，用字母 R 表示。电阻的单位为欧姆，简称欧，用字母 Ω 表示。

如果导体两端的电压为 1V，通过的电流为 1A，则该导体的电阻就是 1Ω。

应当指出：电阻是导体中客观存在的，它与导体两端电压变化情况无关，即使没有电压，导体中仍然有电阻存在。实验证明，当温度一定时，导体电阻只与材料及导体的几何尺寸有关。对于一根材质均匀、长度为 L、截面积为 S 的导体而言，其电阻大小可表示为

$$R=\rho\frac{L}{S} \tag{6.2}$$

式中：R 为导体电阻，单位为欧（Ω）；L 为导体长度，单位为米（m）；S 为导体截面积，单位为平方毫米（mm^2）；ρ 为电阻率，单位为欧·米（Ω·m）。

式中电阻率是与材料性质有关的物理量。电阻率的大小等于长度为 1m，截面积为 $1mm^2$ 的导体在一定温度下的电阻值。例如，铜的电阻率为 $1.7\times10^{-8}\Omega\cdot m$，就是指长为 1m，截面积为 $1mm^2$ 的铜线的电阻是 $1.7\times10^{-8}\Omega$。几种常用材料在 20℃时的电阻率见表 6.1。

表 6.1　常用材料在 20℃时的电阻率

材料名称	电阻率/(Ω·m)
银	1.6×10^{-8}
铜	1.7×10^{-8}
铝	2.9×10^{-8}
钨	5.3×10^{-8}
铁	1.0×10^{-7}
康铜	5.0×10^{-7}
锰铜	4.4×10^{-7}
铝铬铁电阻丝	1.2×10^{-6}

从表中可知，铜和铝的电阻率较小，是应用极为广泛的导电材料。以前，由于我国铝的矿藏量丰富，价格低廉，常用铝线作为输电线。现在，由于铜线有更好的电气特性，如强度高、电阻率小，铜制线材被更广泛应用。电动机、变压器的绕组一般都用铜材。

5. 电功、电功率

电流通过用电器时，用电器就将电能转换成其他形式的能，如热能、光能和机械能等。我们把电能转换成其他形式的能叫作电流做功，简称电功，用字母 W 表示。电流通过用电器所做的功与用电器的端电压、流过的电流、所用的时间和电阻的关系为

$$
\begin{aligned}
W &= UIt \\
W &= I^2Rt \\
W &= \frac{U^2}{R}t
\end{aligned}
\tag{6.3}
$$

电流在单位时间内通过用电器所做的功称为电功率，用字母 P 表示，即

$$
P = \frac{W}{t} \tag{6.4}
$$

将式（6.3）代入式（6.4）后得到

$$
\begin{aligned}
P &= \frac{U^2}{R} \\
P &= UI \\
P &= I^2R
\end{aligned}
\tag{6.5}
$$

在式（6.5）中，电功单位为焦耳（J），时间单位为秒（s），则电功率的单位就是焦耳/秒（J/s）。焦耳/秒又称瓦特，简称瓦，用字母 W 表示。

从式（6.5）中可以得出如下结论。

（1）当用电器的电阻一定时，电功率与电流平方或电压平方成正比。若通过用电器的电流是原来电流的 2 倍，则电功率就是原功率的 4 倍；若加在用电器两端电压是原电压的 2 倍，则电功率就是原功率的 4 倍。

（2）当流过用电器的电流一定时，电功率与电阻值成正比。对于串联电阻电路，流经各个电阻的电流是相同的，则串联电阻的总功率与各个电阻的电阻值的和成正比。

（3）当加在用电器两端的电压一定时，电功率与电阻值成反比。对于并联电阻电路，各个电阻两端电压相等，则各个电阻的电功率与各电阻的阻值成反比。

在实际工作中，电功的单位常用千瓦 · 小时（kW · h），也称“度”。1 千瓦 · 小时是 1 度，它表示功率为 1kW 的用电器 1h 所消耗的电能，即

$$
1\text{kW} \cdot \text{h} = 1\text{kW} \times 1\text{h} = 3.6 \times 10^6\text{J}
$$

6.1.2 电路

1. 电路的组成

电路是由输电导线、电气设备、用电元件组成的，为完成某种预期的目的而设计、连接和安装形成的电流通路，一般由电源（供应电能的设备，将其他形式的能量转换为电能，如发电机）、负载（使用电能的设备，将电能转换为其他形式的能量，如电动机）、控制装置（根据负载的需要，起分配电能和控制电路的作用，如控制开关）和导线（连接各组成部分，提供电流通路）组成，如图6.3所示。

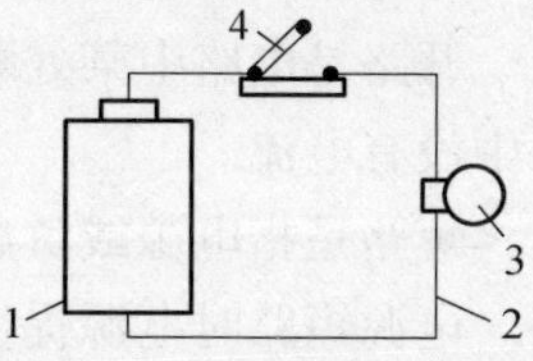

图6.3　电路的组成
1—电源；2—导线；3—灯泡；4—开关。

电源是把非电能转换成电能并向外提供电能的装置。常见的电源有干电池、蓄电池和发电机等。负载是电路中用电器的总称，它将电能转换成其他形式的能。如电灯把电能转换成光能；电烙铁把电能转换成热能；电动机把电能转换成机械能。开关属于控制电器，用于控制电路的接通或断开。连接导线将电源和负载连接起来，担负着电能的传输和分配的任务。电路电流方向是由电源正极经负载流到电源负极，在电源内部，电流由负极流向正极，形成一个闭合通路。

2. 电路图

在设计、安装或维修各种实际电路时，经常要画出表示电路连接情况的图。如果是画实物连接图，虽然直观，但很麻烦。所以很少画实物图，而是画电路图。表6.2是几种常用的电工符号。

表6.2　常用的电工符号

名称	符号	名称	符号
电池	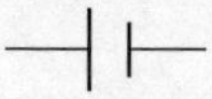	电流表	
导线		电压表	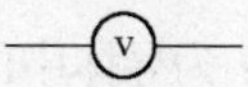
开关	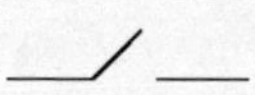	熔断器	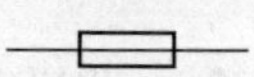
电阻		电容	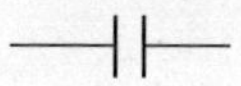
照明灯		接地	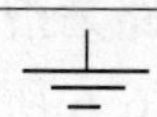

图 6.4 是图 6.3 的电路图。

3. 电路的三种状态

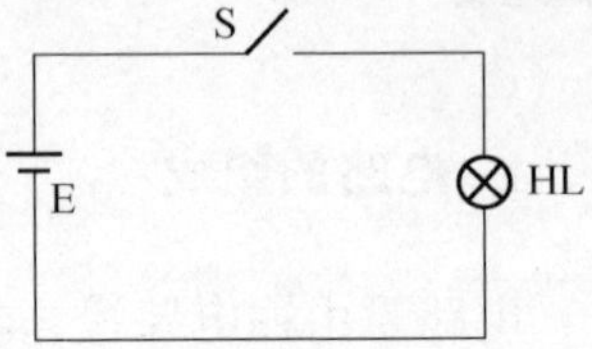

图 6.4　电路图

电路有三种状态，即通路、开路、短路。

通路是指电路处处接通，也称为闭合电路，简称闭路。只有在通路的情况下，电路才有正常的工作电流。

开路是电路中某处断开，没有形成通路的电路。开路也称为断路，此时电路中没有电流。

短路是指电源或负载两端被导线连接在一起，分别称为电源短路或负载短路。电源短路时电源提供的电流要比通路时提供的电流大很多倍，通常是有害的，也是非常危险的，所以一般不允许电源短路。

6.1.3 欧姆定律

1. 一段电阻电路的欧姆定律

一段电阻电路是指不包括电源在内的外电路，如图 6.5 所示。

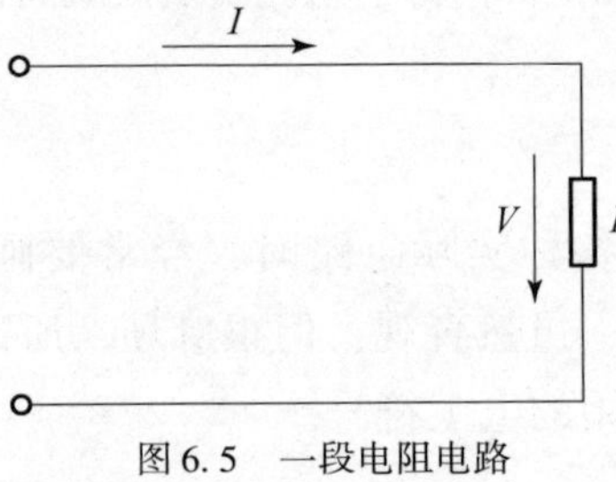

图 6.5　一段电阻电路

实验证明，一段电阻电路欧姆定律的内容是流过导体的电流强度与这段导体两端的电压成正比；与这段导体的电阻成反比。其数学表达式为

$$I = \frac{U}{R} \tag{6.6}$$

式中：I 为导体中的电流（A）；U 为导体两端的电压（V）；R 为导体的电阻（Ω）。

2. 全电路欧姆定律

全电路是指含有电源的闭合电路。全电路是由各段电路连接成的闭合电路。如图 6.6 所示，电路包括电源内部电路和电源外部电路，电源内部电路简称内电路，电源外部电路简称外电路。

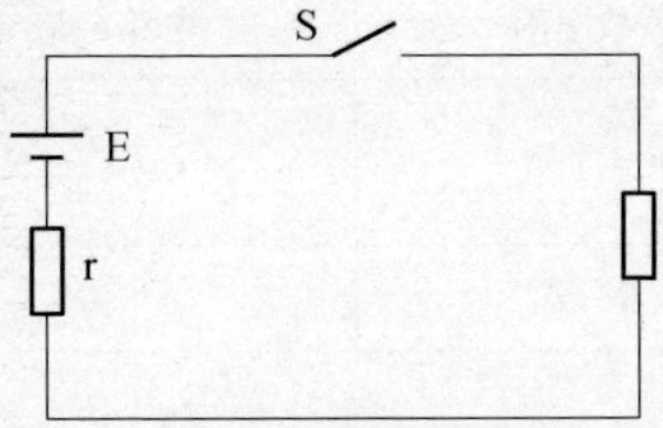

图 6.6　简单的全电路

在全电路中，电源电动势 E、电源内电阻 r、外电路电阻 R 和电路电流 I 之间的关系为

$$I=\frac{E}{R+r} \tag{6.7}$$

式中：I 为电路中的电流（A）；E 为电源电动势（V）；R 为外电路电阻（Ω）；r 为内电路电阻（Ω）。

式（6.7）是全电路欧姆定律。定律说明电路中的电流强度与电源电动势（E）成正比，与整个电路的电阻（$R+r$）成反比。

将式（6.7）变换后得到

$$E=IR+Ir=U+Ir \tag{6.8}$$

式中：U 为外电路电压；Ir 为内电路电压。

外电路电压是指电路接通时电源两端的电压，又称路端电压，简称端电压。这样，式（6.8）的含义又可叙述为：电源电动势在数值上等于闭合回路的各部分电压之和。

根据全电路欧姆定律研究全电路处于三种状态时，全电路中电压与电流的关系。

（1）当全电路处于通路状态时，由式（6.8）可以得出端电压为

$$U=E-Ir \tag{6.9}$$

由此可知，随着电流的增大，外电路电压随之减小。电源内阻越大，外电路电压减小得越多。在直流负载时需要恒定电压供电，所以总是希望电源内阻越小越好。

（2）当全电路处于断路状态时，相当于外电路电阻值趋于无穷大，此时电路电流为零，断路内电路电阻电压为零，外电路电压等于电源电动势。

（3）当全电路处于短路状态时，外电路电阻值趋近于零，此时电路电流称短路电流。由于电源内阻很小，因此短路电流很大。短路时外电路电压为零，内电路电阻电压等于电源电动势。

全电路处于三种状态时，电路中电压与电流的关系见表 6.3。

表 6.3　电路中电压与电流的关系

电路状态	负载电阻	电路电流	外电路电压
通路	R = 常数	$I=\dfrac{E}{R+r}$	$U=E-Ir$
断路	$R\to\infty$	$I=0$	$U=E$
短路	$R\to 0$	$I=\dfrac{E}{r}$	$U=0$

通常电源电动势和内阻在短时间内基本不变，且电源内阻又非常小，所以可近似认为电源的端电压等于电源电动势。后面不特别指出电源内阻时，就表示其阻值很小忽略不计。但对于电池来说，其内阻随电池使用时间延长而增大。如果电池内阻增大到一定值时，电池的电动势就不能使负载正常工作了。如旧电池开路时两端的电压并不低，但装在收音机里，却不能使收音机发声，这是电池内阻增大所致。

6.1.4　电阻的串联、并联电路

1. 电阻的串联电路

在一段电路上，将几个电阻的首尾依次相连所构成的一个没有分支的电路，叫作电阻的串联电路。如图 6.7（a）所示是电阻的串联电路，图 6.7（b）是图 6.7（a）的等效电路。

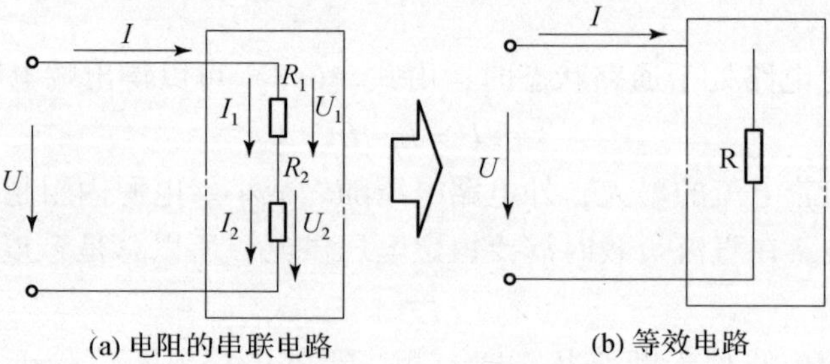

(a) 电阻的串联电路　　(b) 等效电路

图 6.7　电阻的串联电路及等效电路

电阻的串联电路有以下特点。

（1）串联电路中流过各个电阻的电流都相等，即

$$I=I_1=I_2=I_3=\cdots=I_n \tag{6.10}$$

（2）串联电路两端的总电压等于各个电阻两端的电压之和，即

$$U = U_1 + U_2 + \cdots + U_n \tag{6.11}$$

(3) 串联电路的总电阻（等效电阻）等于各串联的电阻之和，即

$$R = R_1 + R_2 + \cdots + R_n \tag{6.12}$$

根据欧姆定律得出 $U_1 = IR_1$，$U_2 = IR_2$，…，$U = IR$，可以得出

$$\frac{U_1}{R_2} = \frac{U_2}{R_2} = \cdots = \frac{U}{R} \tag{6.13}$$

此公式表明，在串联电路中，电阻的阻值越大，这个电阻所分配到的电压越大，反之，电压越小，即电阻上的电压分配与电阻的阻值成正比。

在如图6.7（a）所示的电路中，将 $R = R_1 + R_2$ 代入式（6.13）中得

$$U_1 = \frac{R_1}{R_1 + R_2} U \tag{6.14}$$

$$U_2 = \frac{R_2}{R_1 + R_2} U \tag{6.15}$$

式（6.14）和式（6.15）可以直接计算出每个电阻从总电压中分得的电压值，习惯上就把这两个式子叫作分压公式。

电阻串联的应用极为广泛，如下。

(1) 用几个电阻串联来获得阻值较大的电阻。

(2) 用串联电阻组成分压器，使用同一电源获得几种不同的电压。如图6.8所示，由 $R_1 \sim R_4$ 组成串联电路，使用同一电源，输出4种不同数值的电压。

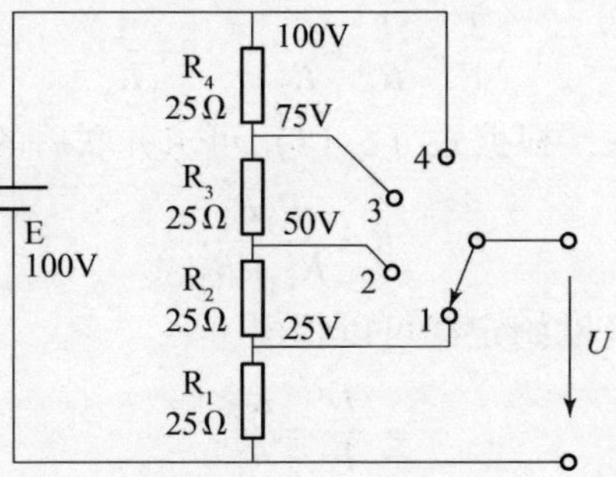

图6.8　电阻分压器

(3) 当负载的额定电压（标准工作电压值）低于电源电压时，采用电阻与负载串联的方法，使电源的部分电压分配到串联电阻上，以满足负载正确的使用电压值。

(4) 用电阻串联的方法来限制调节电路中的电流。在电工测量中普遍用串联电阻法来扩大电压表的量程。

2. 电阻的并联电路

将两个或两个以上的电阻两端分别接在电路中相同的两个节点之间，这种连接方式叫作电阻的并联电路。如图6.9（a）所示是电阻的并联电路，图6.9（b）是图6.9（a）的等效电路。

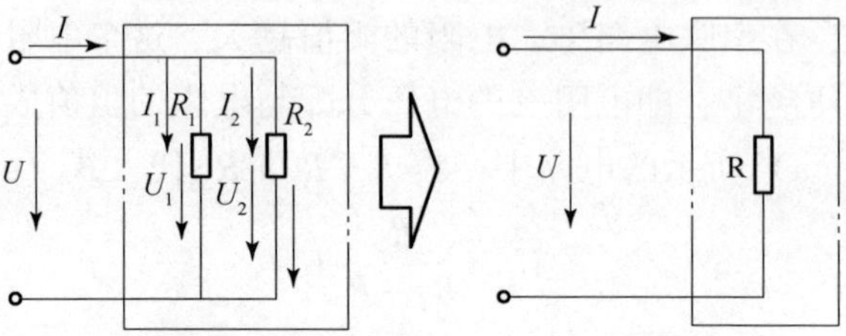

(a) 电阻的并联电路　　(b) 等效电路

图6.9　电阻的并联电路及等效电路

电阻的并联电路有如下特点。

（1）并联电路中各个支路两端的电压相等，即

$$U = U_1 = U_2 = \cdots = U_n \tag{6.16}$$

（2）并联电路中总的电流等于各支路中的电流之和，即

$$I = I_1 + I_2 + \cdots + I_n \tag{6.17}$$

（3）并联电路的总电阻（等效电阻）的倒数等于各并联电阻的倒数之和，即

$$\frac{1}{R} = \frac{1}{R_1} + \frac{1}{R_2} + \cdots + \frac{1}{R_n} \tag{6.18}$$

若是两个电阻并联，根据式（6.18）可求并联后的总电阻为

$$R = \frac{R_1 R_2}{R_1 + R_2} \tag{6.19}$$

根据式（6.18）及欧姆定律可以得出

$$\frac{I_1}{I_n} = \frac{R_n}{R_1} \tag{6.20}$$

$$\frac{I}{I_n} = \frac{R_n}{R} \tag{6.21}$$

式（6.20）和式（6.21）表明，在并联电路中，电阻的阻值越大，这个电阻所分配到的电流越小，反之越大，即电阻上的电流分配与电阻的阻值成反比。这个结论是电阻并联电路特点的重要推论，用途极为广泛，具体如下。

（1）因为电阻并联的总电阻小于并联电路中的任意一个电阻，因此，可以用电阻并联的方法来获得阻值较小的电阻。

(2) 由于并联电阻各个支路两端电压相等，因此，工作电压相同的负载，如电动机、电灯等都是并联使用，任何一个负载的工作状态既不受其他负载的影响，也不影响其他负载。在并联电路中，负载数目增加，电路的总电阻减小，电流增大，负载从电源取用的电能多，负载变重；负载数目减少，电路的总电阻增大，电流减小，负载从电源取用的电能少，负载变轻。因此，人们可以根据工作需要启动或停止并联使用的负载。

(3) 在电工测量中应用电阻并联方法组成分流器来扩大电流表的量程。

6.2 电磁的基本知识

6.2.1 磁的基本知识

1. 磁现象

早在2000多年前，我们的祖先就发现了磁铁矿石具有吸引铁的性质。人们把物体能够吸引铁、钴、镍及其合金的性质称为磁性，把具有磁性的物体叫作磁铁。磁铁上磁性最强的位置称为磁极，磁铁有两个磁极，即南极和北极，通常用字母S表示南极（常涂红色），用字母N表示北极（常涂绿色或白色）。条形、蹄形、针形磁铁的磁极位于它们的两端。值得注意的是任何一个磁铁的磁极总是成对出现的。若把一个条形磁铁分割成若干段，则每段都会同时出现南极、北极。这叫作磁极的不可分割性。磁极与磁极之间存在的相互作用力称为磁力，其作用规律是同性磁极相斥，异性磁极相吸。一根没有磁性的铁棒，在其他磁铁的作用下获得磁性的过程叫作磁化。如果把磁铁拿走，铁棒仍有的磁性称为剩磁。

2. 磁场、磁感应线

磁铁周围存在磁力作用的空间称为磁场。我们经常看见两个互不接触的磁铁之间具有相互作用力，它们是通过磁场这一特殊物质进行传递的。磁场之所以是一种特殊物质，是因为它不是由分子和原子等粒子组成的。虽然磁场是一种看不见、摸不着的特殊物质，但通过实验可以证明它的存在。例如，在一块玻璃板上均匀地撒些铁粉，在玻璃板下面放置一块条形磁铁。铁粉在磁场的作用下排列成规则线条，如图 6.10 所示。这些线条都是从磁铁的 N 极到 S 极的光滑曲线，如图 6.10（b）所示。我们把这些曲线称为磁感应线，它能形象描述磁场的性质。

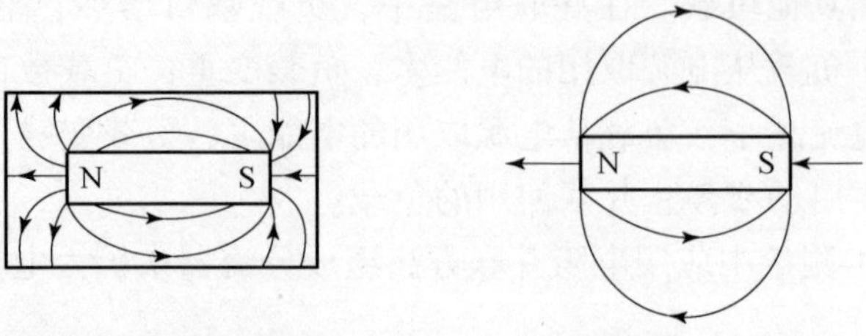

(a) 磁感应线均匀分布　　(b) 磁感应线从N极到S极

图 6.10　磁感应线的分布情况

实验证明磁感应线具有下列特点。

1）磁感应线是闭合曲线

在磁铁外部，磁感应线从 N 极出发，然后回到 S 极，在磁铁内部，是从 S 极到 N 极，这叫作磁感应线的不可中断性，如图 6.11 所示。

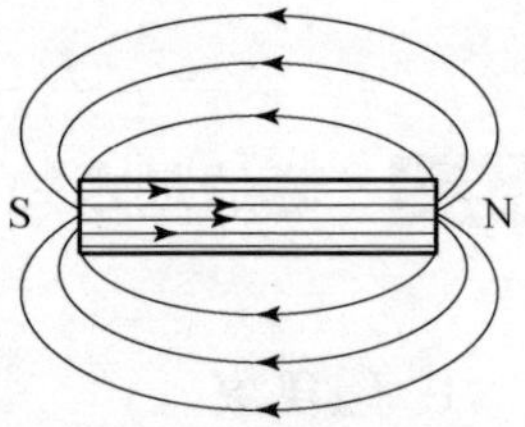

图 6.11　磁体内外磁感应线走向

2）磁感应线互不相交

这是因为磁场中任何一点磁场方向只有一个。

3）磁感应线的疏密程度与磁场强弱有关

磁感应线稠密表示磁场强，磁感应线稀疏表示磁场弱。

3. 磁通、磁感应强度

为了描述磁场在一定面积上的分布情况而引入了磁通这一物理量。

在磁场中，把通过与磁场方向垂直的某一面积的磁感应线的总数目，叫作通过该面积的磁通，用字母 Φ 表示。磁通的单位是“韦伯”，简称“韦”，用“Wb”表示。

磁感应强度是用来表示磁场中各点磁场强弱和方向的物理量，用字母 B 表示。

垂直通过单位面积的磁感应线的数目叫作该点的磁感应强度。它既有大小，又有方向。在磁场中某点磁感应强度的方向，就是位于该点磁针北极所指的方向，它的大小在均匀磁场中可表示为

$$B=\frac{\Phi}{S} \tag{6.22}$$

式中：B 为磁感应强度；Φ 为磁通；S 为垂直于磁感应线方向通过磁感应线的面积。

磁感应强度的单位是"Wb/m^2"，称为"特斯拉"，简称"特"，用字母"T"表示。

式（6.22）说明磁感应强度的大小等于单位面积的磁通。通过单位面积的磁通越多，则磁感应线越密，磁场也越强，反之磁场越弱。

4. 磁导率

实验证明，铁、钴、镍及其合金对磁场影响强烈，具有明显的导磁作用。但是自然界绝大多数物质对磁场影响甚微，导磁作用很差。为了衡量各种物质导磁的性能，引入磁导率这一物理量，用字母 u 表示，单位为"亨利/米"用"H/m"表示。不同物质有不同的磁导率。在其他条件相同的情况下，某些物质的磁导率比在真空中强，另一些物质的磁导率比在真空中弱。

经实验测得真空的磁导率为 $\mu_0 = 4\pi \times 10^{-7}$ H/m，且是常数。

为了便于比较各种物质的导磁性能，把各种物质的磁导率与真空中的磁导率进行比较，引入相对磁导率这一物理量。任何一种物质的磁导率与真空的磁导率的比值叫作相对磁导率，即

$$\mu_r = \frac{\mu}{\mu_0} \tag{6.23}$$

相对磁导率没有单位，只是说明在其他条件相同的情况下，物质的磁导率是真空磁导率的多少倍。

根据各种物质的磁导率的大小，可将物质分成三类。

$\mu_r < 1$ 的物质叫作反磁物质，如铜、银等。

$\mu_r > 1$ 的物质叫作顺磁物质，如空气、铝等。

$\mu_r \gg 1$ 的物质叫作铁磁物质，如铁、钴、镍及其合金等。

由于铁磁物质的相对磁导率很高，所以铁磁物质被广泛地应用于电工技术方面，如制作变压器、电磁铁、电动机的铁芯等。

6.2.2 电流的磁场

1. 通电直导线的磁场

磁铁周围有磁场，通电直导线的周围也有磁场。例如，一根直导线垂直穿过水平放置的纸板，在纸板上均匀地撒些铁粉。当直导线通电时，铁粉以导线

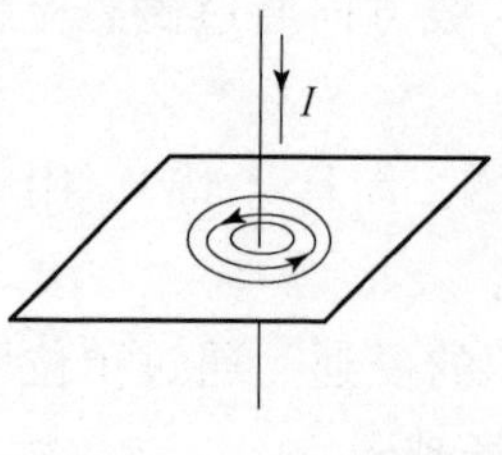

图 6.12　通电直导线的磁场

为中心形成许多同心圆，如图 6.12 所示，铁粉的分布情况表示磁感应线分布情况。

若直导线中电流消失，则纸板上的铁粉又呈均匀分布。从而证明了“动电生磁”，即磁场是伴随电流而存在的，而电流永远被磁场所包围。经实验证明，磁场方向与电流方向有关。若直导线垂直纸面，电流向外而来，则磁场方向是逆时针方向；若直导线上的电流是向内而去，则磁场方向为顺时针方向，如图 6.13（a）所示。

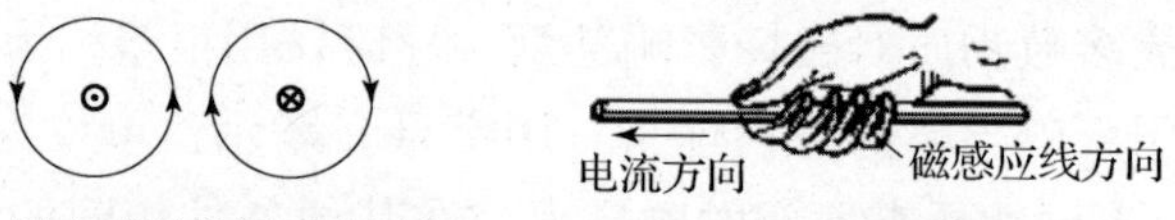

(a) 通电直导线周围磁场与电流方向的关系　　(b) 右手螺旋定则

图 6.13　直导线周围的磁场方向

为了方便讨论问题，规定用符号“⊗”“⊕”分别表示电流或磁感应线垂直进入和流出纸面的方向。

通电直导线周围磁场方向与导线中的电流方向之间的关系可用安培定则（又称右手螺旋定则）进行判定。其具体内容是：右手拇指指向电流方向，贴在导线上，其余四指弯曲握住直导线，则弯曲四指的方向就是磁感应线的环绕方向，如图 6.13（b）所示。

实验证明，通电直导线四周的磁感应线距直导线越近，磁感应线越密，磁感应强度越大；反之，磁感应线越疏，磁感应强度越小。导线中通过电流越大，靠近直导线的磁感应线越密集，磁感应强度越大；反之，导线中通过电流越小，靠近直导线的磁感应线越稀疏，磁感应强度越小。

2. 通电螺线管的磁场

已经知道通电直导线周围有磁场存在。若将通电直导线绕成多匝螺线管后，在它的周围还有磁场存在吗？为证实这个问题，将磁针放在螺线管附近，当螺线管不通电时，磁针没有偏转；当通电时，磁针发生偏转。这就说明通电螺线管周围有磁场存在。对于一个确定的螺线管，磁场的强弱与螺线管中所通过的电流大小成正比。

通电螺线管磁场方向，与螺线管中通过的电流方向的关系，用右手螺旋定则进行判定，如图 6.14 所示。

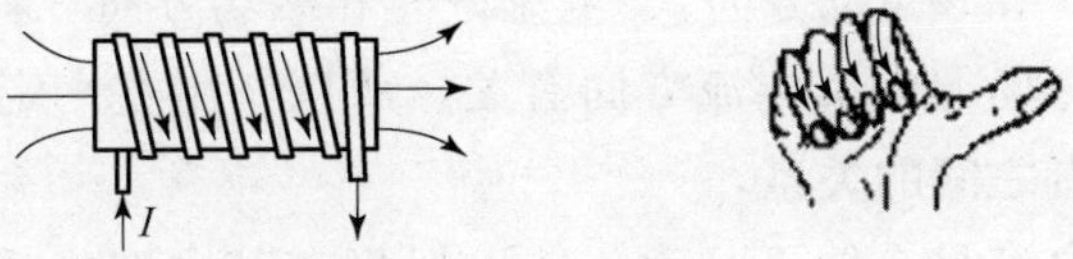

图 6.14　右手螺旋定则

右手螺旋定则的内容是：用右手握住螺线管，让弯曲的四指所指的方向与螺线管中流过的电流方向一致，那么拇指所指的那一端就是螺线管的 N 极。由图 6.14 可知，通电螺线管的磁场与条形磁铁的磁场相似。因此，一个通电螺线管相当于一块条形磁铁。

总之，凡是通电的导线，在其周围必定会产生磁场，从而说明电流与磁场之间有着不可分割的联系。电流产生磁场的这种现象叫作电流的磁效应。

3. 磁场对载流直导线的作用

通过前面学习已经知道，两块磁铁之间有力的作用，载流直导线周围也存在磁场，若将其放入磁场中，两者之间也会产生力，现在用如图 6.15 所示的实验来证实这一问题。

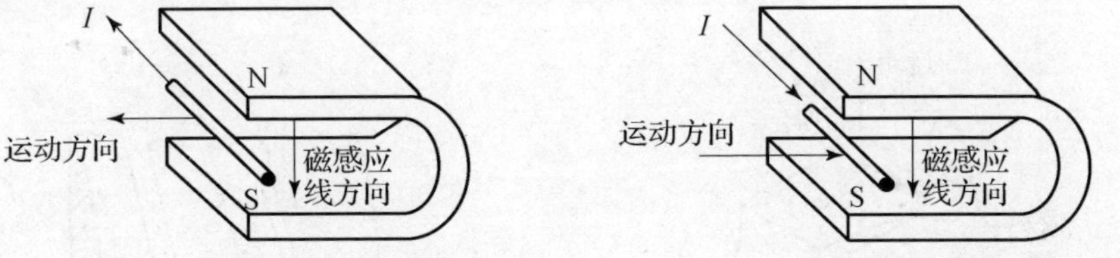

(a) 导线上的电流方向背离读者　　(b) 导线上的电流方向指向读者

图 6.15　磁场对载流直导线的作用

在图 6.15（a）中，U 形磁铁中水平放置一根直导线，它与磁感应线垂直。当导线上没有电流通过时，导线在磁场里静止不动。当导线上有电流通过，且背离读者而去，则导线因受磁场作用而向左运动。若改变导线中的电流方向（图 6.15（b）），即电流方向指向读者，则导线受磁场作用向右运动。上述实验说明载流直导线在磁场的作用下而产生运动。在磁极固定时，运动方向与电流方向有关；若导线中电流方向不变，只改变磁极方向，则导线的运动方向也发生改变。电动机就是利用载流导线在磁场中产生运动的原理制成的。

载流直导线在磁场作用下产生运动，而运动是在力的作用下产生的。载流直导线在磁场中所受到的力称为电磁作用力，简称电磁力，用字母 F 表示。电磁力既有大小，也有方向。

电磁力方向（导线运动方向）、电流方向和磁场方向三者相互垂直。因为电磁力的方向与磁场方向及电流方向有关。所以，用左手定则（又称电动机定则）来判定三者之间的关系。

左手定则的内容是：伸平左手，使大拇指与其余四指垂直，手心对着 N 极，让磁感应线垂直穿过手心，四指的指向代表电流方向，则大拇指所示的方向就是磁场对载流直导线的作用力方向，如图 6.16 所示。

实验证明，在匀强磁场中，当载流直导线与磁场方向垂直时，磁场对载流直导线作用力的大小，与导线所处的磁感应强度、通过直导线的电流以及直导线在磁场中的长度的乘积成正比，即

$$F = BIL \tag{6.24}$$

式中：B 为磁感应强度（Wb/m^2）；I 为直导线中通过的电流（A）；L 为直导线在磁场中的长度（m）；F 为直导线受到的电场力（N）。

4. 磁场对通电线圈的作用

由于磁场对通电导线有作用力，因此，磁场对通电线圈也有力的作用。在均匀磁场中放置一个矩形通电线圈 $abcd$，如图 6.17 所示。

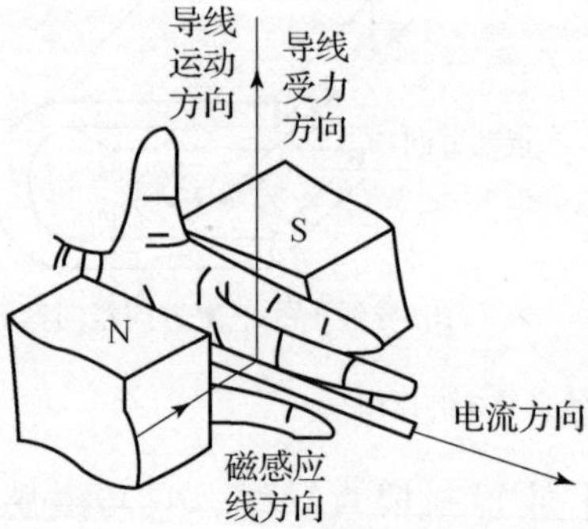

图 6.16　左手定则

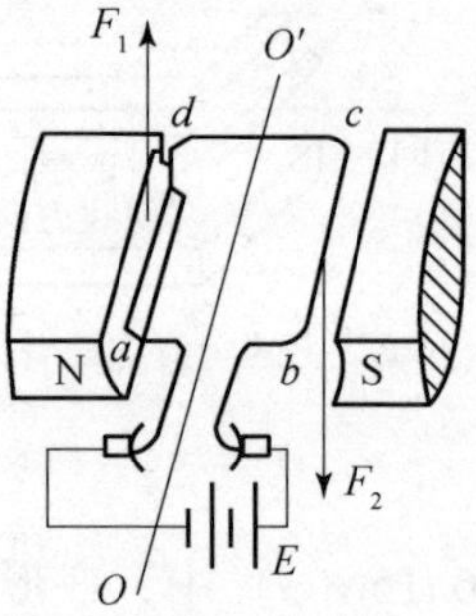

图 6.17　磁场对通电线圈的作用

当线圈平面与磁感应线平行时，因为 ab 和 dc 边与磁感应线平行，不受磁场作用，没有电磁力，ad 和 bc 边与磁感应线垂直，受磁场作用而有电磁力。根据左手定则，ad 边的受力方向是垂直向上，而 bc 边的受力方向是垂直向下。因为 $ad = bc$，根据上面公式可知，ad 和 bc 边所受的电磁力大小相等。由于这一对电磁力大小相等，方向相反，因此构成一对力偶。故线圈在力偶的作用下，围绕轴线 OO' 做顺时针旋转。如图 6.17 所示是一个单匝线圈的直流电动机的工作原理图。

6.2.3 电磁感应

电和磁是可以互相转化的。在一定条件下，电流能够产生磁场；同样，磁场也能使导线中产生电流。磁转化为电的现象叫作电磁感应。

1. 电磁感应现象

为了研究电磁感应现象，先做两个实验。

实验一：将直导线 *AB* 放在磁场中，它的两端与检流计连接构成闭合回路，如图 6.18 所示。当导线向右移动垂直切割磁感应线时，检流计指针偏转，如图 6.18（a）所示，表示导线中有电流产生；当导线向左方垂直移动切割磁感应线时，检流计指针也发生偏转，但方向相反，如图 6.18（b）所示。

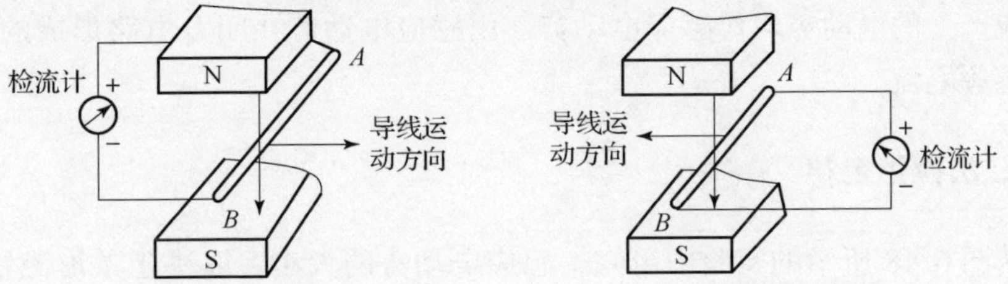

(a) 导线向右运动　　(b) 导线向左运动

图 6.18　通电直导线的磁场中运动

导体不动，没有切割磁感应线时，检流计指针无偏转，说明导线中没有电流。通过实验可以看到，导线的移动速度越快，检流计指针偏转越大，即电流越大。

实验二：将线圈的两端与一个检流计连接而构成闭合回路，如图 6.19 所示。

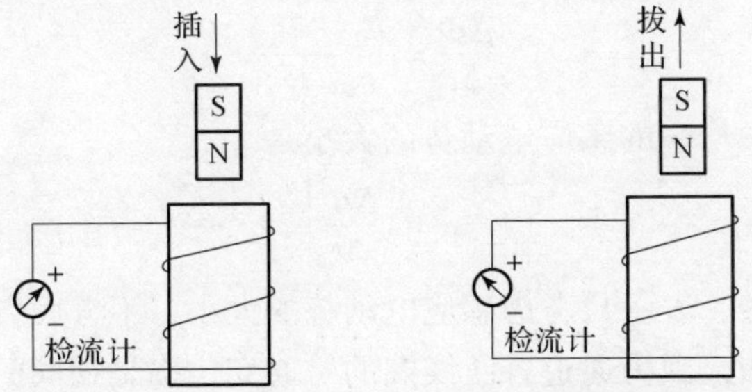

(a) 向线圈中插入磁铁　　(b) 将磁铁拔出线圈

图 6.19　条形磁铁相对线圈运动

当条形磁铁插入线圈瞬间，线圈中的磁通量增加，检流计指针向右偏转。如图 6.19（a）所示，说明线圈中磁通发生变化，线圈中有电流出现。若把条形磁铁从线圈中拔出，在拔出瞬间，检流计指针向相反方向偏转，说明线圈中磁通也发生变化，线圈中也有电流出现，如图 6.19（b）所示。当条形磁铁在线圈中停止运动时，检流计指针无偏转，线圈中磁通没有变化，线圈中也没有电流。如果条形磁铁插入或拔出的速度越快，即磁通量变化得越快，则检流计指针偏转越大；反之，检流计指针偏转越小。

上述两个实验说明，无论是直导线在磁场中做切割磁感应线运动，还是磁铁对线圈做相对运动，都使得穿过闭合回路（直导线或线圈组成的）中的磁通量发生了改变，因而在直导线或线圈中产生电动势。若直导线或线圈构成回路，则直导线或线圈中将有电流出现。回路中磁通量的变化是导致直导线或线圈中产生电动势的根本原因，即“动磁生电”。磁通量的变化越大，产生的电动势越大。

因磁通变化而在直导线或线圈中产生电动势的现象，叫作电磁感应。由电磁感应产生的电动势叫作感应电动势。由感应电动势在闭合电路形成的电流，叫作感应电流。

2. 法拉第定律

从图 6.18 所示的实验中可知，感应电动势的大小，取决于条形磁铁插入或拔出的快慢，即取决于磁通变化的快慢。磁通变化越快，感应电动势就越大；反之就越小。磁通变化的快慢，用磁通变化率来表示。例如，有一单匝线圈，在 t_1 时刻穿过线圈的磁通为 Φ_1，在此后 t_2 时刻，穿过线圈的磁通为 Φ_2，那么在 $\Delta t = t_2 - t_1$，这段时间内，穿过线圈的磁通变化量为

$$\Delta\Phi = \Phi_2 - \Phi_1$$

因此，单位时间内的磁通变化量，即磁通变化率是

$$\frac{\Delta\Phi}{\Delta t} = \frac{\Phi_2 - \Phi_1}{t_2 - t_1} \tag{6.25}$$

在单匝线圈中产生的感应电动势的大小是

$$e = \left|\frac{\Delta\Phi}{\Delta t}\right| \tag{6.26}$$

式中的绝对值符号，表示只考虑感应电动势的大小，不考虑方向。

对于多匝线圈，因为通过各匝线圈的磁通变化率是相同的，所以每匝线圈的感应电动势大小相等。因此，多匝线圈感应电动势是单匝线圈感应电动势的 N 倍，即

$$e = N\left|\frac{\Delta\Phi}{\Delta t}\right| \tag{6.27}$$

式中：e 为在 Δt 时间内感应电动势的平均值（V）；N 为线圈匝数；$\frac{\Delta\Phi}{\Delta t}$为磁通变化率；$\Delta\Phi$ 为线圈中磁通变化量（Wb）；Δt 为磁通变化 $\Delta\Phi$ 所用的时间（s）。

式（6.27）说明，当穿过线圈的磁通发生变化时，线圈两端的感应电动势的大小只与磁通变化率成正比，这就是法拉第定律。

3. 楞次定律

法拉第电磁感应定律，只解决了感应电动势的大小取决于磁通变化率，但无法说明感应电动势的方向与磁通量变化之间的关系。为了找出它们之间的规律，必须对前面的实验再做进一步研究。从图 6.19 实验中可以看到穿过线圈的原磁通的方向是向下的。

如图 6.20（a）所示，当磁铁插入线圈时，线圈中的原磁通量增加，产生感应电动势。感应电流由检流计的正端流入。此时，感应电流在线圈中产生一个新的磁通。根据安培定则可以判定，新磁通与原磁通的方向相反，也就是说，新磁通阻碍原有磁通增加。

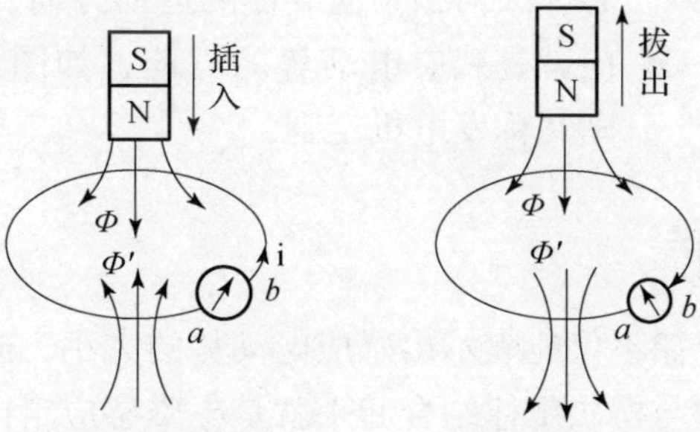

(a) 磁铁插入线圈　(b) 磁铁拔出线圈

图 6.20　感应电动势方向的判定

如图 6.20（b）所示，当磁铁由线圈中拔出时，线圈中的原有磁通减少，产生感应电动势，感应电流由检流计的负端流入。此时，感应电流在线圈中产生一个新的磁通，根据安培定则判定，新磁通与原有磁通的方向是相同的，也就是说，新磁通阻碍原有磁通的减少。

经过上面的讨论得出一个规律：线圈中磁通变化时，线圈中产生感应电动势，其方向是使它形成的感应电流产生新磁通来阻碍原有磁通的变化。也就是说，感应电流的新磁通总是阻碍原有磁通的变化。这个规律被称为楞次定律。

应用楞次定律来判定线圈中产生感应电动势的方向或感应电流的方向，具体方法步骤如下。

（1）首先明确原磁通的方向和原磁通的变化（增加或减少）情况。

（2）根据楞次定律判定感应电流产生新磁通的方向。

（3）根据新磁通的方向，应用安培定则判定出感应电动势或感应电流的方向。

例如，在图6.20中，线圈固定不动，条形磁铁向下、向上运动时，判断线圈 a、b 两端感应电动势的方向。当磁铁向下运动时，原磁通 Φ 增加，且方向向下，由楞次定律可知新磁通 Φ 的方向向上。根据安培定则可判断出，大拇指的指向是新磁通的方向，其余四指的指向就是感应电动势的方向，即由 b 到 a，如图6.20（a）所示。当磁铁向上运动时，原磁通 Φ 减少，且方向向下，由楞次定律可知新磁通 Φ' 的方向向下，阻碍原磁通的减少，根据安培定则可判断出，感应电动势的方向是由 a 到 b，如图6.20（b）所示。

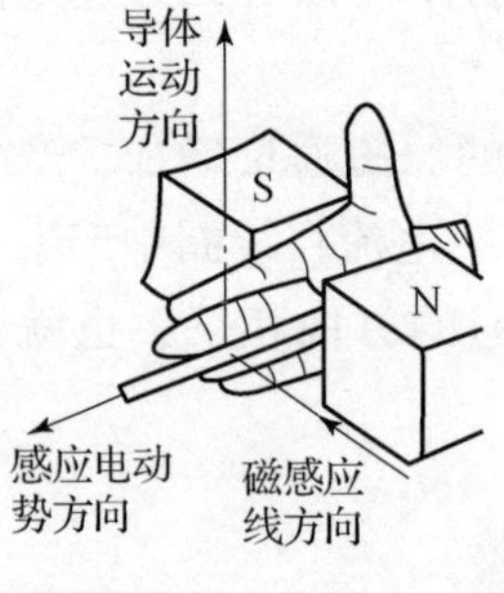

图6.21　右手定则

对于直导线切割磁感应线产生感应电动势的方向，用右手定则进行判定。右手定则内容是：伸开右手，使大拇指与其余四指垂直并且与手掌在同一平面内，手心对着磁极的N极，让磁感应线垂直穿过手心，大拇指指向导体的运动方向，其余四指所指的方向就是感应电动势的方向，如图6.21所示。右手定则又称发电机定则。

4. 电磁感应定律

为了使法拉第定律不仅能表示出感应电动势的大小，同时也能表示出它的方向。把法拉第定律与楞次定律结合起来就是电磁感应定律。电磁感应定律的内容是：感应电动势的大小与磁通变化率成正比，感应电流的方向总是阻碍原磁通变化。

6.3　正弦交流电路

6.3.1　正弦交流电的产生

1. 正弦交流电的特点

直流电的电流（及电压、电动势）的大小和方向是不随时间变化的。但是在生产实际中，除了应用直流电外，还广泛地应用交流电。交流电是指电流（及电压、电动势）的大小和方向随时间的变化而变化。交变电流、交变电压和交变电动势统称为交流电。通常将交流电分为正弦交流电和非正弦交流电两大类。正弦交流电是指其交流量随时间按正弦规律变化。

人们经常用图形表示电流（及电压、电动势）随时间变化的规律，这种图形称为波形图，如图 6.22 所示。

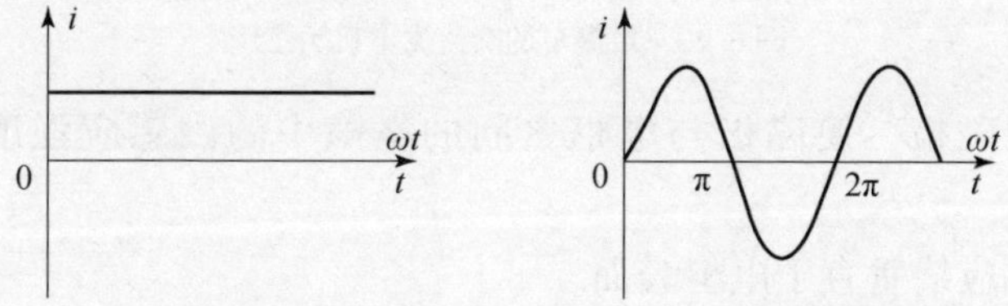

(a) 直流电　　(b) 正弦交流电

图 6.22　直流电和交流电的波形图

图中横坐标表示时间，纵坐标表示不同时刻的交流量（电流、电压、电动势）值。从图 6.22（b）所示的波形图中可以看到，正弦交流电（如无特别说明都简称交流电）的特点如下。

1）变化的瞬时性

正弦交流电的大小和方向时时刻刻都在变化。

2）变化的周期性

正弦交流电每隔一定时间又做重复的变化。

3）变化的规律性

正弦交流电是随着时间按正弦规律变化的。正弦交流电在工农业生产以及日常生活中应用广泛，它具有便于远距离传输和分配以及交流发电机结构简单、运行可靠、维修方便、节省材料、更低的电磁干扰等优点。

2. 正弦交流电的产生

正弦交流电是由交流发电机产生的。如图 6.23（a）所示是最简单的交流发电机示意图。

交流发电机由定子和转子组成。定子有 N、S 两个固定磁极。转子是一个可以转动的钢质圆柱体，其上紧绕一匝导线。导线两端分别接到两个相互绝缘的铜环上，铜环与连接外电路的电刷相接触。

当用原动机（如水轮机或汽轮机）拖动电枢转动时，由于运动导线切割磁感应线而在线圈中产生感应电动势。为了得到正弦波形的感应电动势，应采

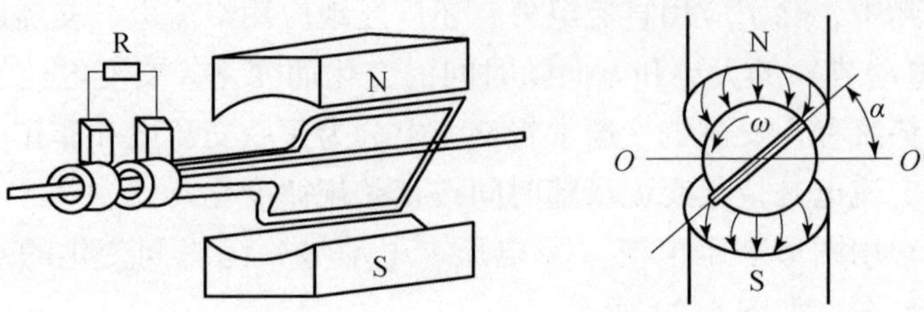

(a) 交流发电机　　(b) 磁感应强度的大小

图 6.23　最简单的交流发电机示意图

用特定形式的磁极，使磁极与电枢之间的空隙中的磁感应强度按下列规律分布。

（1）磁感应线垂直于电枢表面。

（2）磁感应强度 B 在电枢表面按正弦规律分布。

如图 6.23（b）所示，在磁极中心位置处的磁感应强度最大，用 B_m 表示；在磁性分界面处的磁感应强度为零。磁感应强度等于零的平面叫作中性面，如图 6.23（b）所示的 OO' 水平面。线圈所在位置的平面与中性面成 α 角，此处电枢表面的磁感应强度为

$$B = B_m \sin\alpha \tag{6.28}$$

当电枢在磁场中从中性面开始，以匀角速度 ω 逆时针转动时，单匝线圈的 a、b 边在磁场内切割磁感应线产生感应电动势。单匝线圈中产生的磁感应电动势为

$$e = 2Blv = 2B_m lv\sin\alpha \tag{6.29}$$

如果线圈有 N 匝，则总的感应电动势为

$$e = 2NB_m lv\sin\alpha \tag{6.30}$$

当 $\alpha = 90°$ 及 $\alpha = 270°$ 时，感应电动势具有最大值，即

$$E_m = 2NB_m lv \tag{6.31}$$

式中：E_m 为感应电动势最大值（V）；N 为线圈的匝数；B_m 为最大磁感应强度（Wb/m^2）；l 为线圈的有效长度（m）；v 为导线运动速度（m/s）。

将式（6.31）代入式（6.30）后，得

$$e = E_m \sin\alpha \tag{6.32}$$

因为电枢在磁场中以角速度 ω 做匀速转动，在任意时刻线圈平面与中性面的夹角 α 等于角速度 ω 与时间 t 的乘积，即

$$\alpha = \omega t \tag{6.33}$$

因此，感应电动势的数学式又可以写成

$$e = E_m \sin\omega t \tag{6.34}$$

这样就把感应电动势随角度变化转为随时间变化。为今后研究交流电正弦量提供了方便。同理，交流电压、交流电流可表示为

$$u = U_m \sin\omega t \tag{6.35}$$

$$i = I_m \sin\omega t \tag{6.36}$$

6.3.2 正弦交流电的三要素

1. 周期、频率、角频率

由正弦交流电流波形图可以看出，它从零开始随时间延长而增至最大值，然后逐渐减到零；之后由零开始反向增至最大值，然后再回到零。这样，交流电流就变化一次。交流电就按照这样的规律做周而复始的变化，变化一次称为一周。交流电变化一周所需要的时间叫作周期，用字母 T 表示，单位是秒（s）。

周期的长短表示交流电变化的快慢。周期越小，说明交流电变化一周所需的时间越短，交流电的变化越快；反之，交流电的变化越慢。

频率是指在1s内交流电变化的次数，用字母 f 表示，单位为赫兹（Hz）；频率和周期一样，是反映交流电变化快慢的物理量。它们之间的关系为

$$f = \frac{1}{T} \tag{6.37}$$

我国农业生产及日常生活中使用的交流电标准频率为50Hz。通常把50Hz的交流电称为工频交流电。

交流电变化的快慢除了用周期和频率表示外，还可以用角频率表示。角频率是指交流电每秒钟变化的角度，用字母 ω 表示，单位是rad/s（弧度/秒）。

周期、频率和角频率的关系是

$$\omega = \frac{2\pi}{T} = 2\pi f \tag{6.38}$$

2. 瞬时值、最大值、有效值

交流电的电动势、电压、电流，在任意瞬间的数值叫作交流电的瞬时值，用小写字母 e、u、i 表示。瞬时值中最大的值称为最大值。最大值也称为振幅或峰值。在波形图中，曲线的最高点对应的纵轴值，即表示最大值。用 E_m、U_m、I_m 分别表示电动势、电压、电流的最大值。它们之间的关系为

$$
\begin{aligned}
e &= E_{\mathrm{m}}\sin\omega t \\
u &= U_{\mathrm{m}}\sin\omega t \qquad (6.39) \\
i &= I_{\mathrm{m}}\sin\omega t
\end{aligned}
$$

由式（6.39）可知，交流电的大小和方向是随时间变化的，瞬时值在零值与最大值之间变化，没有固定的数值。因此，不能随意用一个瞬时值来反映交流电的做功能力。如果选用最大值，就夸大了交流电的做功能力，因为交流电在绝大部分时间内都比最大值要小。这就需要选用一个数值，能等效地反映交流电做功的能力。为此，引入了交流电的有效值这一概念。

正弦交流电的有效值是这样定义的：如果一个交流电通过一个电阻，在一个周期内所产生的热量，和某一直流电流在相同时间内通过同一电阻产生的热量相等，那么，这个直流电的电流值就称为交流电的有效值。正弦交流电的电动势、电压、电流的有效值分别用字母 E、U、I 表示。通常所说的交流电的电动势、电压、电流的大小都是指它的有效值，交流电气设备铭牌上标注的额定值、交流电仪表所指示的数值也都是有效值。今后在讨论到交流电的数值时，如无特殊注明都是指有效值。理论计算和实验测试证明，它们之间的关系为

$$
\begin{aligned}
E &= \frac{E_{\mathrm{m}}}{\sqrt{2}} = 0.707E_{\mathrm{m}} \\
U &= \frac{U_{\mathrm{m}}}{\sqrt{2}} = 0.707U_{\mathrm{m}} \qquad (6.40) \\
I &= \frac{I_{\mathrm{m}}}{\sqrt{2}} = 0.707I_{\mathrm{m}}
\end{aligned}
$$

3. 相位、初相和相位差

如图 6.24 所示，两个相同的线圈固定在同一个旋转轴上，它们相互垂直，以角速度 ω 逆时针旋转。在 AX 和 BY 线圈中产生的感应电动势分别为 e_1 和 e_2，如图 6.25 所示。

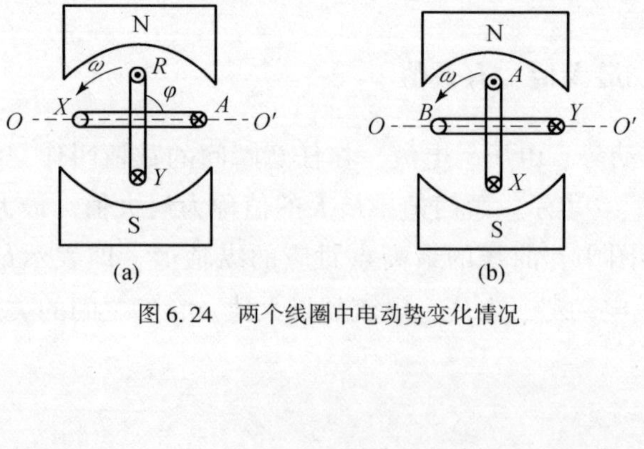

图 6.24　两个线圈中电动势变化情况

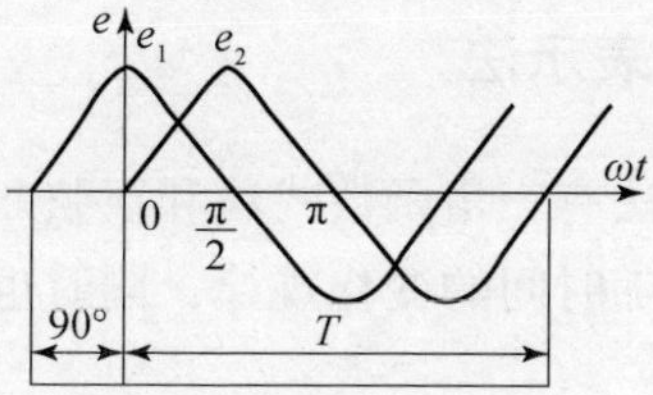

图 6.25　电动势波形图

当 $t=0$ 时，AX 线圈平面与中性面之间的夹角 $\varphi_1=0°$，BY 线圈平面与中性面之间的夹角 $\varphi_2=90°$。在任意时刻两个线圈的感应电动势分别为

$$e_1=E_m\sin(\omega t+\varphi_1) \tag{6.41}$$

$$e_2=E_m\sin(\omega t+\varphi_2) \tag{6.42}$$

式（6.41）和式（6.42）中，$\omega t+\varphi_1$ 和 $\omega t+\varphi_2$ 均为交流电变化进程的一个角度，称为交流电的相位或相角，它决定了交流电在某一瞬时所处的状态。$t=0$ 时的相位叫初相位或初相。它是交流电在计时起始时刻的电角度，反映了交流电的初始值。例如，AX、BY 线圈的初相分别是 $\varphi_1=0°$、$\varphi_2=90°$。在 $t=0$ 时，两个线圈的电动势分别为 $e_1=0$，$e_2=E_m$。两个频率相同的交流电的相位之差叫作相位差。令 e_1 的初相位 $\varphi_1=0°$，e_2 的初相位 $\varphi_2=90°$，则两个电动势的相位差为

$$\Delta\varphi=(\omega t+\varphi_2)-(\omega t+\varphi_1)=\varphi_2-\varphi_1 \tag{6.43}$$

可见，相位差就是两个电动势的初相差。

如图 6.26 所示可以看到，初相分别为 φ_1 和 φ_2 的频率相同的两个电动势的同向最大值，不能在同一时刻出现。就是说 e_2 比 e_1 超前 φ 角度达到最大值，或者说 e_1 比 e_2 滞后 φ 角度达到最大值。

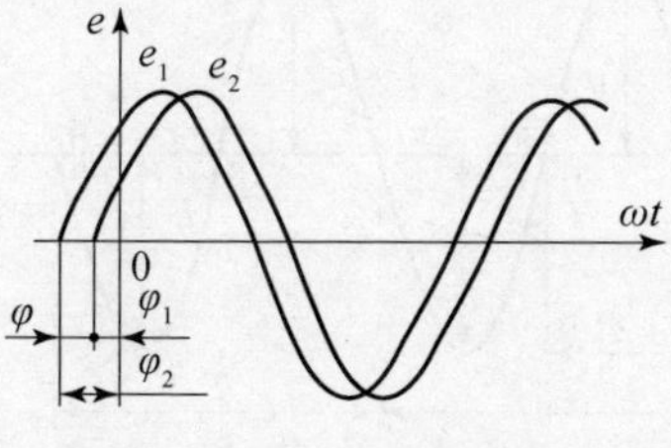

图 6.26　e_1 与 e_2 的相位差

综上所述，一个交流电变化的快慢用频率表示；其变化的幅度，用最大值表示；其变化的起点用初相表示。

如果交流电的频率、最大值、初相确定后，那么就可以准确确定交流电随时间变化的情况。因此，频率、最大值和初相称为交流电的三要素。

6.3.3 正弦交流电的表示法

正弦交流电的表示方法有三角函数式法和正弦曲线法两种。它们能真实地反映正弦交流电的瞬时值随时间的变化规律，同时也能完整地反映出交流电的三要素。

1. 三角函数式法

正弦交流电的电动势、电压、电流的三角函数式为

$$e = E_m \sin(\omega t + \varphi e)$$
$$u = U_m \sin(\omega t + \varphi u) \quad (6.44)$$
$$i = I_m \sin(\omega t + \varphi i)$$

若知道了交流电的频率、最大值和初相，就能写出三角函数式，它可以求出任一时刻的瞬时值。

2. 正弦曲线法

正弦曲线法就是利用三角函数式相对应的正弦曲线，来表示正弦交流电的方法。

如图 6.27 所示，横坐标表示时间 t 或者角度 ωt，纵坐标表示随时间变化的电动势瞬时值。图中正弦曲线反映出正弦交流电的初相 $\varphi=0$，e 最大值为 E_m，周期 T 以及任一时刻的电动势瞬时值。这种图也叫作波形图。

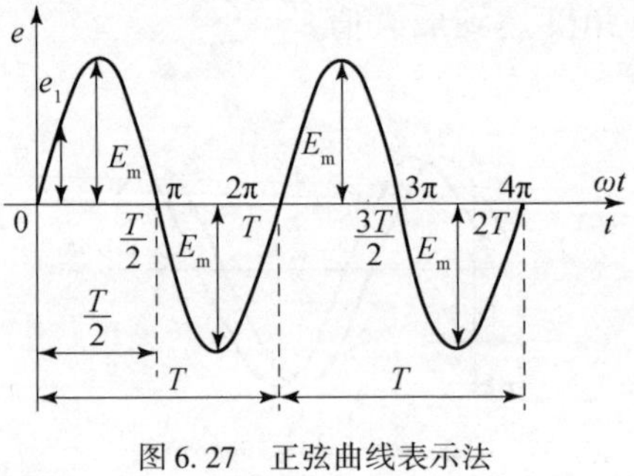

图 6.27　正弦曲线表示法

6.3.4 单相交流电路

在直流电路中，电路的参数只有电阻 R。而在交流电路中，电路的参数除了电阻 R 以外，还有电感 L 和电容 C。它们不仅对电流有影响，而且还影响了

电压与电流的相位关系。因此，研究交流电路时，在确定电路中数量关系的同时，必须考虑电流与电压的相位关系，这是交流电路与直流电路的主要区别。下面只简单介绍纯电阻、纯电感、纯电容电路。

1. 纯电阻电路

纯电阻电路是只有电阻而没有电感、电容的交流电路。如白炽灯、电烙铁、电阻炉组成的交流电路都可以近似看成是纯电阻电路，如图 6.28 所示。

在这种电路中对电流起阻碍作用的主要是负载电阻。加在电阻两端的正弦交流电压为 u，在电路中产生了交流电流 i，在纯电阻电路中，电压和电流瞬时值之间的关系，符合欧姆定律。由于电阻值不随时间变化，因此电流与电压的变化是一致的。也就是说，电压为最大值时，电流也同时达到最大值；电压变化到零时，电流也变化到零。如图 6.29 所示，纯电阻电路中，电流与电压的这种关系称为“同相”。

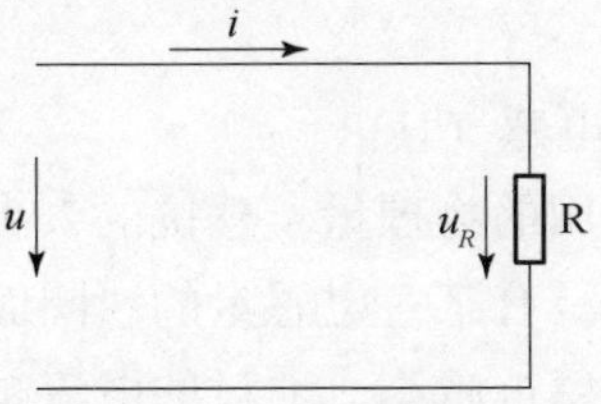

图 6.28　纯电阻电路

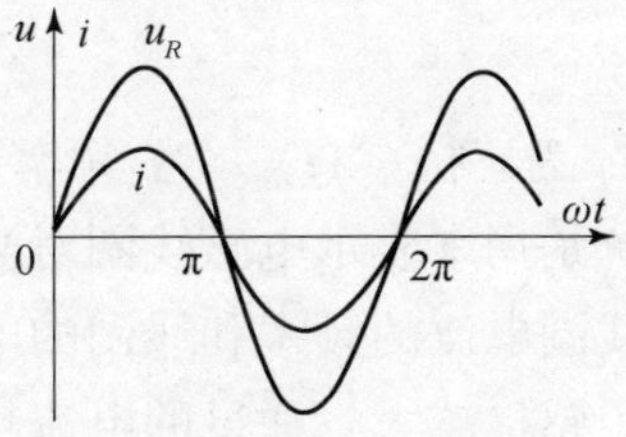

图 6.29　纯电阻电路的波形图

通过电阻的电流有效值为

$$I = U/R \tag{6.45}$$

式（6.45）是纯电阻电路的有效值。在纯电阻电路中，电流通过电阻所做的功与直流电路的计算方法相同，即

$$P = UI = I^2R = U^2/R \tag{6.46}$$

2. 纯电感电路

纯电感电路是只有电感而没有电阻和电容的电路，如图 6.30 所示。

在如图 6.30 所示的纯电感电路中，如果线圈两端加上正弦交流电压，则通过线圈的电流 i 也要按正弦规律变化。由于线圈中电流发生变化，在线圈中就产生自感电动势，它必然阻碍线圈电流变化。经理论分析证明，由于线圈中自感电动势的存在，电流达到最大值的时间，要比电压滞后 90°，即 1/4 周期。也就是说，在纯电感电路中，虽然电压和电流都按正弦规律变化，但两者不是同相的，如图 6.31 所示，正弦电流比线圈两端正弦电压滞后 90°，或者说，电压超前电流 90°。

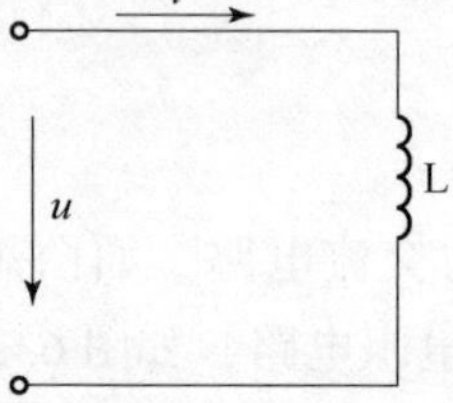

图 6.30　纯电感电路

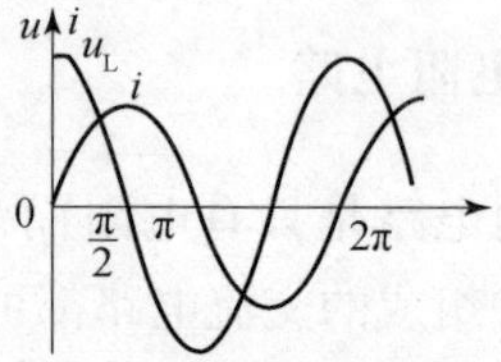

图 6.31　纯电感电路的波形图

理论证明，纯电感电路中线圈端电压的有效值 U，与线圈通过电流的有效值 I 之间的关系是

$$I = U/\omega L = U/X_L \tag{6.47}$$

ωL 是电感线圈对角频率为 ω 的交流电所呈现的阻力，称为感抗，用 X_L 表示，即

$$X_L = \omega L = 2\pi f L \tag{6.48}$$

式中：X_L 为感抗（Ω）；f 为频率（Hz）；L 为电感（H）。

感抗是用来表示电感线圈对交流电阻碍作用的物理量。感抗的大小，取决于通过线圈电流的频率和线圈的电感量。对于具有某一电感量的线圈而言，频率越高，感抗越大，通过的电流越小；反之，感抗越小，通过的电流越大。收音机中的高频扼流圈不让高频电流通过，只让低频电流通过，就是这个道理。在直流电路中，由于频率为零，故线圈的感抗也为零，线圈的电阻很小，可以把线圈看成是短路的。

3. 纯电容电路

电容器是由两个金属板中间隔着不同的介质（云母、绝缘纸等）组成的。它是存放电荷的容器。电容器中的两个金属板叫作电容器的两个极板。

如果把电容器的两个极板分别与直流电路两端连接，如图 6.32 所示，则两极板间有电压，在极板间建立了电场。在电场力作用下，驱使自由电子运动，使两个极板分别带上数量相等、符号相反的电荷。与电源正极相连的极板带正电荷，与电源负极相连的极板带负电荷。实验证明，极板上存有电荷 Q 越多，则极板间的电压 U 越高，二者成正比。因此，将电容器的

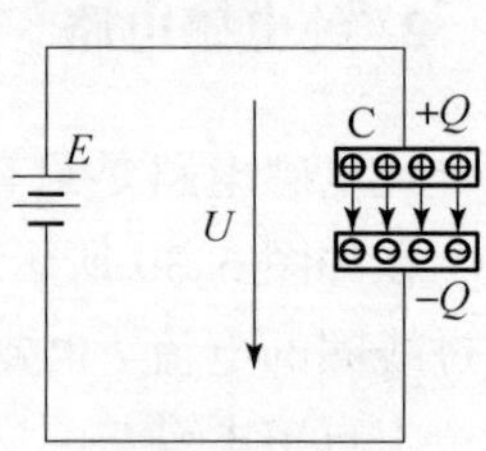

图 6.32　电容器接入电源

电量 Q 与极板间电压的比值叫作电容器的电容量，简称电容，用字母 C 表示，即

$$C = Q/U \tag{6.49}$$

式中：Q 为任意极板上的电量（C）；U 为两极板间的电压（V）；C 为电容量（F）。

当电容器极板间电压为1伏，极板上电量为1库仑，则电容器的电容量为1法拉，简称“法”，用字母“F”表示。在实际应用中，由于法拉单位过大，所以经常使用微法（μF）和皮法（pF）为电容的单位。常用的电容器符号如图6.33所示。

(a) 固定电容　(b) 电解电容器　(c) 可变电容器　(d) 微调电容器

图6.33　常用的电容器符号

电容器在电工和电子技术中应用广泛。如在电力系统中用它改善系统的功率因数，在电子技术中用它进行滤波、耦合、隔直、旁路、选频等。在这里只简单介绍电容在交流电路的作用。

纯电容电路是只有电容而没有电阻、电感的电路。如电介质损耗很小、绝缘电阻很大的电容器组成的交流电路，可近似看成纯电容电路。

在如图6.34所示的纯电容电路中，电容器接上交流电源。在电压升高的过程中，电容器充电；在电压降低的过程中，电容器放电。电容器端电压按正弦规律变化，致使电容器不断地进行充电、放电。于是在电路中形成按正弦规律变化的电流。理论分析证明：电路中电流达到同方向最大值的时间，比电容器的端电压超前90°，即提前1/4周期。也就是说在纯电容电路中，虽然电流与电压都按正弦规律变化，但两者的相位不同，如图6.35所示，纯电容电路中的电流超前电压90°。

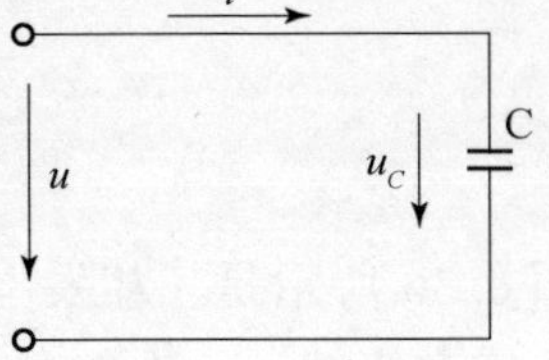

图6.34　纯电容电路

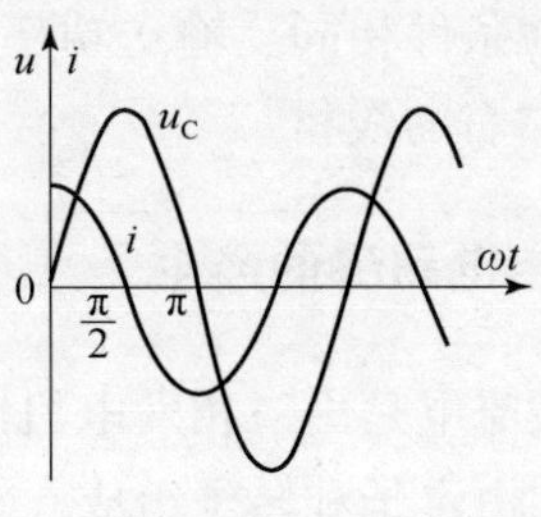

图6.35　纯电容电路的波形图

理论证明：在纯电容电路中，电容两端电压的有效值 U 与电路电流有效值 I 之间的关系是

$$I = \frac{U}{\frac{1}{\omega C}} = \frac{U}{X_{\mathrm{C}}} \tag{6.50}$$

式中：$\frac{1}{\omega C}$为电容对角频率为 ω 的交流电所呈现的阻力，称为容抗，用 X_{C} 表示，即

$$X_{\mathrm{C}} = 1/\omega C = 1/2\pi fC \tag{6.51}$$

容抗是用来表示电容器对电流阻碍作用大小的一个物理量，单位是欧，用 Ω 表示。容抗的大小与频率及电容量成反比。当电容器的容量一定时，频率越高，容抗越小，电流越大；反之，频率越低，容抗越大，电流越小。在直流电路中，由于电流频率为零，因此，容抗为无限大。这表明，电容器在直流电路中相当于开路。但在交流电路中，随着电流频率的增加，容抗逐渐减小。因此，电容器在交流电路中相当于通路。这就是电容器隔断直流，通过交流的原理。

6.3.5 三相交流电路

在单相交流电路的电源电路上有两根输出线，而且电源只有一个交变电动势。如果在交流电路中三个电动势同时作用，每个电动势大小相等，频率相同，但初相不同，则称这种电路为三相制交流电路。其中，每个电路称为三相制电路的一相。

三相制电路应用广泛，其电源是三相发电机。和单相交流电相比，三相交流电具有以下优点。

（1）三相发电机比尺寸相同的单相发电机输出的功率大。

（2）三相发电机的结构和制造与单相发电机相比并不复杂，使用方便，维修简单，运转时振动也很小。

（3）在条件相同、输送功率相同的情况下，三相输电线比单相输电线可节约25%左右的线材。

1. 三相电动势的产生

三相交流电是由三相发电机产生的，如图6.36所示是三相发电机的结构示意图。它由定子和转子组成。在定子上嵌入三个绕组，每个绕组称为一相，合称三相绕组。绕组的一端分别用 U_1、V_1、W_1 表示，叫作绕组的始端；另一

端分别用 U_2、V_2、W_2 表示，叫作绕组的末端。三相绕组始端或末端之间的空间角为 120°。转子为电磁铁，磁感应强度沿转子表面按正弦规律分布。

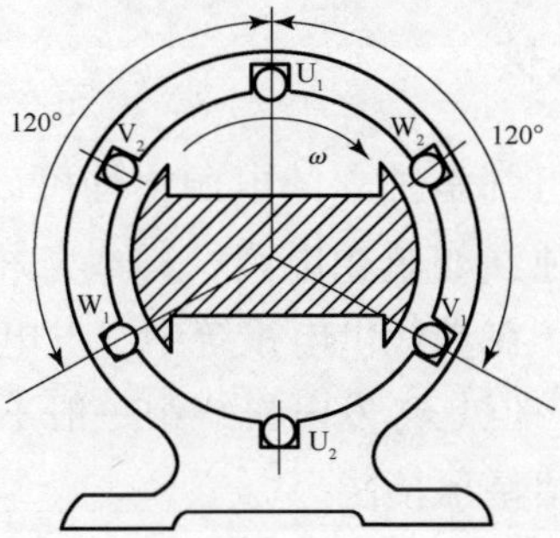

图 6.36　三相交流发电机结构示意图

当转子以匀角速度 ω 逆时针方向旋转时，在三相绕组中分别感应出振幅相等、频率相同、相位互差 120°的三个感应电动势，这三相电动势称为对称三相电动势。三个绕组中的电动势分别为

$$
\begin{aligned}
e_{\mathrm{U}} &= E_{\mathrm{m}}\sin(\omega t) \\
e_{\mathrm{V}} &= E_{\mathrm{m}}\sin(\omega t-120°) \\
e_{\mathrm{W}} &= E_{\mathrm{m}}\sin(\omega t+120°)
\end{aligned}
\tag{6.52}
$$

显而易见，V 相绕组的 e_{V} 比 U 相绕组的 e_{U} 落后 120°，W 相绕组的 e_{W} 比 V 相绕组的 e_{V} 落后 120°。

如图 6.37 所示是三相电动势波形图。由图可知三相电动势的最大值、角频率相等，相位差 120°。电动势的方向是从末端指向始端，即 U_2 到 U_1，V_2 到 V_1，W_2 到 W_1。

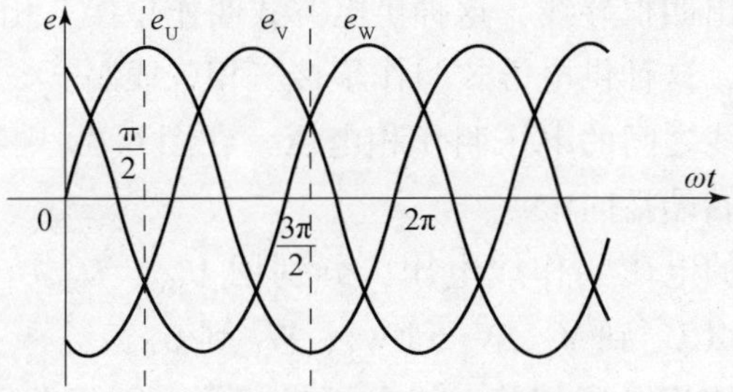

图 6.37　三相电动势波形图

在实际工作中经常提到三相交流电的相序问题，相序就是指三相电动势达到同向最大值的先后顺序。在图中，最先达到最大值的是 e_{U}，其次是 e_{V}，最后是 e_{W}，它们的相序是 U—V—W，该相序称为正相序，反之是负序或逆序，

即 W—V—U。通常三相对称电动势的相序都是指正相序，用黄、绿、红三种颜色分别表示 U、V、W 三相。

2. 三相电源绕组的连接

三相发电机的每相绕组都是独立的电源，均可以采用如图 6.38 所示的方式向负载供电。这是三个独立的单相电路，构成三相六线制，有六根输电线，既不经济又没有实用价值。在现代供电系统中，发电机三相绕组通常用星形连接或三角形连接两种方式。但是，发电机绕组一般不采用三角形接法而采用星形接法。因此，这里只介绍星形接法。

将发电机三相绕组的末端 U_2、V_2、W_2 连在一起，成为一个公共点，再将三相绕组的始端 U_1、V_1、W_1 引出，接负载的三根输电线。这种接法称为星形接法或 Y 形接法，如图 6.39 所示。

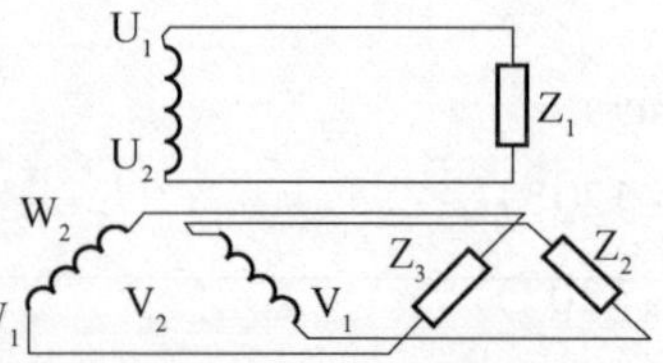

图 6.38　三相六线制

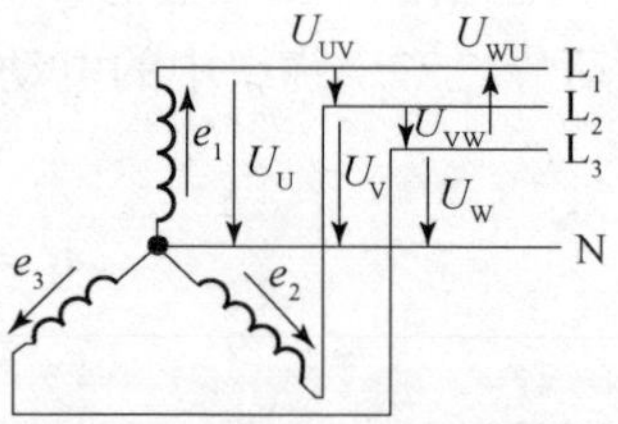

图 6.39　三相电源的星形接法

公共点称为电源中点，用字母 N 表示。从始端引出的三根输电线叫作相线或端线，俗称火线。从电源中点 N 引出的线叫作中线。中线通常与大地相连接，因此，把接地的中点叫作零点，把接地的中线叫作零线。

如果从电源引出四根导线，这种供电方式叫作星接三相四线制；如果不从电源中点引出中线，这种供电方式叫作星接三相三线制。

电源相线与中线之间的电压叫作相电压，在图 6.39 中用 U_U、U_V、U_W 表示，电压方向是由始端指向中点。

电源相线之间的电压叫作线电压，分别用 U_{UV}、U_{VW}、U_{WU} 表示。电压的正方向分别是从端点 U_1 到 V_1，V_1 到 W_1，W_1 到 U_1。

三相对称电源的相电压相等，线电压也相等，则相电压 $U_{相}$ 与线电压 $U_{线}$ 之间的关系为

$$U_{线}=\sqrt{3}U_{相}\approx 1.7U_{相} \tag{6.53}$$

式（6.53）中，表明三相对称电源星形连接时，线电压的有效值等于相电压有效值的 1.7 倍。

3. 三相交流电路负载的连接

在三相交流电路中，负载由三部分组成，其中每两部分称为一相负载。如果各相负载相同，则叫作对称三相负载；如果各相负载不同，则叫作不对称三相负载。例如，三相电动机是对称三相负载，日常照明电路是不对称三相负载。根据实际需要，三相负载有两种连接方式，星形（Y 形）连接和三角形连接。

1）负载的星形连接

设有三组负载 Z_U、Z_V、Z_W，若将每组负载的一端分别接在电源三根相线上，另一端都接在电源的中线上，如图 6.40 所示，这种连接方式叫作三相负载的星形连接。图中 Z_U、Z_V、Z_W 为各相负载的阻抗，N 为负载的中性点。由图可见，负载两端的电压称为相电压。如果忽略输电线上的压降，则负载的相电压等于电源的相电压；三相负载的线电压就是电源的线电压。负载相电压 $U_{相}$ 与线电压 $U_{线}$ 间的关系为

$$U_{线}=\sqrt{3}U_{相}\approx 1.7U_{相} \tag{6.54}$$

星形连接三相负载接上电源后，就有电流流过相线、负载和中线。流过相线的电流 I_U、I_V、I_W 叫作线电流，统一用 $I_{线}$ 表示。流过每相负载的电流 I_U、I_V、I_W 叫作相电流，统一用 $I_{相}$ 表示。流过中线的电流 I_N 叫作中线电流。

如果图 6.40 所示中的三相负载各不相同（负载不对称），中线电流不为零，应当采取三相四线制。如果三相负载相同（负载对称），流过中线的电流等于零，此时可以省略中线。如图 6.41 所示是三相对称负载星形连接的电路图。可见去掉中线后，电源只需三根相线就能完成电能输送，这就是三相三线制。

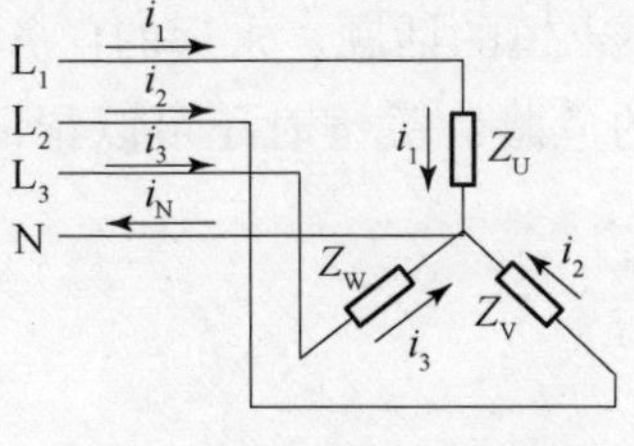

图 6.40　三相负载的星形连接

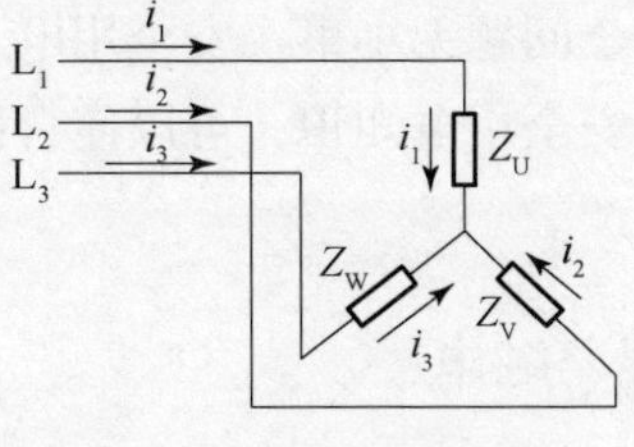

图 6.41　三相对称负载的星形连接

三相对称负载呈星形连接时，线电流 $I_{线}$ 等于相电流 $I_{相}$。

在工业上，三相三线制和三相四线制应用广泛。对于三相对称负载（如三相异步电动机）应采用三相三线制；对于三相不对称的负载，如图 6.42 所示的照明线路，应采用三相四线制。

值得注意的是，采用三相四线制时，中线的作用是使各相的相电压保持对称。因此，在中线上不允许接熔断器，更不能拆除中线。

2）负载的三角形连接

设有三相对称负载 Z_U、Z_V、Z_W，将它们分别接在三相电源两相线之间，如图 6.43 所示，这种连接方式叫作负载的三角形连接。

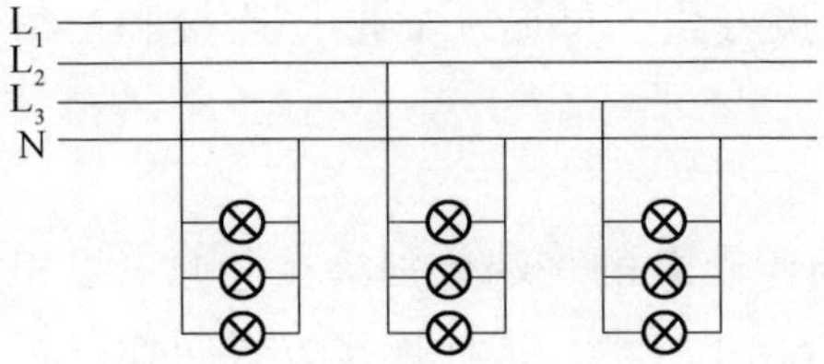

图 6.42　三相四线制照明电路

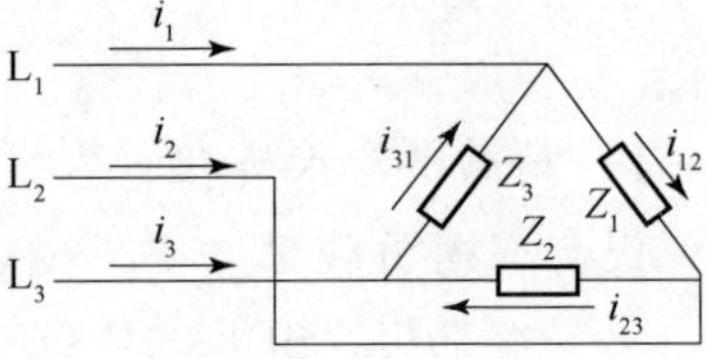

图 6.43　负载的三角形连接

负载呈三角形连接时，负载的相电压 $U_{相}$就是电源的线电压 $U_{线}$。

当对称负载呈三角形连接时，电源线上的线电流 $I_{线}$有效值与负载上相电流 $I_{相}$有效值的关系为

$$I_{线}=\sqrt{3}I_{相}\approx 1.7I_{相} \tag{6.55}$$

分析了三相负载的两种连接方式后，可以知道，负载呈三角形连接时的相电压是其呈星形连接时的相电压的 1.7 倍。因此，当三相负载接到电源时，究竟是采用星形连接还是三角形连接，应根据三相负载的额定电压而定。

6.4　安全用电

安全问题无小事。安全用电是用电环境中永恒的话题，永远的任务。掌握必要的安全用电知识，可以使自己避免触电的危险，关键时还可以帮助别人，保护财产。

6.4.1　触电

1. 触电事故

人体接触或接近带电体，而引起局部受伤或死亡的现象称为触电。按人体受伤害的程度，触电可分为电伤和电击两种。电伤是指人体外部受伤，如电弧灼伤，与带电体接触后的皮肤红肿，大电流下熔化金属飞溅烧伤皮肤等。电击

则是指人体内部器官受损伤的现象。电击是电流流过人体而引起的，人体常因电击而死亡，所以它是最危险的触电事故。电击伤人的程度，与流过人体电流的频率、大小、途径、持续时间长短以及触电者本身的情况有关。实践证明，频率为25～300Hz的电流最危险，随着频率的增加，危险性减小。人体通过1mA的工频电流，就有麻木的感觉，电流大于50mA，就会有生命危险，100mA的工频电流则足以致人死亡。电流通过心脏和大脑易发生死亡事故，所以头部触电或左手到右脚触电最危险。另外，人体通电时间越长，危险性越大。

通过人体的电流大小与触及的电压、人体的电阻有关。人体电阻与触电部位皮肤表面的干湿情况、接触面积的大小及身体素质有关。人体电阻各不相同，通常人体电阻为800Ω至几万欧。若人体电阻为1kΩ，触及50V工频电源，流过人体电流为50mA，就有生命危险。所以国家规定安全电压额定值等级为42V、36V、24V、12V、6V。但必须注意，42V或36V并非绝对安全，在充满导电粉末、相对湿度较高或酸碱蒸气浓度大等情况下，可能发生触及36V电压而死亡的事故。在上述情况下，必须使用24V或更低等级的电压。

除上述两种触电情况外，还有高压电弧触电和跨步电压触电。高压电弧触电是人体接近高压带电体时，两者电位差很大而引起电弧，使人触电伤亡。当高压线破断落地时，以高压线为中心在其周围形成一个强电场，如图6.44所示。当人或牲畜走入断线点8m以内的电场时，由于前后脚之间有较高的电压引起触电，这种触电称为跨步触电。

图6.44　跨步触电

2. 触电原因及方式

常见的触电原因有三个方面：一是缺乏电气知识，如用潮湿的手去开关电灯、接触电器，或者发现有人触电时，不去迅速拉断电源，直接去拉触电者而造成触电；二是违章操作，明知不准带电操作而冒险进行，结果触电受伤或死亡；三是输电线或电气设备的绝缘老化或破损造成漏电，人体触碰时造成触电事故。触电方式有两种。一种触电方式是人体直接与正常带电体接触。如图 6.45（a）所示，在三相四线制配电中，人的手触及一根相线时称为单相触电。这时人体处在相电压下，电流从人手经过全身，由脚经地回到电源中线，这是十分危险的。如果脚与地面橡胶绝缘，则回路电阻增加，电流减小，危险性会大大减小。若身体出汗或赤脚着地，回路电阻减小，危险性增加。

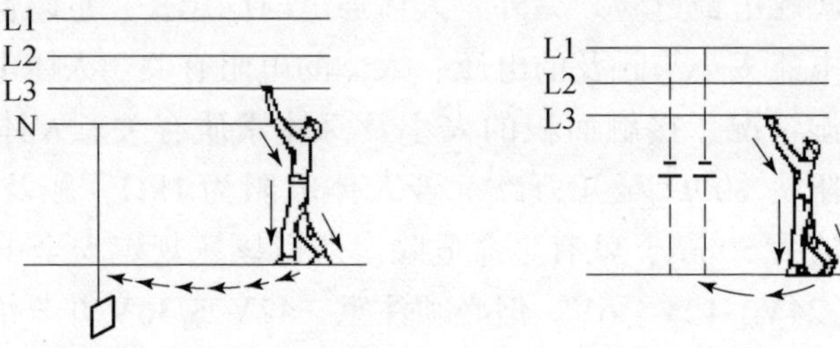

(a) 三相电源中性点接地　　(b) 三相电源中性点不接地

图 6.45　单相触电

在三相三线制的配电线路中，没有中线，但输电线与大地之间存在电容，交流电也能形成通路。两只手触及任一相线时，能形成单相触电，如图 6.45 所示。在三相电路中若人体与两根相线接触，如图 6.46 所示为两相触电。此时，人体在线电压作用下，危险性变大。

另一种触电方式是与正常工作的不应带电的金属部分接触而触电。例如，电动机金属外壳。由于定子绕组绝缘损坏，漏电绕组与外壳相碰，人体触及电机金属外壳时，会使人体触电，如图 6.47 所示。

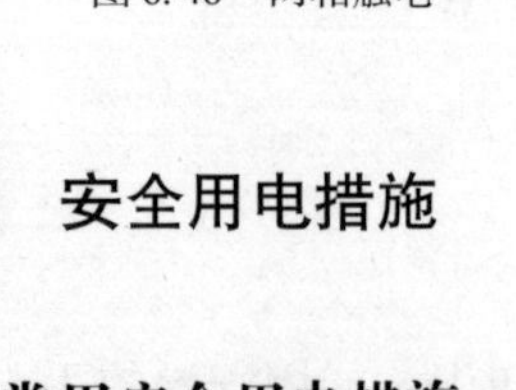

图 6.46　两相触电

图 6.47　人体触及漏电外壳触电

6.4.2 安全用电措施

1. 常用安全用电措施

安全用电的基本原则是不接触低压带电体，不靠近高压带电体。常用的安全用电措施如下。

1）火线必须进开关

在开关处于分断状态时，用电器就不带电，有利于维修和避免触电。

2）合理选择照明电压

一般工厂和家庭照明选用220V电压供电。机床照明决不允许选用220V电压供电，而应选36V以下电压供电。

3）合理选择导线和熔丝

导线通过电流时，不允许过热，所以导线的额定电流应比实际电流大些。而熔丝在电路中起保护作用，要求电路短路时熔丝能迅速熔断，应选比额定电流稍大的熔丝来保护较大电流的电路。

4）电气设备应有一定的绝缘电阻

电气设备金属外壳与通电线圈之间必须有一定的绝缘电阻，否则当人体触及正在工作的电气设备（如电动机）的金属外壳时，就会触电。通常要求固定电气设备的绝缘电阻不应低于1MΩ，可移动的电气设备绝缘电阻应大于1MΩ。

5）电气设备的安装要正确

电气设备应根据安装说明书进行安装。带电部分应加防护罩，高压带电体更应注意有效防护，使一般人无法靠近高压带电体。必要时应加联锁装置以防触电。

6）采用各种保护用具

采用各种保护用具，如绝缘手套、绝缘鞋、绝缘钳、绝缘棒、绝缘垫等，以保证工作人员安全操作。在家庭中可使用干燥的木质桌凳、玻璃、橡皮等做保护用具，保证人身安全。

7）正确使用移动电具

使用手电钻等移动电具必须戴绝缘手套，调换钻头时应切断电源。

8）严禁违章冒险

一般不允许带电操作，紧急情况急需处理带电电器时要用右手，戴好绝缘手套，以减小伤害程度。

9）正确使用、遵守安全标志要求

现代企业用电比较规范，重要场合都有明显的标志，要养成正确使用、遵守安全标志要求的习惯。安全标志有如下几个种类。

（1）禁止类：禁止合闸，有人工作；禁止攀登，高压危险；禁止合闸，线路有人工作。

（2）允许类：在此工作。

（3）提示类：由此向下。

（4）警告类：止步，高压危险。

2. 电气设备的保护接地和保护接零

在正常情况下电气设备的金属外壳是不带电的。但在绝缘损坏时外壳就会带电。为保证人体触及漏电设备金属外壳不会触电，通常都采用保护接地或保护接零的安全措施。

1）保护接地

把电动机、变压器、铁壳开关等不带电的金属外壳或构架与大地做可靠的连接，称为保护接地。通常采用深埋在地下的角铁、钢管作为接地体。接地电阻不得大于 4Ω。

保护接地适用于 1000V 以上的电气设备以及电源中线不直接接地的 1000V 以下的电气设备。如图 6.48 所示，电动机采用了保护接地。这样即使人体触及漏电的电气设备的金属外壳也不会触电。因人体电阻比接地体电阻大得多，两者并联，则漏电电流几乎全部经接地电阻流入大地，从而保证了人身安全。所有涉及人身安全的设备，都应采取可靠的接地保护。

2）保护接零

将电气设备在正常情况下，不应带电的金属外壳或构架与供电系统中的零线连接，叫作保护接零，如图 6.49 所示。

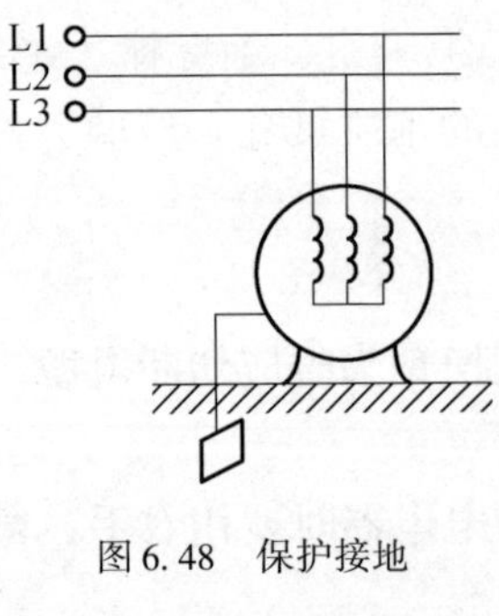

图 6.48　保护接地

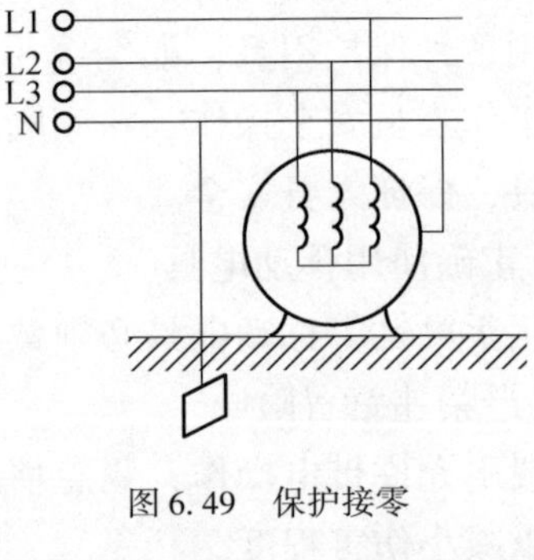

图 6.49　保护接零

保护接零适用于三相四线制中线接地系统中的电气设备。接零后若电气设备的某相因破损而漏电时，叫作该相短路。短路电流立即将熔断丝烧断或采取其他保护电气动作，切断电源以避免触电危险。

如图 6.50 所示是单相用电器（如电风扇、洗衣机）使用的三脚插头和三孔插座。插头的正确接法是把用电器金属外壳用导线接在插头的 2 号插脚上。单相用电器保护接零时，必须注意把用电器的金属外壳用导线直接与保护零线相连，而绝不允许将金属外壳直接与用电器零线相连，如图 6.51 所示。

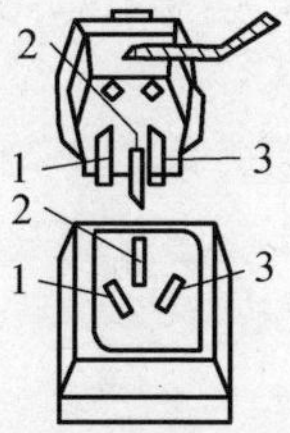

图 6.50 三脚插头及三孔插座

1—零线；2—地线；3—火线。

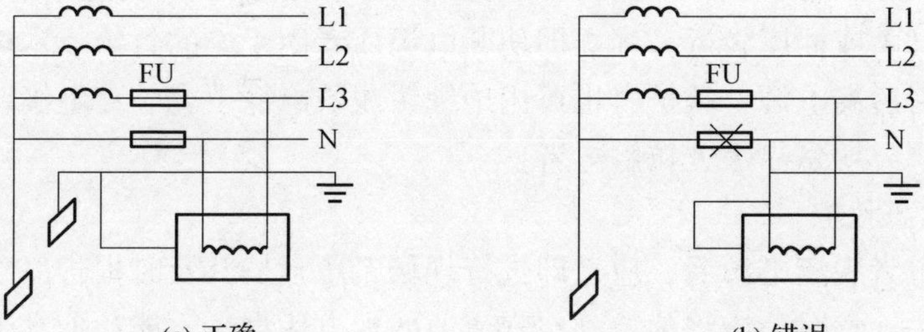

图 6.51 单相用电器保护接零方法

如图 6.51（b）所示是单相用电器保护接零的错误接法，这种接法一旦零线熔丝熔断，用电器的金属外壳就带电，将会造成人体触电。

3. 安全用电十不准

安全用电十不准，内容如下。

（1）不准带电移动电气设备。

（2）不准赤脚站在地面上带电作业。

（3）不准挂钩接线。

（4）不准使用三危线路。三危线路是指对地距离不符合要求的“拦腰线、地爬线、碰头线”。

（5）所有进行电气操作及值班工作的人员不准喝酒。

（6）不准带负荷拉刀闸。停电时先拉分开关再拉总开关，送电时则顺序相反。

（7）对电气知识一知半解者，要严加管理，不准玩弄电气设备或乱拉乱接线。

（8）照明不准一线一地制。

（9）不准约时停、送电。

（10）不准私设电网。未经公安及主管部门批准，任何单位和个人私设电网都是违法行为。

6.4.3 电气事故及紧急处理

1. 触电急救

1）触电解救

凡遇到触电者，救护人员要采取最快的办法使触电者迅速脱离电源。如果距离电源开关或插座较近，当立即切断电源或者用干燥的竹竿或木棒打掉带电体使触电者脱离电源；救护者也可用绝缘钳或戴绝缘手套、穿绝缘鞋，将触电者拉离电源。切忌赤手去拉触电者！

2）紧急救护

在触电者脱离电源后，应立即进行现场紧急救护并及时报告医院。当触电者还未失去知觉时，应将他抬到空气流通的地方休息，不能让他乱走乱动。当触电者出现心脏停搏、无呼吸等假死现象时，应在现场采用人工呼吸或胸外挤压法进行抢救。决不能给休克者注射强心针剂。

人工呼吸法适用于有心跳但无呼吸的触电者，具体操作方法如图 6.52 所示。

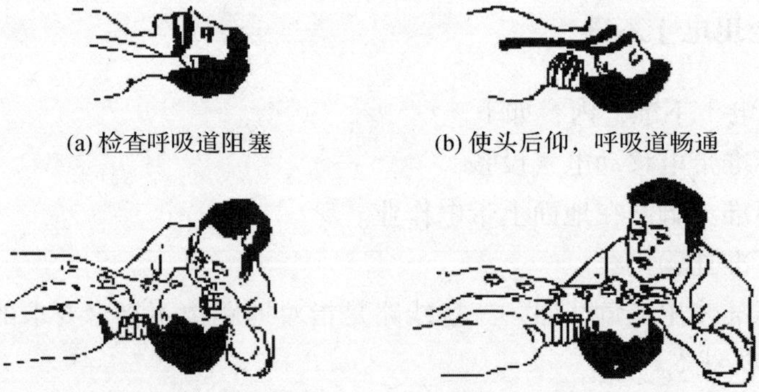

(a) 检查呼吸道阻塞　(b) 使头后仰，呼吸道畅通

(c) 对嘴吹气，肺胸扩张　(d) 放开嘴鼻，废气排出

图 6.52　人工呼吸法

首先将触电者仰卧在平地上，鼻孔朝天颈后仰。然后清理口鼻腔的阻塞物使其通畅，解扣松衣使触电者身体放松。做人工呼吸时，要捏住触电者鼻子，贴嘴吹气；松开鼻子让废气从鼻、口排出。每隔 3～5S 重复一次。

胸外挤压法适用于有呼吸但无心跳的触电者，具体操作方法如图 6.53 所示。

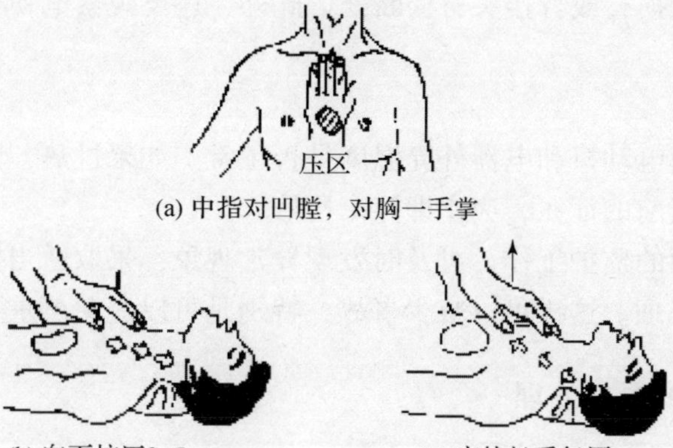

(a) 中指对凹膛，对胸一手掌

(b) 向下挤压3~5mm　　(c) 突然松手复原

图 6.53　胸外挤压法

触电者仰卧在平地上，松扣解衣，救护者把一只手的中指对准凹膛，手掌平铺前胸，然后掌根用力下按，迫使心脏血液流出心房。突然松手，让血液流回心房。每隔 1S 重复一次。

当触电者既无呼吸又无心跳时，可同时采用人工呼吸法和胸外挤压法进行急救。

2. 对电气设备做好监护

机床的电气控制线路或电器在运行过程中，往往会产生一些故障，如电动机不能启动或停车，甚至发生电动机烧毁等事故。事故发生之前通常都有异常现象。如果操作人员能及时觉察并采取措施，就可以避免事故发生，做到安全生产。

做好运行中的监护工作，首先必须熟悉电动机或电器的性能，才能分辨它们在运行中出现的症状是否异常。监护工作是通过操作人员的感官进行的，一般方法是听、闻、看、摸。

1）听

听就是注意电动机和电器的声响是否正常。如电动机正常运行时发出均匀轻微声，过载时出现“嗡嗡”声，轴承损坏时出现“喀喀”声；交流接触器正常动作时发出“吧嗒”声，出现故障时，听不到声音或出现抖动声。

2）闻

闻就是注意电动机和电器在运行中是否出现怪味。正常情况下是没有怪味的，如闻到焦臭味，则可能是电动机或电气绕组的绝缘材料将要烧损。

3）看

看就是观察电动机和电器运行中是否有冒烟或打火现象。若有这种现象可能是绕组正在烧损，或者接头有松断处。此外，还要观察电动机运行中有无振动现象。

4）摸

触就是触摸电动机和电器外壳温度是否正常。如果过热，则可能是电动机或电器绕组烧损前的征兆，应立即停车检修。

注重运行中的监护工作，可及时发现异常现象，采取适当措施，找有关人员进行检查和修理。这样可以减少事故，特别是可以避免严重事故的发生。

3. 电火警的紧急处理

发生电火警时，最重要的是立即切断电源，然后救火，并及时报警。

没有确切知道电源是否被切断时，决不能用水或普通灭火器灭火，因为一旦电源未被切断，就会造成触电。可选用四氯化碳灭火器、砂土等灭火。也可用二氧化碳灭火器灭火，但使用时应注意，不要喷射到人的皮肤或脸上，以防冻伤和使人窒息。

救火时不要随便扯动电线或触及电气设备。抢运物品时，要留心地上的电线。

4. 防雷击的安全措施

通常在高大建筑物或在雷区的每个建筑物的顶部，安装避雷针来预防雷击。对于使用室外电视机或收录机天线的用户，应装避雷器或防雷用转换开关。在正常天气时将天线接入室内，在雷雨前将天线转接到接地体上，以防由天线引入雷击。

在雷雨天气尽量少外出走动，更不要在大树下避雨，不应站在高处，而应蹲在低处且两脚并拢。

第7章

低压电器

低压电器的种类繁多、功能多样、用途广泛。掌握常用低压电器元件的工作原理及其应用，是学习、使用、操作和设计工业自动化控制系统的基础。本章主要介绍常用低压电器的结构、工作原理及用途等有关知识，并介绍低压电器的选用方法，为正确选择和合理使用这些电器打下基础。

7.1 刀开关

在对电器设备进行维护时，必须一直保持设备处于断电状态，所以必须通过开关将电器设备从电网脱开并隔离，以保证操作人员及设备的安全。

7.1.1 基本结构分类

刀开关主要用于无载通断电路、隔离电源用，即在不分断负载电流或分断电路时，各极两触头间不会出现明显极间电压的条件下接通或分断电路之用。用作隔离开关的刀开关必须满足隔离功能，即开关断口明显，并且断口应能保持有效的电气隔离距离。普通的刀开关严禁带负载操作，一经操作即带电（负载）。带灭弧室（罩）的产品也可用来通断较小工作电流，作为照明设备和小型电动机做不频繁操作的电源开关用，可以切断不大于额定电流的负载。当刀开关有灭弧罩、熔断器，并用杠杆操作时，也可接通或分断额定电流。中央手柄式单投刀开关，传统上常用大理石做底板，所以有时也称为石板刀开关。石板刀开关在刀闸下方配用封闭管式熔断器。石板刀开关不宜用来切断负载电流，宜作为隔离开关使用。带有分断加速弹簧灭弧装置的石板刀开关，可以切断额定电流以下的电流值。装有灭弧室的HD型和HS型刀开关可以用来切断额定电流，没有装灭弧室的刀开关宜作为隔离开关使用。

1. 开启式刀开关

开启式刀开关一般在额定电压为AC380V、DC440V，额定电流为1500A

以下的配电设备中作电源隔离之用。它是带有各种杠杆操作机构及灭弧室的开关，可按其分断能力非频繁地切断负荷电路。图 7.1 所示为 HD11—100/38 板前接线开启式刀开关。

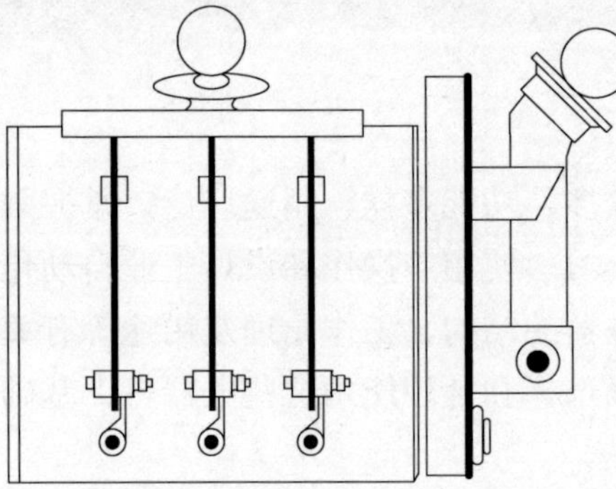

图 7.1　HD11—100/38 示意图

国产刀开关产品型号含义如图 7.2 所示。

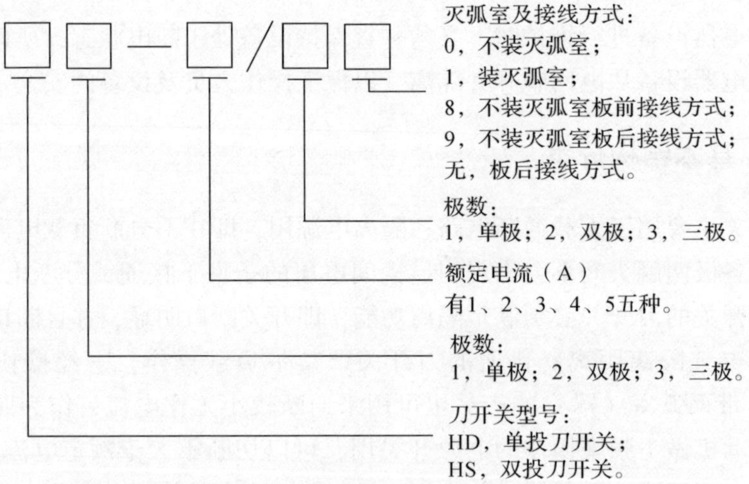

图 7.2　国产刀开关产品型号含义

2. 封闭式负荷开关

封闭式负荷开关俗称铁壳开关，适合于额定电压为 AC380V、DC440V，额定电流为 60A 以下的电路。此开关用于手动非频繁地接通与分断负荷电路及短路保护，在一定条件下也可起连续过负荷保护作用，一般用于控制小容量的交流异步电动机。

该开关是由刀开关及熔断器组合而成的，能快速接通和分断负荷电路，采用正面或侧面手柄操作，并装有联锁装置，保证箱盖打开时开关不能闭合及开关闭合时箱盖不能打开。开关的外壳分为钢板拉伸式和折板式两种，上下均有进出线孔。封闭式负荷开关如图 7.3 所示。

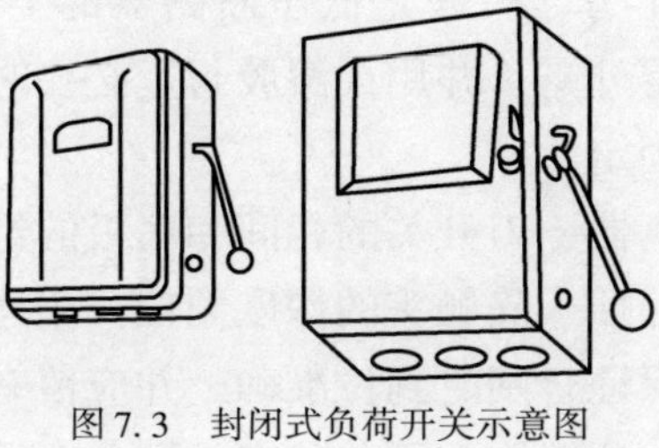

图 7.3 封闭式负荷开关示意图

3. 开启式负荷开关

开启式负荷开关俗称瓷底胶壳刀开关，是一种结构简单，应用广泛的手动电器，常用作交流额定电压为 AC380/220V、额定电流为 100A 的照明配电线路的电源开关和小容量电动机非频繁启动的操作开关。

胶壳刀开关由操作手柄、熔断丝、触刀、触刀座和底座等组成，如图 7.4 所示。胶壳的作用是防止操作时电弧飞出灼伤操作人员，并防止极间电弧造成电源短路。因此操作前一定要将胶壳安装好。熔断丝主要起短路和严重过电流保护作用。

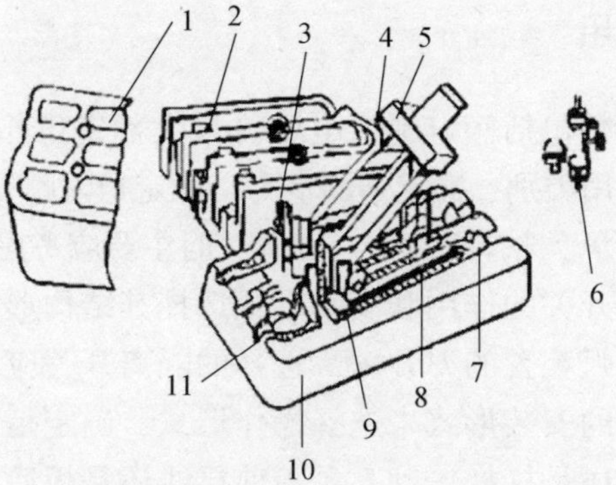

图 7.4 胶壳刀开关结构示意图

1—上胶盖；2—下胶盖；3—触刀座；4—触刀；5—瓷柄；6—胶盖紧固螺帽；
7—出线端子；8—熔丝；9—触刀铰链；10—瓷底座；11—进线端子。

7.1.2 操作与安装

刀开关安装在低压配电系统中，一般与低压断路器、接触器、熔断器等配合使用，以隔离电源。为了操作安全，刀开关只能垂直安装，不能水平安装，更不允许倒装。安装时用螺栓将刀开关的底板固定在配电柜（箱）的安装板上，要安装在配电柜（箱）的左上部，靠近母线或上进线端处。也就是配电柜（箱）内所有元件的上方，一般是低压断路器的上方。开关底板上的固定螺钉应埋入底板内，不得外露，并用火漆胶封。必要时，还可在底板与固定支架之间加绝缘垫后安装固定。

安装前，应检查隔离器、刀开关的相间和底板的绝缘情况，如不合格，应更换。安装后要保证刀片插入静触头的深度到位。用连杆操作的隔离器、刀开关，应调节连杆长度，保证合闸时到位准确，并应留有一定的备用行程，以缓冲合闸的冲击。操作手柄位置应与开关状态一致，合闸时，三相刀片应能顺利地同步进入静触头。静触头不仅要能夹住刀片，而且应对刀片有足够的压力。如果压力不够，在通过大电流时，将因接触电阻过大而发热。静触头和刀片的发热将加速氧化而增加接触电阻，严重时会烧毁触刀。分闸时动刀头与静触头之间拉开的距离或张开的角度应符合规定标准。电源线应接在静触头上（上接线端子），负载侧导线应接在动触头上（下接线端子），不允许反接，若与硬母线相连，应保证开关不受应力作用。对装有灭弧罩的刀开关或熔断器式刀开关，安装时，灭弧罩应齐全、完好无损，并不影响开关分合闸。对带有灭弧触头的刀开关，应检查主触头与灭弧触头的动作先后顺序，符合规定的安装调整要求。

7.1.3 选型与应用

刀开关的主要参数包括额定绝缘电压（最大额定工作电压）、额定工作电流、额定工作制、使用类别、额定通断能力、额定短时耐受电流、额定（限制）短路电流、操作性能等。选择隔离器、刀开关时主要应考虑以下几个方面。

选择时应根据刀开关的作用和安装形式选择其结构形式，如需要分断负载电流时，应选择带灭弧装置的刀开关。选择的隔离开关应有明显的断口。根据在开关柜或电源箱内的安装形式来选择操作形式，确定是正面操作或侧面操作等形式，是直接操作还是杠杆传动，是板前接线还是板后接线的结构形式。刀开关额定电流的选择一般应等于或大于所分断电路中的总负载的额定电流。对于电动机负载，应考虑其起动电流，宜选用额定电流大一级的刀开关。若需考虑电路的短路电流，还应选用额定电流更大一级的刀开关。刀开关所在线路的三相短路电流不应超过规定的动、热稳定值。

刀开关的产品类型、型号繁多，HG13、HD17、HD18、HH15（QSA）、HA（QA）、HP（QP）、HR3 等系列开关广泛用于配电、计量箱、终端组合电器中。HG13系列为旋转操作型；HD17系列有手柄和杠杆操作两种，两种系列产品的最大额定电流均为1600A。HD18系列为换代产品，采用组合式结构，有人力操作（手柄）和动力操作两种，最大额定电流4000A。HH15（QSA）系列隔离开关熔断器组适用于交流低压配电系统中，作隔离开关、电源开关和应急开关及电路短路保护用，可配用刀型螺栓连接型熔断器，根据需要带有熔断信号装置，以供用户报警或控制用。HA（QA）、HP（QP）系列开关主要用于有大短路电流的配电电路和电动机电路中，作为手动不频繁操作的开关、隔离开关和应急开关。开关可直接控制电动机等大电感负载，特别适用于抽屉式开关柜的成套装置中。HA（QA）、HP（QP）系列开关由刀形静触头、滚动动触头及灭弧装置组成，均组装在由耐弧工程塑料制成的封闭底座内，能达到零飞弧。操作机构由具有弹簧储能的连杆传动机构构成，靠弹簧力完成开关的分、合，开关动作与人力操作无关。手柄由操作手柄和传动轴等构成，属旋转操作方式。当手柄旋转操作时，使操作机构弹簧储能，靠储能的弹簧力释放而带动动触头与静触头形成合、分两种状态，从而达到开关分合主电路的目的。开关的上部可装一个或两个辅助开关，每个辅助开关有一对电气上分开的常开触头和常闭触头，能使控制回路明确指示开关主电路的通断情况。

HR3系列熔断器式刀开关，具有刀开关和熔断器的双重功能，采用这种组合开关电气可以简化配电装置结构，广泛地用在低压配电屏上。

HK2系列开启式负荷开关（俗称胶壳刀开关），用于电源开关和小容量电动机非频繁起动的操作开关。

HH4系列封闭式负荷开关（俗称铁壳开关），操作机构具有速断弹簧与机械联锁，用于28kW及以下的三相异步电动机的非频繁起动。

7.1.4 注意事项

操作刀开关前，应先检查其回路中的低压断路器是否在断开状态，操作应在低压断路器断开状态下进行；停电操作时，断路器断开后，先拉负载侧开关，后拉电源侧开关，送电时顺序相反。一旦发生带负载断开或闭合开关时，应急速合上；如已拉开，则严禁重合。一经重合，无论是否造成事故，均不许再拉开，并采取相应措施。

刀开关正常运行时，应巡视开关导电部分有无动静触头接触不良、发热、动静触头烧损、爬电、粉尘等情况，遇有以上情况时，应及时修复；检查绝缘连杆、底座等绝缘部件有无烧伤和放电现象。维修时还应检查开关操作机构的各部件是否完好、动作灵活，断开、合闸时三相是否同步、准确到位。检查负荷开关操作机构的各部件是否完好，闭锁装置是否完好；外壳内有无金属粉尘、尘埃，应清扫干净，以免降低绝缘性能；金属外壳应有可靠的保护接地，防止发生触电事故。

7.2 熔断器

熔断器是一种结构简单、使用方便、价格低廉的保护电器。它是一种利用热效应原理工作的电流保护电器，广泛应用于低压配电系统和控制系统及用电设备中，是电工技术中应用最普遍的保护器件。使用时，熔断器串接于被保护电路中，当电路发生短路故障时，熔体被瞬时熔断而分断电路，故熔断器主要用于短路保护。

电气设备的电流保护有两种主要形式：过载延时保护和短路瞬时保护。过载一般是指 10 倍额定电流以下的过电流，而短路则是指超过 10 倍额定电流以上的过电流。

7.2.1 结构原理

1. 插入式熔断器

插入式熔断器又称瓷插式熔断器，如图 7.5 所示。这种熔断器一般用于民用交流 50Hz、额定电压至 380V、额定电流 200A 以下的低压照明线路末端或分支电路中，用于短路保护及高倍过电流保护。熔断器所用熔体材料主要是软铅丝和铜丝，使用时应按产品目录选用合适的规格。

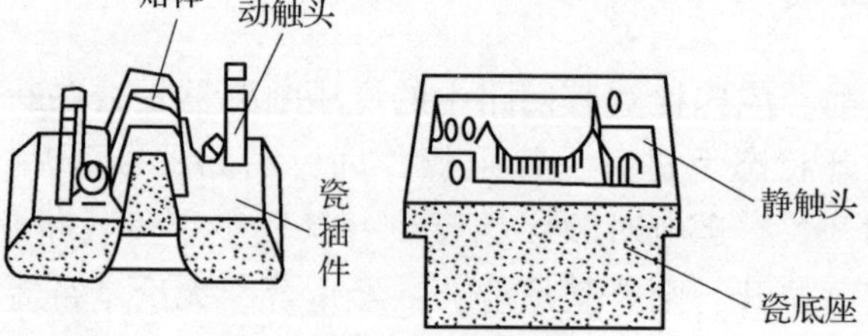

图 7.5　插入式熔断器

2. 螺旋式熔断器

螺旋式熔断器，如图 7.6 所示，由瓷帽、熔断管、瓷套、上接线座和下接线座及瓷底座等部分组成，主要应用于控制箱、配电屏，主要起短路保护作用。

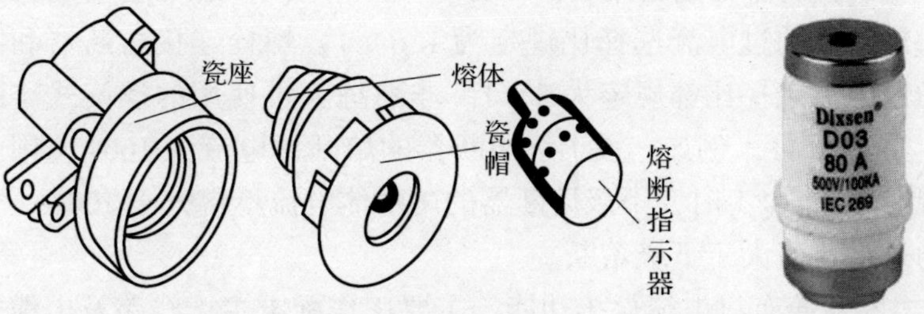

图 7.6 螺旋式熔断器

熔断管内装有熔丝和石英砂以及带小红点的熔断指示器，指示器指示熔丝是否熔断。石英砂用于增强灭弧性能。

螺旋式熔断器的作用与插入式熔断器相同，用于电气设备的过载及短路保护。分断能力较强，结构紧凑，体积小，安装面积小，更换熔体方便，工作安全可靠。广泛用于控制箱、配电屏、机床设备及振动较大的场合，在交流额定电压 500V、额定电流 200A 及以下的电路中，作为短路保护器件。

7.2.2 选型与应用

熔断体按分断范围分为 g 类和 a 类，g 类熔断体为全范围分断，a 类熔断体为部分范围分断；按使用类别分为 G 和 M 两类，G 类为一般用途熔断体，M 类为电动机电路用途熔断体。

熔断器的主要参数有额定电压、额定电流、额定分断电流等。选择熔断器类型时，主要依据负载的保护特性、短路电流的大小和使用场合选择。选用时，首先应根据实际使用条件确定熔断器的类型，包括选定合适的使用类别和分断范围，在保证熔断器的最大分断电流大于线路中可能出现的峰值短路电流有效值的前提下，选定熔断体的额定电流。同时应使熔断器的额定电压不低于线路额定电压。但当熔断器用于直流电路时，应注意制造厂提供的直流电路数据或与制造厂协商，否则应降低电压使用。

（1）一般工业用熔断器的选用是按电网电压选用相应电压等级的熔断器；按配电系统中可能出现的最大短路电流，选择有相应分断能力的熔断器；根据被保护负载的性质和容量，选择熔体的额定电流。

（2）当有上下级熔断器选择性配合要求时，应考虑过电流选择比。过电流选择比是指上下级熔断器之间满足选择性要求的额定电流最小比值，它和熔断体的极限分断电流、时间－电流特性有密切关系。一般需根据制造厂提供的数据或性能曲线进行较详细的计算和整定来确定。

（3）g 类熔断体的过电流选择比有 1.6：1 和 2：1 两种。专职人员使用的刀型触头熔断器的过电流选择比规定为 1.6：1，螺栓连接熔断器和圆筒帽形熔断器的过电流选择比都规定为 2：1。非熟练人员使用的螺旋式熔断器的选择比规定为 1.6：1。例如，设上级熔断器的熔断体电流为 160A，则当过电流选择比规定为 1.6：1 时，下级熔断器的熔断体电流不得大于 100A，保证上级熔断器的过电流值大于下级熔断。

g 类熔断器兼有过电流保护功能，主要用作配电主干线路及电缆、母线等的短路保护和过电流保护；而 a 类熔断器主要用于照明线路和电动机回路等设备的短路保护。由于低倍过电流不能使这种熔断器动作，故在使用这种熔断器时应另外配用热继电器等过电流保护元件。

（4）选择熔断器的类型时，主要依据负载的保护特性和预期短路电流的大小。应根据电路及负荷对短路电流的反应要求，选择对应的熔断器类型。当回路中装有低压断路器时，应考虑两者动作特性的配合问题。

（5）根据负载性质合理地选择熔断体的额定电流。大多数电气设备都具有一定的过载能力，允许在一定条件下小倍数过载运行，而当负载超过允许值时，就要求保护动作。某些设备起动电流很大，但起动时间很短，要求熔断器的保护特性要适应这种设备运行的需要，在电动机起动时不熔断，在短路电流作用下和超过允许过载电流时能可靠熔断。因此，为保证设备正常运行，必须根据负载性质合理地选择熔断体的额定电流。

7.3 低压断路器

低压断路器俗称自动空气开关，是低压配电网中的主要电器开关之一。它不仅可以接通和分断正常负载电流、电动机工作电流和过载电流，而且可以接通和分断短路电流。低压断路器主要在不频繁操作的低压配电线路或开关柜（箱）中作为电源开关使用，同时对线路、电器设备及电动机等实行保护。当它们发生严重过电流、过载、短路、断相、漏电等故障时，能自动切断线路，起到保护作用，应用十分广泛。

7.3.1 原理结构

图 7.7 中断路器处于闭合状态，三个主触点通过传动杆与锁扣保持闭合，锁扣可绕轴转动。当电路正常运行时，电磁脱扣器的电磁线圈虽然串接在电路中，但所产生的电磁吸力不能使衔铁动作，只有当电路中的电流达到动作电流

时，衔铁才被迅速吸合，同时撞击杠杆，使锁扣脱扣，主触点被弹簧迅速拉开将主电路分断。一般电磁脱扣器是瞬时动作的。

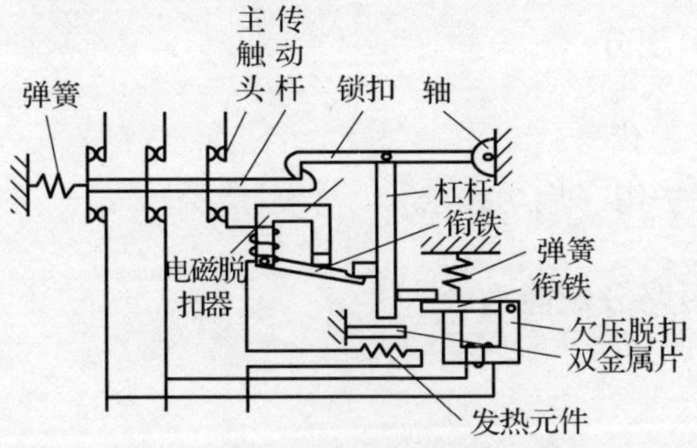

图 7.7 低压断路器的结构示意图

图 7.8 中有双金属片制成的热脱扣器。热脱扣器是反时限动作的，用于过载保护。在电路中电流过载达一定倍数并经过一段时间后，热脱扣器动作使主触点断开主电路。电磁脱扣器和热脱扣器合称复式脱扣器。图中的欠压机构在正常运行时衔铁吸合，当电源电压降低到额定电压的 40%～75% 时，吸力减小，衔铁被弹簧拉开并撞击杠杆，使锁扣脱扣，实现欠压保护。

下面以 CDM1 型断路器为例，介绍断路器型号含义，如图 7.8 所示。

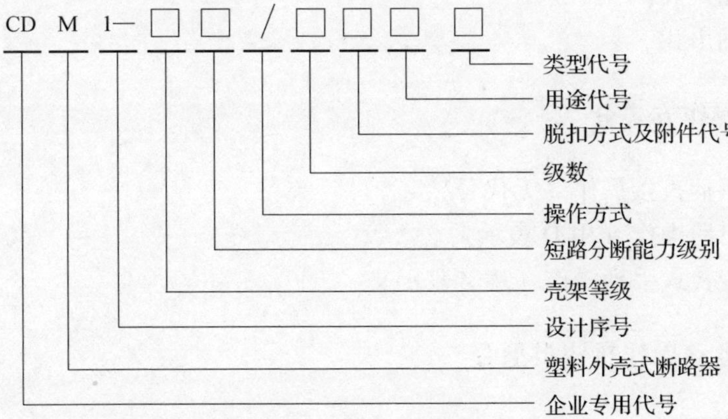

图 7.8 断路器型号含义

7.3.2 断路器分类

1. 按极数分

（1）二极（用 2 表示）；

（2）三极（用 3 表示）；
（3）四极（用 4 表示）。

2. 按断路器用途分

（1）配电用（无代号）；
（2）电动机保护用（用 2 表示）。

3. 按断路器短路分断能力分

（1）经济型 C；
（2）标准型 L；
（3）较高分断型 M；
（4）高分断型 H。

4. 按断路器接线方式分

（1）板前接线；
（2）板后接线；
（3）插入式；
（4）抽出式。

5. 按操作方式分

（1）手柄直接操作（无代号）；
（2）电动操作（用 D 表示）；
（3）旋转式手柄操作（用 Z 表示）。

6. 按电动操作机构类型分

（1）普通型；
（2）电子型。

7.3.3 万能式断路器

万能式断路器又称框架式断路器，能接通、承载以及分断正常电路条件下的电流，也能在规定的非正常电路条件下接通、承载一定时间和分断电流的一种机械开关电气。

1. 基本功能

万能式断路器为立体布置形式，触头系统、瞬时过电流脱扣器左右侧板均安装在一块绝缘板上。上部装有灭弧系统，操作机构可装在正前方或右侧面，有“分”“合”指示及手动断开按钮。其左上方装有分励脱扣器，背部装有与脱扣半轴相连的欠电压脱扣器。速饱和电流互感器或电流、电压变换器套在下母线上。欠电压延时装置、热继电器或半导体脱扣器可分别装在下方。DW15－2000、3200、4000、6300 断路器为立体布置形式，由底架、侧板、横梁组成框架，每相触头系统安装在底架上，上面装灭弧室。操作机构在断路器右前方，通过主轴与触头系统相连。电动操作机构通过方轴与机构连成一体装于断路器下部，作为断路器的储能或直接闭合之用，储能后的闭合由释能电磁铁承担。在左侧板上方装有防回跳机构，以防止断路器在断开时弹跳。各种过电流脱扣器按不同要求装在断路器下方，欠电压、分励脱扣器及电动操作控制部分装在左侧，其中欠电压、分励脱扣器通过脱扣器与放大机构相连，以减少断路器的脱扣力。12 对辅助触头供用户连接二次回路用，面板上有显示断路器工作位置的指示牌“1”“0”和“储能”指示，还有供合闸及分闸用的按钮“1”“0”（均按下）。DW15－1000、1600 断路器附有正面手动操作手柄；DW15－2500、4000 断路器附有检修用的手动操作手柄（均可卸下）。

2. 工作特点

智能型万能式断路器适用交流 50Hz，额定电压 380V、660V，额定电流为 200～6300A 的配电网络中，主要用来分配电能和保护线路及电源设备免受过载、欠电压、短路、单相接地等故障的危害。该断路器具有多种智能保护功能，可做到选择性保护，且动作精确，避免不必要的停电，提高供电可靠性。万能式断路器，在正常的条件下，可作为线路的不频繁转换之用。1250A 以下的断路器在交流 50Hz、电压 380V 的网络中可用于保护电动机的过载和短路。在正常条件下还可作为电动机的不频繁起动之用。

3. 使用环境

（1）周围空气温度上限不超过＋40℃，下限不低于－5℃，且 24h 的平均值不超过＋35℃。

（2）安装地点在海拔高度不超过 2000m 的地方。

（3）大气相对湿度在周围空气温度为＋40℃时不超过 50%；在较低温度

下可以有较高的相对湿度；最湿月的月平均最大相对湿度为90%，同时该月的月平均最低温度为+25℃，并且考虑到因温度变化而发生在产品表面上的凝霜。

（4）污染等级：3级。

（5）安装条件：可垂直安装，亦可水平安装。

（6）安装类别：断路器主电路、初级线圈及辅助电路、控制电路的安装类别各不相同。

4. 万能式断路器和塑壳式断路器的性能对照

万能式断路器和塑壳式断路器的性能对照如表7.1所列。

表7.1　万能式断路器和塑壳式断路器的性能对照表

指标内容	万能式断路器	塑壳断路器
额定电压	较高可至1140V	较低在660V以下
额定电流	一般在200～6300A	多为600A以下
选择性	有短延时，能满足选择性保护要求	大都无短延时，不能满足选择性保护要求
短路分断能力	较高	较低
脱扣器设置	可装设各种脱扣器以适应不同的保护要求	多数只有过流，欠压和分励只能选装其一
应用范围	宜做主开关	宜做支路开关
操作方式	变化多，有手柄，杠杆电磁铁和电动机操作	变化少，多为手柄，也有带电机传动机构
接触防护	差	好
适修性	较方便	不便，多数不考虑维修
安装方式	宜于开关柜内安装有抽屉式结构	可单独安装，也可装于开关柜内
隔离性能	较好	较差
短时耐受电流	较大	较小
飞弧距离	较大	较小
外形尺寸	较大	较小
价格	较高	较低

7.4　接触器

接触器是一种适用于在低压配电系统中远距离控制，频繁操作交、直流主电路及大容量控制电路的自动控制开关电器，主要应用于自动控制交、直流电动机，电热设备，电容器组等设备，应用十分广泛。

接触器的分类有几种不同的方式。其中，应用最广泛的是空气电磁式交流接触器和空气电磁式直流接触器，习惯上简称为交流接触器和直流接触器。

7.4.1　结构原理

接触器由电磁系统、触头系统、灭弧系统、释放弹簧机构、辅助触头及基座等几部分组成，如图7.9所示。

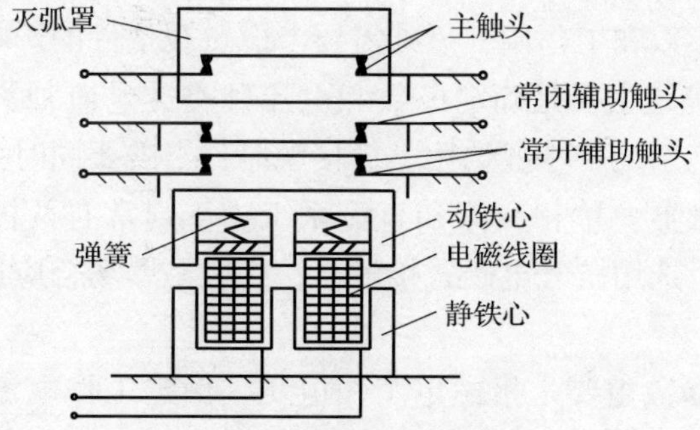

图7.9　接触器结构简图

在电磁机构方面，交流接触器为了减小因涡流和磁滞损耗造成的能量损失和温升，铁芯和衔铁用硅钢片叠成。线圈绕在骨架上做成扁而厚的形状，与铁芯隔离，有利于铁芯和线圈的散热。而直流接触器由于铁芯中不会产生涡流和磁滞损耗，因此不会发热。铁芯和衔铁用整块电工软钢做成，为使线圈散热良好，通常将线圈绕制成高而薄的圆筒状，且不设线圈骨架，使线圈和铁芯直接接触以利于散热。

接触器的触头分为两类，主触头和辅助触头。中、小容量的交、直流接触器的主、辅助触头一般都采用直动式双断点桥式结构设计，大容量的主触头采用转动式单断点指型触头。交流接触器的主触头流过交流主回路电流，产生的电弧也是交流电弧，常采用多纵缝灭弧装置灭弧。直流接触器的主触头流过直流主回路电流，产生的电弧也是直流电弧。由于直流电弧比交流电弧难以熄灭，因此直流接触器常采用磁吹式灭弧装置灭弧。接触器的辅助触头用于控制回路，可根据需要按使用类别选用。

以 CJX2 系列为例，介绍接触器型号及含义，如图 7.10 所示。

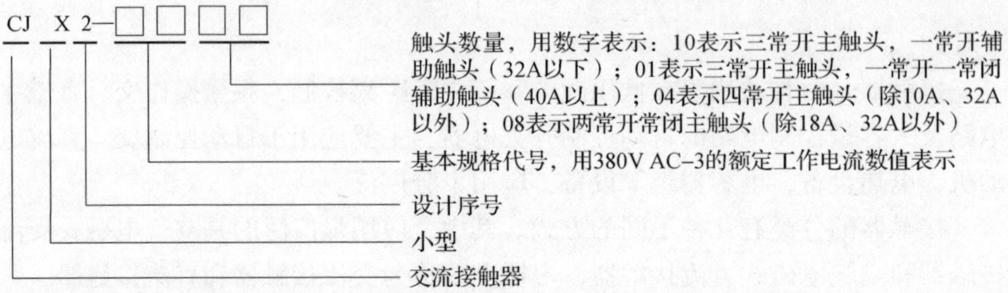

图 7.10 接触器型号含义

7.4.2 选用原则

接触器的选用主要是选择型式、主电路参数、控制电路参数和辅助电路参数，以及电寿命参数和工作制，另外需要考虑负载条件的影响，分述如下。

（1）型式的确定主要是确定极数和电流种类，电流种类由系统主电流种类确定。三相交流系统中一般选用三极接触器；当需要同时控制中性线时，则选用四极交流接触器；单相交流和直流系统中，则常有两极或三极并联的情况，一般场合下，选用空气电磁式接触器；易燃易爆场合应选用防爆型及真空接触器等。

（2）主电路参数主要是指额定工作电压、额定工作电流（或额定控制功率）、额定通断能力和耐受过载电流能力。

额定工作电流和选定的负载电流、电压等级有关。接触器可以在不同的额定工作电压和额定工作电流下工作。但在任何情况下，所选定的额定工作电压都不得高于接触器的额定绝缘电压，所选定的额定工作电流（或额定控制功率）也不得高于接触器在相应工作条件下规定的额定工作电流（或额定控制功率）。

额定通断能力应高于通断时电路中实际可能出现的电流值。耐受过载电流能力也应高于电路中可能出现的工作过载电流值。电路的这些数据都可通过不同的使用类别及工作制来压反映，当按使用类别和工作制选用接触器时，实际上已考虑了这些因素。AC－1 类用来控制无感或微感电路；AC－2 类是用来控制绕线式异步电动机的起动和分断；AC－3、AC－4 类接触器可用于频繁控制异步电动机的起动和分断。生产中广泛使用的中、小容量笼型异步电动机，其中大部分电动机的负载是一般任务，它相当于 AC－3 使用类别。对于控制机床电动机的接触器，其负载比较复杂，如果负载明显属于重任务类，则应选用 BAC－4 类别；如果负载为一般任务与重任务混合的情况，则可根据实际情况选用 AC－3 或 AC－4 类接触器，如确定选用 AC－3 类时，也要降级使用。适用于 AC－2 类的接触器一般也不宜用于控制 AC－3 及 AC－4 类的负载，因为它的接通能力较低，在频繁接通这类负载时容易发生触头熔焊现象。

（3）接触器的线圈电压应按选定的控制电路电压确定。控制电路电流种类分交流和直流两种，一般情况下多用交流 220V，当操作频繁时则常选用直流。

接触器的辅助触头的种类和数量，一般应根据系统控制要求确定所需的辅助触头种类（常开或常闭）、数量和组合形式，同时应注意辅助触头的通断能力和其他额定参数。当接触器的辅助触头数量和其他额定参数不能满足系统要求时，可增加接触器式继电器以扩大功能。

（4）接触器的电寿命参数由制造厂给出。电寿命指标和使用类别有关。接触器制造厂均以不同形式（表格或曲线）给出有关产品电寿命指标的资料，可以根据需要选用。

（5）电动机用接触器的选用：电动机用接触器根据电动机使用情况及电动机类别可分别选用 AC－2 或 AC－4，如对于异步电动机拖动的风机、水泵类负载可选用 AC－3，可采用查表法及选用曲线法，根据样本及手册选用，不用计算。

对于一般设备用电动机，工作电流高于额定电流，起动电流虽然达到额定电流的 4～6 倍，但时间短，对接触器的触头损伤不大，一般选用触头容量大于电动机额定容量的 1.25 倍即可。对于在特殊情况下工作的电动机要根据实际工况考虑。如电动葫芦属于冲击性负载，重载、起停频繁、反接制动等，计算工作电流时要乘以相应倍数。

绕线转子异步电动机接通电流及分断电流都是 2.5 倍额定电流，一般起动时在转子中串入电阻以限制起动电流，增加起动转矩，使用类别为 AC－2，可选用转动式接触器。

（6）切换电容器接触器的选用：当电容器被接入电路时，电容器回路会产生瞬态充电现象，出现很大的合闸涌流，涌流大小与电网电压、电容器的容量和电路中的阻抗有关，因此触头闭合过程中烧蚀严重，应当按计算出的电容器电路中最大稳态电流和实际电力系统中接通时可能产生的最大涌流峰值进行选择，并应选用带强制泄放电阻的切换电容器接触器，如 CJ 系列切换电容器接触器。选用时要参见样本说明，并考虑无功功率补偿装置标准中的规定。电容器投入瞬间产生的涌流峰值应限制在电容器组额定电流的 20 倍以下（JB/T

7113－1993《低压并联电容器装置》），还应考虑最大稳态电流下电容器的运行。电容器组运行时的谐波电压加上额定工作时的工频过电压，会产生较大的电流。电容器组电路中的设备器件应能在额定频率、额定电压所产生的方均根值不超过1.3倍额定电流下连续运行，由于实际电容器的电容值可能达到额定电容值1.1倍，故此电流可达1.43倍的额定电流，因此，选择的额定发热电流应不小于最大稳态电流。

（7）控制电热设备的交流接触器的选用：常用的电热设备有电阻炉、调温设备等，此类负载的电流波动范围小，属于AC－1使用类别，操作也不频繁，选用接触器时只要按照接触器的额定工作电流等于或大于电热设备的工作电流的1.2倍即可。

（8）接触器和低压断路器的配合。接触器的约定发热电流应小于低压断路器的过载电流，接触器的接通、断开电路应小于低压断路器的短路保护电流，并以此确定低压断路器的过载脱扣和电RE脱扣系数，这样断路器才能保护接触器。实际中，接触器在一个电压等级下约定发热电流和额定工作电流的比值在1～1.38之间，而低压断路器样本中给出多种反时限过载系数，需要实际核算后进行选择。

7.4.3 注意事项

接线时应注意接线端子标记：1/L1、3/L2、5/L3为主回路进线端，2/T1、4/T2、6/T3为主回路出线端；21、22为常闭辅助接线端，13、14为常开辅助接线端；NO表示常开触点，NC表示常闭触点。

使用时如发现有不正常噪声，可能是铁芯极上有污物，请擦净极面。

使用中，应经常检查产品各部件，要求可动部分不卡住，紧固件无松脱，确保安全可靠。零部件如有损坏，应及时更换。

7.5 继电器

继电器是一种利用各种输入电量或非电量的变化，使输出状态转换，从而通过其触头实现逻辑转换的自动控制元件。根据转化的物理量的不同，可以构成各种各样的不同功能的继电器，以用于各种控制系统中进行信号传递、放大、转换、联锁和控制等，从而实现自动控制和保护的目的。施加于继电器的电量或非电量称为继电器的激励量（输入量），激励量可以是电量，如交流或直流电的电流、电压等，也可以是物理量，如时间、温度、速度、压力、位置、光等。继电器的状态发生转换而动作时，其触头吸合或释放，从而实现由逻辑“0”到逻辑“1”，或由逻辑“1”到逻辑“0”的转换。按输入信号的不同可分为电压继电器、电流继电器、时间继电器、热继电器、速度继电器和压力继电器等。

7.5.1 结构原理

继电器的种类很多，分类方法也很多，一般可以按作用原理、外形尺寸、保护特征、触头、负载、产品用途等分类。常用的继电器按用途分类，有“大容量型”“高电压型”“交流防跳型”“交流电流型”“交流电压型”“宽电流启动型”“宽电流保持型”“电压启动、电流保持型”“电流启动、电压保持型”“双线圈型”“双启动型”“三线圈型”“电压型”低功耗型”“灵敏型”“快速型”“电流型”“电保持信号型”“信号型”等；按应用场合分类，有通用继电器、电力用继电器、工业控制用继电器、机床用继电器、信号用继电器、通信用继电器、航天用继电器、军用继电器、汽车用继电器和家电用继电器等；按继电器的防护特征分类，有密封继电器、塑封继电器、防尘罩继电器和敞开继电器等；按结构原理分类，有电磁式继电器、磁电式继电器、感应式继电器、电动式继电器、温度（热）继电器、光电式继电器、压电式继电器、时间继电器等，其中时间继电器又分为电磁式、电动机式、机械阻尼（气囊）式和电子式等；按信号种类的不同，有交流继电器、直流继电器、电压继电器、中间继电器、电流继电器、时间继电器、速度继电器、温度继电器、压力继电器、脉冲继电器等；按产品类型分类，有接触器式继电器、信号用继电器（微型、超小型、小型、舌簧）、静态型继电器、固体继电器、可编程序控制继电器等；按功率分类，有通用、灵敏及高灵敏继电器等；按输出触头容量分，有大、中、小、弱功率及微功率继电器和节能功率继电器等。其中以电磁式继电器和静态型继电器种类最多，应用最广泛。

随着科学技术的发展，模拟电子技术和数字电子技术已广泛应用于各种自动化设备上，一些自动化装置已由常规的电磁式、晶体管型逐步向数字型和智能化方向过渡，作为自动化装置基本组成部分的继电器已由电磁式逐步向静态型发展。电磁式继电器由于在结构上采用的是电磁原理和机械原理，存在动作值离散性大和机械部分易卡死等缺陷。目前许多生产厂家竞相研制出了利用数字电子原理构成的继电器，即静态型继电器。在很多领域，静态型继电器以其原理和结构的优越性能逐步取代早期研制的电磁式继电器。随着现代生产技术的发展，各种新结构、新用途、高性能、高可靠性、智能化的新型继电器不断出现。限于篇幅，本节只能简介最常用继电器的基本结构、原理。

1. 空气阻尼式时间继电器

空气阻尼式时间继电器是利用空气阻尼原理获得延时的。它由电磁机构、延时机构、触头三部分组成。电磁机构为直动式双 E 形；触头系统采用微动开关；延时机构采用气囊式阻尼器。空气阻尼式时间继电器有通电延时型和断电延时型两种。电磁机构可以是直流的，也可以是交流的。图 7.11 为 JS7 - 2A 系列通电延时型空气阻尼式时间继电器的结构原理图。轴线左边部分为延时单元，右边部分为电磁机构。将图中右边部分的电磁机构旋出固定螺钉后再旋转 180°，即为断电延时型。

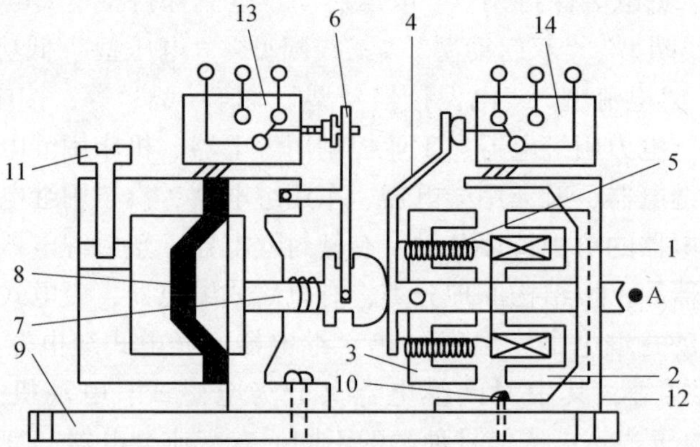

图 7.11 JS7 - 2A 系列空气阻尼式时间继电器的结构原理图

1—线圈；2—铁芯；3—衔铁；4—L 形托板；5—复位弹簧；6—杠杆形撞块；7—活塞杆；8—橡皮膜；9—底板座；10—固定螺钉；11—延时调节螺钉；12—支持件；13、14—微动开关。

工作原理如下，当线圈通电时，衔铁连同 L 形托板被铁芯吸引而右移，微动开关的触头迅速转换，L 形托板的尾部便伸出支持件尾部至 A 点；同时，连接在气室的橡皮膜上的活塞杆也右移，由于杠杆形撞块连接在活塞杆上，故撞块的上部左移，由于橡皮膜向右运动时，橡皮膜下方气室的空气稀薄形成负压，起到空气阻尼作用，因此经缓慢右移一定的时间后，撞块上部的行程螺钉才能压动微动开关，使微动开关的触头转换，达到通电延时的目的。其移动的速度即延时时间的长短，视进气孔的大小、进入空气室的空气流量而定，可通过延时调节螺钉进行调整。当线圈断电时，电磁吸力消失，衔铁在反力弹簧的作用下释放，并通过活塞杆将活塞推向下端。这时橡皮膜下方气室内的空气通过橡皮膜、弹簧和活塞的肩部所形成的单向阀，迅速从气室缝隙中排掉，因此杠杆形撞块和微动开关能迅速复位。在线圈通电和断电时，微动开关在推板的作用下瞬时动作，即为时间继电器的瞬动触头。

空气阻尼式时间继电器的优点是延时时间长，结构简单，寿命长，价格低廉；其缺点是误差大（±10%~±20%），无调节刻度指示，难以精确地整定延时值。在对延时精度要求高的场合，不宜使用这种时间继电器。

2. 热继电器

热继电器是利用测量元件被加热到一定程度而动作的一种继电器。热继电器的测量元件通常用双金属片，它由主动层和被动层组成。主动层材料采用膨胀系数较高的铁镍铬合金；被动层材料采用膨胀系数很小的铁镍合金。双金属片在受热后将向被动层方向弯曲。双金属片受热弯曲，当其弯曲到一定程度时，通过动作机构使触点动作。热继电器主要用作三相感应电动机的过载保护。

1）热继电器的主要技术要求

（1）具有一定的温度补偿。为避免环境温度变化引起双金属片弯曲而带来的误差，应引入温度补偿装置。

（2）具有手动复位与自动复位功能。当热继电器动作后，可在其后2min内按下手动复位按钮进行复位，或在5min内可靠地自动复位。

（3）动作电流可调节。通过调节凸轮，在66%~100%的范围内可调节动作电流。

2）热继电器的结构及工作原理

图7.12为双金属片热继电器的结构示意图。主双金属片与热元件串联，通电后双金属片受热向左弯曲，推动导板，导板向左推动补偿双金属片。补偿双金属片与推杆固定在一起，它可绕轴顺时针方向转动。推杆推动片簧向右，当向右推动到一定位置后，弓簧的作用方向改变，使片簧向左运动，将触点分断。由片簧及弓簧构成了一组跳跃机构。

凸轮用来调节动作电流。旋转调节凸轮的位置，将使杠杆的位置改变，同时使补偿双金属片与导板之间的距离改变，也改变了使继电器动作所需的双金属片的挠度，即调整了热继电器的动作电流。

补偿双金属片为补偿周围介质温度变化用。如果没有补偿双金属片，当周围介质温度变化时，主双金属片的起始挠度随之改变，导板的推动距离也随之改变。有了补偿双金属片后，当周围介质温度变化时，主双金属片与补偿双金属片同时向同一方向弯曲，使导板与补偿双金属片之间的推动距离保持不变。这样，继电器的动作特性将不受周围介质温度变化的影响。

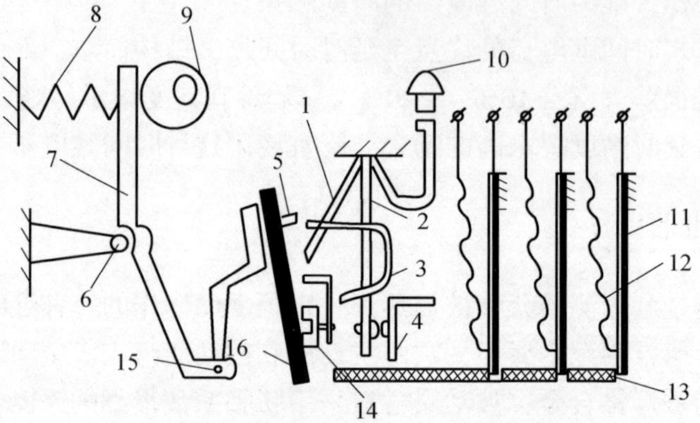

图 7.12　双金属片热继电器的结构示意图

1、2—片簧；3—弓簧；4—触点；5—推杆；6—固定转轴；7—杠杆；8—压簧；

9—凸轮；10—手动复位按钮；11—主双金属片；12—热元件；13—导板；

14—调节螺钉；15—轴；16—补偿双金属片。

热继电器可用调节螺钉将触点调成自动复位或手动复位。若需手动复位，可将调节螺钉向左拧出，此时触点动作后就不会自动恢复原位；还必须将复位按钮向下按，迫使片簧 1 退回原位，片簧 2 立即向右动作，使触点闭合。若需自动复位，将调节螺钉向右旋入一定位置即可。

7.5.2　继电器的选用

1. 接触器式继电器

选用接触器式继电器时主要是按规定要求选定触头型式和通断能力，其他原则均和接触器相同。在有些应用场合，如对继电器的触头数量要求不高，但对通断能力和工作可靠性（如耐振）要求较高的场合，最好选用小规格接触器。

2. 时间继电器

选用时间继电器时要考虑的特殊要求主要是延时时间、延时类型、延时精度和工作条件。

3. 保护继电器

保护继电器指在电路中起保护作用的各种继电器。保护继电器主要包括过电流继电器、欠电流继电器、过电压继电器和欠电压（零电压、失压）继电器等。

1）过电流继电器

过电流继电器主要用于电动机的短路保护，对其选择的主要参数是额定电流和动作电流。过电流继电器的额定电流应当大于或等于被保护电动机的额定电流，其动作电流可根据电动机的工作情况按其启动电流的1.1～1.3倍整定。一般绕线转子感应电动机的启动电流按2.5倍额定电流考虑；笼型感应电动机的启动电流按额定电流的5～8倍考虑。选择过电流继电器的动作电流时，应留有一定的调节余地。

2）欠电流继电器

欠电流继电器一般连接在直流电动机的励磁回路中，用于监视励磁电流，作为直流电动机的弱磁超速保护或励磁电路与其他电路之间的联锁保护。选择欠电流继电器时应主要考虑额定电流和释放电流，其额定电流应大于或等于额定励磁电流，其释放电流整定值应低于励磁电路正常工作范围内可能出现的最小励磁电流。一般可取最小励磁电流的85%。选用欠电流继电器时，其释放电流的整定值应留有一定的调节余地。

3）过电压继电器

过电压继电器用来保护设备不受电源系统过电压的危害，多用于发电机-电动机机组系统中，选择的主要参数是额定电压和动作电压。过电压继电器的动作值一般按系统额定电压的1.1～1.2倍整定。

4）欠电压（零电压、失压）继电器

欠电压继电器在线路中多用作失压保护，防止电源故障后恢复供电时系统的自启动。欠电压继电器常用一般电磁式继电器或小型接触器充当，选用时只要满足额定电压、额定电流等一般要求即可，对释放电压值无特殊要求。

7.6 主令电器

主令电器是电气自动控制系统中用于发送或转换控制指令的电器。主令电器应用广泛、种类繁多，常用的有控制按钮、行程开关、接近开关、万能转换开关（组合开关）、凸轮控制器等。

7.6.1 控制按钮

控制按钮是一种结构简单，应用十分广泛的主令电器，如图7.13所示。

在电气自动控制电路中，控制按钮用于手动发出控制信号以控制接触器、继电器、电磁启动器等。

控制按钮的结构种类很多，可分为普通按钮式、蘑菇头式、自锁符号式及钥匙式等，有单钮、双钮、三钮等不同组合形式，一般由按钮帽、复位弹簧、桥式触头和外壳等组成。

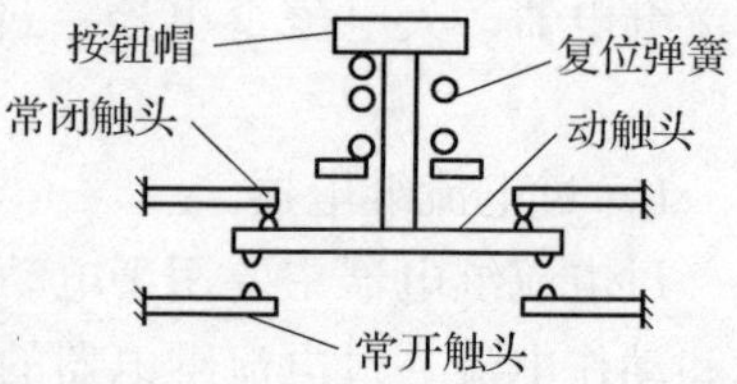

图 7.13 控制按钮的基本结构

为了标明各个按钮的作用，避免误操作，通常将按钮帽做成不同的颜色，以示区别，其颜色有红、绿、黑、黄、蓝、白等。例如，红色表示停止、绿色表示启动等。

7.6.2 指示灯

指示灯在各类电气设备及电气线路中用于电源、操作信号、预告信号、运行信号、事故信号及其他信号的指示。另外还有用于塑料机械、包装机械、切割机械等需要工作状态信号指示的机器设备和其他场所用的塔灯。

指示灯主要由壳体、发光体、灯罩等组成。外形结构多种多样，发光体主要有白炽灯、氖灯和半导体型三种。同按钮开关一样，指示灯也有各种外形形式，产品有积木式结构和模块组合式结构。安装方式与按钮开关相同。发光颜色有黄、绿、红、白、橙五种，使用时应按国家标准规定的相应用途选用。指示灯的主要参数有型式及安装孔尺寸、工作电压及颜色。国产产品系列有 AD、ND30、XDJ 等系列。电气控制系统常用 ϕ16mm、ϕ22mm、ϕ30mm 规格。另外，国外进口和合资生产的品种很多，比较著名的品牌有和泉、富士、金钟－默勒、西门子、施耐德等。

塔灯灯罩采用透光散热性能良好的聚碳酸树脂制造，抗静电圆盘底座，内置杆式减振缓冲结构，避免来自机器内部的振动对灯体的破坏。一般塔灯为红、黄、绿、蓝等的组合色，有单体警示灯、组合式警示灯。声源类型有蜂鸣、喇叭、音乐和语言 4 种，以适用于各种场合应用。

7.6.3 行程开关

行程开关又称限位开关或位置开关，是一种利用生产机械的控制运动部件的碰撞来发出控制指令的主令电器，用于控制生产机械的运动方向、速度、行程或位置的一种自动控制器件。

行程开关的产品类型很多，品种繁多，结构形式多种多样，但其基本结构主要由滚轮和杠杆（操作机构）、触头系统（微动开关）、接线端子、传动部分和壳体等组成。以 LS 系列行程开关为例，其结构如图 7.14 所示。

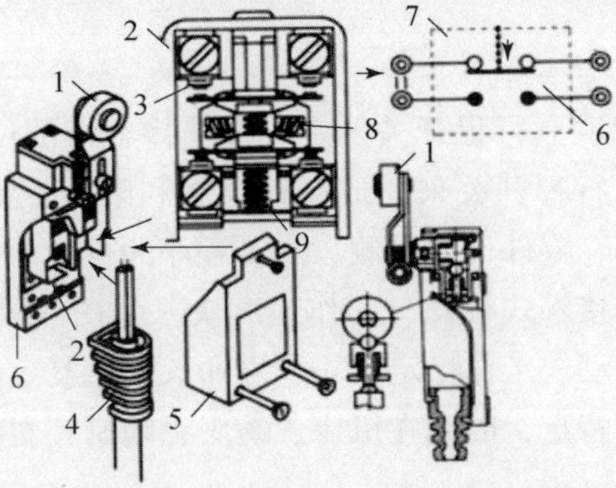

图 7.14 LS 系列行程开关的结构示意图

1—滚轮和杠杆；2—触头系统；3—触头；4—引线；5—上盖；6—壳体；

7—接线原理图；8—吸合弹簧；9—恢复弹簧。

直动式行程开关由推杆、弹簧、动断触头和动合触头等组成，其动作原理与按钮开关相同，但其触头的分合速度取决于生产机械的运行速度，不宜用于速度低于 0.4m/min 的场所。对于滚轮式行程开关，当行程开关工作时，被控机械上的撞块撞击带有滚轮的撞杆时，撞杆转向，带动凸轮转动，顶下推杆，同时带动微动开关中的吸合弹簧使其受力，从而使触头迅速动作。当运动机械返回时，在微动开关中的复位弹簧的作用下，各部分动作部件复位。滚轮式行程开关又分为自动复位式和非自动复位式。双滚轮式行程开关具有两个稳态位置，有“记忆”作用，在某些情况下可以简化线路。

行程开关产品的撞杆形式主要有直动式、杠杆式、滚轮式、微动式、组合式和万向式等，每种撞杆形式又分多种不同形式，如直动柱塞式、滚轮柱塞式、滚轮转臂式、可调滚轮转臂式、弹性撞杆式等。直动柱塞式又分金属直动式、钢滚直动式和热塑滚轮直动式等。滚轮又有单轮、双轮、叉式轮等形式。触头类型有一常开一常闭、一常开二常闭、二常开一常闭、二常开二常闭等形式。根据微动开关触头接通和断开的机械机理，动作方式可分为瞬动、蠕动、交叉从动式等。瞬动式的接通和断开转换时间与微动开关和被操动的速度有关，只要滚轮和撞杆操动部件被操动到一定位置，微动开关触头的状态即发生转换，此过程时间极短，一般为弹簧弹跳所需的时间，为一常数。蠕动式的接通和断开动作切换时间与滚轮和撞杆操动部件被操动的速度有关，操动速度越快，开关的切换也越快。一般行程开关全行程最大为 6mm，动作行程最大为

1.7～2.2mm，差程最大为1.2mm。行程开关的主要参数有型式、动作行程、工作电压及触头的电流容量，在产品说明书中都有详细说明。

7.6.4 接近开关

接近开关又称无触点行程开关，是一种非接触式的位置开关（传感器），它不仅能代替有触点行程开关来完成行程控制和限位控制，还可用于高频计数、测速、液面控制、零件尺寸检测、加工程序的自动衔接等的非接触式控制开关。由于它具有非接触式触发、动作速度快、可在不同的检测距离内动作、发出的信号稳定无脉动、工作稳定可靠、寿命长、重复定位精度高，以及能适应恶劣的工作环境等特点，因此在机床、纺织、印刷、塑料等工业生产中应用广泛。

接近开关由感应头、振荡器、放大器和外壳组成。当运动部件与接近开关的感应头接近时，就会输出一个电信号。按其工作原理来分，有电感式、电容式、霍尔式、超声波式、红外光电式、非磁性金属感应智能型等。

7.6.5 转换开关

转换开关是一种多档式、控制多回路的主令电器，广泛应用于各种电气控制的转换（电磁线圈、电气测量仪表和伺服电动机等）和配电设备的远距离控制，也可直接控制小容量三相笼型异步电动机的起动、可逆转换及变速等。

目前常用的转换开关类型主要有两大类：万能转换开关和组合开关。两者的结构和工作原理基本相似，一般地，组合开关是一种专用于某种场合下的专用开关，万能转换开关是一种通用型开关，在某些应用场合下两者可相互替代。万能转换开关按结构类型分为普通型、开启组合型和防护组合型等；按用途又分为主令控制用和控制电动机用两种；按手柄的操作方式可分为自复式和自定位式两种及两者组合式，如定位自复型、带可取出钥匙手柄定位型、手柄带指示灯定位型、手柄带指示灯定位自复型等。自复式是指拨动手柄于某一挡位时，手松开后，手柄自动返回原位，并有手柄拉出操作型、推进操作型、拉出复位型、推进复位型等；定位式是指手柄被置于某挡位时，停在该挡位，不能自动返回原位。组合开关按用途分电源开关、电动机起动开关、电压转换开关、电动机可逆转换开关、星－三角起动开关、多速电动机变速开关等。转换开关的触头状态和操动器位置之间的对应关系用操作图来表示，两者需同时标出。

7.6.6 主令控制器

当电动机容量较大，工作繁重，操作频繁，调速性能要求较高时，往往采用主令控制器操作。先由主令控制器的触头来控制接触器，再由接触器来控制电动机，这样，触头的容量可大大减小，操作更为轻便。

主令控制器是按照预定程序转换控制电路的主令电器，其结构和凸轮控制器相似，只是触头的额定电流较小。

在起重机中，主令控制器是与控制屏相配合来实现控制的，因此要根据控制屏的型号来选择主令控制器。目前，国内生产 LK14 ~ LK16 系列的主令控制器。

7.6.7 主令电器的一般选用原则

主令电器首先应满足控制电路的电气要求，如额定工作电压、额定工作电流（含电流种类）、额定通断能力、额定限制短路电流等。这些参数的确定原则与选用主电路开关电气和控制电气的原则相同。其次应满足控制电路的控制功能要求，如触头类型（常开、常闭、是否延时等）、触头数目及其组合形式等。除此之外，还需要满足一系列特殊要求，这些要求随电气的动作原理、防护等级、功能执行元件类型和具体设计的不同而异。

对于人力操作控制按钮、开关，包括按钮、转换开关、脚踏开关和主令控制器等，除要满足控制电路电气要求外，主要是安全与防护等级的要求。主令电器首先必须有良好的绝缘和接地性能，应尽可能选用经过安全认证的产品，必要时宜采用低电压操作等措施；其次是选择按钮颜色标记、组合原则、开关的操作图等。防护等级的选择应视开关的具体工作环境而定。

选用按钮时应注意其颜色标记必须符合国标规定。不同功能的按钮之间的组合关系也应符合有关标准的规定。

7.7 基本控制电路

7.7.1 点动和起停线路

日常工作中，操作电动机通常需要不停地启动停止，进行试车和调整，如航吊，这就需要所谓的“点动”。图 7.15（a）就是实现电动机点动的环节线路。“点动”是指当操作员按下按钮时，电动机工作；当手指离开按钮时电动机就停止。当操作员按下点动按钮 QA 时，接触器 C 的线圈通电，于是 C 的主触头闭合，电动机接入三相交流电源而转动；当操作员松开按钮时，QA 的触点在弹簧力作用下复位（断开），接触器 C 失电释放，其主触头打开，电动机断电而停转。如果要求电动机能够连续工作，则可由图 7.15（b）所示的环节线路实现。即按下启动按钮 QA 时，接触器 C 动作，其主触头和与 QA 并联的辅助触头均闭合，主触头 C 将电动机接通电源，电动机工作，如果此时放开按钮 QA，但接触器的线圈经闭合的辅助触头 C 仍继续通电，故电动机仍能通过主触头保持通电而继续转动。在这里，是用辅助触头 C 来代替 QA 的闭合，这种由接触器本身的触点使其线圈长期通电的环节称为“自锁环节”，称此触头为“自锁”触头。如需要电动机停转，只需按下停止按钮 TA，TA 的常闭触头打开，则接触器线圈断电，接触器释放，电动机即断电停转。

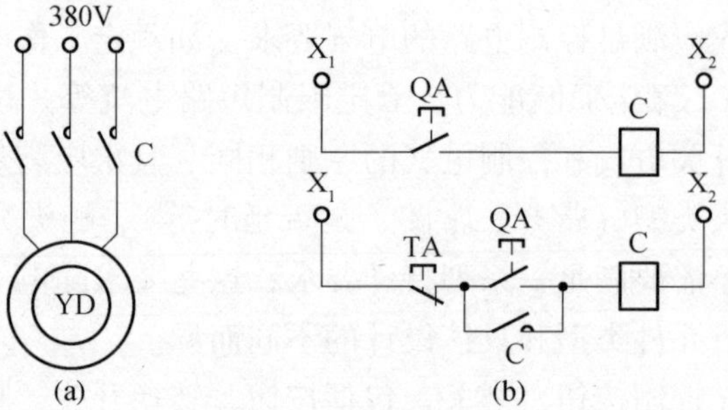

图 7.15　点动和起停线路

7.7.2　可逆线路

“可逆线路”即正反转线路，这是许多机械操作所需要的一种简单控制线路。如图 7.16 所示的是简单的电动机可逆线路。正向接触器 ZC 实现电动机的正向旋转，而反向接触器 FC 则实现电动机的反向旋转。当按下正转按钮 ZA 时，接触器 ZC 通电，电动机接入正相序三相交流电源而正向旋转。欲使电动机反转，需先按下停止按钮 TA，使接触器 ZC 释放，然后按下反转按钮 FA，此时接触器 FC 通电，其主触头闭合，电动机定子绕组接入逆相序电源，从而使电动机反向旋转。但是这种简单的可逆线路没有实用价值。这是因为当按下正转按钮 ZA 后，操作员无意又按下反转按钮 FA 时，则接触器 ZC 和 FC 都动作，它们的常开主触头都闭合，这就造成电源的相间短路。为此需要采取互锁保护环节，即其中一个接触器工作时，就迫使另一个接触器不能工作。互锁环节有两种方法：一是用机械杠杆将两个接触器的衔铁互相锁住，当其中一个接触器的衔铁被吸合时，另一个接触器即使在线圈通电时，衔铁亦不能被吸上；二是采用电气联锁，即用接触器的辅助常闭触头来实现。

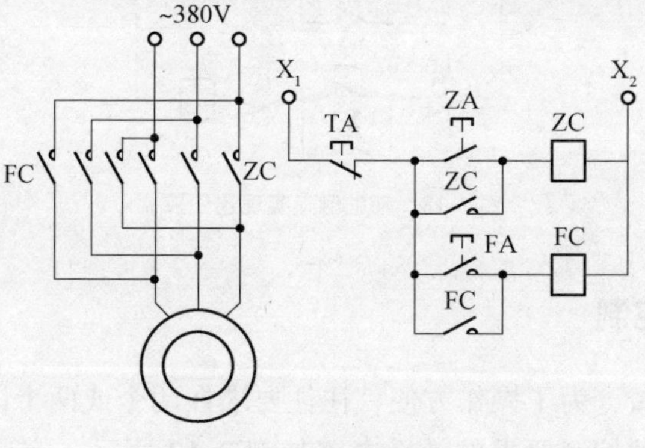

图 7.16　简单可逆线路

7.7.3 连锁控制

如两台电动机分别由两个接触器控制，但启动第二台电动机时，必须先启动第一台电动机后方可启动；停车时却可分别停车，且当第一台电动机停转时，第二台电动机亦同时停转，这种电器控制线路的辅助电路如图 7.17 所示（主电路未画出）。

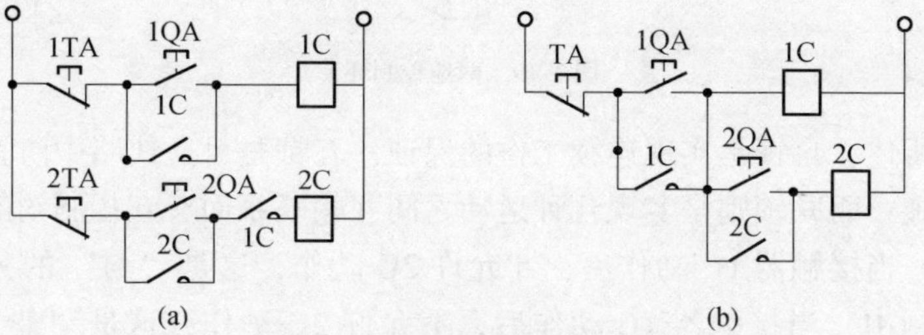

图 7.17　顺序控制线路的辅助电路

图 7.17（a）比图 7.17（b）简单些，因为这里只用了接触器的一个常开辅助触点。但这个线路却不可能使第二台电动机单独停车，因为停止按钮 TA 是接在辅助电路的干线上，只要按下 TA，接触器 1C 和 2C 都断电，因此两台电动机同时停转。

如图 7.18 所示，当一台电动机启动时，不允许另一台电动机启动，这时就可用两个接触器分别控制两台电动机，而将其中一个接触器的常闭辅助触点串接在另一个接触器线圈的支路上。

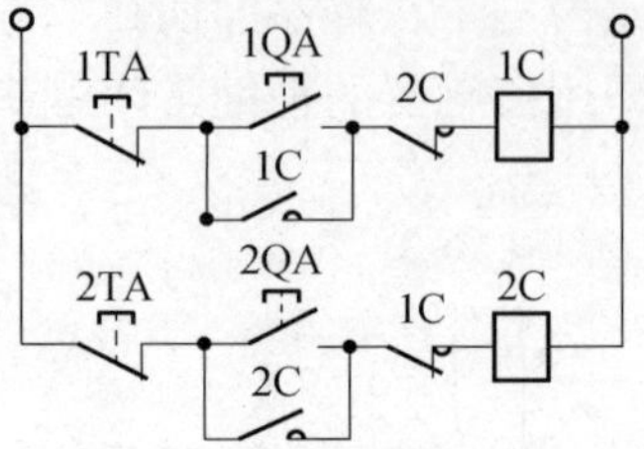

图 7.18 辅助触点实现连锁控制

7.7.4 两地控制

对于有些机械，为了操作方便，往往要求在两个或两个以上的地点都能进行操作。实现这种控制要求的辅助电路如图 7.19 所示。实质上，两地控制就是在各人操作地点上，各安装一套按钮。其接线的原则是各启动按钮的常开触点相并联，而各停止按钮的常闭触点相串联。对于直流控制电路，其控制的基本环节与交流控制电路一致，只是所用电源与电气是直流电源和直流电气而已。

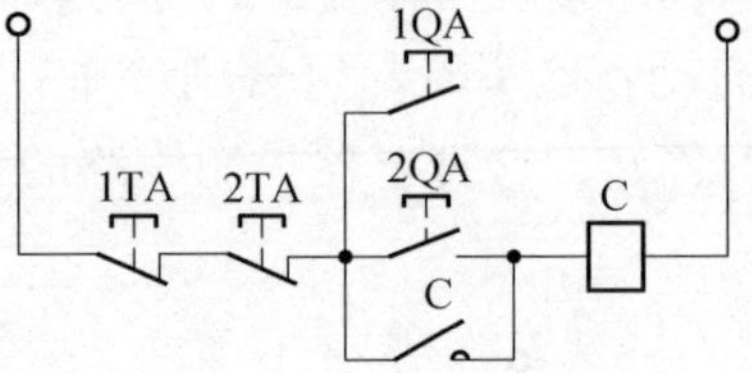

图 7.19 两地控制环节

综上所述，自锁是实现连续工作的保证；互锁是可逆线路中防止电源相间短路的措施；而联锁则是实现几种运动之间互相联系而又互相制约的关系。联锁控制中，当接触器 1C 动作后，才允许 2C 动作，这是“与”的关系；互锁和联锁控制中，当接触器 1C 动作后，不允许 2C 动作，这是“非”的关系；而两地控制中，只要其中一常开按钮闭合就能实现控制作用，这就是“或”的关系。实现这种“与”“非”“或”的关系的控制环节，是电动机最基本的控制环节。

7.8 不间断电源

不间断电源，即 UPS（Uninterruptible Power System/Uninterruptible Power Supply），是将蓄电池（多为铅酸免维护蓄电池）与主机相连接，通过主机逆

变器等模块电路将直流电转换成市电的系统设备。主要用于给单台计算机、计算机网络系统或其他电力电子设备如电磁阀、压力变送器等提供稳定、不间断的电力供应。当市电输入正常时，UPS 将市电稳压后供应给负载使用，此时的 UPS 就是一台交流市电稳压器，同时它还向机内电池充电；当市电中断（事故停电）时，UPS 立即将电池的直流电能，通过逆变零切换转换的方法向负载继续供应 220V 交流电，使负载维持正常工作并保护负载软、硬件不受损坏。UPS 设备通常对电压过高或电压过低都能提供保护。

7.8.1 特点

不间断电源的主要优点，在于它的不间断供电能力。在市电交流输入正常时，UPS 把交流电整流成直流电，然后再把直流电逆变成稳定无杂质的交流电，给后级负载使用。一旦市电交流输入异常，如欠压或者停电又或者频率异常，那么 UPS 会启用备用蓄电池，关断整流电路，同时把蓄电池的直流电逆变成稳定无杂质的交流电，继续给后级负载使用。图 7.20 是典型的 UPS 框图。

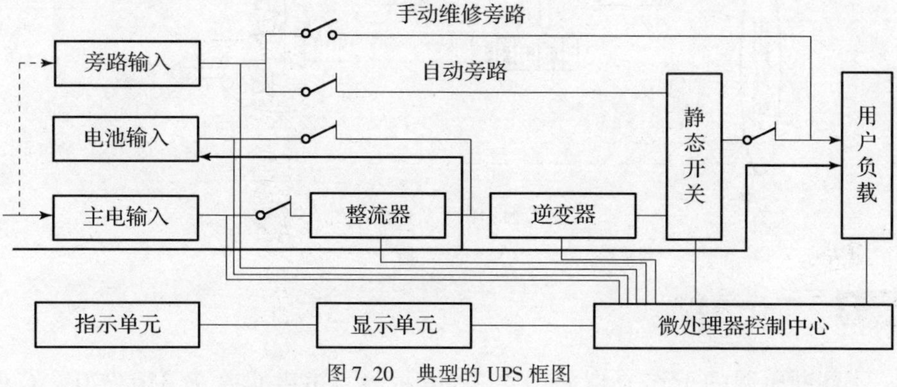

图 7.20 典型的 UPS 框图

当然，UPS 的不间断供电时间不是无限的，这个时间受制于蓄电池自身储存能量的大小。如果发生交流停电，那么在 UPS 的蓄电池供电的宝贵时间内，应迅速恢复交流电，如启用备用交流电回路、启用油机发电，如果均无法实现，就只能紧急存盘，保存劳动成果，等待交流电恢复正常后再继续。

7.8.2 组成

UPS 电源系统由五部分组成：主路、旁路、电池等电源输入电路，进行 AC/DC 变换的整流器（REC），进行 DC/AC 变换的逆变器（INV），逆变和旁路输出切换电路以及蓄能电池。其系统的稳压功能通常是由整流器完成的，整流器件采用可控硅或高频开关整流器，本身具有可根据外电的变化控制输出幅度的功能，从而当外电发生变化（该变化应满足系统要求）时，输出幅度基本不变的整流电压。净化功能由储能电池来完成，由于整流器对瞬时脉冲干扰不能消除，整流后的电压仍存在干扰脉冲。储能电池除可存储直流直能外，对整流器来说就像接了一只大容量电容器，其等效电容量的大小，与储能电池容量大小成正比。由于电容两端的电压是不能突变的，即利用了电容器对脉冲的平滑特性消除了脉冲干扰，起到了净化功能，也称对干扰的屏蔽。频率的稳定则由变换器来完成，频率稳定度取决于变换器的振荡频率的稳定程度。为方便UPS电源系统的日常操作与维护，设计了系统工作开关，主机自检故障后的自动旁路开关，检修旁路开关等开关控制。

在电网电压工作正常时，给负载供电如图7.21所示，而且，同时给储能电池充电；当突发停电时，UPS电源开始工作，由储能电池供给负载所需电源，维持正常的工作（如粗黑→所示）；当由工作需要，负载严重过载时，由电网电压经整流直接给负载供电（如虚线所示）。

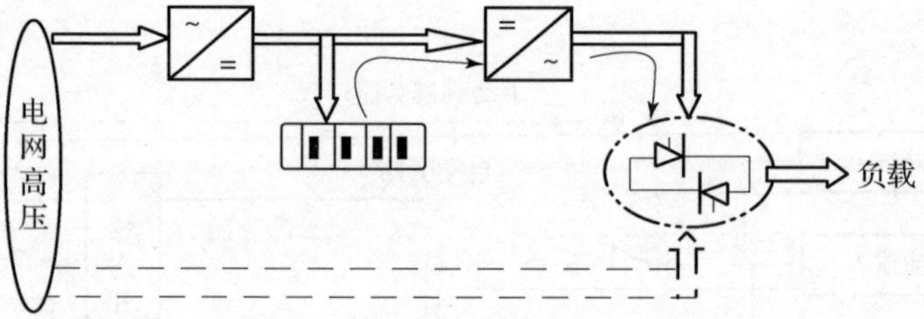

图7.21　UPS负载供电图

7.8.3　工作流程

不间断电源的工作原理如图7.22所示。当市电正常为380/220VAC时，直流主回路有直流电压，供给DC－AC交流逆变器，输出稳定的220V或380V交流电压，同时市电经整流后对电池充电。当任何时候市电欠压或突然掉电，则由电池组通过隔离二极管开关向直流回路馈送电能。从电网供电到电池供电没有切换时间。当电池能量即将耗尽时，不间断电源发出声光报警，并在电池放电下限点停止逆变器工作，长鸣告警。不间断电源还有过载保护功能，当发生超载（150%负载）时，跳到旁路状态，并在负载正常时自动返回。当发生严重超载（超过200%额定负载）时，不间断电源立即停止逆变器输出并跳到旁路状态，此时前面输入空气开关也可能跳闸。消除故障后，只要合上开关，重新开机即开始恢复工作。

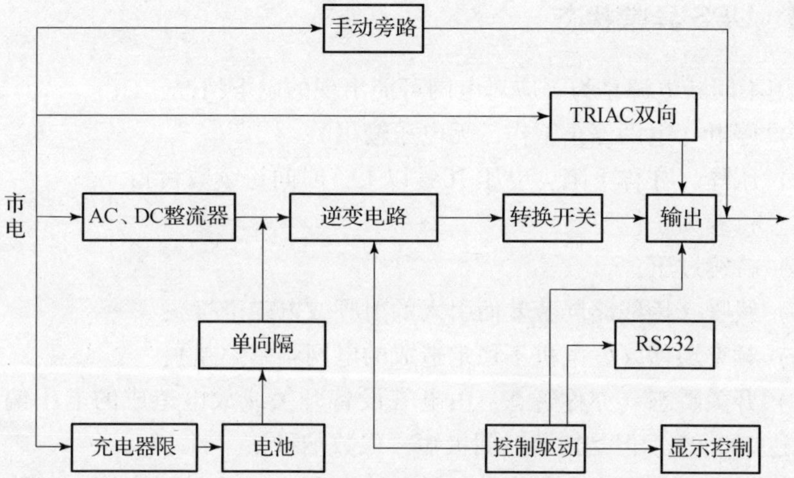

图 7.22 不间断电源工作原理框图

7.8.4 UPS 分类

UPS 按工作原理分成后备式、在线式与在线互动式三大类。其中，最常用的是后备式 UPS，它具备了自动稳压、断电保护等 UPS 最基础也最重要的功能，虽然一般有 10ms 左右的转换时间，但由于结构简单且具有价格便宜、可靠性高等优点，因此广泛应用于计算机、外设、POS 机等领域。

后备式 UPS 电源又分为后备式正弦波输出 UPS 电源和后备式方波输出 UPS 电源。后备式正弦波输出 UPS 电源：单机输出可做到 0.25～2kW，当市电在 170～264V 间变化时，向用户提供经调压器处理的市电；当市电超出170～264V 范围时，才由 UPS 提供高质量的正弦波电源。后备式方波输出 UPS 电源：与后备式正弦波输出 UPS 电源不同的只是为用户提供 50Hz 方波电源。

在线式 UPS 结构较复杂，但性能完善，能解决所有电源问题，如四通 PS 系列，其显著特点是能够持续零中断地输出纯净正弦波交流电，能够解决尖峰、浪涌、频率漂移等全部的电源问题。由于需要较大的投资，通常应用在关键设备与网络中心等对电力要求苛刻的环境中。

在线互动式 UPS，同后备式相比较，在线互动式具有滤波功能，抗市电干扰能力很强，转换时间小于 4ms，逆变输出为模拟正弦波，所以能配备服务器、路由器等网络设备，或者用在电力环境较恶劣的地区。

7.8.5 UPS 异常状态

使用不间断电源是为了应对电网可能出现的以下情况：

（1）停电（电网停止工作，无电压输出）；

（2）压降（亦称下陷，电压 10% 以上，时间持续数秒）；

（3）持续欠压；

（4）持续过压；

（5）线噪（因线路屏蔽差而引入的射频或电磁干扰）；

（6）频率漂移（发电机不稳定造成的电网频率偏差）；

（7）开关瞬态（亦称暂态，由电气设备开关或放电造成的电压偏差，有时可高达 20000V，但是持续时间极短，仅数纳秒）；

（8）谐波（电网中由非线性特性的电气设备产生的对交流电正弦波形的干扰）。

7.8.6 购买须知

在购买电池后备系统时，需要知道这些设备的以下信息：

（1）UPS 电池供电的时间长短；

（2）UPS 在使用待机电源时是否向服务器提供警告系统；

（3）UPS 是否包含可以消除输入瞬态噪声的电源调节功能；

（4）电池的寿命和性能如何随时间而降低；

（5）在电池不再能够提供后备功率时设备是否发出警告；

（6）何时需要替换电池。

蓄电池的好坏判断有专用的蓄电池测量仪，但是一般的用户很少有这种仪器，都只有一只万用表，下面介绍维修中判断蓄电池好坏的几点总结，以供参考。

（1）从外观判断：观察外观有无变形、鼓包、漏液、破裂炸开、烧焦以及螺丝连接处有无氧化物渗出等。

（2）带载测量：若外观无异常，UPS 工作于电池模式下，带一定量的负载，若放电时间明显短于正常放电时间，充电 8h 以后，仍不能恢复正常的备用时间，判定电池老化。

（3）万用表测量：具体又分为以下四种测量方式。

电池放电模式下测量：测量电池组中各个电池端电压，若其中一个或多个电池端电压明显高于或低于标称电压（标称电压 12V/节），判定电池老化。

市电模式下测量：电池组中各个电池端的充电电压，若其中一个或多个电池的充电电压明显高于或低于其他电压，判定电池老化。

电池组的总电压测量：电池组总电压明显低于标称值（以C1K电池组标称值是36V为例），充电8h后仍不能恢复到正常值，即使恢复到正常值，放电时间达不到正常放电时间，判定电池老化。

电池开机测量：UPS不开机，也不要接市电，先用万用表测量电池组总电压，以C1K为例，此时电压可能在36～40V之间，属于正常值，表笔不要离开，一直盯住万用表的指示，然后接开机键，若此时电池总电压马上降至30V以下乃至十几伏，UPS马上自动关机，关机后电压立即恢复到原有值。判定电池老化。

7.8.7 选购要点

1. 稳定性

因为UPS是起保障作用的，因此它自身的稳定性为重中之重。所以，当用户选购UPS产品时，不管是中小型企业还是其他用户，首先必须考虑UPS产品的质量，产品的质量是用户选用产品的第一要则。

2. 后备时间

后备时间是很多用户在购买UPS产品时会关注比较多的一个指标。主要是指市电断电后，UPS能够供给计算机等设备的最大供电时间，通常依据后备时间可分为标准型（后备时间为5～15min）及长效型（1～8h）。从学术角度讲，UPS就是停电后继续为用户供电，停电供电只是它的功能之一，功能之二则是保证用户能够有一个干净的电源，保护用户的设备。

3. 确定UPS的类型

根据负载对输出稳定度、切换时间、输出波形要求来确定是选择在线式、在线互动式、后备式以及正弦波、方波等类型的UPS。

在线式UPS的输出稳定度、瞬间响应能力比另外两种强，对非线性负载的适应能力也较强。对一些较精密、较重要的设备要采用在线式UPS。在一些市电波动范围比较大的地区，应避免使用互动式和后备式。如果要使用发电机配短延时UPS，推荐用在线式UPS。

4. 服务能力

每个用户的网络特点、电力环境都不相同，电源保护要求也随之变化。用户在使用 UPS 时可能遇到种种问题也不尽相同，用户希望自己购置的是完全适合实际需求的产品和服务，而且关心设备投资的周期、长期回报率及投资风险。而现实是，绝大多数用户缺乏这方面的专业人员，所以，优质的服务体系和主动的服务态度也成为用户选购 UPS 时必须考虑的一个重要因素。

5. 附件功能

为了提高系统的可靠性，建议采用 UPS 热备份系统，可以系统串联热备份或并联热备份。小容量的 UPS（1～2kVA）还可以选用冗余开关。可以选用远程监控面板，实现在远端监视和控制 UPS 工作。可以选用监控软件，实现计算机和 UPS 之间的智能化管理。可以选用网络适配器，实现 UPS 的网络化管理（基于 SNMP）。在多雨多雷地区，可以配用防雷器。还要考虑是否能够对网络的使用和对外设进行保护。因为外设（如打印机、扫描仪）越来越齐全，这部分设备也同样需要保护。是否具备电缆线浪涌保护和数据浪涌保护？在无人值班时能否进行自动系统关机？另外，因为用户商用的桌面 UPS 多放在自己的身边，所以在产品的设计风格、制造工艺方面也是需要考虑的。

7.8.8 使用技巧

1. 延长不间断电源系统的供电时间

（1）外接大容量电池组：可根据所需供电时间外接相应容量的电池组，但须注意此种方法会造成电池组充电时间的相对增加，另外也会增加占地面积与维护成本，故需认真评估。

（2）选购容量较大的不间断电源系统：此方法不仅可以减少维护成本，而且若遇到负载设备扩充，较大容量的不断电系统仍可立即运作。

2. UPS 电源系统开关机

1）第一次开机

（1）按以下顺序合闸：储能电池开关→自动旁路开关→输出开关，依次置于“ON”。

(2) 按UPS启动面板“开”键，UPS电源系统将徐徐启动，“逆变”指示灯亮，延时1min后，“旁路”灯熄灭，UPS转为逆变供电，完成开机。

经空载运行约10min后，按照负载功率由大到小的开机顺序启动负载。

2) 常开机

只需按UPS面板“开”键（手动维护开关在UPS正常运行时，呈“OFF”状态），约20min后，通常等UPS启动进入稳定工作后，方可打开负载设备电源开关。

3) 关机

先将计算机或其他仪器关闭，让UPS空载运行10min，待机内热量排出后，再按面板“关”键。

7.8.9 使用与维护

保持适宜的环境温度。影响蓄电池寿命的重要因素是环境温度，一般电池生产厂家要求的最佳环境温度是在20～25℃之间。虽然温度的升高对电池放电能力有所提高，但付出的代价却是电池的寿命大大缩短。据试验测定，环境温度一旦超过25℃，每升高10℃，电池的寿命就要缩短一半。达不到规定的环境要求，其寿命的长短就有很大的差异。另外，环境温度的提高，会导致电池内部化学活性增强，从而产生大量的热能，又会反过来促使周围环境温度升高，这种恶性循环，会加速缩短电池的寿命。

(1) 灰尘带入机内沉积，当遇空气潮湿时会引起主机控制紊乱造成主机工作失常，并发生不准确告警，大量灰尘也会造成器件散热不好。一般每季度应彻底清洁一次。在除尘时，检查各连接件和插接件有无松动和接触不牢的情况。

(2) 虽说储能电池组都采用了免维护电池，但这只是免除了以往的测比、配比、定时添加蒸馏水的工作。但是外因对电池的影响并没有改变，不正常工作状态对电池造成的影响没有变，这部分的维护检修工作仍是非常重要的，UPS电源系统的大量维修检修工作主要在电池部分。

储能电池的工作全部是在浮充状态，在这种情况下至少应每年进行一次放电。放电前应先对电池组进行均衡充电，以达全组电池的均衡。要清除放电前电池组已存在的落后电池。放电过程中如有一块电池达到放电终止电压时，应停止放电，先消除落后电池后再放。

核对性放电，不是首先追求放出容量的多少，而是要发现和处理落后电池，经对落后电池处理后再做核对性放电实验。这样可防止事故，以免放电中落后电池恶化为反极电池。

平时每组电池中至少应有 8 块电池作为标示电池，作为了解全电池组工作情况的参考，对标示电池应定期测量并做好记录。

日常维护中需经常检查的项目有：清洁并检测电池两端电压、温度；检查连接处有无松动、腐蚀现象，检测连接条压降；电池外观是否完好，有无壳变形和渗漏；极柱、安全阀周围是否有酸雾逸出；主机设备是否正常。

免维护电池要维护，并非无稽之谈，应从广义的维护立场出发，做到日常管理的周到、细致和规范性，保证设备（包括主机设备）保持良好的运行状况，从而延长使用年限；保证直流母线经常保持合格的电压和电池的放电容量；保证电池运行和人员的安全可靠。这就是电池维护的目的，也是电池运行规程中包括的内容和进行规则。

（3）当 UPS 电池系统出现故障时，应先查明原因，分清是负载还是 UPS 电源系统，是主机还是电池组故障。虽然 UPS 主机有故障自检功能，但它对面而不对点，对更换配件很方便，但要维修故障点，仍需做大量的分析、检测工作。另外如自检部分发生故障，显示的故障内容则可能有误。

（4）对主机出现击穿、断保险或烧毁器件的故障，一定要查明原因并排除故障后才能重新启动，否则会接连发生相同的故障。

（5）当电池组中发现电压反极、压降大、压差大和酸雾泄漏现象的电池时，应及时采用相应的方法恢复和修复，对不能恢复和修复的要更换，但不能把不同容量、不同性能、不同厂家的电池联在一起，否则可能会对整组电池带来不利影响。对寿命已过期的电池组要及时更换，以免影响到主机。

（6）定期充电放电。UPS 电源中的浮充电压和放电电压，在出厂时均已调试到额定值，而放电电流的大小是随着负载的增大而增加的，使用中应合理调节负载，如控制计算机等电子设备的使用台数。一般情况下，负载不宜超过 UPS 额定负载的 60%。在这个范围内，电池的放电电流就不会出现过度放电。UPS 因长期与市电相连，在供电质量高及很少发生市电停电的使用环境中，蓄电池会长期处于浮充电状态，日久就会导致电池化学能与电能相互转化的活性降低，加速老化而缩短使用寿命。因此，一般每隔 2～3 个月应完全放电一次，放电时间可根据蓄电池的容量和负载大小确定。一次全负荷放电完毕后，按规定再充电 8h 以上。

（7）利用通信功能。大多数大中型 UPS 都具备与计算机通信和程序控制等可操作性能。在计算机上安装相应的软件，通过串/并口连接 UPS，运行该程序，就可以利用计算机与 UPS 进行通信。一般具有信息查询、参数设置、定时设定、自动关机和报警等功能。通过信息查询，可以获取市电输入电压、

UPS输出电压、负载利用率、电池容量利用率、机内温度和市电频率等信息；通过参数设置，可以设定UPS基本特性、电池可维持时间和电池用完告警等。这些智能化的操作大大方便了UPS电源及其蓄电池的使用管理。

（8）及时更换废/坏电池。大中型UPS电源配备的蓄电池数量，从3～80只不等，甚至更多。这些单个的电池通过电路连接构成电池组，以满足UPS直流供电的需要。在UPS连续不断的运行使用中，因性能和质量上的差别，个别电池性能下降、储电容量达不到要求而损坏是难免的。当电池组中某个/些电池出现损坏时，维护人员应当对每块电池进行检查测试，排除损坏的电池。更换新的电池时，应该力求购买同厂家同型号的电池，禁止防酸电池和密封电池、不同规格的电池混合使用。

7.8.10 注意事项

（1）UPS的使用环境应注意通风良好，利于散热，并保持环境的清洁。

（2）切勿带感性负载，如点钞机、日光灯、空调等，以免造成损坏。

（3）UPS的输出负载控制在60%左右为最佳，可靠性最高。

（4）UPS带载过轻（如1000VA的UPS带100VA负载）有可能造成电池的深度放电，会降低电池的使用寿命，应尽量避免。

（5）适当地放电，有助于电池的激活，如长期不停市电，每隔三个月应人为断开市电用UPS带负载放电一次，这样可以延长电池的使用寿命。

（6）对于多数小型UPS，上班再开UPS，开机时要避免带载启动，下班时应关闭UPS；对于网络机房的UPS，由于多数网络是24h工作的，因此UPS也必须全天候运行。

（7）UPS放电后应及时充电，避免电池因过度自放电而损坏。

现在的UPS一般都用全密封的免维护铅酸蓄电池作为储能装置，电池容量的大小由“安时数（AH）”反映，其含义是按规定的电流进行放电的时间。相同电压的电池，安时数大的容量大；相同安时数的电池，电压高的容量大。通常以电压和安时数共同表示电池的容量，如12V/17AH、12V/24AH、12V/38AH、12V/65AH、12V/100AH。

7.9 稳压器

S（三相）B（补偿式）W（稳压）系列补偿式交流稳压器（以下简称稳压器）与其他型式稳压器相比具有容量大，效率高，无波形畸变，电压调节平稳，控制功能强，品种齐全，适用负载广泛，能承受瞬时过载，可长期连续工作，手控自控随意切换，设有过压、欠压、相序、缺相等自动保护装置，以及体积小、重量轻，使用安装方便，运行可靠等特点。随着现代技术的发展，微型计算机技术在本产品中得到了成功的应用。本系列产品可广泛应用于工业、农业、交通、邮电、军事、铁路、科技文化等领域的大型机电设备，如金属加工设备、生产流水线、建筑工程设备、电梯、医疗器械、计算机机房、计算机控制设备、刺绣轻纺设备、空调、广播电视、保龄设备、宾馆及家用电器照明等一切需要稳压的场所。

7.9.1 结构

稳压器由三相（单相）补偿变压器、三相（单相）调压变压器、传动机构、电刷接触系统、控制系统和箱体等组成。三相调压变压器圆筒式绕组外表面经磨光加工，去除绝缘，呈光滑的导体面，以便于电刷良好接触；传动机构由伺服电机、链轮、链条组成；电刷接触系统结构合理可靠，以保证电刷压力；箱体采用封闭柜式，体积小，散热好，检测仪表位置注目，指示准确；控制系统采用集成电路，控制功能强，保护功能完善，调节方便，稳定可靠。

7.9.2 型号、规格及主要技术指标

1. 型号

补偿式交流稳压器的型号表示方法如图 7.23 所示。

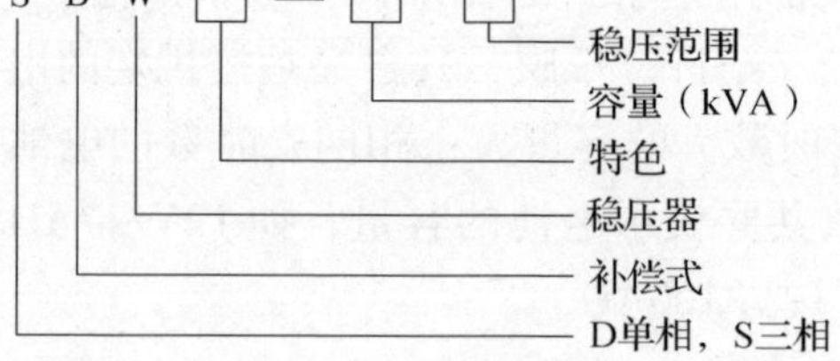

图 7.23　补偿式交流稳压器的型号表示方法

2. 主要技术指标与规格

补偿式稳压器的主要性能指标及规格如表 7.2 所列。

表 7.2 补偿式稳压器主要性能指标及规格

型号规格	额定容量/kVA	输出电流/A	输入电压/V	输出电压/V	相数	耐压	效率	绝缘电阻	波形畸变	工作频率	稳压精度
SBW－10	10	16	304～456	380±5%可设定	三相	2000V、5mA、1min无击穿、无飞弧	≥97%	≥3MΩ	≤0.1%	50～60Hz	±1%～±5%可设定
SBW－20	20	31									
SBW－30	30	46									
SBW－50	50	76									
SBW－100	100	152									
SBW－180	180	274									
SBW－225	225	342					≥98%				
SBW－320	320	487									
SBW－400	400	608									
SBW－500	500	761									
SBW－600	600	913									
SBW－800	800	1217									
SBW－1000	1000	1521									
SBW－1200	1200	1825									
SBW－1600	1600	2434									
SBW－2000	2000	3100									
DBW－3	3	14	176～264	220±5%可设定	单相	1500V、5mA、1min无击穿、无飞弧	≥97%				
DBW－5	5	23									
DBW－10	10	46									
DBW－20	20	91									
DBW－30	30	137									
DBW－50	50	228									
DBW－100	100	455									
DBW－180	180	818					≥98%				
DBW－225	225	1013									
DBW－300	300	1364									

7.9.3 基本部件

1. 补偿变压器

补偿变压器（TB）是指当一次线圈上所加电压的大小和极性发生变化时，能使串联在负载回路上的二次线圈产生幅值和极性可变的补偿电压的变压器。

2. 调压变压器

调压变压器（TVV）是一台能自动调节二次电压的三相（单相）自耦式变压器。它具有三对（或两对）能自动对称滑动的电刷。伺服电机经链条带动电刷沿自耦式变压器圆筒式绕组的裸露部分（滑道上）滑动，平稳调节二次电压，以达到改变补偿电压，维持输出电压稳定的目的。

7.9.4 工作原理

SBW 系列稳压器由三相补偿变压器、三相调压变压器、电压检测单元、伺服电机控制与传动机构、接触器（或断路器）操作电路、保护电路等组成。其电气原理图如图 7.24 所示。

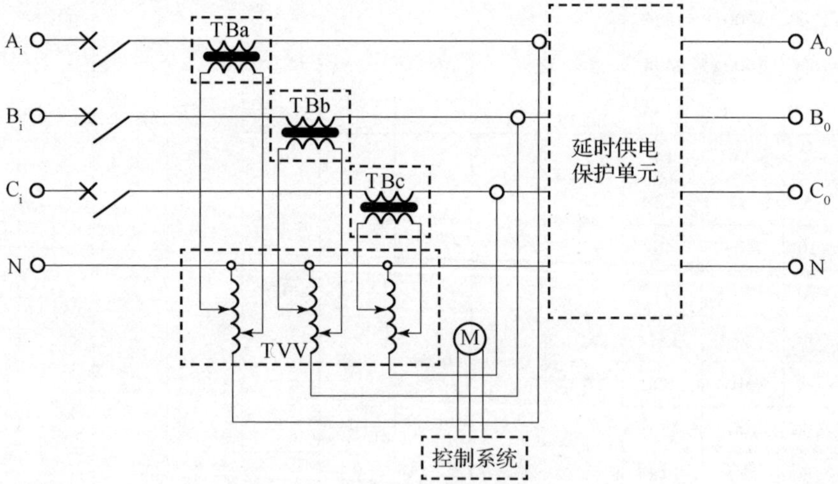

图 7.24　稳压器工作原理图

调压变压器的一次绕组接成 Y 形，连接在稳压器的输出端，二次绕组连接补偿变压器的一次绕组，而补偿变压器的二次绕组串联在主回路中。现以 A 相为例，说明其稳压工作原理，如图 7.24 所示，若不计补偿变压器阻抗压降，

则从图 7.25 可知

$$U_{ao}=U_{ai}+U_{Ba}$$

式中：U_{ai}为稳压器 A 相输入电压；U_{ao}为稳压器 A 相的输出电压；U_{Ba}为稳压器 A 相的补偿电压。

其工作原理是：当 A 相输入电压 U_{ai}增加 ΔU_{ai}时，补偿电压 U_{Ba}也相应改变 ΔU_{Ba}，且 $\Delta U_{Ba}=-\Delta U_{ai}$使 A 相输出电压 U_{ao}保持不变，B 相、C 相同理。

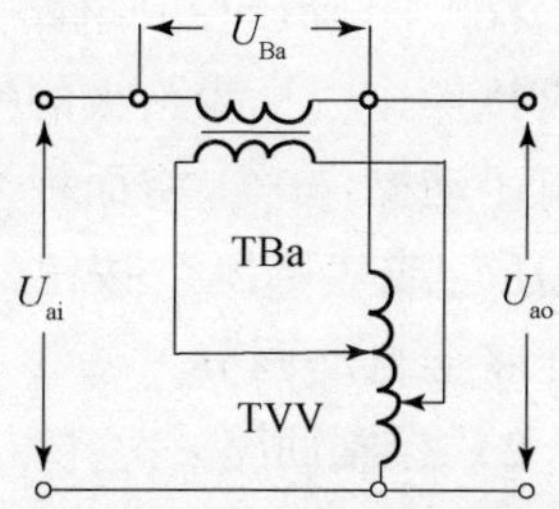

图 7.25　稳压器工作原理简图

其稳压过程是：根据输出电压的变化，由电压检测单元采样，检测并输出信号控制伺服电机 M 转动，带动调压变压器上的电刷组滑动（或滚动），调节调压变压器的二次电压，以改变补偿变压器的极性和大小，实现输出电压自动稳定在稳压精度允许的范围内，从而达到自动稳压的目的。

1. 三相统调式稳压器电气原理

1）主电路

（1）补偿变压器的补偿电压的极性和大小是根据输入电压的情况来决定的。

（2）三相调压变压器是一个三相可调式自耦变压器。该变压器是并联接在稳压器的输出端。

（3）空气开关（或断路器）起通断电源和短路保护作用。QLS1 和 QLS2 限位开关组成越限保护电路，当电刷滑动触及上下限位开关时，切断伺服电机工作电源，达到越限保护作用。

（4）接触器 KM1 用于稳定电压输出控制（用稳压按钮和停止按钮控制），其线圈串联接入延时输出继电器常开触点及过欠压保护、过流保护（为用户选用加装）、相序保护、缺相保护等继电器常闭触点。

功率大于 400kVA 以上的稳压器采用电动断路器控制，其分离线圈并联接入保护继电器的常开触点，如出现任一故障，使断路器分离。

（5）稳压/市电转换开关。如需要对稳压器进行维护或者稳压器出现故障时，为不停止给负载供电，可以把稳压/市电转换开关从原来的“稳压”位置切换到“市电”位置，即可获得市电输出。

如稳压输出与市电输出采用接触器转换，则可以按下“市电”按钮，此时稳压接触器释放，市电接触器吸合，稳压器给负载市电供电。稳压接触器和市电接触器实行互锁，也可按用户需求，实行自动切换市电。

(6) 升降压控制电路：常规格的稳压器升降压控制是通过线路板上的按钮直接操作，见线路板的操作说明；用户需要将升压按钮放置在面板上的，在进行手动操作时，将面板上的“手动/自动转换开关”置于“手动”位置，按“升压”或“降压”按钮，输出电压随之升高或降低；置于“自动”位置时，电压将会自动调节。

2）控制回路

(1) ZCB1 线路板（图 7.26）由电压检测电路、控制电压升降电路（自动/手动）和过欠压保护电路组成。由采样变压器提供的 6.6VAC 电压经整流、滤波及分压取得采样电压。9.9VAC 电压经整流、滤波得到 12VDC 工作电压，再经稳压、分压后得到中心电压、上限和下限电压及过欠压设定电压。开关 K 为自动/手动切换开关，SB1 和 SB2 为降压和升压按钮。当开关 K 切换到 M（手动）时，分别按 SB1 和 SB2 按钮，可以使输出电压降低或升高。开关 K 切换到 A（自动）时，电压升降为自动控制。稳压器电压精度由电位器 RP102 与 RP103 在 ±1%~ ±5%之间调整。输出中心电压由中心电压电位器 RP101 来调整。

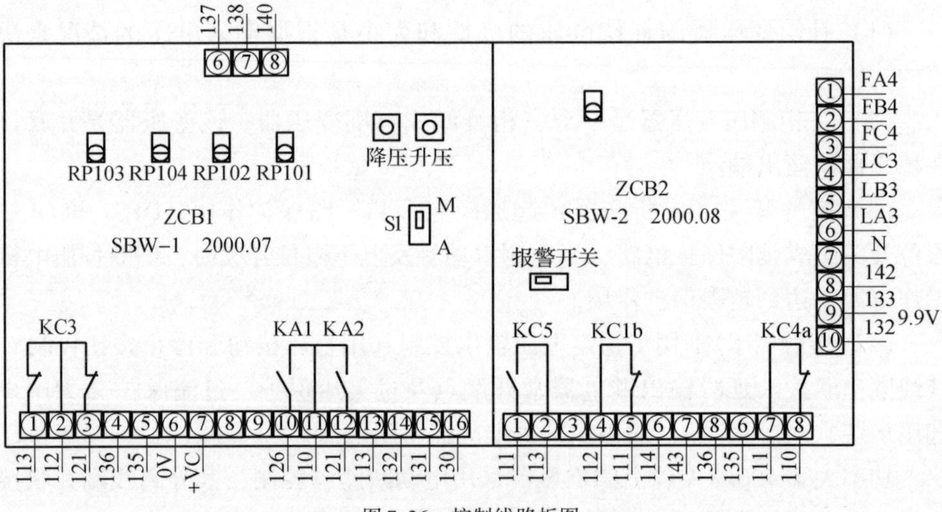

图 7.26 控制线路板图

RP101 为中心电压设定电位器，逆时针旋转中心电压升高，反之则降低。RP102 为“上限”设定电位器，逆时针旋转“上限”值接近中心电压，反之则离开中心电压。RP103 为“下限”设定电位器，逆时针旋转“下限”值接近中心电压，反之则离开中心电压。RP104 为“回中”电位器，保证调整电压调到中心。

KC3 为输出过欠压保护继电器。当输出电压超过 +10% U_N 或低于 -15%

U_h 时，继电器动作，KC3 常闭触点断开，稳压接触器释放，稳压器停止输出并发出声光报警（在采用断路器控制时，由保护继电器常开控制分离线圈）。KC1 和 KC2 为降压和升压继电器，它们分别吸合时控制伺服电机正转或反转，使输出电压降低或升高。

（2）ZCB2 为三相保护线路板（图 7.26）。当输入电源发生逆相或缺相时，保护继电器 KC4 动作，稳压接触器（或输入断路器）释放，稳压器停止输出并发出声光报警。电位器 RP1 用来调整缺相灵敏度，逆时针旋转灵敏度提高，反之则下降。

KC5 为延时输出继电器。当稳压器接通电源后，延时 7s 左右，延时继电器吸合，稳压器接触器得电吸合，可获得稳压输出。

报警开关用于控制蜂鸣器的通断，在接通状态，若发生过压、欠压、相序、缺相等故障时，发出间断的蜂鸣声。

2. 三相分调式稳压器电气原理

三相分调式稳压器的特点是三相电压独立调整，适用于三相输入电压不平衡的用电场所，即输入是三相波动且不平衡的电压经过稳压器后可以得到三相稳定且平衡的输出电压。

1）主电路

（1）主电路主要由三个独立的补偿变压器和一个三相调整变压器组成。

（2）每一相补偿变压器的补偿电压的极性和大小是根据每一相输入电压的情况来决定的，与其他两相无关。

（3）三相调整变压器是一个三组可以独立调整的三相可变式自耦变压器。由于该变压器是接在稳压器的输出端的，因此磁路是平衡的，即使三组调整触点位置不同，但对磁路的影响很小，不影响调整功能。

（4）800kVA 以上的分调式稳压器的调压变压器采用三只独立的自耦式变压器。

（5）空气开关起通断和短路保护作用。QLS1 和 QLS2 限位开关组成越限保护电路，当电刷滑动触及上下限位开关时，其电压调节继电器线圈失电，使继电器释放，伺服电机停转，达到越限保护作用。

2）控制回路

（1）主回路的控制同统调式稳压器的控制方法相同，见统调式稳压器说明。

（2）控制回路主要由四块线路板组成：ZCB1～ZCB3 是 A 相、B 相、C 相电压控制线路板，其工作原理和调试方法和统调式稳压器中的 ZCB1 控制线路板相同。ZCB4 为三相保护线路板，其工作原理和调试方法和统调式稳压器中的 ZCB2 控制线路板相同。

(3) 可以根据用户需求，加装过流保护板，对负载进行过载保护。

(4) 报警开关，用于控制蜂鸣器的通断，在接通状态，若发生过压、欠压、相序、缺相、过流等故障时，发出间断的蜂鸣声（根据控制线路板的不同，有的报警蜂鸣器是安装在机箱内的控制板上的，有的鸣蜂器在控制线路板上)。

7.9.5 安装接线

1. 输入接线

将稳压器输入电源线接入柜内的输入接线端子排上（上标有输入接线字样)。

2. 输出接线

将负载线分别接到稳压器输出接线端子排上（上标有输出接线字样)。

3. 中性线

中性线 N 接到接零线柱上（标有接零线字样)，其线径由用户根据不对称程度酌定，但一般不小于 $6mm^2$。对三相分调式稳压器，系统中线连接的可靠性要求很高，因此应十分重视系统中性线截面积的选择，应尽量减少导线连接的接触电阻，以免影响稳压器的正常工作。

4. 机壳保护接地

接地线线规按当地供电部门有关规定执行，接地线应接至机柜内标有“接地线”的桩头上，接地电阻应小于 4Ω。

5. 三相电源进线

三相电源进线线规按机器容量大小由用户选择，表 7. 3 仅供参考。

表 7. 3　三相电源进线容量与导线的关系

容量/kVA	20	30	50	100	180	225	320	400	500	600	800	1000
导线/mm^2	6	10	16	50	90	150	240	建议采用铜排布线				

6. 检查接线

稳压器安装好以后，要检查接线，这项工作是保证稳压器可靠运行的关键，必须认真做好。具体工作内容如下：

（1）导线连接是否牢固可靠，尤其应检查空气开关与接触器触点接线是否有松脱现象。如有松脱现象，必须拧紧。

（2）控制电路板，各点接线是否有松动，如有松动现象，必须拧紧。

（3）调压变压器上的伺服电机，限位开关的接线是否可靠，如有松脱现象，必须拧紧。

7.9.6 通电调试操作

（1）将线路板的手动/自动选择开关放置于“手动”位置，将柜内检测控制板上的“自动上电”开关拨向“撤除”位置。

（2）稳压器在空载状态，接通电源，合上空气开关，这时面板上的三相电源输入指示灯亮，输入电压表有读数即完成输入电源通电实验。

（3）通电后，延时5~10s后，延迟继电器闭合，按稳压按钮，使稳压输出接触器得电闭合，面板上绿色稳压指示灯亮。然后，将“手动/自动”转换开关置于“手动”位置，按升压按钮或降压按钮，输出电压。电压指示随之升高或降低，即完成手动调压实验。

如果按下稳压按钮后，稳压器即有输出电压，但瞬时又自动断电，则表示三相相序错接。排除方法应先切断电源，将三根进线中的任意两根线位置进行调换即可。

（4）将手动/自动开关放置“手动”档位不变，然后按升压按钮，使输出电压达到400V左右，把开关转换到“自动”位置，稳压器输出电压随之下降到380V左右，这是高压回中试验。将手动/自动开关放置“手动”位置，然后按降压按钮使输出电压降至360V左右，再把开关转换到“自动”位置，输出电压随之上升到380V左右，这是低压回中试验。调试完毕，将手动/自动开关放置于“自动”位置，稳压器即投入运行状态。

将手动/自动转换开关、升压按钮、降压按钮安装在面板上的，其操作方法与安装在线路板上的操作方法相同。

（5）把稳压/市电转换开关切换到“市电”位置，再合上空气开关，即可获得“市电”输出。如用“市电”按钮切换“市电”的，则合上空气开关，按“市电”按钮，即可获得“市电”输出。

7.9.7 使用条件

SBW、DBW 系列稳压器的正常使用条件如下：

（1）环境温度：－15～40℃。

（2）海拔高度：不超过 1000m。当海拔高度超过 3000m 时，稳压器的负载能力将随海拔高度的升高而降低。修正方法参考 GB 3859.2《半导体变流器》附录 B 的规定。

（3）相对湿度：≤90%。

（4）安装场所应无严重影响稳压器绝缘强度的气体、蒸汽、化学沉积、灰尘、污垢及其他爆炸性和侵蚀性介质。

（5）安装场所应无严重振动或颠簸。

不符合上述规定的特殊使用条件，使用单位应先联系厂家协商确定。

7.9.8 日常维护工作

在使用过程中应定期巡视稳压器工作状态，检查补偿变压器和调压变压器的温升是否正常，负载是否超过额定值，输入电压是否超过规定范围，调压系统和传动机构（包括传动的链条、减速箱）工作是否正常，六组碳刷架是否松动，碳刷是否在同一平面、同一直线上，接触是否良好，以上列举的问题都不允许存在。一旦发现问题，必须及时解决，碰到疑难问题应及时通知厂方，以免损坏设备。

建议每三个月对稳压器做一次维护，维护内容如下：

（1）清除稳压器各部件的灰尘和污垢。

（2）检查电气元件是否损坏，如有损坏，必须及时更换。

（3）检查调压系统减速器、链条传动机构工作是否正常，应保持润滑，校正链条的松紧程度。更换已损坏或磨损量大的碳刷片，用四氯化碳（或酒精）与棉花擦净柱式调压器线圈，使之光滑如新；如有灼伤点，应用 0 号细砂纸及时打磨光滑。

（4）做好维护记录。

第8章

高压电器

在固定电站的变电所中，通常装有高压电器，例如：用于接通和断开高压线路的隔离开关、负荷开关和高压断路器，用于保护的高压熔断器和避雷器，用于量测的高压互感器。

8.1 高压隔离开关

高压隔离开关是发电厂和变电站电气系统中重要的开关电器，需与高压断路器配套使用，其主要功能是保证高压电器及装置在检修工作时的安全，起隔离电压的作用，不能用于切断、投入负荷电流和开断短路电流，仅可用于不产生强大电弧的某些切换操作，即不具有灭弧功能。按安装地点不同分为屋内式和屋外式，按绝缘支柱数目分为单柱式、双柱式和三柱式，各电压等级都有可选设备。

8.1.1 结构原理

高压隔离开关适用于三相交流 50Hz、额定电压 12kV 的户内装置。供高压设备在有电压而无负载的情况下接通、切断或转换线路之用。

1. 基本原理

高压隔离开关（QS）又称刀闸。由于它的触头敞露在空气中，其通断状态明显可见，因此其主要用途是保证检修人员的安全，将需要检修的部分与其他带电部分可靠隔离，防止意外事故的发生。如图 8.1 所示为 GW435 型户外式隔离开关。

隔离开关没有专门的灭弧装置，不能用来通断负荷电流和短路电流，否则会产生强烈的电弧，引起相间弧光短路。这不仅会损坏隔离开关，而且对操作人员也十分危险。因此，在高压电路中与断路器串联使用，利用断路器通断电路，只有断路器处于断开状态时，才能对隔离开关进行分、合闸操作。只有电路中电流很小且触头上不会产生强烈电弧时，才能用隔离开关通、断电路。操作按“先通后断”的原则进行。

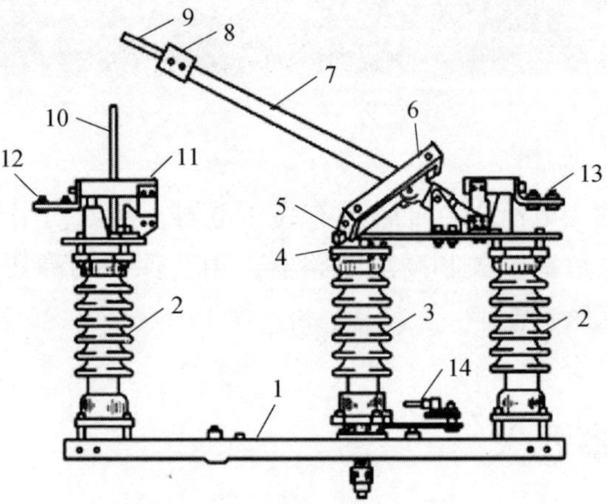

图 8.1　GW435 型户外式隔离开关

1—角钢架；2—支柱瓷瓶；3—旋转瓷瓶；4—曲柄；5—轴套；6—传动装置；7—管形刀闸；8—动触头；9，10—灭弧角条；11—插座；12，13—接线端子；14—曲柄传动机构。

2. 环境条件

（1）海拔高度：不超过 1000m。

（2）周围空气温度：－30℃～＋40℃。

（3）周围环境相对湿度：日平均值不大于 95%，月平均值不大于 90%。

（4）安全场所：无易燃、易爆、严重污秽、化学腐蚀物及剧烈振动场所。地震强度不超过 8 级。

3. 技术参数

高压隔离开关的技术参数可参考表 8.1。

表 8.1　技术参数实例表

项目	数据	
额定电压	12kV	
额定功率	$UI\cos\Phi$（kW）	
额定电流	1600～2000A	2500～3150A

续表

项目	数据	
额定短路耐受电流	40kA	50kA
额定峰值耐受电流	100kA	125kA
额定短时持续时间	4s	

4. 技术性能

隔离开关没有灭弧装置，不能带负荷进行操作。对于10kV的隔离开关，在正常情况下，它允许的操作范围如下：

（1）分、合电压互感器和避雷器。

（2）分、合母线的充电电流。

（3）分、合励磁电流不超过2A的空载变压器和电容电流不超过5A的空载线路。20世纪五六十年代的老变压器，空载电流表大，因此那时规定：户外型隔离开关只能分合560kVA及以下的变压器的空载电流；户内型隔离开关由于相间距离小，只能分合320kVA及以下的变压器空载电流。后来的S7系列及现在的S9系列的变压器空载电流比老式的变压器有明显的下降，但没有新的规程对隔离开关操作变压器空载容量提出明确的限定范围，因此可按不超过2A来考虑。至于5A的电容电流的具体所指是：户外型隔离开关可分、合长度不超过10km的架空线路的空载电流。对于空载的电缆线路，其电容电流远大于同长度的架空线路，且受电缆的芯数、截面等影响，所以难以用一个长度来限定。

8.1.2 操作运行

1. 安装

户外型的隔离开关，露天安装时应水平安装，使带有瓷裙的支持瓷瓶确实能起到防雨作用；户内型隔离开关，在垂直安装时，静触头在上方，带有套管的可以倾斜一定角度安装。一般情况下，静触头接电源，动触头接负荷，但安装在受电柜里的隔离开关，采用电缆进线时，则电源在动触头侧，这种接法俗称“倒进火”。隔离开关两侧与母线及电缆的连接应牢固，遇有铜、铝导体接触时，应采用铜铝过渡接头，以防电化腐蚀。

隔离开关的动静触头应对准，否则合闸时就会出现旁击现象，使合闸后动静触头接触面压力不均匀，造成接触不良。

隔离开关的操作机构、传动机械应调整好，使分合闸操作能正常进行，没有抗劲现象。还要满足三相同期的要求，即分合闸时三相动触头同时动作，不同期的偏差应小于3mm。此外，处于合闸位置时，动触头要有足够的切入深度，以保证接触面积符合要求，但又不允许合过头，要求动触头距静触头底座有3~5mm的空隙，否则合闸过猛时将敲碎静触头的支持瓷瓶。处于拉开位置时，动静触头间要有足够的拉开距离，以便有效地隔离带电部分，这个距离应不小于160mm，或者动触头与静触头之间拉开角度不应小于65°。

2. 基本操作

隔离开关都配有手动操动机构，一般采用CS6－1型。操作时要先拔出定位销，分合闸动作要果断、迅速，终了时注意不可用力过猛，操作完毕一定要用定位销锁住，并目测其动触头位置是否符合要求。

用绝缘杆操作单极隔离开关时，合闸应先合两边相，后合中相；分闸时，顺序与此相反。

必须强调，不管合闸还是分闸的操作，都应在不带负荷或负荷在隔离开关允许的操作范围之内时才能进行。为此，操作隔离开关之前，必须先检查与之串联的断路器，应确实处于断开位置。如隔离开关带的负荷是规定容量范围内的变压器，则必须先停掉变压器的全部低压负荷，令其空载之后再拉开该隔离开关。送电时，先检查变压器低压侧主开关确在断开位置，方可合隔离开关。

如果发生了带负荷分或合隔离开关的误操作，则应冷静地避免可能发生的另一种反方向的误操作，即已发现带负荷误合闸后，不得再立即拉开；当发现带负荷分闸时，若已拉开，不得再合（若拉开一点，发觉有火花产生时，可立即合上）。

3. 巡视检查

（1）瓷绝缘是否完整无裂纹和放电现象。

（2）操作连杆及部件有无开焊、变形、锈蚀、松动、脱落等现象，连接的轴销及紧固的螺母是否完好。

（3）闭锁装置是否完好，销子是否锁牢，辅助触点位置是否正确且接触良好，机构外壳接地是否良好。

（4）带有接地刀的隔离开关在接地时，三相接地刀闸是否接触良好。

（5）隔离开关合闸后，两触头是否完全进入刀嘴内，触头之间接触是否良好，在额定电流下，温度是否超过70℃。

（6）隔离开关通过短路电流后，应检查隔离开关的绝缘子有无破损和放电痕迹，以及动静触头及接头有无熔化现象。

8.1.3 注意事项

隔离开关在变电站设备中较多出现异常，针对隔离开关在运行中出现的异常进行分析和处理。

（1）隔离开关允许在额定电流、额定电压下长期运行，与导体的连接头在运行中的温度不应超过70℃，由于隔离开关没有专门的灭弧装置，因此严禁带负荷进行分、合操作。

（2）满足热稳定要求。

（3）隔离开关在断开位置时，带电与停电设备之间应有足够的安全距离。

8.2 高压负荷开关

高压负荷开关是一种功能介于高压断路器和高压隔离开关之间的电器，高压负荷开关常与高压熔断器串联配合使用，用于控制电力变压器。高压负荷开关具有简单的灭弧装置，因此能通断一定的负荷电流和过负荷电流。但是它不能断开短路电流，所以它一般与高压熔断器串联使用，借助熔断器来进行短路保护。

8.2.1 结构原理

1. 基本结构

高压负荷开关（QL）具有简单的灭弧装置，可以用来断开和接通负荷电路，但不能断开短路电流。负荷开关结构简单，仅由几个隔离开关和简单的灭弧装置组成。图8.2为FN310RT高压负荷开关。

高压负荷开关根据所采用的灭弧介质不同，可分为固体产气式、压气式、油浸式、真空式及六氟化硫式等多种；按安装场所的不同，可分为户内式和户外式两种。

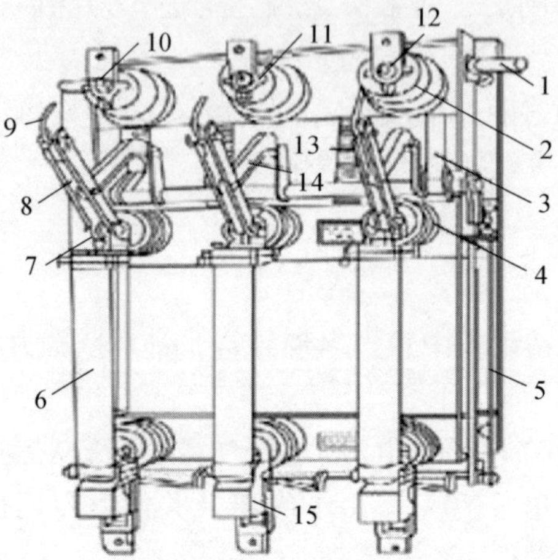

图 8.2　FN310RT 高压负荷开关

1—主轴；2—上绝缘子兼气缸；3—连杆；4—下绝缘子；5—框架；6—RN1 型高压熔断器；7—下触座；8—闸刀；9—弧动触头；10—绝缘喷嘴；11—主静触头；12—上触座；13—分闸弹簧；14—绝缘拉杆；15—热脱扣器。

2. 环境条件

(1) 海拔高度：200m 及以下。

(2) 环境温度：不低于 −25℃。

(3) 相对湿度：日平均值不大于 95%，月平均值不大于 90%。

(4) 无导电性尘埃、腐蚀性气体及水蒸气的场所。

(5) 无火灾、爆炸危险的场所。

(6) 无经常性的剧烈振动的场所。

3. 设备特点

(1) 可以隔离电源，有明显的断开点，多用于固定式高压设备。

(2) 具有灭弧装置和一定的分合闸速度，在合闸状态下可以通过正常工作电流和规定的短路电流。

(3) 严禁带负荷接通和断开电路，常与高压熔断器串联使用（功能接近于高压断路器，可以简化配电装置及继电保护，降低设备费用）。

4. 与隔离开关的区别

(1) 负荷开关是可以带负荷分断的，有自灭弧功能，但它的开断容量很小很有限。

(2) 隔离开关一般是不能带负荷分断的，结构上没有灭弧罩，也有能分断负荷的隔离开关，只是结构上与负荷开关不同，相对来说简单一些。

(3) 负荷开关和隔离开关，都可以形成明显断开点，大部分断路器不具备隔离功能，也有少数断路器具备隔离功能。

(4) 隔离开关不具备保护功能，负荷开关的保护一般是加熔断器保护，只有速断和过流。

(5) 断路器的开断容量可以在制造过程中做得很高，主要是依靠加电流互感器配合二次设备来保护，可具有短路保护、过载保护、漏电保护等功能。

8.2.2 注意事项

(1) 垂直安装，开关框架、合闸机构、电缆外皮、保护钢管均应可靠接地（不能串联接地）。

(2) 运行前应进行数次空载分、合闸操作，各传动部分无卡阻，合闸到位，分闸后有足够的安全距离。

(3) 与负荷开关串联使用的熔断器熔体应选配得当，即应使故障电流大于负荷开关的开断能力时保证熔体先熔断，然后负荷开关才能分闸。

(4) 合闸时接触良好，连接处无过热现象，巡检时应注意检查瓷瓶脏污、裂纹、掉瓷、闪烁放电现象。开关（户内型）上不能用水冲。(一台高压柜控制一台变压器时，更换熔断器最好将该回路高压柜停运。)

8.3 高压断路器

高压断路器（QF）是电力系统中最主要的控制设备，它的选用和性能直接关系到线路运行的安全性和可靠性。高压断路器具有完善的灭弧装置，它的断流能力很强，可以在正常时接通和断开负荷电路，在线路发生短路故障时，切断短路电流。

高压断路器（也称高压开关）不仅可以切断或闭合高压电路中的空载电流和负荷电流，而且当系统发生故障时通过继电器保护装置的作用，还能切断过负荷电流和短路电流，具有相当完善的灭弧结构和足够的断流能力。

8.3.1 工作性能

1. 额定电压（标称电压）

额定电压是表征断路器绝缘强度的参数，它是断路器长期工作的标准电压。为了适应电力系统工作的要求，断路器又规定了与各级额定电压相应的最高工作电压。对 3～220kV 各级，其最高工作电压较额定电压约高 15% 左右；对 330kV 及以上，最高工作电压较额定电压约高 10%。断路器在最高工作电压下，应能长期可靠地工作。

2. 额定电流

额定电流是表征断路器长时间通过电流能力的参数，即断路器允许连续长期通过的最大电流。

3. 额定开断电流

额定开断电流是表征断路器开断能力的参数。在额定电压下，断路器能保证可靠开断的最大电流，称为额定开断电流，其单位用断路器触头分离瞬间短路电流周期分量有效值的千安数表示。当断路器在低于其额定电压的电网中工作时，其开断电流可以增大。但受灭弧室机械强度的限制，开断电流有一最大值，称为极限开断电流。

4. 动稳定电流

动稳定电流是表征断路器通过短时电流能力的参数，反映断路器承受短路电流电动力效应的能力。断路器在合闸状态下或关合瞬间，允许通过的电流最大峰值，称为动稳定电流，又称为极限通过电流。断路器通过动稳定电流时，不能因电动力作用而损坏。

5. 关合电流

关合电流是表征断路器关合电流能力的参数。断路器在接通电路时，电路中可能预伏有短路故障，此时断路器将关合很大的短路电流。这样，一方面由于短路电流的电动力减弱了合闸的操作力；另一方面由于触头尚未接触前发生击穿而产生电弧，可能使触头熔焊，从而使断路器造成损伤。断路器能够可靠关合的电流最大峰值，称为额定关合电流。额定关合电流和动稳定电流在数值上是相等的，两者都等于额定开断电流的2.55倍。

6. 热稳定电流及其持续时间

热稳定电流也是表征断路器通过短时电流能力的参数，但它反映断路器承受短路电流热效应的能力。热稳定电流是指断路器处于合闸状态下，在一定的持续时间内，所允许通过电流的最大周期分量有效值，此时断路器不应因短时发热而损坏。国家标准规定：断路器的额定热稳定电流等于额定开断电流。额定热稳定电流的持续时间为2s，需要大于2s时推荐4s。

7. 合闸时间与分闸时间

合闸时间与分闸时间是表征断路器操作性能的参数。各种不同类型的断路器的分、合闸时间不同，但都要求动作迅速。合闸时间是指从断路器操动机构合闸线圈接通到主触头接触这段时间，分闸时间包括固有分闸时间和熄弧时间两部分。固有分闸时间是指从操动机构分闸线圈接通到触头分离这段时间。熄弧时间是指从触头分离到各相电弧熄灭为止这段时间。所以，分闸时间也称为全分闸时间。

8. 操作循环

操作循环也是表征断路器操作性能的指标。架空线路的短路故障大多是暂时性的，短路电流切断后，故障即迅速消失。因此，为了提高供电的可靠性和系统运行的稳定性，断路器应具备承受一次或两次以上的关合、开断或关合后立即开断动作的能力。这种按一定时间间隔进行多次分、合的操作称为操作循环。

8.3.2 主要分类

高压断路器的主要结构可分为导流部分、灭弧部分、绝缘部分、操作机构部分。高压断路器的主要类型按灭弧介质分为油断路器、空气断路器、真空断路器、六氟化硫断路器、固体产气断路器、磁吹断路器。

1. 油断路器

油断路器是指利用变压器油作为灭弧介质，分多油和少油两种类型。

2. 六氟化硫断路器

六氟化硫断路器采用惰性气体六氟化硫来灭弧，并利用它所具有的很高的绝缘性能来增强触头间的绝缘。

3. 真空断路器

真空断路器是指触头密封在高真空的灭弧室内，利用真空的高绝缘性能来灭弧。

4. 空气断路器

空气断路器利用高速流动的压缩空气来灭弧。

5. 固体产气断路器

固体产气断路器利用固体产气物质在电弧高温作用下分解出来的气体来灭弧。

6. 磁吹断路器

断路时，磁吹断路器利用本身流过的大电流产生的电磁力将电弧迅速拉长而吸入磁性灭弧室内冷却灭弧。

8.3.3 选用原则

为保证高压电器在正常运行、检修、短路和过电压情况下的安全，高压电器应按下列条件选择：

（1）按正常工作条件包括电压、电流、频率、机械荷载等选择；

（2）按短路条件包括短时耐受电流、峰值耐受电流、关合和开断电流等选择；

（3）按环境条件包括温度、湿度、海拔、地震等选择；

（4）按承受过电压能力包括绝缘水平等选择；

（5）按各类高压电器的不同特点包括开关的操作性能、熔断器的保护特性配合、互感器的负荷及准确等级等选择。

8.4 高压熔断器

在输配电系统中，对容量小且不太重要的负荷，广泛采用高压熔断器作为高压输配电线路、电力变压器、电压互感器和电力电容器等电气设备的短路和过负荷保护。在 6~10kV 系统中，户内广泛采用 RN1、RN2 等管式熔断器，户外则多采用 RW4 等跌开式熔断器（也称跌落式熔断器）。

8.4.1 结构原理

1. 户内式高压熔断器

图 8.3 是 RN1 型高压管式熔断器的外形，图 8.4 是其熔管的剖面示意图。

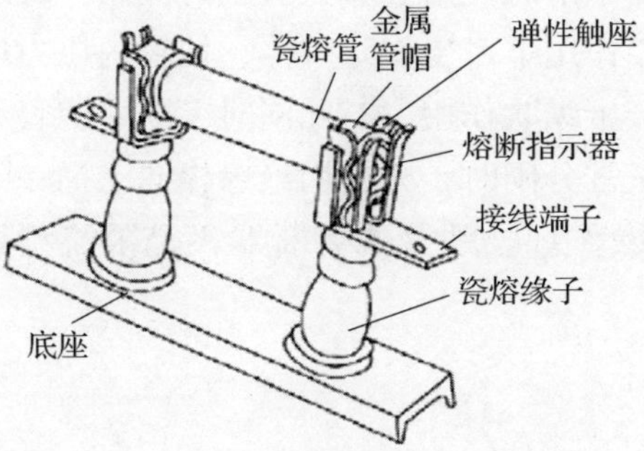

图 8.3 RN1 型高压管式熔断器

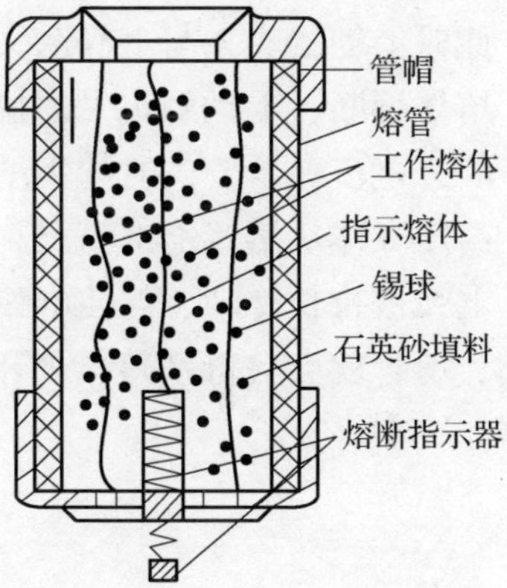

图 8.4 RN1 型高压管式熔断器熔管

由图 8.4 可知，工作熔体（铜熔丝）上焊有小锡球，锡的熔点（232℃）较铜的熔点（1083℃）低，因此铜丝上焊锡球后，当熔体发热到锡球的熔点时，锡球受热首先融化，包围铜熔丝，铜锡分子互相渗透而形成熔点较低的铜锡合金，使铜熔丝能在较低的温度下熔断，这就是冶金效应。由此可见，铜熔丝上焊锡球，其目的是能得到熔点低的小截面熔体，既降低了熔体的熔点温度，不使熔断器在正常工作时过热，又有利于电弧的熄灭。熔断器采用多根熔丝并联，在熔体熔断时产生多根并联电弧，多根变细了的电弧在石英砂中燃烧，对灭弧有利。这种熔断器的灭弧能力很强，能在短路电路未达到冲击值之前（短路后不到半个周期）就能完全熄灭电弧。由于这种熔断器限制了短路电流的发展，因此称为限流熔断器。用限流熔断器保护的设备，可以不校验短路时的动、热稳定性。

如图 8. 4 所示，当过电流通过熔体时，工作熔体熔断后，指示熔体相继熔断，其熔断指示器弹出，给出熔体熔断的指示信号。

2. 跌落式熔断器

跌落式熔断器常用来保护配电变压器。利用高压绝缘钩棒的操作，可使熔断器的熔管与固定触头分断和闭合。由于分断时有一明显的断口，因此可起隔离开关的作用。在一定条件下，可用来通断空载变压器和空载线路。

图 8. 5 是 RW410 型高压跌落式熔断器的结构，它由绝缘子 11、熔管 6 和接触导电系统等部分组成。上动触头 3 与熔管内的铜熔丝 7 相连，熔管由钢纸管和酚醛纸管复合而成。熔体由铜银合金制成，焊在编织导线上。合闸时，用绝缘棒钩住操作环 5，向上推熔管即可；熔断器合上后，熔体依靠机械张力使上动触头 3 紧卡在鸭嘴上，鸭嘴上的弹簧钢片又顶着上动触头，故熔体掉不下来。此时上动触头 3 与上静触头 2 紧密接触，把电路接通。当严重过载或短路时，熔体熔断，上动触头失去拉力从鸭嘴中滑脱，熔管靠自身重力作用，迅速跌落断开电流。熔管内衬的钢纸管在电弧作用下产生大量气体，使管内压力增加，高压气体从熔管上部喷出，对电弧产生纵吹作用。与此同时，随着熔管下落，电弧被拉长冷却，促使电弧熄灭。正常分闸时，只要用绝缘棒向上捅一下鸭嘴，熔管就会自行跌落，但不能硬拉操作环。跌落式熔断器不是限流型熔断器。

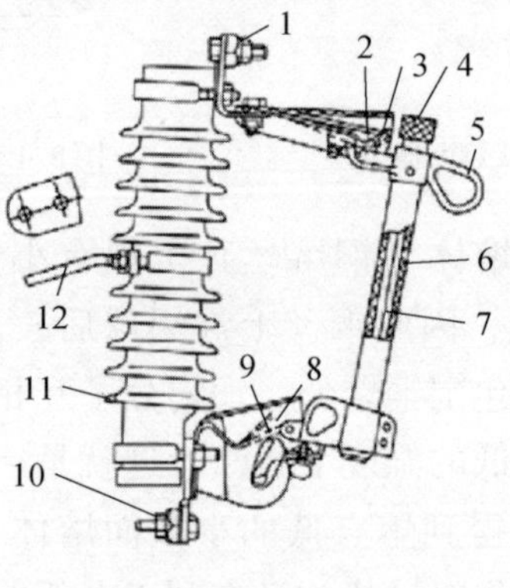

图 8. 5　RW410 型高压跌落式熔断器的结构

1—接线端子；2—上静触头；3—上动触头；4—管帽；5—操作环；

6—熔管；7—铜熔丝；8—下支触头；9—下静触头；

10—下接线端子；11—绝缘子；12—固定安装板。

8.4.2 型式选择

在3~66kV的电站和变电所常用的高压熔断器有两大类。一类是户内高压限流熔断器，额定电压等级分3、6、10、20、35、66kV，常用的型号有RN1、RN3、RN5、XRNM1、XRNT1、XRNT2、XRN T3型，主要用于保护电力线路、电力变压器和电力电容器等设备的过载和短路；RN2和RN4型额定电流均为0.5~10A，为保护电压互感器的专用熔断器。另一类是户外高压喷射式熔断器，此类熔断器在熔体熔断产生电弧时，才可能断开电路，限流作用不明显。常用的为跌落式熔断器，型号有RW3、RW4、RW7、RW9、RW10、RW11、RW12、RW13和PRW系列型等，其作用除与RN1型相同外，在一定条件下还可以分断和关合空载架空线路、空载变压器和小负荷电流。户外瓷套式限流熔断器RW10~35/0.5~50-2000MVA型中，RW10-35/0.5~1-2000MVA为保护35kV电压互感器专用的户外产品。所以熔断器的型式应根据不同的保护对象来选择。

8.5 电气安全、防雷和接地

供配电系统进行正常运行，首先必须要保证其安全性，防雷和接地是电气安全的主要措施。掌握电气安全、防雷和接地的知识和理论非常重要。

8.5.1 电气安全

电气安全包括人身安全和设备安全两个方面。人身安全是指电气从业人员或其他人员的安全；设备安全是指包括电气设备及其所拖动的机械设备的安全。

电气设备应用广泛，如果设计不合理，安装不妥当，使用不正确，维修不及时，尤其是电气人员缺乏必要的安全知识与安全技能，麻痹大意，就可能引发各类事故，如触电伤亡、设备损坏、停电，甚至引起火灾或爆炸等严重后果。因此，必须采取切实有效的措施，杜绝事故的发生，一旦发生事故，也应懂得现场应急处理的方法。

1. 电气安全措施

（1）建立完整的安全管理机构。

（2）健全各项安全规程，并严格执行。

（3）严格遵循设计、安装规范。电气设备和线路的设计、安装，应严格遵循相关的国家标准，做到精心设计，按图施工，确保质量，绝不留下事故隐患。

（4）加强运行维护和检修试验工作。应定期测量在用电气设备的绝缘电阻及接地装置的接地电阻，确保处于合格状态；对安全用具、避雷器、保护电气，也应定期检查、测试，确保其性能良好、工作可靠。

（5）按规定正确使用电气安全用具。电气安全用具分绝缘安全用具和防护安全用具，绝缘安全用具又分为基本安全用具和辅助安全用具两类。

（6）采用安全电压和符合安全要求的电器。为防止触电事故而采用的由特定电源供电的电压系列，称为安全电压。

（7）普及安全用电知识。

2. 电气防火和防爆

当电气设备、线路处于短路、过载、接触不良、散热不良的不正常运行状态时，其发热量增加，温度升高，容易引起火灾。在有爆炸性混合物的场合，电火花、电弧还会引发爆炸。

1）防火防爆的措施

（1）选择适当的电气设备及保护装置，应根据具体环境、危险场所的区域等级选用相应的防爆电气设备和配线方式，所选用的防爆电气设备的级别应不低于该爆炸场所内爆炸性混合物的级别。

（2）保持必要的防火间距及良好的通风。

2）电气火灾的特点

（1）着火的电气设备可能是带电的，如不注意可能引起触电事故。

（2）有些电气设备（如油浸式变压器、油断路器）本身充有大量的油，可能发生喷油甚至爆炸事故，扩大火灾范围。

3）电气失火的处理

电气失火后应首先切断电源，但有时为争取时间来不及断电或因生产需要等原因不允许断电时，则需带电灭火，带电灭火必须注意以下几点。

（1）选择适当的灭火器。二氧化碳（CO_2）、四氯化碳（CCl_4）、二氟一氯一溴甲烷（俗称“1211”）或干粉灭火器的灭火剂均不导电，可用于带电灭火。二氧化碳（干冰）灭火器使用时要打开门窗，离火区 2～3m 喷射，勿使干冰沾着皮肤，以防冻伤。四氯化碳灭火器灭火要防止中毒，应打开门窗，有条件时最好戴上防毒面具，因为四氯化碳与氧气在热作用下会起化学反应，生成有毒的光气和氯气。不能使用一般的泡沫灭火器，因为其灭火剂（水溶液）具有一定的导电性，而且对电气设备具有腐蚀作用。

（2）小范围带电灭火，可使用干沙覆盖。

（3）专业灭火人员用水枪灭火时，宜采用喷雾水枪，这种水枪通过水柱的泄漏电流较小，带电灭火比较安全，用普通直流水枪灭火时，为防止泄漏电流流过人体，可将水枪喷嘴接地，也可让灭火人员穿戴绝缘手套、绝缘靴或穿戴均压服后进行灭火。

3. 触电及防护

1）触电的概念及其危害

人体也是导体，当人体某部位接触一定电位时，就有电流流过人体，这就是触电。触电分直接触电和间接触电两类。直接触电是指人体与带电导体接触的触电。间接触电是指人体与故障状况下变为带电的设备外露可接近导体（如金属外壳、框架等）接触的触电。

触电事故可分为“电击”与“电伤”两类。电击是指电流通过人体内部，破坏人的心脏、呼吸系统与神经系统，重则危及生命；电伤是指由电流的热效应、化学效应或机械效应对人体造成的伤害，它可伤及人体内部，甚至骨骼，还会在人体体表留下诸如电流印、电纹等触电伤痕。

触电事故引起的死亡大都是由于电流刺激人体心脏，引起心室的纤维性颤动、停搏和电流引起呼吸中枢麻痹，导致呼吸停止而造成的。

安全电流是指人体触电后最大的摆脱电流。我国规定为30mA（50Hz交流），触电时间按不超过1s计，即30mA·s。

电流对人体的危害程度与触电时间、电流的大小和性质及电流在人体中的路径有关，触电时间越长，电流越大，频率接近工作频率，对人体的危害越大，电流流过心脏最为危险。此外，还与人的体重、健康状况有关。

2）直接触电防护

（1）将带电导体绝缘。带电导体应全部用绝缘层覆盖，其绝缘层应能长期承受在运行中遇到的机械、化学、电气及热的各种不利影响。

（2）采用遮栏或外护物。设置防止人、畜意外触及带电导体的防护设施；在可能触及带电导体的开孔处，设置“禁止触及”的标志。

（3）采用阻挡物。当裸带电导体采用遮栏或外护物防护有困难时，在电气专用房间或区域宜采用栏杆或网状屏障等阻挡物防护。

（4）将人可能无意识同时触及的不同电位的可导电部分置于伸臂范围之外。

3）间接触电防护

（1）将故障状况下变为带电的设备外露可接近导体接地或接零。

（2）设置等电位连接。建筑物内的总等电位连接和局部等电位连接应符合相关规定。

（3）装设剩余电流保护电器（俗称漏电保护器或漏电开关），故障时自动切断电源。

（4）采用特低电压（ELV）供电。特低电压是指相间电压或相对地电压不超过交流方均根值 50V 的电压。亦可采用安全特低电压（SELV）系统和保护特低电压（PELV）系统供电。

8.5.2 过电压和防雷

1. 过电压及雷电概述

1）过电压的种类

过电压是指在电气设备或线路上出现的超过正常工作要求并对其绝缘构成威胁的电压。过电压按产生原因可分为内部过电压和雷电过电压。

（1）内部过电压是由于电力系统正常操作、事故切换、发生故障或负荷骤变时引起的过电压，均为操作过电压、弧光接地过电压及谐振过电压。

内部过电压的能量来自于电力系统本身，经验证明，内部过电压一般不超过系统正常运行时额定相电压的 3～4 倍，对电力线路和电气设备绝缘的威胁不是很大。

（2）雷电过电压也称外部过电压或大气过电压，是由电力系统中的设备或建筑物遭受来自大气中的雷击或雷电感应而引起的过电压。

雷电冲击波的电压幅值可高达 1 亿伏，其电流幅值可高达几十万安，对电力系统的危害远远超过内部过电压。其可能毁坏电气设备和线路的绝缘，烧断线路，造成大面积长时间停电。因次，必须采取有效措施加以防护。

2）雷电的形成

雷电或称闪电，是大气中带电云块之间或带电云层与大地之间所发生的一种强烈的自然放电现象。雷电有线状、片状和球状等形式。带电云块即雷云的形成有多种理论解释，人们至今仍在探索中。常见的一种说法是在闷热、潮湿、无风的天气里，接近地面的湿气受热上升，遇到冷空气凝成冰晶。冰晶受到上升气流的冲击而破碎分裂，气流挟带一部分带正电的小冰晶上升，形成“正雷云”，而另一部分较大的带负电的冰晶则下降，形成“负雷云”，随着电荷的积累，雷云电位逐渐升高。由于高空气流的流动，正、负雷云均在空中飘浮不定，当带不同电荷的带电雷云相互间或带电雷云与大地间接近到一定程度时，就会产生强烈的放电，放电时瞬间出现耀眼的闪光和震耳的轰鸣，这种现象就叫作雷电。雷云对大地的放电通常是阶跃式的，可分为三个主要阶段：先导放电、主放电和余光。

3）雷电过电压的种类

雷电可分为直击雷、感应雷和雷电波侵入3大类。

（1）直击雷过电压：当雷电直接击中电气设备、线路或建筑物时，强大的雷电流通过其流入大地，在被击物上产生较高的电位降，称直击雷过电压。

（2）感应雷（闪电感应）过电压：指闪电放电时，在附近导体上产生的雷电静电感应和雷电电磁感应，它可能使金属部件之间产生火花放电。

闪电静电感应过电压：由于雷云的作用，使附近导体上感应出与雷云符号相反的电荷，雷云主放电时，先导通道中的电荷迅速中和，导体上的感应电荷得到释放，如果没有就近泄入地中就会产生很高的电动势，从而产生闪电静电感应过电压。

闪电电磁感应过电压：由于雷电流迅速变化在周围空间产生瞬变的强电磁场，使附近的导体上感应出很高的电动势，从而产生闪电电磁感应过电压。

（3）雷电波侵入（闪电电涌侵入）：指闪电击于防雷装置或线路上以及由闪电静电感应和闪电电磁脉冲引发，表现为过电压、过电流的瞬态波。

闪电电涌侵入是指雷电对架空线路、电缆线路和金属管道的作用，雷电波即闪电电涌，可能沿着管线侵入室内，危及人身安全或损坏设备。这种闪电电涌侵入造成的危害占雷害总数的一半以上。

2. 防雷装置

防雷装置是指对电力装置或建筑物进行雷电防护的整套装置，由外部防雷装置和内部防雷装置组成。外部防雷装置由接闪器、引下线和接地装置三部分组成。内部防雷装置是用于减小雷电流在所需防护空间内产生的电磁效应的防雷装置，由避雷器或屏蔽导体、等电位连接件和电涌保护器等组成。

1）接闪器

接闪器是用于拦截闪击的接闪杆、接闪导线以及金属屋面和金属构件等组成的外部防雷装置。

接闪器分为接闪杆（俗称避雷针）、接闪线（俗称避雷线）、接闪带（俗称避雷带）和接闪网（俗称避雷网）。接闪的金属杆称为接闪杆，主要用于保护露天变配电设备及建筑物；接闪的金属线称接闪线或架空地线，主要用于保护输电线路；接闪的金属带、金属网称接闪带、接闪网，主要用于保护建筑物。它们都是利用高出被保护物的突出地位，把雷电引向自身，然后通过引下线和接地装置把雷电流泄入大地，使被保护的线路、设备、建筑物免受雷击。

（1）接闪杆的功能实质是引雷作用。当雷电先导临近地面时，它能使雷电场畸变，改变雷云放电的通道，吸引到接闪杆本身，然后经与接闪杆相连的引下线和接地装置将雷电流泄放到大地中去，使被保护物免受直接雷击。

接闪杆的保护范围，以其能防护直击雷的空间来表示，按国家标准 GB 50057—2010《建筑物防雷设计规范》采用"滚球法"来确定。

（2）接闪线：单根接闪线的保护范围，应根据接闪线的高度计算得出。两根等高接闪线的保护范围，可参看有关国标或相关设计手册。

（3）接闪带和接闪网的保护范围：应是其所处的整幢高层建筑，为了达到保护的目的，接闪网的网格尺寸有具体的要求。

2）避雷器

避雷器是用来防止雷电产生的过电压波沿线路侵入变配电所或其他建筑物内，以保护被保护设备的绝缘不受损害。

避雷器的类型有阀型避雷器、管型避雷器、金属氧化物避雷器、保护间隙。应根据设备需要选择相适应的避雷器。

3）引下线

引下线是用于将雷电流从接闪器传导至接地装置的导体。引下线的材料有热浸镀锌钢、铜、镀锡铜、铝、铝合金和不锈钢等。引下线宜采用热镀锌圆钢或扁钢，宜优先采用热镀锌圆钢。引下线固定支架的间距及引下线结构和最小截面应严格按规定取值。

4）电涌保护器

电涌保护器（Surge Protective Device，SPD）是用于限制瞬态过电压和分泄电涌电流的器件，它至少含有一个非线性元件。其作用是把窜入电力线、信号传输线的瞬时过电压限制在设备或系统所能承受的电压范围内，或将强大的雷电流泄流入地，保护被保护的设备或系统不受冲击。按其工作原理分类，SPD 可以分为电压开关型、限压型及组合型。

（1）电压开关型电涌保护器。在没有瞬时过电压时呈现高阻抗，一旦响应雷电瞬时过电压，其阻抗就突变为低阻抗，允许雷电流通过，也被称为短路开关型电涌保护器。

（2）限压型电涌保护器。当没有瞬时过电压时为高阻抗，但随电涌电流和电压的增加，其阻抗会不断减小，其电流电压特性为强烈非线性，有时被称为钳压型电涌保护器。

(3) 组合型电涌保护器。由电压开关型组件和限压型组件组合而成，可以显示为电压开关型或限压型或两者兼有的特性，这取决于所加电压的特性。

8.5.3 接地

1. 接地概述

1）接地和接地装置

电气设备的某部分与大地之间做良好的电气连接称接地。埋入土壤或混凝土基础中作散流用的导体，称接地体。接地体又分为人工接地体和自然接地体。为了达到接地的目的，人为埋入土壤的导体称为人工接地体；兼作接地用的直接与大地接触的各种金属管道、金属构件、建筑物及基础中的钢筋等称为自然接地体。从接地端子、等电位连接带至接地体的连接导体，或从引下线断接卡或测试点至接地体的连接导体，称为接地线。接地体与接地线构成接地装置。由若干接地体在大地中用接地线相互连接起来的一个整体，称为接地网。其中，接地线又分接地干线和接地支线，接地干线一般应不少于两根导体，在不同地点与接地网连接。

2）接地电流和对地电压

电气设备发生接地故障时，电流经接地装置流入大地并作半球形散开，这一电流称接地电流。由于半球形球面距接地体越远的地方球面越大，因此距接地体越远的地方，散流电阻越小。试验表明，在单根接地体或接地故障点20m远处，实际散流电阻已趋近于零。电位为零的地方，称为电气上的“地”或“大地”。

电气设备接地部分与零电位的“大地”之间的电位差，称对地电压。

3）接触电压和跨步电压

当电气设备绝缘损坏时，人站在地面上接触该电气设备，人体所承受的电位差称接触电压 U_{tou}。例如，如果有人站在该设备旁边，手触及带电外壳，那么手与脚之间所呈现的电位差，即为接触电压。

在接地故障点附近行走，人的双脚（或牲畜前后脚）之间所呈现的电位差称跨步电压 U_{stop}。跨步电压的大小与离接地点的远近及跨步的大小有关，离接地点越近，跨步越大，跨步电压就越大。离接地点达20m时，跨步电压通常为零。

为保护人身安全，在建筑物外引下线附近，防接触电压应符合如下规定：

（1）利用建筑物金属构架和建筑物互相连接的钢筋在电气上是贯通且不少于10根柱子组成自然引下线，这些柱子包括位于建筑物四周和建筑物内的；

（2）引下线3m范围内土壤地表层的电阻率不小于50kΩ·m；

（3）外露引下线，其距地面2.7m以下的导体用耐1.2/50μs冲击电压100kV的绝缘层隔离，例如用至少3mm厚的交联聚乙烯层；

（4）用护栏、警告牌使接触引下线的可能性降至最低。

为保护人身安全，在建筑物外引下线附近，防跨步电压应符合如下规定：

（1）利用建筑物金属构架和建筑物互相连接的钢筋在电气上是贯通且不少于10根柱子组成自然引下线，这些柱子包括位于建筑物四周和建筑物内的；

（2）引下线3m范围内土壤地表层的电阻率不小于50kΩ·m；

（3）用网状接地装置对地面做均衡电位处理；

（4）用护栏、警告牌使进入距引下线3m范围内地面的可能性降至最低。

4）工作接地、保护接地

（1）工作接地。

在正常或故障情况下，为保证电气设备可靠运行，而将电力系统中某一点接地称为工作接地。例如，电源（发电机或变压器）的中性点直接（或经消弧线圈）接地，能维持非故障相对地电压不变；电压互感器一次侧线圈的中性点接地，能保证一次系统中相对地电压测量的准确度，防雷设备的接地是为雷击时对地泄放雷电流。

（2）保护接地。

将在故障情况下可能呈现危险的对地电压的设备外露可导电部分进行接地称为保护接地。与带电部分相绝缘的电气设备金属外壳，通常因绝缘损坏或其他原因而意外带电，容易造成人身触电事故，因此必须保护接地。

低压配电系统的保护接地按接地形式，分为TN系统、TT系统和IT系统3种。

5）应接地或接零的设备

凡因绝缘损坏而可能带有危险电压的电气设备及电气装置的金属外壳和框架均应可靠接地或接零，具体如下：

（1）电机、变压器、电器、携带式或移动式用电器具等的金属底座和外壳；

（2）电气设备的传动装置；

（3）屋内外配电装置的金属或钢筋混凝土构架以及靠近带电部分的金属遮栏和金属门；

（4）配电、控制、保护用的屏（柜、箱）及操作台等的金属框架和底座；

（5）交、直流电力电缆的接头盒、终端头和膨胀器的金属外壳以及电缆的金属护层、可触及的电缆金属保护管和穿线的钢管；

（6）电缆桥架、支架和井架；

（7）装有接闪线的电力线路杆塔；

（8）装在配电线路杆上的电力设备；

（9）在非沥青地面的居民区内，无接闪线的小接地电流架空电力线路的金属杆塔和钢筋混凝土杆塔；

（10）电除尘器的构架；

（11）封闭母线的外壳及其他裸露的金属部分；

（12）六氟化硫封闭式组合电器和箱式变电站的金属箱体；

（13）电热设备的金属外壳；

（14）控制电缆的金属保护层；

（15）互感器的二次绕组。

6）可不接地或不接零的设备

（1）在木质、沥青等不良导电地面的干燥房间内，交流额定电压为380V及以下或直流额定电压为440V及以下的电气设备的外壳；但当有可能同时触及上述电气设备外壳和已接地的其他物体时，则仍应接地；

（2）在干燥场所，交流额定电压为127V及以下或直流额定电压为110V及以下的电气设备的外壳；

（3）安装在配电屏、控制屏和配电装置上的电气测量仪表、继电器和其他低压电器等的外壳，以及当发生绝缘损坏时，在支持物上不会引起危险电压的绝缘子的金属底座等；

（4）安装在已接地金属构架上的设备，如穿墙套管等；

（5）额定电压为220V及以下的蓄电池室内的金属支架；

（6）由发电厂、变电所和工业、企业区域内引出的铁路轨道；

（7）与已接地的机床、机座之间有可靠电气接触的电动机和电器的外壳。

2. 接地装置

接地体是接地装置的主要部分，其选择与装设是能否取得合格接地电阻的关键，接地体可分为自然接地体与人工接地体。

1）自然接地体

利用自然接地体不但可以节约钢材，节省施工费用，而且还可以降低接地电阻，因此有条件时应当优先利用自然接地体。经实地测量，可利用的自然接地体接地电阻满足要求且同时满足热稳定条件时，就不必再装设人工接地装置，否则应增加人工接地装置。

凡是与大地有可靠而良好接触的设备或构件，大都可用作自然接地体，如下：

(1) 与大地有可靠连接的建筑物的钢结构、混凝土基础中的钢筋；

(2) 敷设于地下且数量不少于两根的电缆金属外皮；

(3) 敷设在地下的金属管道及热力管道，输送可燃性气体或液体（如煤气、石油）的金属管道除外。

利用自然接地体，必须保证良好的电气连接，在建筑物钢结构结合处凡是用螺栓连接的，只有在采取焊接与加跨接线等措施后方可利用。

2）人工接地体

自然接地体不能满足接地要求或无自然接地体时，应装设人工接地体。人工接地体大多采用钢管、角钢、圆钢和扁钢制作。一般情况下，人工接地体都采取垂直敷设，特殊情况如多岩石地区，可采取水平敷设。

垂直敷设的接地体的材料，常用直径为 40～50mm、壁厚为 3.5mm 的钢管，或者 40mm×40mm×4mm～50mm×50mm×6mm 的角钢，长度宜取 2.5m。

水平敷设的接地体，常采用厚度不小于 4mm、截面不小于 $100mm^2$ 的扁钢或直径不小于 10mm 的圆钢，长度宜为 5～20m。

如果接地体敷设处土壤有较强的腐蚀性，则接地体应镀锌或镀锡并适当加大截面，不准采用涂漆或涂沥青的方法防腐。

3）变配电所和车间的接地装置

单根接地体周围地面电位分布不均匀，在接地电流或接地电阻较大时，容易使人受到危险的接触电压或跨步电压的威胁。采用接地体埋设点距被保护设备较远的外引式接地时，情况就更严重（若相距 20m 以上，则加到人体上的电压将为设备外壳上的全部对地电压）。此外，单根接地体或外引式接地的可靠性也较差，一旦引线断开就极不安全。因此，变配电所和车间的接地装置一般采用环路式接地装置。

3. 接地电阻

接地体与土壤之间的接触电阻及土壤的电阻之和称散流电阻；散流电阻加接地体和接地线本身的电阻称接地电阻。

1）接地电阻的要求

对接地装置的接地电阻进行限定，实际上就是限制接触电压和跨步电压，保证人身安全。电力装置的工作接地电阻应满足以下几个要求（表 8.2）。

表 8.2 电力装置工作接地电阻要求

序号	电力装置名称	接地的电力装置特点		接地电阻值
1	1kV 以上大电流接地系统	仅用于该系统的接地装置		$R_E \leqslant \frac{2000}{I_R^{(1)}}$ 当 $I_K^{(1)} > 4000$A 时， $R_E \leqslant 0.5\Omega$
2	1kV 以上小电流接地系统	仅用于该系统的接地装置		$R_E \leqslant \frac{250}{I_E}$ 且 $R_E \leqslant 10\Omega$
3	1kV 以上小电流接地系统	与 1kV 以下系统公用的接地装置		$R_E \leqslant \frac{120}{I_E}$ 且 $R_E \leqslant 10\Omega$
4	1kV 以下系统	与总容量在 100kVA 以上的发电机或变压器相连的接地装置		$R_E \leqslant 4\Omega$
5	1kV 以下系统	与总容量在 100kVA 及以下的发电机或变压器相连的接地装置		$R_E \leqslant 10\Omega$
6	1kV 以下系统	本表序号 4 装置的重复接地		$R_E \leqslant 10\Omega$
7	1kV 以下系统	本表序号 5 装置的重复接地		$R_E \leqslant 30\Omega$
8	避雷装置	独立避雷针和避雷线		$R_E \leqslant 10\Omega$
9	避雷装置	变配电所装设的避雷器	与本表序号 4 装置公用	$R_E \leqslant 4\Omega$
10	避雷装置	变配电所装设的避雷器	与本表序号 5 装置公用	$R_E \leqslant 10\Omega$
11	避雷装置	线路上装设的避雷器或保护间隙	与电机无电气联系	$R_E \leqslant 10\Omega$
12	避雷装置	线路上装设的避雷器或保护间隙	与电机有电气联系	$R_E \leqslant 5\Omega$
13	防雷建筑物	第一类防雷建筑物		$R_{sh} \leqslant 10\Omega$
14	防雷建筑物	第二类防雷建筑物		$R_{sh} \leqslant 10\Omega$
15	防雷建筑物	第三类防雷建筑物		$R_{sh} \leqslant 30\Omega$

（1）电压为1000V以上的中性点接地系统中，电气设备实行保护接地。由于系统中性点接地，故电气设备绝缘击穿而发生接地故障时，将形成单相短路，由继电保护装置将故障部分切除，为确保可靠动作，此时接地电阻 $R_E \leqslant 10\Omega$。

（2）电压为1000V以上的中性点不接地系统中，由于系统中性点不接地，当电气设备绝缘击穿而发生接地故障时，一般不跳闸而是发出接地信号。此时，电气设备外壳对地电压为 $R_E I_E$，I_E 为接地电容电流，当接地装置单独用于1000V以上的电气设备时，为确保人身安全，取 $R_E I_E$ 为250V，同时还应满足设备本身对接地电阻的要求。

（3）电压为1000V以下的中性点不接地系统中，考虑到其对地电容通常都很小，因此规定 $R_E \leqslant 4\Omega$，即可保证安全。对于总容量不超过100kVA的变压器或发电机供电的小型供电系统，接地电容电流更小，所以规定 $R_E \leqslant 10\Omega$。

（4）电压为1000V以下的中性点接地系统中，电气设备实行保护接零，电气设备发生接地故障时，由保护装置切除故障部分，但为了防止零线中断时产生危害，仍要求有较小的接地电阻，规定 $R_E \leqslant 4\Omega$。同样对总容量不超过100kVA的小系统，可采用 $R_E \leqslant 10\Omega$。

2）降低接地电阻的方法

在高土壤电阻率场地，可采取下列方法降低接地电阻：

（1）将垂直接地体深埋到低电阻率的土壤中或扩大接地体与土壤的接触面积；

（2）置换成低电阻率的土壤；

（3）采用降阻剂或新型接地材料；

（4）在永冻土地区可采用深孔（井）技术的降阻方法，应符合现行国家标准GB 50169—2016《电气装置安装工程 接地装置施工及验收规范》规定；

（5）采用多根导体外引接地装置，外引长度不应大于有效长度。

3）接地电阻的测量

接地装置施工完成后，使用之前应测量接地电阻的实际值，以判断其是否符合要求。若不符合要求，则需补打接地体。每年雷雨季到来之前还需要重新检查测量。接地电阻的测量有电桥法、补偿法、电流－电压表法和接地电阻测量仪法，实际工作中多采用接地电阻测量仪法。

第9章

电力变压器

电力变压器如图9.1所示，是用来变换交流电压、电流而传输交流电能的一种静止的电器设备。它是根据电磁感应原理实现电能传递的。变压器就其用途可分为电力变压器、试验变压器、仪用变压器及特殊用途的变压器：电力变压器是电力输配电、电力用户配电的必要设备；试验变压器是对电器设备进行耐压（升压）试验的设备；仪用变压器作为配电系统的电气测量、继电保护之用；特殊用途的变压器有冶炼用电炉变压器、电焊变压器、电解用整流变压器、小型调压变压器等。

图9.1　电力变压器实物图

电力变压器是一种静止的电气设备，是用来将某一数值的交流电压（电流）变成频率相同的另一种或几种数值不同的电压（电流）的设备。当一次绕组通以交流电时，就产生交变的磁通，交变的磁通通过铁芯导磁作用，在二次绕组中感应出交流电动势。二次感应电动势的高低与一两次绕组匝数的多少有关，即电压大小与匝数成正比。主要作用是传输电能，因此，额定容量是它的主要参数。额定容量是一个表现功率的惯用值，表征传输电能的大小，以kVA或MVA为单位，当对变压器施加额定电压时，根据它来确定在规定条件下不超过温升限值的额定电流。较为节能的电力变压器是非晶合金铁芯配电变压器，其最大优点是空载损耗值特别低。能否确保空载损耗值，是整个设计过程中所要考虑的核心问题。当在产品结构布置时，除要考虑非晶合金铁芯本身不受外力的作用外，同时在计算时还须精确合理选取非晶合金的特性参数。

9.1 分类

电力变压器按用途分为升压（发电厂用 6.3kV/10.5kV 或 10.5kV/110kV 等）、联络（变电站间用 220kV/110kV 或 110kV/10.5kV）、降压（配电用 35kV/0.4kV 或 10.5kV/0.4kV）变压器。

电力变压器按相数分为单相、三相变压器。

电力变压器按绕组分为双绕组变压器（每相装在同一铁芯上，原、副绕组分开绕制、相互绝缘）、三绕组变压器（每相有三个绕组，原、副绕组分开绕制、相互绝缘）、自耦变压器（一套绕组中间抽头作为一次或二次输出）。三绕组变压器要求一次绕组的容量大于或等于二、三次绕组的容量。三绕组容量的百分比按高压、中压、低压顺序有 100/100/100、100/50/100、100/100/50，要求二、三次绕组均不能满载运行。一般三次绕组电压较低，多用于近区供电或接补偿设备，用于连接三个电压等级。自耦变压器有升压和降压二种，因其损耗小、重量轻、使用经济，在超高压电网中应用较多。小型自耦变压器常用的型号为 400V/36V（24V），用于安全照明等设备供电。

电力变压器按绝缘介质分为油浸变压器（阻燃型、非阻燃型）、干式变压器、110kV SF6 气体绝缘变压器。

电力变压器铁芯均为芯式结构。一般通信工程中所配置的三相电力变压器为双绕组变压器。

9.2 组成

普通变压器的原、副边线圈是同心地套在一个铁芯柱上，内为低压绕组，外为高压绕组。（电焊机变压器原、副边线圈分别装在两个铁芯柱上。）

变压器在带负载运行时，当副边电流增大时，变压器要维持铁芯中的主磁通不变，原边电流也必须相应增大来达到平衡副边电流。一般变压器二次有功功率（kW）= 变压器额定容量（kVA）×0.8（变压器功率因数）。

如图 9.2 所示，电力变压器主要组成部分如下：

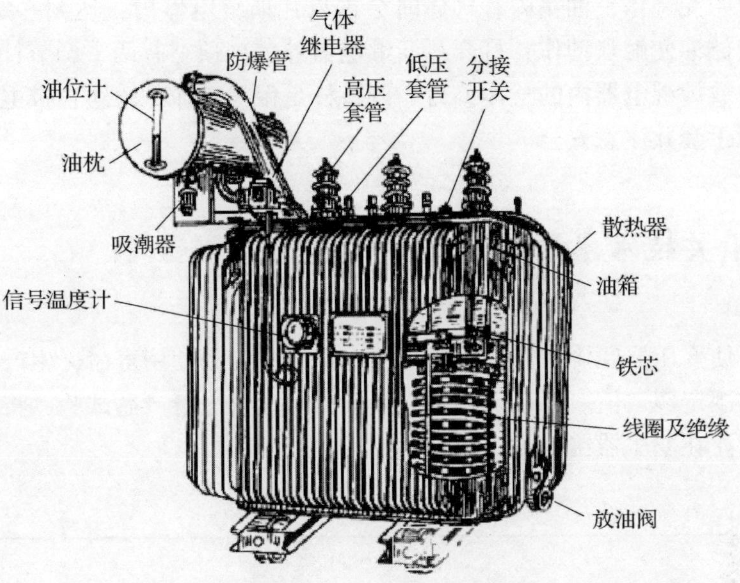

图9.2 电力变压器组成示意图

（1）吸潮器（硅胶筒）：内装有硅胶，储油柜（油枕）内的绝缘油通过吸潮器与大气连通，干燥剂吸收空气中的水分和杂质，以保持变压器内部绕组的良好绝缘性能；硅胶变色、变质易造成堵塞。

（2）油位计：反映变压器的油位状态，一般在20℃左右，过高需放油，过低则加油。冬天温度低、负载轻时油位变化不大，或油位略有下降；夏天负载重时油温上升，油位也略有上升，二者均属正常。

（3）油枕：调节油箱油量，防止变压器油过快氧化，上部有加油孔。

（4）防爆管：防止突然事故导致油箱内压力聚增造成爆炸危险。

（5）信号温度计：监视变压器运行温度，发出信号。指示的是变压器上层油温，变压器线圈温度要比上层油温高10℃。国标规定：变压器绕组的极限工作温度为105℃（环境温度为40℃时），上层温度不得超过95℃，通常以监视温度（上层油温）设定在85℃及以下为宜。

（6）分接开关：通过改变高压绕组抽头，增加或减少绕组匝数来改变电压比。一般变压器均为无载调压，需停电进行：常分Ⅰ、Ⅱ、Ⅲ三挡+5%、0%、-5%（一次为10.5kV、10kV、0.95kV，二次为380V、400V、420V），出厂时一般置于Ⅱ挡。

（7）瓦斯信号继电器（气体继电器）：轻瓦斯、重瓦斯信号保护。上接点为轻瓦斯信号，一般用于信号报警，以表示变压器运行异常；下接点为重瓦斯信号，动作后发出信号的同时使断路器跳闸、掉牌、报警。一般瓦斯继电器内充满油说明无气体，油箱内有气体时会进入瓦斯继电器内，达到一定程度时，气体挤走储油使触点动作；打开瓦斯继电器外盖，顶上有两个调节杆，拧开其中一帽可放掉继电器内的气体；另一调节杆是保护动作试验纽；带电操作时必须戴绝缘手套并注意安全。

9.3　相关技术术语及数据

为了使变压器经济、安全地运行，并保证一定的使用寿命，生产商通常会对其产品规定额定值。并在设备出厂前根据额定值进行产品试验，将额定运行的数据标注在变压器铭牌上，如表9.1所列。

表9.1　变压器铭牌

<table>
<tr><td colspan="7">铜线电力变压器</td></tr>
<tr><td colspan="5">产品标准：GB/T 10228</td><td colspan="2">型号：SCB9</td></tr>
<tr><td colspan="4">额定容量：1000kVA</td><td></td><td>相数：3</td><td>额定频率：50Hz</td></tr>
<tr><td colspan="2" rowspan="2">额定电压</td><td colspan="2">高压：10000V</td><td rowspan="2"></td><td rowspan="2">额定电流</td><td>高压：57.8A</td></tr>
<tr><td colspan="2">低压：400/230V</td><td>低压：1445A</td></tr>
<tr><td colspan="2">使用条件：IP20 户内型</td><td colspan="2">线圈温升：105℃</td><td colspan="3">油面温升（油浸变压器标注）</td></tr>
<tr><td colspan="2">阻抗电压：6%</td><td colspan="2"></td><td colspan="3">冷却方式：强迫风冷</td></tr>
<tr><td colspan="2">接线连接图</td><td colspan="2">向量图</td><td rowspan="2">连线组编号</td><td rowspan="2">开关位置</td><td rowspan="2">分界头位置</td></tr>
<tr><td>高压</td><td>低压</td><td>高压</td><td>低压</td></tr>
<tr><td>—</td><td>—</td><td>—</td><td>—</td><td>D. Yn0</td><td>Ⅰ
Ⅱ
Ⅲ
Ⅳ
Ⅴ</td><td>10500
10250
10000
9750
9500</td></tr>
</table>

1. 额定容量

变压器额定容量是指在额定运行条件下，变压器输出能力的保证值，即

$$S = 1.73 \times UL \times IL \times 10^3\,(\text{kVA}) \tag{9.1}$$

式中：*UL* 为变压器低压侧线电压（V）；*IL* 为变压器低压侧线电流（A）。

2. 额定电压

变压器额定电压是指在额定运行条件下，根据变压器绝缘强度、允许温升所规定的原、副边电压值。

3. 线圈温升

线圈温升是指变压器温度与周围介质温度的差值。

1）油浸变压器

线圈温升：65℃（冷却介质最高温度40℃）。

油温温升：55℃（最高顶层油温95℃，冷却介质最高温度40℃）。

2）干式变压器

线圈温升：100℃（F级绝缘），80℃（B级绝缘），环境温度不大于40℃。

4. 阻抗电压

阻抗电压也称为短路电压，即当一个线圈短路，在另一线圈达到额定电流时，所施加的电压。一般以额定电压的百分数表示。短路电压值的大小在变压器运行中有极其重要的意义，它是考虑短路电流、继电保护特性及变压器并联的依据。

5. 短路损耗

短路损耗是指一个线圈通过额定电流，另一个线圈短路时，所产生的损耗（单位为W或kW）。短路损耗是电流通过电阻产生的损耗，即铜损。

6. 空载损耗

空载损耗是指变压器在空载状态下的损耗（因空载电流及一次绕组电阻很小，铜损可忽略，基本等于铁损）。

7. 空载电流

空载电流是指当变压器二次绕组开路，一次绕组施加额定频率的额定电压时，其中所通过的电流。通常以额定电流的百分数表示，变压器容量越大，其空载电流越小。

9.4 工作原理

国内变压器的高压绕组一般联成星形接法，中压绕组与低压绕组的接法要视系统情况而定。系统情况是指高压输电系统的电压相量与中压或低压输电系统的电压相量间的关系。如低压系配电系统，则可根据标准规定决定。

高压绕组常联成星形接法是由于相电压可等于线电压的 57.7%，每匝电压可低些。

（1）国内的 500kV、330kV、220kV 与 110kV 的输电系统的电压相量都是同相位的，所以，对下文所列电压比的三相三绕组或三相自耦变压器，高压与中压绕组都要用星形接法。三相三铁芯柱铁芯结构，低压绕组也可采用星形接法或三角形接法，它取决于低压输电系统的电压相量与中压及高压输电系统电压相量是同相位还是滞后 30°电气角。

（2）国内 60kV 与 35kV 的输电系统电压有二种不同相位角。

如 220/60kV 变压器采用 YNd11 接法，220/69/10kV 变压器采用 YN、yn0、d11 接法，这两个 60kV 输电系统相差 30°电气角。

当 220/110/35kV 变压器采用 YN、yn0、d11 接法，110/35/10kV 变压器采用 YN、yn0、d11 接法，这两个 35kV 输电系统电压相量也差 30°电气角。

所以，决定 60kV 与 35kV 级绕组的接法时要慎重，接法必须符合输电系统电压相量的要求。根据电压相量的相对关系决定 60kV 与 35kV 级绕组的接法。否则，即使容量对，电压比也对，变压器也无法使用，接法不对，变压器无法与输电系统并网。

（3）国内 10kV、6kV、3kV 与 0.4kV 输电与配电系统相量也有两种相位。在上海地区，有一种 10kV 与 110kV 输电系统电压相量差 60°电气角，此时可采用 110/35/10kV 电压比与 YN、yn0、y10 接法的三相三绕组电力变压器，但限用三相三铁芯柱式铁芯。

（4）注意：单相变压器在联成三相组接法时，不能采用 YNy0 接法的三相组。三相壳式变压器也不能采用 YNy0 接法。

三相五柱式铁芯变压器必须采用 YN、yn0、yn0 接法时，在变压器内要有接成三角形接法的第四绕组，它的出头不引出（结构上要做电气试验时引出的出头不在此列）。

（5）不同联结组的变压器并联运行时，一般的规定是联结组别标号必须相同。

（6）配电变压器用于多雷地区时，可采用 Yzn11 接法，当采用 z 接法时，阻抗电压算法与 Yyn0 接法不同，同时 z 接法绕组的耗铜量要多些。Yzn11 接法配电变压器的防雷性能较好。

（7）三相变压器采用四个卷铁芯框时也不能采用 YNy0 接法。

（8）以上都是用于国内变压器的接法，如出口时应按要求供应合适的接法与联结组标号。

（9）一般在高压绕组内都有分接头与分接开关相连。因此，选择分接开关（包括有载调压分接开关与无励磁调压分接开关）时，必须注意变压器接法与分接开关接法相配合（包括接法、试验电压、额定电流、每级电压、调压范围等的配合）。对 YN 接法的有载调压变压器所用有载调压分接开关而言，还要注意中点必须能引出。

9.5 运行维护

变压器的运行维护主要包括以下几方面的内容。

1. 定期保养

（1）油样化验：耐压、杂质等性能指标每三年进行一次化验，变压器长期满负荷或超负荷运行时可缩短周期。

（2）高、低压绝缘电阻不低于原出厂值的 70%（10MΩ），绕组的直流电阻在同一温度下，三相平均值之差不应大于 2%，与上一次测量的结果比较也不应大于 2%。

（3）变压器工作接地电阻值每两年测量一次。

（4）停电清扫和检查的周期，根据周围环境和负荷情况确定，一般半年至一年一次，主要内容有排除巡视中发现的缺陷、清扫瓷套管外壳、更换破裂或老化的胶垫、检查拧紧连接点、缺油补油、检查更换呼吸器硅胶等。

2. 基本要求

（1）高压维护人员必须持证上岗，无证者无权操作。

（2）需停电检修时，应报主管部门批准，并通知用户后进行。

（3）室外油浸变压器应每年检测绝缘油一次，室内油浸变压器应每两年检测绝缘油一次。

3. 变压器倒闸

变压器倒闸操作顺序：停电时先停负荷侧，后停电源侧；送电时与上述操作顺序相反。

(1) 从电源侧逐级向负荷侧送电，如有故障便于确定故障范围，及时做出判断和处理，以免故障蔓延扩大。

(2) 多电源的情况下，先停负荷侧可以防止变压器反充电；若先停电源侧，遇有故障可能造成保护装置误动。

4. 巡视检查

变配电所有人值班时，每班巡检一次，无人值班可每周巡检一次，负荷变化激烈、天气异常、新安装及变压器大修后，应增加特殊巡视，周期不定。

(1) 变压器温度及声音是否正常，有无异味、变色、过热及冒烟等现象。

(2) 干式变压器的风机运转声音及温控器指示是否正常。

(3) 变压器高、低压及接地的接线处是否接触良好，有无变色现象。

(4) 负荷电流是否在额定范围之内，有无剧烈的变化，运行电压是否正常。

(5) 油位、油色、油温是否超过允许值，有无渗漏油现象。

(6) 瓷套管是否清洁，有无裂纹、破损和污渍及放电现象，接触端子是否有变色、过热现象。

(7) 吸潮器中的硅胶变色程度是否已经饱和，变压器运行声音是否正常。

(8) 瓦斯继电器内是否有空气，是否充满油，油位计玻璃是否破裂，防爆管的隔膜是否完整。

(9) 变压器外壳、避雷器、中性点接地是否良好，变压器油阀门是否正常。

(10) 变压器间的门窗、铁网护栏及消防器材是否完好，变压器基础是否变形。

5. 防火爆炸

(1) 不能过载运行：长期过载运行，会引起线圈发热，使绝缘逐渐老化，造成短路。

(2) 经常检验绝缘油质：油质应定期化验，不合格油应及时更换，或采取其他措施。

（3）防止变压器铁芯绝缘老化损坏：铁芯长期发热易造成绝缘老化。

（4）防止因检修不慎破坏绝缘：如果发现擦破损伤，应及时处理。

（5）保证导线接触良好：接触不良易产生局部过热。

（6）防止雷击：变压器会因击穿绝缘而烧毁。

（7）短路保护：变压器线圈或负载发生短路，如果保护系统失灵或保护定值过大，就可能烧毁变压器，为此要安装可靠的短路保护。

（8）保证良好的接地。

（9）通风和冷却：如果变压器线圈导线是A级绝缘，其绝缘体以纸和棉纱为主。变压器正常在90℃以下运行，寿命约20年；若温度升至105℃，则寿命为7年。变压器运行，要保持良好的通风和冷却。

9.6 变压器保护

变压器保护应注意以下几点：

（1）变压器的外壳应可靠接地，工作零线与中性点接地线应分别敷设，工作零线不能埋入地下。

（2）变压器的中性点接地回路，在靠近变压器处，应做成可拆卸的连接螺栓。

（3）装有阀式避雷器的变压器其接地应满足三位一体的要求，即变压器中性点、变压器外壳、避雷器接地应连接在一处共同接地。

（4）接地电阻应≤4Ω。

（5）变压器（100kVA以上变压器）一次熔断器熔断电流应为1.5～2倍变压器一次额定电流。

（6）变压器二次侧开关应选择等于二次侧额定电流。

（7）800kVA及以上变压器除应安装瓦斯继电器和保护线路外，系统回路还应配置相适应的过电流和速断保护；定值整定和定期校验。

9.7 故障处理

1. 焊接处渗漏油

焊接处渗漏油主要是焊接质量不良，存在虚焊、脱焊，焊缝中存在针孔、砂眼等缺陷，电力变压器出厂时因有焊药和油漆覆盖，运行后隐患便暴露出来，另外电磁振动会使焊接振裂，造成渗漏。对于已经出现渗漏现象的，首先找出渗漏点，不可遗漏。针对渗漏严重部位可用扁铲或尖冲子等金属工具将渗漏点铆死，控制渗漏量后将治理表面清理干净，大多采用高分子复合材料进行固化，固化后即可达到长期治理渗漏的目的。

2. 密封件渗漏油

密封不良原因，通常箱沿与箱盖的密封是采用耐油橡胶棒或橡胶垫密封的，如果其接头处处理不好会造成渗漏油故障。有的是用塑料带绑扎，有的直接将两个端头压在一起，由于安装时滚动，接口不能被压牢，起不到密封作用，仍是渗漏油。可用福世蓝材料进行粘接，使接头形成整体，渗漏油现象将得到很大的控制；若操作方便，也可以同时将金属壳体进行粘接，达到渗漏治理目的。

3. 法兰连接处渗漏油

法兰表面不平，紧固螺栓松动，安装工艺不正确，使螺栓紧固不好，而造成渗漏油。先将松动的螺栓进行紧固后，对法兰实施密封处理，并针对可能渗漏的螺栓也进行处理，达到完全治理目的。对松动的螺栓进行紧固，必须严格按照操作工艺进行操作。

4. 螺栓或管子螺纹渗漏油

出厂时加工粗糙，密封不良，电力变压器密封一段时间后便产生渗漏油故障。采用高分子材料将螺栓进行密封处理，达到治理渗漏的目的。还可将螺栓（螺母）旋出，表面涂抹福世蓝脱模剂后，再在表面涂抹材料后进行紧固，固化后即可达到治理目的。

5. 铸铁件渗漏油

铸铁件渗漏油的主要原因是铸铁件有砂眼及裂纹。针对裂纹渗漏，钻止裂孔是消除应力、避免延伸的最佳方法。治理时可根据裂纹的情况，在漏点上打入铅丝或用手锤铆死。然后用丙酮将渗漏点清洗干净，用材料进行密封。铸造砂眼则可直接用材料进行密封。

6. 散热器渗漏油

散热器的散热管通常是用有缝钢管压扁后经冲压制成的，在散热管弯曲部分和焊接部分常产生渗漏油，这是因为冲压散热管时，管的外壁受张力，其内壁受压力，存在残余应力所致。将散热器上下平板阀门（蝶阀）关闭，使散热器中油与箱体内油隔断，降低压力及渗漏量。确定渗漏部位后进行适当的表面处理，然后采用福世蓝材料进行密封治理。

7. 瓷瓶及玻璃油标渗漏油

瓷瓶及玻璃油标渗漏油通常是因为安装不当或密封失效所制。高分子复合材料可以很好地将金属、陶瓷、玻璃等材质进行粘接，从而达到渗漏油的根本治理。

第10章

电机

电机（Electric Machinery，俗称“马达”）是指依据电磁感应定律实现电能转换或传递的一种电磁装置。在电路中用字母 M（旧标准用 D）表示。它的主要作用是产生驱动转矩，作为用电器或各种机械的动力源。发电机在电路中用字母 G 表示，它主要是利用电能转化为机械能。

10.1 直流电机

10.1.1 组成结构

直流电机的结构由定子和转子两大部分组成。直流电机运行时静止不动的部分称为定子，定子的主要作用是产生磁场，由机座、主磁极、换向极、端盖、轴承和电刷装置等组成。运行时转动的部分称为转子，主要作用是产生电磁转矩和感应电动势，是直流电机进行能量转换的枢纽，所以通常又称为电枢，由转轴、电枢铁芯、电枢绕组、换向器和风扇等组成。

1. 定子

1）主磁极

主磁极的作用是产生气隙磁场。主磁极由主磁极铁芯和励磁绕组两部分组成。

铁芯一般用0.5～1.5mm厚的硅钢板冲片叠压铆紧而成，分为极身和极靴两部分，上面套励磁绕组的部分称为极身，下面扩宽的部分称为极靴，极靴宽于极身，既可以调整气隙中磁场的分布，又便于固定励磁绕组。励磁绕组用绝缘铜线绕制而成，套在主磁极铁芯上。整个主磁极用螺钉固定在机座上。

2）换向极

换向极的作用是改善换向，减小电机运行时电刷与换向器之间可能产生的换向火花，一般装在两个相邻主磁极之间，由换向极铁芯和换向极绕组组成。换向极绕组用绝缘导线绕制而成，套在换向极铁芯上，换向极的数目与主磁极相等。

3）机座

电机定子的外壳称为机座。机座的作用有两个：一是用来固定主磁极、换向极和端盖，并起整个电机的支撑和固定作用；二是机座本身也是磁路的一部分，借以构成磁极之间磁的通路，磁通通过的部分称为磁轭。为保证机座具有足够的机械强度和良好的导磁性能，一般为铸钢件或由钢板焊接而成。

4）电刷装置

电刷装置是用来引入或引出直流电压和直流电流的。电刷装置由电刷、刷握、刷杆和刷杆座等组成。电刷放在刷握内，用弹簧压紧，使电刷与换向器之间有良好的滑动接触，刷握固定在刷杆上，刷杆装在圆环形的刷杆座上，相互之间必须绝缘。刷杆座装在端盖或轴承内盖上，圆周位置可以调整，调好以后加以固定。

2. 转子

1）电枢铁芯

电枢铁芯是主磁路的主要部分，同时用以嵌放电枢绕组。

一般电枢铁芯采用由0.5mm厚的硅钢片冲制而成的冲片叠压而成，以降低电机运行时电枢铁芯中产生的涡流损耗和磁滞损耗。叠成的铁芯固定在转轴或转子支架上。铁芯的外圆开有电枢槽，槽内嵌放电枢绕组。

2）电枢绕组

电枢绕组的作用是产生电磁转矩和感应电动势，是直流电机进行能量变换的关键部件，所以称为电枢。它是由许多线圈（以下称元件）按一定规律连接而成的，线圈采用高强度漆包线或玻璃丝包扁铜线绕成，不同线圈的线圈边分上下两层嵌放在电枢槽中，线圈与铁芯之间以及上、下两层线圈边之间都必须妥善绝缘。为防止离心力将线圈边甩出槽外，槽口用槽楔固定。线圈伸出槽外的端接部分用热固性无纬玻璃带进行绑扎。

3）换向器

在直流电动机中，换向器配以电刷，能将外加直流电源转换为电枢线圈中的交变电流，使电磁转矩的方向恒定不变；在直流发电机中，换向器配以电刷，能将电枢线圈中感应产生的交变电动势转换为正、负电刷上引出的直流电动势。换向器是由许多换向片组成的圆柱体，换向片之间用云母片绝缘。

4）转轴

转轴起转子旋转的支撑作用，需有一定的机械强度和刚度，一般用圆钢加工而成。

10. 1. 2 基本原理

图 10. 1 是直流发电机的原理图，两个磁极 N、S，建立恒定磁场。两磁极中间有圆柱形铁芯，称为电枢。电枢一端有两片半圆形铜片，称为换向器。电枢上绕一只单匝绕圈 abcd，线圈两端 a、b 分别与换向铜片 1、2 连接，通过电刷 A、B 与外电路相连。

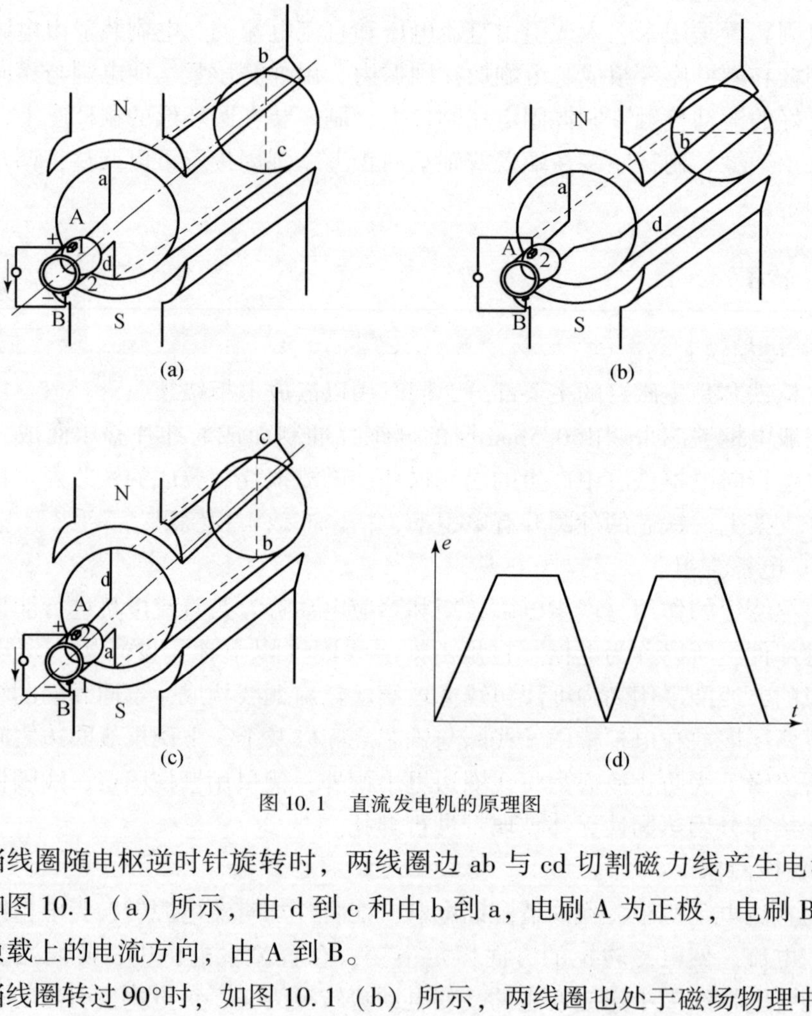

图 10. 1　直流发电机的原理图

当线圈随电枢逆时针旋转时，两线圈边 ab 与 cd 切割磁力线产生电动势，方向如图 10. 1（a）所示，由 d 到 c 和由 b 到 a，电刷 A 为正极，电刷 B 为负极。负载上的电流方向，由 A 到 B。

当线圈转过 90°时，如图 10. 1（b）所示，两线圈也处于磁场物理中性面上，此时不切割磁力线，感应电动势为零。虽然两电刷同时与两铜片连接，把线圈短接，但线圈中无电流。

当线圈转过了物理中性面如图 10.1（c）所示，此时线圈边中的电动势方向改变了，由 a 到 b 和由 c 到 d。电刷 A 由原来与铜片 1 接触变为与铜片 2 接触，电刷 B 由原来与铜片 2 接触变为与铜片 1 接触。因此 A 仍为正极，B 仍为负极。

线圈每转过一对磁极，其电动势方向就改变一次，但是两电刷之间的电动势方向是不变的，电动势只是大小在零与最大值之间变化，如图 10.1（d）所示，这就是直流发电机原理。

10.1.3 直流电机的分类

励磁绕组的供电方式称为励磁方式。按照励磁方式，直流电机分为他励和自励两大类。

1. 他励电机

他励电机的励磁绕组不与电枢绕组连接，如图 10.2 所示，励磁电流由独立的电源供给，其大小与电枢两端电压无关。

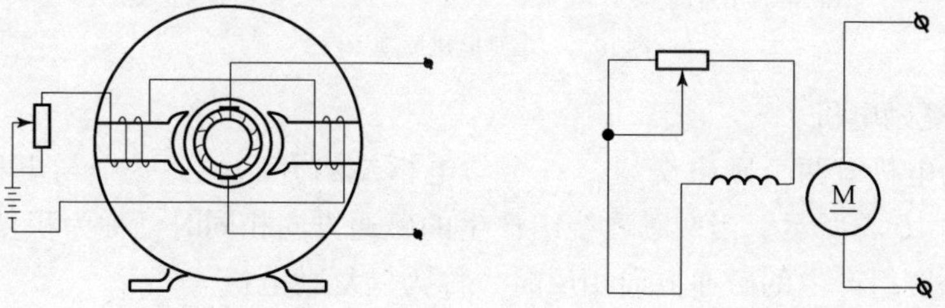

(a) 接线示意图　　(b) 原理线路图

图 10.2　他励电机原理示意图

2. 自励电机

自励电机的励磁绕组与电枢绕组连接，励磁电流的大小与电枢两端的电压有关。

1）并励电机

并励电机的励磁绕组与电枢绕组并联，如图 10.3 所示。励磁绕组匝数较多，导线截面较细，电阻较大，故励磁电流只为电枢电流的一小部分。

2）串励电机

串励电机的励磁绕组与电枢绕组串联，如图 10.4 所示。励磁电流与电枢绕组电流相等。因电枢电流较大，所以励磁绕组用较粗的导线制成，匝数较少。

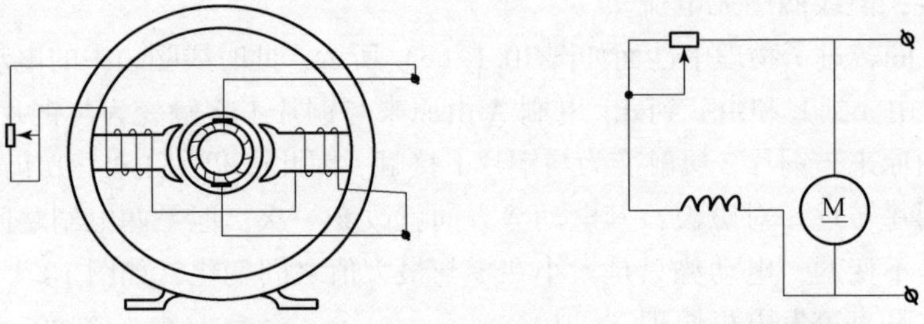

(a) 接线示意图　(b) 原理线路图

图 10.3　并励电机原理示意图

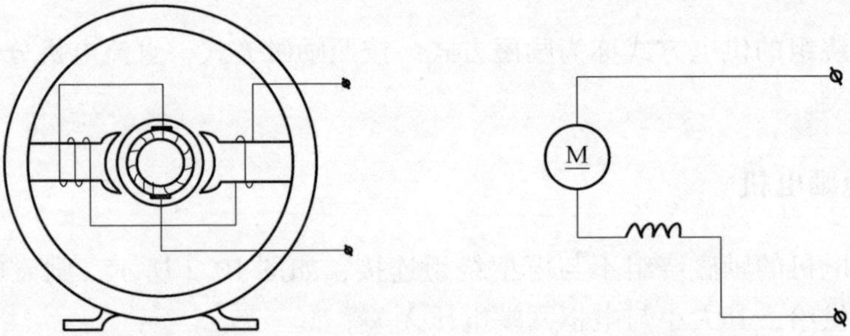

(a) 接线示意图　(b) 原理线路图

图 10.4　串励电机原理示意图

3）复励电机

复励电机有两个励磁绕组，一个与电枢绕组并联，另一个与电枢绕组串联，如图 10.5 所示。当两励磁绕组产生的磁通方向相同时，称为积复励电机；当两励磁绕组产生的磁通方向相反时，称为差复励电机。

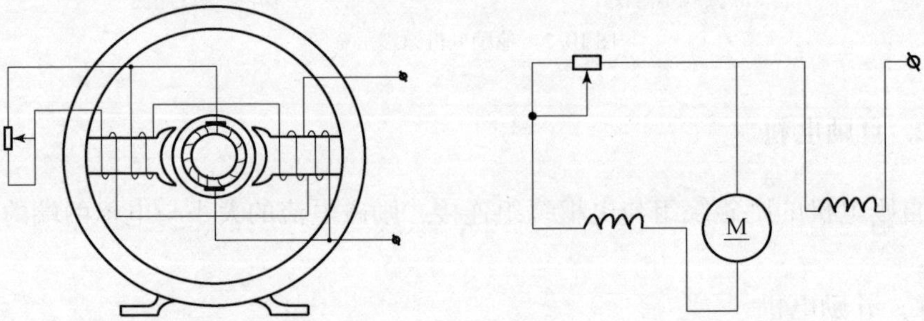

(a) 接线示意图　(b) 原理线路图

图 10.5　复励电机原理示意图

10.1.4　直流电机的型号

常用中小型直流电机的型号示意图如图 10.6 所示。

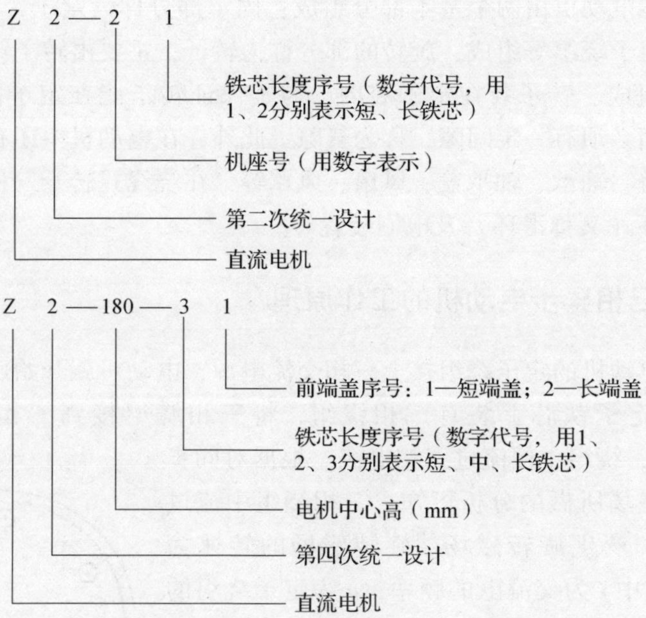

图 10.6　常用中小型直流电机型号示意图

10.2　三相异步电动机

10.2.1　三相异步电动机

三相交流异步电动机，又称为三相交流感应电动机。由于三相异步电动机具有结构简单、制造容易、工作可靠、维护方便、价格低廉等优点，现已成为工农业生产中应用最广泛的一种电动机。例如，在工业方面，它被广泛用于拖动各种机床、风机、水泵、压缩机、搅拌机、起重机等生产机械；在农业方面，它被广泛用于拖动排灌机械及脱粒机、碾米机、榨油机、粉碎机等各种农副产品加工机械。

为了适应各种机械设备的配套要求，异步电动机的系列、品种、规格繁多，其分类方法也很多。

10.2.2　三相异步电动机的结构

三相异步电动机有多种类型，其外形和局部结构各异，但其主要结构部件却基本相同。

三相异步电动机由两个基本部分组成：固定部分称为定子，主要由机座、定子铁芯、定子绕组等组成；旋转的部分称为转子，主要由转子铁芯、转子绕组和转轴等组成。转子装在定子腔内，为了保证转子能在定子内自由转动，定、转子之间必须有一定间隙，称为气隙。此外，在电动机中还有一些其他零部件，如端盖、轴承、轴承盖、风扇、风罩等，在绕线式转子三相异步电动机中还有集电环（又称滑环）及电刷装置等。

10.2.3 三相异步电动机的工作原理

将异步电动机的定子绕组接上三相交流电源，电动机就开始旋转。三相异步电动机的定子铁芯上装有三相绕组，将三相绕组接到三相电源上，如图 10.7 所示，绕组中便流过三相电流。根据对同步发电机电枢磁场所做的分析可知，三相绕组中流过三相电流时，产生旋转磁场。旋转磁场的转速为 $n=60f/p$，式中 f 为交流电的频率，p 为定子绕组的磁极对数。旋转磁场的旋转方向取决于通入交流电的相序。若相序为顺时针方向，则旋转磁场顺时针方向旋转；若相序为逆时针方向，则旋转磁场逆时针方向旋转。旋转磁场相当于磁极在定子圆周上旋转。为了便于分析，用旋转的磁极来形象地表示旋转磁场。如图 10.7 所示，图中假定旋转磁场顺时针方向旋转。

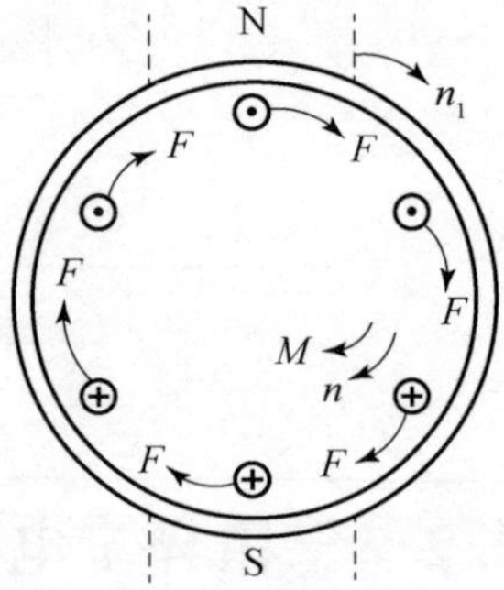

图 10.7　三相异步电动机的旋转原理

旋转磁场以转速 n_1 旋转，在转子尚未转动时，二者的相对转速为 n_1，转子导体切割旋转磁场的磁通而产生感应电势 e_2，e_2 的方向可由右手定则确定。若磁场顺时针方向旋转，则转子导体逆时针方向切割磁通。以右手掌心对着磁通方向，拇指指向导体切割磁通的方向，则四指所指即为 e_2 的方向。在图 10.7 中，N 极下导体中 e_2 的方向为⊙，S 极下导体中 e_2 的方向为⊗。

我们知道，转子导体的两端有时端环短接，因此在电势 e_2 的作用下，转子导体中便产生电流 i_2。由于转子电路是感性电路，因此电流 i_2 落后电势 $e_2-\varphi_2$ 角。于是电流 i_2 可分解为与 e_2 同相的有功分量 i_{2R} 和落后于 $e_2 90°$ 的无功分量 i_{2X}。这里仅分析有功分量 i_{2R} 的作用（无功分量 i_{2X} 不产生转矩，其原理可自行分析）。这样，电流 i_{2R} 与电势 e_2 的方向相同，根据通电导体在磁场中受力的原理，转子导体受到电磁力 F 的作用，F 的方向可用左手定则确定。在电磁力 F 的作用下，产生电磁转矩，其方向为顺时针方向，即与旋转磁场的转向相同，如果电磁转矩 M 大于转子的阻力转矩，转子便沿着旋转磁场的转向移动起来。

通过上面分析，可以得出以下两点结论：

（1）异步电动机转子旋转的方向和定子旋转磁场的转向是一致的。因此，要想改变电动机转子的转向，就必须改变定子旋转磁场的转向。这只要将定子三相绕组接向电源的任意两根端线加以调换即可。

（2）异步电动机转子的转速 n 不可能达到定子旋转磁场的转速 n_1，n 总是要比 n_1 略低一些。

一般异步电动机，空载时的转差率约为0.4%，满载时的转差率为2%~5%。

10.2.4 三相异步电动机的接法

三相异步电动机的接法是指电动机在额定电压下，三相定子绕组6个首末端头的连接方法，有星形（Y）和三角形（△）两种。

三相定子绕组每相都有两个引出线头，一个称为首端，另一个称为末端。按国家标准规定，第一相绕组的首端用 U_1 表示，末端用 U_2 表示；第二相绕组的首端和末端分别用 V_1 和 V_2 表示；第三相绕组的首端和末端分别用 W_1 和 W_2 表示。这6个引出线头引入接线盒的接线上，接线柱标出对应的符号。

三相定子绕组的首末端是生产厂家事先设计好的，绝不能任意颠倒，但可以将三相绕组的首末端一起颠倒。例如将 U_2、V_2、W_2 作为首端，而将 U_1、V_1、W_1 作为末端。但绝对不能单独将一相绕组的首末端颠倒，如将 U_1、V_2、W_1 作为首端，则将会产生接线错误。

10.3 单相电容电动机

图10.8（a）为电容起动电动机。在它的定子中放置两套绕组，它们在空间相差90°电角度。绕组A直接接到电源上称为工作绕组，而起动绕组B和电容C串联后再接到电源上。通常选择适当的电容C使 i_B 超前 i_A 90°，如图10.8（b）所示。这样两个在相位上相差90°的电流通入在空间上相差90°电角度的两个单相绕组中，就能产生旋转磁场而使电动机获得起动转矩。

在旋转磁场的作用下，转子鼠笼绕组产生电流，它与旋转磁场相互作用产生电磁转矩使电动机转子转动起来。在接近额定转速时，借助离心力的作用把离心开关K断开，这时起动绕组便不起作用了。电动机进入单相运行状态。若需改变电动机转向，只要在电动机起动前调换任一绕组的线头，旋转磁场反转，电动机也随之反转。

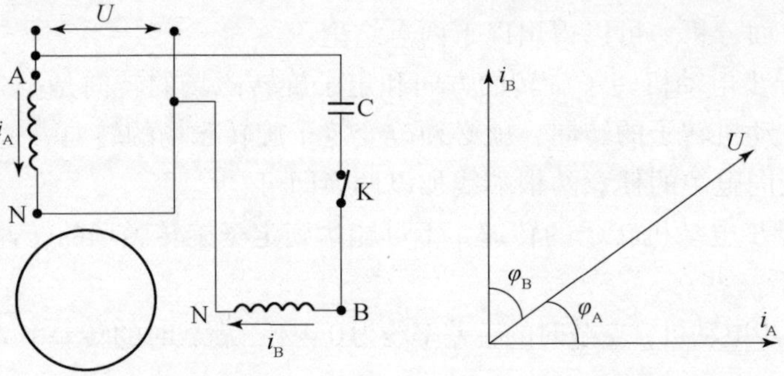

(a) 电容起动电动机　　(b) 电流相位示意图

图 10.8　单相电容电动机

10.4　同步发电机

10.4.1　同步发电机的基本工作原理

图 10.9 是一台二极三相同步发电机，它的定子三相绕组用空间互相差 120°的三个线圈 AX、BY 和 CZ 来表示，当转子以转速 n 旋转且激励绕组中通入直流电时，则转子旋转磁场在这三个线圈中将感应出交流电势 e_A、e_B 和 e_C。由于三相线圈的匝数相等，故三相电势有效值相等。由于三相线圈空间位置上相互错开 120°，故三相电势之间相位互差 120°，这种电势称为对称的三相电势。

三相电势的频率相同，为 $f = P \cdot n/60$，其中 P 为磁极对数，n 为转速。

10.4.2　同步电机空载运行

1. 同步电机空载运行的电势公式

据电磁感应定律，当转子磁极在原动机的带动下旋转时，定子三相绕组中将产生感应电势。设定 A 相绕组中电势正方向（A 处⊙，X 处⊗为正）。当 $\omega t = 0°$时，通过 A 相磁通最大；当 $\omega t = 90°$时，通过 A 相磁通最小为 0，如图 10.10 所示。

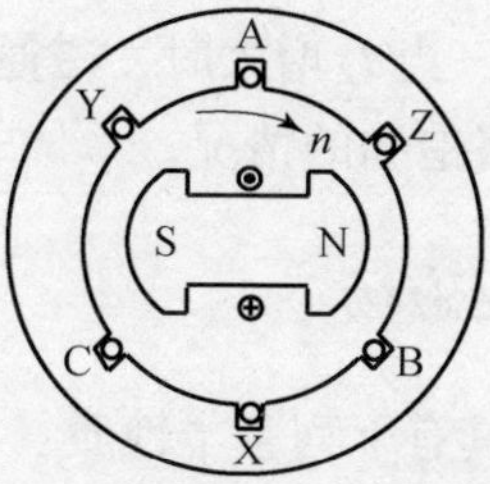

图 10.9　二极三相
同步发电机

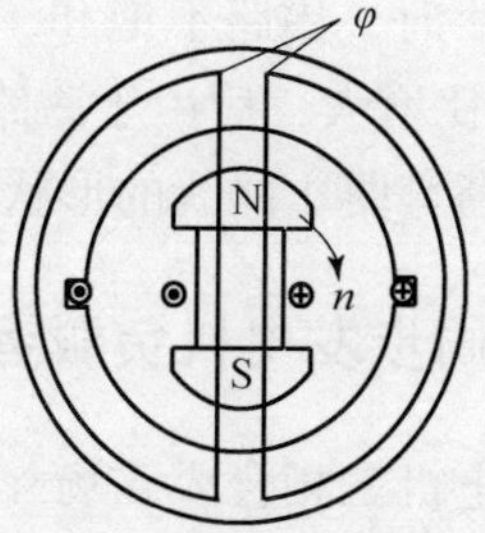

图 10.10　同步发电机 A 相
绕组感应电势的产生

根据电磁感应定律，有

$$e_{0A}=-W\frac{\mathrm{d}\psi_{0A}}{\mathrm{d}t}=-W\frac{\mathrm{d}}{\mathrm{d}t}\varphi_0\cos\omega t=\omega W\varphi_0\sin\omega t=2\pi fW\varphi_0\sin\omega t$$

又因为存在 90°相位差，则有

$$\dot{E}=-j4.44fk_{\mathrm{w}}W\dot{\varphi}_0 \tag{10.1}$$

式中：f 为频率；W 为一相绕组串联的匝数；$e_{0A}\,\varphi_0$ 为主磁通的最大值（每极）；E_0 为相电势，又称为空载电势；K_{w} 为绕组系数，其值约为 0.95。

E_0 在相位上落后主磁通最大值 $\varphi=90°$，其有效值为

$$E_0=\frac{1}{\sqrt{2}}2\pi fW\varphi_0=4.44fW\varphi_0 \tag{10.2}$$

2. 同步发电机的空载特性

同步发电机空载时，电势 E_0 随励磁电流 I_f 变化的关系叫作空载特性。空载特性可以用实验方法求出。将原机转速调整到 n_{N} 并保持不变，断开转子励磁电路，测出剩磁电势 E_{r}；然后接通励磁电路，逐步减小 R_f，测量 I_f 和 E_0 的数值，直到 $E_0=1.3U_{\mathrm{N}}$。实验线路如图 10.11 所示，E_0 与 I_f 的关系曲线如图 10.12 所示。

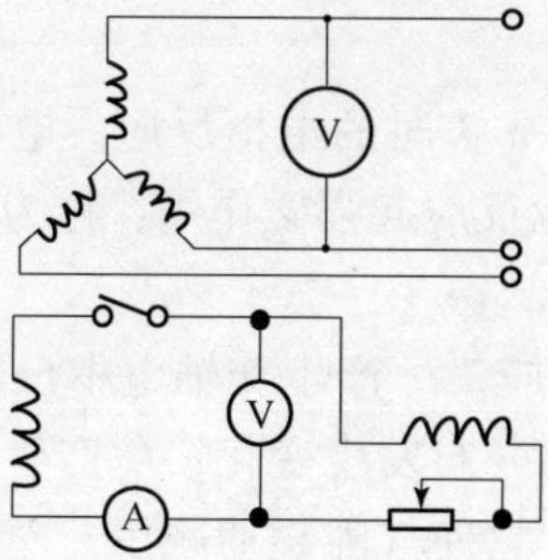

图 10.11　空载特性实验线路图

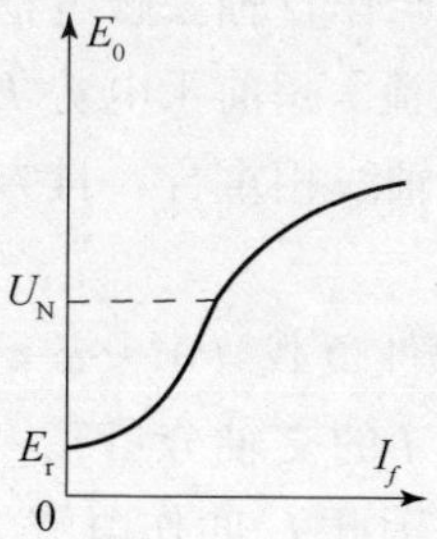

图 10.12　同步发电机的空载特性

当 I_f 较小时，磁路不饱和，磁通 φ_0 随 I_f 成正比增大，因式（10.1），故 E_0 与 I_f 成正比增大；后由于磁路饱和的影响，当 I_f 增大时，磁通增加也较小，因此曲线逐渐弯曲。曲线的形状，取决于磁路饱和的情况。

10.4.3 同步发电机负载运行时的电枢磁场

同步发电机三相合成磁场（电枢磁场）具有下列基本性质：

(1) 三相绕组通过对称三相电流时产生旋转磁场；

(2) 旋转磁场的转向取决于三相电流的相序；

(3) 旋转磁场的转速为

$$n_1 = 60\,\frac{f}{p} \tag{10.3}$$

(4) 当某相电流达到最大值的瞬时，旋转磁场轴线与该相绕组轴线重合。

总结：同步发电机电枢磁场的转速和转子转速相等，电枢磁场的转向始终与磁极的转向相同。因此，电枢磁场和转子之间没有相对运动，是同步的，故称同步电机。

10.4.4 同步发电机的电枢反应

空载时，同步发电机只有一个以转速 n 旋转的转子磁极磁场（主磁场）；负载时，定子绕组通过三相电流也将产生磁场，称为电枢磁场。这个磁场使得主磁场发生变化，因而引起压降。电枢磁场对主磁场的影响叫作电枢反应。

(1) 电流 I 与电势 E 同相，即 $\varphi=0$ 时的电枢反应。此电枢磁场和转子磁极磁场是相互正交的（相互差 $\pi/2$），故称这种情况下的电枢反应为交轴电枢反应。

(2) 电流 I 落后于电势 E 90°，即 $\varphi=\pi/2$ 时的电枢反应。这种电枢反应起去磁作用，它使气隙磁通减少。因为这种情况下电枢磁场恰好和磁极轴线相重合，所以叫作直轴去磁电枢反应。

(3) 电流 I 超前于电势 E 90°，即 $\varphi=-\pi/2$ 时的电枢反应。电枢磁场和磁极磁场的轴线相重合，且方向相同，故电枢反应起强磁作用，称为直轴强磁电枢反应。

(4) 感性负载（$0°<\varphi<90°$）的电枢反应。I_q 产生交轴电枢反应（因此 I_q 叫作电流 I 的交轴分量），它使气隙磁场的分布发生变化；I_d 产生直轴去磁电枢反应（因此 I_d 叫作电流 I 的直轴分量），它使气隙磁通减少。总的电枢反应为这两种电枢反应的综合。

第11章

电力电缆

电力电缆是用于传输和分配电能的电缆，电力电缆常用于城市地下电网、发电站引出线路、工矿企业内部供电及过江海水下输电线。在电力线路中，电缆所占比例正逐渐增加。电力电缆是在电力系统的主干线路中用以传输和分配大功率电能的电缆产品，包括1~500kV及以上各种电压等级、各种绝缘的电力电缆。

11.1 电力电缆的基础知识

11.1.1 电力电缆的用途与优缺点

发电厂发出的电能传送到远方的变电所、配电所及各种用户，是通过架空线路或电缆线路实现的。用于传送和分配电能的电缆，称为电力电缆。

电能传送中，通过建筑物和居民密集的地区时，地面空隙有限，不能立设杆塔和架空线，就需要施放地下电缆。在发电厂或变电所中，引出线很多，往往因空间不够，也需用电缆来输送电能。

采用电缆输送电能比用架空线具有下列优点：

(1) 占地小。地下敷设不占地面空间，不受地面建筑物的影响，不需在地面架设杆塔、导线，适用于城市、街道供电，使市容整齐美观。

(2) 对人身比较安全。地下隐蔽工程，避免人们触及。

(3) 供电可靠，不受外界的影响。自然界常见的如雷击、风、水、风筝、鸟等因素会造成架空线的短路和接地等故障，而电缆则不受影响。

(4) 运行维护简单方便，工作量少，费用低。

(5) 电缆的电容较大，有利于提高电力系统的功率因数。

对于地下水电站，电缆引出线成为不可缺少的一个重要组成部分。对于过江、过河输电线路，由于跨度太大而不宜敷设架空线，或者为了避免架空线对船只通航产生障碍时，宜采用电缆。为避免电力线对通信产生干扰，多采用电缆。在大城市人口稠密区的配电网、大型工厂、发电厂以及电网交叉区、交通拥挤区等，也需采用电缆，其占地少，安全可靠，可以减少电网对交通、城市建设的影响。

电缆线路与架空线路比较存在如下缺点：

（1）成本高，投资费用较大。

（2）敷设后不易更换变动，不宜做临时性的线路使用。

（3）线路不易分支。

（4）故障测寻困难。

（5）检修费工、费时、费用大。

（6）电缆头的制作工艺要求较高。

综上所述，在什么情况下采用电缆，需综合考虑后再决定。

11.1.2 电力电缆的种类及特征

1. 电力电缆的种类

电力电缆按绝缘材料、电能形式、结构特征、电压等级、导体标称截面积、导体芯数以及安装敷设的环境等有以下分类。

1）按绝缘材料分类

（1）油纸绝缘，包括黏性浸渍纸绝缘（统包型、分相屏蔽型）；不滴流浸渍纸绝缘（统包型、分相屏蔽型）；有油压、油浸渍纸绝缘（自容式充油电缆、钢管充油电缆）；有气压、黏性浸渍纸绝缘（自容式充气电缆、钢管充气电缆）。

（2）塑料绝缘，包括聚氯乙烯绝缘、聚乙烯绝缘、交联聚乙烯绝缘。

（3）橡胶绝缘，包括天然橡胶绝缘、乙丙橡胶绝缘、丁基橡胶绝缘。

2）按传输电能形式分类

按传输电能形式分交流电缆和直流电缆。目前电力电缆的绝缘部分均为应用于交流系统而设计。直流电力电缆的电场分布与交流电力电缆不同，因此需要特殊设计。

3）按结构特征分类

（1）统包型：缆芯成缆后，在外面包有统包绝缘，并置于同一内护套中。

（2）分相型：主要是分相屏蔽，一般用在10～35kV，有油纸绝缘和塑料绝缘。

（3）钢管型：电缆绝缘外有钢管护套，分钢管充油、充气电缆和钢管油压式、气压式电缆。

（4）扁平型：三芯电缆的外形呈扁平状，一般用于大长度海底电缆。

（5）自容型：护套内部有压力的电缆，分自容式充油电缆和充气电缆。

4）按电压等级分类

电力电缆都是按一定电压等级制造的，由于绝缘材料及运行情况不同，适用于不同的电压等级。我国电缆产品的电压等级有0.6/1kV、1/1kV、3.6/6kV、6/6kV、6/10kV、8.7/10kV、8.7/15kV、12/15kV、15/20kV、18/20kV、18/30kV、21/35kV、26/35kV、36/63kV、48/63kV、64/110kV、127/220kV、190/330kV、290/500kV 共19种。

电压等级有两个数值，用斜杠分开，斜杠前的数值是相电压值，斜杠后的数值是线电压值（设备最高电压）。常用电缆的电压等级 U_0/U(kV) 为0.6/1kV、3.6/6kV、6/10kV、21/35kV、36/63kV、64/110kV，这种电压等级的电缆适用于每次接地故障持续时间不超过1min的三相系统，而电压等级 U_0/U(kV) 为1/1kV、6/6kV、8.7/10kV、26/35kV、48/63kV 的电缆适用于每次接地故障持续时间一般不超过2h、最长不超过8h的三相系统。在选择和使用电缆时应特别注意。

从施工技术要求、电缆中间接头、电缆终端结构特征及运行维护等方面考虑，也可以根据电压分类：低电压电力电缆（1kV）、中电压电力电缆（6～35kV）、高电压电力电缆（110～500kV）。

5）按导体标称截面积分类

电力电缆的导体是按一定等级的标称截面积制造的，这样既便于制造，也便于施工。

我国电力电缆标称截面积系列为1.5mm²、2.5mm²、4mm²、6mm²、10mm²、16mm²、25mm²、35mm²、50mm²、70mm²、95mm²、120mm²、150mm²、185mm²、240mm²、300mm²、400mm²、500mm²、630mm²、800mm²、1000mm²、1200mm²、1400mm²、1600mm²、1800mm²、2000mm² 共26种。

6）按导体芯数分类

电力电缆导体芯数有单芯、二芯、三芯、四芯和五芯共5种。单芯电缆通常用于传送单相交流电、直流电，也可在特殊场合使用（如高压电机引出线等），一般中低压大截面的电力电缆和高压充油电缆多为单芯；二芯电缆多用于传送单相交流电或直流电；三芯电缆主要用于三相交流电网中，在3kV及以下各种中小截面的电缆线路中广泛应用；四芯和五芯电缆多用于低压配电线路。只有电压等级为1kV的电缆才有二芯、三芯、四芯和五芯。

7）按敷设环境条件分类

敷设环境分为地下直埋、地下管道、空气中、水底、矿井、高海拔、盐雾、大高差、多移动、潮热区等。一般环境因素对护层的结构影响较大，有的要求考虑力学保护，有的要求提高防腐蚀能力，有的要求增加柔软度等。

2. 电力电缆的特征

现将几种电力电缆的主要特点分别叙述如下。

1）油纸绝缘电缆

黏性浸渍纸绝缘电力电缆的主要特点如下：

（1）成本低，工作寿命长。

（2）结构简单，制造方便。

（3）绝缘材料来源充足。

（4）易于安装和维护。

（5）油易淌流，不宜做高落差敷设。

（6）允许工作场强较低，不宜做高电压电力传输。

不滴流浸渍纸绝缘电力电缆的主要特点如下：

（1）浸渍剂在工作温度下不滴流，适宜高落差敷设。

（2）工作寿命较黏性浸渍纸绝缘电缆更长。

（3）有较高的绝缘稳定性。

（4）成本较黏性浸渍纸绝缘电缆稍高。

2）橡胶绝缘电缆

（1）柔软性好，易弯曲，橡胶在很大的温差范围内具有弹性，适宜做多次拆装的线路。

（2）橡胶的耐寒性能较好。

（3）橡胶电缆有较好的电气性能、力学性能和化学稳定性。

（4）对气体、潮气、水的防渗透性较好。

（5）耐电晕、耐臭氧、耐热性能好，耐油的性能较差，仅能适用于1000V以下的电压等级。

3）塑料绝缘电缆

聚氯乙烯绝缘电缆的主要特点如下：

（1）安装工艺简单。

（2）聚氯乙烯化学稳定性高，具有非燃性，材料来源充足。

（3）能适应高落差敷设。

（4）敷设维护简单方便。

（5）聚氯乙烯电气性能低于聚乙烯。

（6）工作温度对其力学性能有明显的影响。

聚乙烯绝缘电缆的主要特点如下：

(1) 聚乙烯有优良的介电性能，但抗电晕、游离放电性能差。

(2) 聚乙烯工艺性能好，易于加工，但耐热性差，受热易变形，易延燃，易发生应力龟裂。

交联聚乙烯绝缘电缆的主要特点如下：

(1) 交联聚乙烯的允许温升较高，所以电缆的允许载流量较大。

(2) 交联聚乙烯有优良的介电性能，但抗电晕、游离放电性能差。

(3) 交联聚乙烯的耐热性能好。

(4) 适宜于高落差和垂直敷设。

(5) 接头工艺虽较严格，但对技工的技术水平要求不高，因此便于推广使用。

3. 电力电缆的铠装

电力电缆的铠装有两种形式，即钢带铠装和钢丝铠装。

(1) 钢带铠装。用两层厚度为0.3～0.8mm、宽度为15～60mm的钢带，采用间隙式绕包在电缆内衬层的表面上。使用的钢带一般为涂漆钢带或镀锌钢带，钢带的抗拉强度应大于30kg·f/mm^2，伸长率不小于20%。

(2) 钢丝铠装。装铠用的钢丝使用低碳钢轧制而成的镀锌钢丝。钢丝的直径一般为ϕ6.0mm，钢丝的抗拉强度为35～50kg·f/mm^2，伸长率不小于8%（ϕ1.8～2.4mm）和不小于12%（ϕ2.5～6.0mm）。涂塑钢丝是在镀锌钢丝上用沸腾法涂敷上一层塑料护层，护层的厚度通常为0.4mm以上，护层材料有聚乙烯和聚氯乙烯。

11.1.3 电缆的导体

1. 导体材料

电缆中的导体的作用是传送电流，为了减少线路损耗和电压降，一般采用高电导率的金属材料来制造电缆的导体。同时还应考虑材料的力学强度、价格、来源等因素，综合比较后，一般采用铜和铝作为电缆的导体。

2. 导体规格

电缆由于用途不同，输送容量不同，因而导电线芯的构造分成许多种。线芯有大小、形状和数量不同等区别。

（1）导线结构应满足力学性能要求，并力求通用化、系列化。

（2）导线截面在 0.012～1000mm^2 间合理分档，每一品种选用其中一段范围。某些传送弱电流的电线电缆（如信号电缆、钻探电缆），仅有一种导线截面，按最大工作电流和机械强度确定。

（3）导电线芯的大小按横断面积（截面）来衡量，以 mm^2 作单位。各国标准不同，我国目前规定中低压电缆截面有 1.5mm^2、2.5mm^2、4mm^2、6mm^2、10mm^2、16mm^2、25mm^2、35mm^2、50mm^2、70mm^2、95mm^2、120mm^2、150mm^2、185mm^2、240mm^2、300mm^2、400mm^2、500mm^2、630mm^2 和 800mm^2 等规格。

（4）电缆的线芯数有单芯、双芯、三芯和四芯四种。线芯的形状有圆形、半圆形、椭圆形和扇形等，圆形导线具有稳定性好、表面电场均匀、制造工艺简单等优点，所以高压电缆的线芯多数为圆形，其又分为压紧和非压紧两种。此外还有应用于充油的“中空导体”等不同结构形式。

（5）导线绞合。为了增加电缆的柔软性和可曲度，较大截面的电缆线芯由多根较小直径的导线绞合而成。由多根导线绞合的线芯柔软性好、可曲度较大，因为单根金属导线沿某一半径弯曲时，其中心线圆外部分必须伸长，而其圆内部分必须缩短，如线芯是由多根导线平行放置而组成，导线之间可以滑动，因此，它比相同截面单根导线做相同弯曲时要省力得多。为了保持线芯结构形状的稳定性和减小线芯弯曲时每根导线的变形，多根导线组成的线芯都应绞合而成。此外，由多根导线绞合的线芯，与大截面的单根线芯不同，弯曲较平滑地分配在一段线芯上，因而弯曲时不容易损坏电缆的绝缘。

11.2 电缆的选型

11.2.1 电缆型号的编制原则

电缆型号的编制原则如下：

（1）用汉语拼音第一个字母的大写表示绝缘种类、导体材料、内护层材料和结构特点。如用 Z 代表纸，L 代表铝，Q 代表铅，F 代表分相。

（2）用数字表示外护层构成，有两位数字。无数字代表无铠装层、无外被层。第一位数表示铠装，第二位数表示外被，例如，粗钢丝铠装纤维表示为 41。

（3）电缆型号按电缆结构的排列一般依绝缘材料、导体材料、内护层、外护层的次序。

（4）电缆产品用型号、额定电压和规格表示。其方法是在型号后再加上说明额定电压、芯数和标称截面积的阿拉伯数字。

11.2.2 典型电力电缆的结构和性能

典型电力电缆主要有聚氯乙烯绝缘电力电缆、交联聚乙烯绝缘电力电缆、阻燃电缆、耐火电力电缆、架空电力电缆五种。

1. 聚氯乙烯绝缘电力电缆

1）用途

该产品适用于交流额定电压（U_0/U）为0.6/1kV、3.6/6kV的线路中，供输配电能使用。聚氯乙烯绝缘电力电缆的型号、名称、敷设场合见表11.1。

表11.1　聚氯乙烯绝缘电力电缆的型号、名称、敷设场合

型号		名称	敷设场合
铜芯	铝芯		
VV	VLV	聚氯乙烯绝缘聚氯乙烯护套电力电缆	可敷设在室内、隧道、电缆沟、管道、易燃及严重腐蚀地方，不能承受机械外力作用
VY	VLY	聚氯乙烯绝缘聚乙烯护套电力电缆	可敷设在室内、管道、电缆沟及严重腐蚀地方，不能承受机械外力作用
VV22	VLV22	聚氯乙烯绝缘钢带铠装聚氯乙烯护套电力电缆	可敷设在室内、隧道、电缆沟、地下、易燃及严重腐蚀地方，不能承受拉力作用
VV23	VLV23	聚氯乙烯绝缘钢带铠装聚乙烯护套电力电缆	可敷设在室内、电缆沟、地下及严重腐蚀地方，不能承受拉力作用
VV32	VLV32	聚氯乙烯绝缘细钢丝铠装聚氯乙烯护套电力电缆	可敷设在地下、竖井、水中、易燃及严重腐蚀地方，不能承受大拉力作用
VV33	VLV33	聚氯乙烯绝缘细钢丝铠装聚乙烯护套电力电缆	可敷设在地下、竖井、水中及严重腐蚀地方，不能承受大拉力作用
VV42	VLV42	聚氯乙烯绝缘粗钢丝铠装聚氯乙烯护套电力电缆	可敷设在竖井、易燃及严重腐蚀地方，能承受大拉力作用
VV43	VLV43	聚氯乙烯绝缘粗钢丝铠装聚乙烯护套电力电缆	可敷设在竖井及严重腐蚀地方，能承受大拉力作用

2）使用条件及规格

导电线芯长期工作温度不能超过70℃，短路温度不能超过160℃（最长持续时间5s）。电缆敷设时，温度不能低于0℃，弯曲半径应不小于10倍，电缆敷设不受落差限制。聚氯乙烯绝缘电力电缆规格见表11.2。

表11.2　聚氯乙烯绝缘电力电缆规格

型号		芯数	标称截面/mm²	
铜芯	铝芯		0.6/1kV	3.6/6kV
VV VY		1	1.5~800	10~1000
	VLV VLY		2.5~800	10~1000
VV22 VV23	VLV22 VLV23		10~1000	10~1000
VV VY		2	1.5~185	
	VLV VLY		2.5~185	
VV22 VY23	VLV22 VLV23	2	4~185	
VV VY	VLV VLY	3+1	4~300	
VV22 VY23	VLV22 VLV23			
VV32	VLV32			
VV42	VLV42			
VV VY	VLV VLY	4	4~185	
VV22 VY23	VLV22 VLV23			
VV32	VLV32			
VV42	VLV42			

续表

型号		芯数	标称截面/mm^2	
铜芯	铝芯		0.6/1kV	3.6/6kV
VV VY			1.5~300	10~300
	VLV VLY		2.5~300	10~300
VV22 VY23	VLV22 VLV23	3	4~300	10~300
VV32 VV33	VLV32 VLV33		4~300	16~300
VV42 VV43	VLV42 VLV43		4~300	16~300
VV VV22	VLV VLV22	3+2		
VV VV22	VLV VLV22	4+1	4~185	
VV VV22	VLV VLV22	5		

3）结构

常用聚氯乙烯绝缘电力电缆有1芯、2芯、3芯、4芯四种电缆结构。

2. 交联聚乙烯绝缘电力电缆

1）用途

交联聚乙烯绝缘电力电缆是利用化学方法或物理方法，使电缆绝缘聚乙烯分子由线性分子结构转变为主体网状分子结构，即热塑性的聚乙烯转变为热固性的交联聚乙烯，从而大大提高耐热性和力学性能，减少收缩性，使其受热以后不再熔化，并保持了优良的电气性能。交联聚乙烯绝缘电缆适用于配电网、工业装置或其他大容量用电领域，用于固定敷设在交流50Hz、额定电压6~35kV的电力输配电线路上，主要功能是输送电能。

交联聚乙烯绝缘电力电缆的型号、名称及用途见表11.3。

表 11.3　交联聚乙烯绝缘电力电缆型号、名称及用途

型号		名称	用途
铜芯	铝芯		
YJV	YJLV	交联聚乙烯绝缘聚氯乙烯护套电力电缆	架空、室内、隧道、电缆沟及地下
YJY	YJLY	交联聚乙烯绝缘聚乙烯护套电力电缆	
YJV22	YJLV22	交联聚乙烯绝缘钢带铠装聚氯乙烯护套电力电缆	架空、室内、隧道、电缆沟及地下
YJV23	YJLV23	交联聚乙烯绝缘钢带铠装聚氯乙烯护套电力电缆	
YJV32	YJLV32	交联聚乙烯绝缘细钢丝铠装聚氯乙烯护套电力电缆	高落差、竖井及水下
YJV33	YJLV33	交联聚乙烯绝缘细钢丝铠装聚氯乙烯护套电力电缆	
YJV42	YJLV42	交联聚乙烯绝缘粗钢丝铠装聚氯乙烯护套电力电缆	承受拉力的竖井及海底
YJV43	YJLV43	交联聚乙烯绝缘粗钢丝铠装聚氯乙烯护套电力电缆	

2）使用条件和规格

交联聚乙烯绝缘电力电缆的使用条件如下：

（1）在 1～10kV 电压范围内，交联聚乙烯绝缘电力电缆可以代替纸绝缘和充油电缆，与纸绝缘电缆和充油电缆相比，有工作温度高，载流量大，可以高落差或垂直敷设，安装敷设容易，终端和连接头处理简单，维护方便等优点。

（2）导体最高工作温度 90℃，短时过载温度 130℃，短路温度 250℃。

（3）接地故障持续时间：电压等级标志为 0.6/1kV、3.6/6kV、6/10kV、21/35kV、36/63kV、64/110kV 电缆适用于每次接地故障持续时间不超过 1min 的三相系统；1/1kV、6/6kV、8.7/10kV、26/35kV、48/63kV 电缆适用于每次接地故障持续时间一般不超过 2h，最长不超过 8h 的三相系统。

（4）电缆敷设温度应不低于 0℃，弯曲半径对于单芯电缆大于 15 倍电缆外径，对于三芯电缆大于 10 倍电缆外径。

常用交联聚乙烯绝缘电力电缆规格见表11.4。

表11.4 交联聚乙烯绝缘电力电缆规格

<table>
<tr><td rowspan="3">型号</td><td rowspan="3">芯数</td><td colspan="3">额定电压/V</td></tr>
<tr><td>3.6/6
6/6</td><td>6/10
8.7/10</td><td>8.7/15
12/20</td></tr>
<tr><td colspan="3">导电线芯标称截面/mm²</td></tr>
<tr><td>YJLV
YJV
YJLY
YJY</td><td rowspan="3">1</td><td>25 ~ 500</td><td>25 ~ 500</td><td>35 ~ 500</td></tr>
<tr><td>YJLV32
YJV32
YJLV33
YJY33</td><td>25 ~ 500</td><td>25 ~ 500</td><td>35 ~ 500</td></tr>
<tr><td>YJLV42
YJV42
YJLY42
YJY43</td><td>25 ~ 500</td><td>25 ~ 500</td><td>35 ~ 500</td></tr>
<tr><td>YJLV
YJV
YJLY
YJY</td><td rowspan="4">3</td><td>25 ~ 300</td><td>25 ~ 300</td><td>35 ~ 300</td></tr>
<tr><td>YJLV22
YJV22
YJLV33
YJV23</td><td>25 ~ 300</td><td>25 ~ 300</td><td>35 ~ 300</td></tr>
<tr><td>YJLV32
YJV32
YJLV33
YJV33</td><td>25 ~ 185</td><td>25 ~ 150</td><td>35 ~ 50</td></tr>
<tr><td>YJLV42
YJV42
YJLV43
YJV43</td><td>25 ~ 300</td><td>25 ~ 300</td><td>35 ~ 150</td></tr>
</table>

3. 阻燃电缆

阻燃电缆是指在规定试验条件下，试样被燃烧，在撤去试验火源后，火焰的蔓延仅在限定范围内，残焰或残灼在限定时间内能自行熄灭的电缆。其根本特性是在火灾情况下有可能被烧坏而不能运行，但可阻止火势的蔓延。通俗地讲，电线一旦失火，能够把燃烧限制在局部范围内，不产生蔓延，保护其他的各种设备，避免造成更大的损失。电缆的燃烧是由于外部加热而产生了易燃气体，要达到阻燃的目的，必须抑制引起燃烧的三要素，即可燃气体、热量和氧气。因此，阻燃电缆一般在护套材料中添加含有卤素的卤化物和金属氧化物，利用卤素的阻燃效应起到阻燃效果。但是，由于这些材料中含有卤化物，在燃烧时释放大量的烟雾和卤化氢气体，因此火灾时的能见度低，给人员的安全疏散和消防带来很大的妨碍，而且有毒气体容易造成人员窒息致死。此外，卤化氢气体与空气中的水一旦反应后，即生成“卤化氢酸”，严重腐蚀仪器设备、建筑物造成次生灾害。目前，随着科技水平的不断提高，阻燃问题已由过去的卤素阻燃化，进一步发展到低卤、无卤的阻燃化。

阻燃电力电缆系列包括阻燃交联聚乙烯绝缘电力电缆、阻燃聚氯乙烯绝缘电力电缆、阻燃通用橡套电力电缆、阻燃船用电力电缆、阻燃矿用电力电缆等几大类产品。此处介绍阻燃交联聚乙烯绝缘电力电缆和阻燃聚氯乙烯绝缘电力电缆。

1）阻燃交联聚乙烯绝缘电力电缆

阻燃交联聚乙烯绝缘电力电缆的使用特性如下：

(1) 电缆导体的长期最高工作温度：化学交联为90℃，辐照交联为105℃和125℃。

(2) 短路时（最长持续时间不超过5s）电缆导体的最高温度不超过250℃。

(3) 敷设电缆时的环境温度不低于0℃。

阻燃交联聚乙烯绝缘电力电缆型号、名称及主要特性见表11.5、表11.6。

表11.5 阻燃交联聚乙烯绝缘电力电缆型号、名称及主要特性

型号		名称	主要特性及说明
铜芯	铝芯		
ZR－YJV	ZR－YJLV	阻燃交联聚乙烯绝缘聚氯乙烯护套电力电缆	辐照交联在型号上加“F”以示与化学交联的区别。敷设于室内、隧道、电缆沟及管道中
ZR－FYJV	ZR－FYJLV	阻燃辐照交联聚乙烯绝缘聚氯乙烯护套电力电缆	

续表

型号		名称	主要特性及说明
铜芯	铝芯		
ZR－YJV22	ZR－YJLV22	阻燃交联聚乙烯绝缘聚氯乙烯护套钢带铠装电力电缆	能承受径向机械外力，但不能承受大的拉力
ZR－FYJV22	ZR－FYJLV22	阻燃辐照交联聚乙烯绝缘聚氯乙烯护套钢带铠装电力电缆	
ZR－YJV32	ZR－YJLV32	阻燃交联聚乙烯绝缘聚氯乙烯护套细钢丝铠装电力电缆	敷设于竖井及具有落差条件下，能承受机械外力作用及相当的拉力
ZR－FYJV32	ZR－FYJLV32	阻燃辐照交联聚乙烯绝缘聚氯乙烯护套细钢丝铠装电力电缆	
ZR－YJV42	ZR－YJLV42	阻燃交联聚乙烯绝缘聚氯乙烯护套粗钢丝铠装电力电缆	

表 11.6 低烟、无卤阻燃交联聚乙烯绝缘聚烯烃护套电力电缆型号、名称及主要特性

型号		名称	主要特性及说明
铜芯	铝芯		
WZR－YJE	WZR－YJLE	低烟、无卤阻燃交联聚乙烯绝缘聚烯烃护套电力电缆	“W”表示无卤；“F”表示辐照；“E”表示聚烯烃。适合于高层建筑、地下公共设施及人流密集场所等特殊场合
WZR－FYJE	WZR－FYJLE	低烟、无卤阻燃辐照交联聚乙烯绝缘聚烯烃护套电力电缆	
WZR－YJE23	WZR－YJLE23	低烟、无卤阻燃交联聚乙烯绝缘聚烯烃护套钢带铠装电力电缆	能承受径向机械外力，但不能承受大的拉力
WZR－FYJE23	WZR－FYJLE23	低烟、无卤阻燃辐照交联聚乙烯绝缘聚烯烃护套钢带铠装电力电缆	
WZR－YJE33	WZR－YJLE33	低烟、无卤阻燃交联聚乙烯绝缘聚烯烃护套细钢丝铠装电力电缆	能承受机械外力作用及相当的拉力
WZR－FYJE33	WZR－FYJLE33	低烟、无卤阻燃辐照交联聚乙烯绝缘聚烯烃护套细钢丝铠装电力电缆	

2）阻燃聚氯乙烯绝缘电力电缆

阻燃聚氯乙烯绝缘电力电缆的使用特性如下：

(1) 电缆导体的长期最高温度为70℃。

(2) 短路时（最长持续时间不超过5s）电缆导体的最高温度不超过160℃。

(3) 敷设电缆时的环境温度应不低于0℃。

阻燃聚氯乙烯绝缘电力电缆的型号、名称及主要特性见表11.7。

表11.7 阻燃聚氯乙烯绝缘电力电缆型号、名称及主要特性

型号		名称	主要特性及说明
铜芯	铝芯		
DZR－YE	DZR－VLE	低烟、低卤阻燃聚氯乙烯绝缘聚烯烃护套电力电缆	“D”表示低卤；“E”表示聚烯烃。氯化氢气体逸出量小于50mg/g。适用于高层建筑、地下公共设施及人流密集场所等特殊场合
DZR－VE23	DZR－VLE23	低烟、低卤阻燃聚氯乙烯绝缘聚烯烃护套钢带铠装电力电缆	能承受径向机械外力，但不能承受大的拉力
DZR－VE33	DZR－VLE33	低烟、低卤阻燃聚氯乙烯绝缘聚烯烃护套细钢丝铠装电力电缆	能承受机械外力作用及相当的拉力
DDZR－VV	DDZR－VLV	低烟、低卤阻燃聚氯乙烯绝缘聚氯乙烯护套电力电缆	敷设在室内、隧道内及管道中，电缆不能承受机械外力作用
DDZR－VV22	DDZR－VLV22	低烟、低卤阻燃聚氯乙烯绝缘聚氯乙烯护套钢带铠装电力电缆	敷设在室内、隧道内及管道中，电缆能承受较大的机械外力作用
DDZR－VV32	DDZR－VLV32	低烟、低卤阻燃聚氯乙烯绝缘聚氯乙烯护套钢丝铠装电力电缆	敷设在大型游乐场、高层建筑等抗拉强度要求高的场所，电缆能承受较大机械外力作用

阻燃交联聚乙烯绝缘电力电缆结构见图11.1。

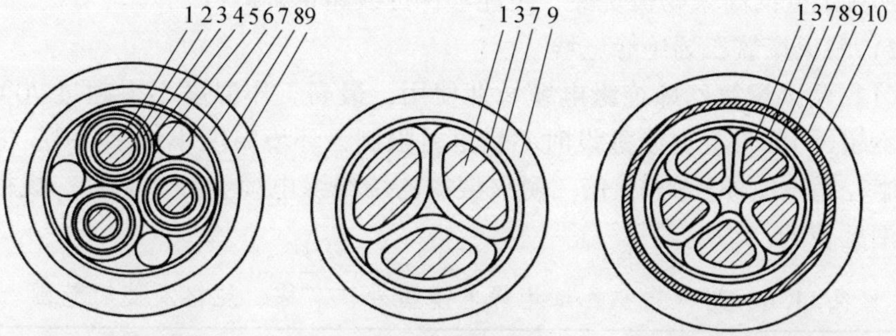

(a) 3芯无铠装（1.8/3~21/35kV） (b) 3芯扇形无铠装（0.6/1~1.8/3kV） (c) 5芯扇形钢带或钢丝铠装（0.6/1~1.8/3kV）

图 11.1　低烟、无卤阻燃交联聚乙烯绝缘电力电缆结构

1—铜（铝）导体；2—导体屏蔽；3—交联聚乙烯绝缘；4—绝缘屏蔽；5—金属屏蔽；6—阻燃填充绳；7—阻燃绕包层；8—高阻燃无卤内护套；9—阻燃聚烯烃外护套；10—钢带或钢丝铠装。

4. 耐火电力电缆

耐火电力电缆是指在火焰燃烧情况下能够保持一定时间安全运行的电缆。我国国家标准 GB 12666.6（等同 IEC331）将耐火试验分 A、B 两种级别：A 级火焰温度 950～1000℃，持续供火时间 90min；B 级火焰温度 750～800℃，持续供火时间 90min。整个试验期间，试样应承受产品规定的额定电压值。耐火电缆广泛应用于高层建筑、地下铁道、地下街、大型电站及重要的工矿企业等与防火安全和消防救生有关的地方，例如，消防设备及紧急向导灯等应急设施的供电线路和控制线路。

1）耐火电缆与阻燃电缆的区别

耐火电缆和阻燃电缆的概念很容易混淆，虽然阻燃电缆有许多较适用于化工企业的优点，如低卤、低烟、阻燃等，但在一般情况下，耐火电缆可以取代阻燃电缆，而阻燃电缆不能取代耐火电缆。它们的区别主要有两点。

（1）原理的区别。耐火电缆与阻燃电缆的原理不同。含卤电缆阻燃原理是靠卤素的阻燃效应，无卤电缆阻燃原理是靠析出水降低温度来熄灭火焰，耐火电缆是靠耐火层中云母材料的耐火、耐热特性，保证电缆在火灾时也工作正常。

（2）结构和材料的区别。耐火电缆的结构和材料与阻燃电缆也不相同。阻燃电缆的基本结构是绝缘层采用阻燃材料，护套及外护层采用阻燃材料，包带和填充采用阻燃材料。而耐火电缆通常是在导体与绝缘层之间再加 1 个耐火层，耐火层通常采用多层云母带直接绕包在导线上，它可耐长时间的燃烧，即使施加火焰处的高聚物被烧毁，也能够保证线路正常运行。

2）耐火聚氯乙烯绝缘电缆

（1）耐火聚氯乙烯绝缘电缆长期使用，最高工作温度不得超过70℃，5s短路不超过160℃。电缆敷设时不受落差限制，环境温度不低于0℃，电缆的弯曲半径是电缆外径的10倍。耐火聚氯乙烯绝缘电缆型号、名称、规格及使用范围见表11.8。

表11.8　耐火聚氯乙烯绝缘电缆型号、名称、规格及使用范围

型号	名称	规格	使用范围
NH－VV	铜芯聚氯乙烯绝缘聚氯乙烯护套耐火电力电缆	1，2，3，4，5（芯） 3＋1，3＋2，4＋1（芯） 1.5～630mm^2	适用于有特殊要求的场合，如大容量电厂、核电厂、地下铁道、高层建筑等
NH－VV22 NH－VV32	铜芯聚氯乙烯绝缘聚氯乙烯护套钢带钢丝铠装耐火电力电缆	1，2，3，4，5（芯） 3＋1，3＋2，4＋1（芯） 1.5～630mm^2	

（2）电缆结构。NH－VV系列电缆及NH－VV22系列电缆结构如图11.2和图11.3所示。

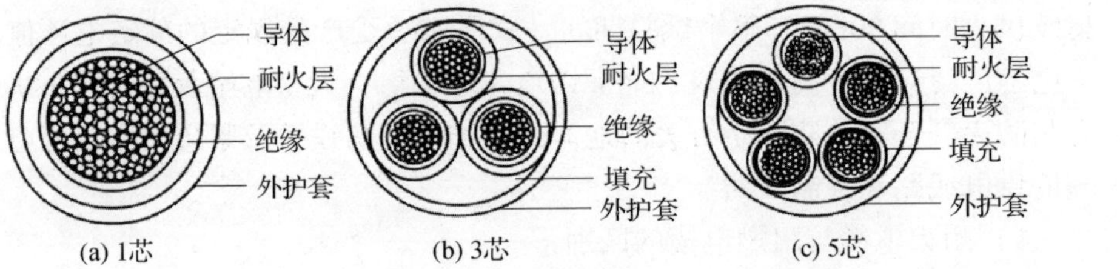

(a) 1芯　(b) 3芯　(c) 5芯

图11.2　NH－VV系列电缆结构

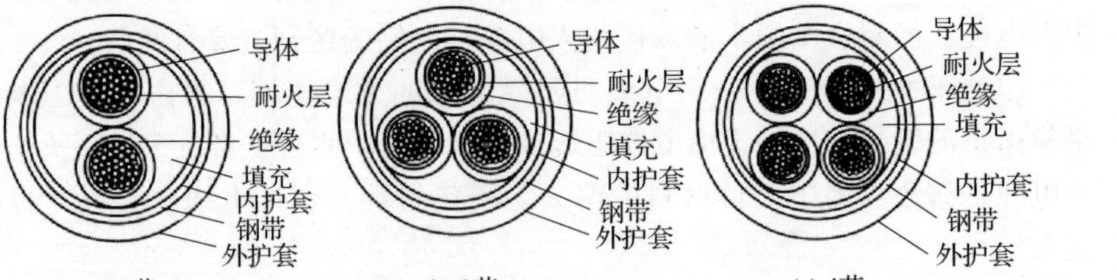

(a) 2芯　(b) 3芯　(c) 4芯

图11.3　NH－VV22系列电缆结构

3）耐火交联聚乙烯绝缘聚氯乙烯护套电力电缆

该产品用于交流50Hz、额定电压（U_0/U）0.6/1kV及以下有耐火要求的

电力线路中，如高层建筑、核电站、石油化工、矿山、机场、飞机、船舶等要求防火安全较高的场合，是应急电源、消防泵、电梯、通信系统的必备元件。

使用特性如下：

(1) 电缆导体的最高额定温度为90℃。

(2) 短路时（最长持续时间不超过5s）电缆导体最高温度不超过250℃。

(3) 敷设电缆的环境温度应不低于0℃，其最小弯曲半径应不小于电缆外径的15倍。

耐火交联聚乙烯绝缘聚氯乙烯护套电力电缆型号、名称见表11.9。

表11.9 耐火交联聚乙烯绝缘聚氯乙烯护套电力电缆型号、名称

型号	名称
NHYJV－A	A类铜芯耐火交联聚乙烯绝缘聚氯乙烯护套电力电缆
NHYJV－B	B类铜芯耐火交联聚乙烯绝缘聚氯乙烯护套电力电缆
NHYJV22－A	A类铜芯耐火交联聚乙烯绝缘钢带铠装聚氯乙烯护套电力电缆
NHYJV22－B	B类铜芯耐火交联聚乙烯绝缘钢带铠装聚氯乙烯护套电力电缆

耐火交联聚乙烯绝缘聚氯乙烯护套电力电缆结构如图11.4所示。

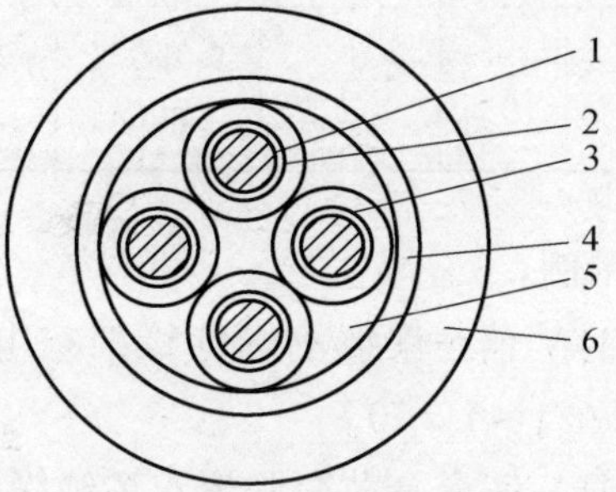

图11.4 耐火交联聚乙烯绝缘聚氯乙烯护套电力电缆结构

1—导体；2—耐火层；3—绝缘；4—包带；5—填充；6—护套。

5. 架空电力电缆

架空电力电缆主要用于城市、农村配电网中。它结构简单，安全可靠，具有很好的力学性能和电气性能，与裸架空电线相比，敷设间隙小，节约空间，线路电压降减少，尤其是可减少供电事故的发生，确保人身安全。

该产品是在铜、铝导体外挤包耐候性聚氯乙烯或耐候性黑色高密度聚乙烯或交联聚乙烯或半导电屏蔽层和交联聚乙烯等绝缘材料和屏蔽材料。

1）额定电压 0.6/1kV 及以下架空绝缘电缆

产品使用特性如下：

（1）额定电压 U_0/U 为 0.6/1kV。

（2）电缆导体的长期允许工作温度：聚氯乙烯、聚乙烯绝缘应不超过 70℃；交联聚乙烯绝缘应不超过 90℃。

（3）短路时电缆的短时（5s 内）最高工作温度：聚氯乙烯绝缘为 160℃；聚乙烯绝缘为 130℃；交联聚乙烯绝缘为 250℃。

（4）电缆的敷设温度应不低于 -20℃。

（5）电缆的允许弯曲半径：电缆外径 D 小于 25mm 时，应不小于 $4D$；电缆外径 D 等于或大于 25mm 时，应不小于 $6D$。

（6）当电缆用于交流系统时，电缆的额定电压至少应等于该系统的额定电压；当用于直流系统时，该系统的额定电压应不大于电缆额定电压的 1.5 倍。

产品代号的含义见表 11.10。

表 11.10　产品代号的含义

类别	系列代号	导体			绝缘		
代号	JK	T（略）	L	LH	V	Y	YJ
含义	架空	铜	铝	铝合金	聚氯乙烯（PVC）	高密度聚乙烯（HDPE）	交联聚乙烯（XLPE）

产品代号表示方法示例：

（1）额定电压 0.6/1kV 铜芯聚氯乙烯绝缘架空电缆，单芯，标称截面为 $70mm^2$，表示为 JKV -0.6/1 -1 ×70。

（2）额定电压 0.6/1kV 铝合金芯交联聚乙烯绝缘架空电缆，4 芯，标称截面为 $16mm^2$，表示为 JKLHYJ -0.6/1 -4 ×16。

（3）额定电压 0.6/1kV 铝芯聚乙烯绝缘架空电缆，4 芯，其中主线芯为 3 芯，标称截面为 $35mm^2$，承载中性导体为铝合金，其标称截面为 $50mm^2$，表示为 JKLY -0.6/1 -3 ×35 +1 ×50。

0.6/1kV 架空绝缘电缆结构如图 11.5 所示。

2）额定电压 10kV 架空绝缘电缆

产品使用特性如下：

（1）额定电压为 10kV。

（2）电缆导体的长期允许工作温度：交联聚乙烯绝缘应不超过 90℃；高

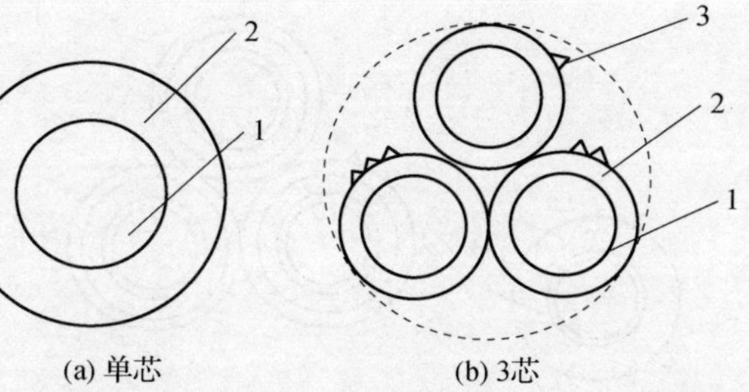

图 11.5 0.6/1kV 架空绝缘电缆结构

1—导体；2—绝缘层；3—分相标志。

密度聚乙烯绝缘应不超过 75℃。

(3) 短路时电缆的短时（5s 内）最高工作温度：交联聚乙烯绝缘为 250℃；高密度聚乙烯绝缘为 150℃。

(4) 电缆的敷设温度应不低于 −20℃。

(5) 电缆的允许弯曲半径：单芯电缆为 $20(D+d)\pm5\%$ mm，多芯电缆为 $25(D+d)\pm5\%$ mm，其中 D 为电缆的实际外径，d 为电缆导体的实际外径。

产品代号的含义见表 11.11。

表 11.11 产品代号的含义

类别	系列代号	导体					绝缘		其他		
代号	JK	T（略）	TR	L	LH	LC	Y	YJ	略	/B	/Q
含义	架空	铜	软铜	铝	铝合金	铜芯绞线	高密度聚乙烯	交联聚乙烯	普通绝缘	本色绝缘	轻型薄绝缘

电缆表示方法示例：

(1) 铝芯交联聚乙烯轻型薄绝缘架空电缆，额定电压 10kV，单芯，标称截面 120mm^2，表示为 JKLYJ/Q－10－1×120。

(2) 铝芯本色交联聚乙烯绝缘架空电缆，额定电压 10kV，4 芯，其中主线芯为 3 芯，标称截面 240mm^2，承载绞线为镀锌钢绞线，标称截面 95mm^2，表示为 JKLYJ/B－10－3×240＋95。

(3) 钢芯铝绞线芯交联聚乙烯绝缘架空电缆，额定电压 10kV，单芯，铝/钢标称截面 120/25mm^2，表示为 JKLCYJ－10－1×120/25。

10kV 架空绝缘电缆结构如图 11.6 所示。

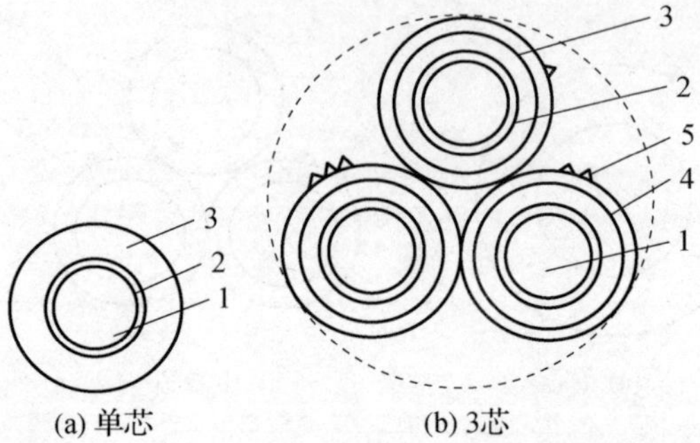

图 11.6　10kV 架空绝缘电缆结构

1—导体；2—内屏蔽层；3—绝缘层；4—外屏蔽层；5—分相标志。

11.2.3 电缆的选用

1. 电缆类型的选择

电缆类型的选择主要包括导体材料、电缆芯数、电缆绝缘水平、绝缘材料及护套、铠装五个方面。

1）导体材料选择

电缆一般采用铝线芯。濒临海边及有严重盐雾地区的架空线路，可采用防腐型钢芯铝绞线。下列场合应采用铜芯电缆。

（1）需要确保长期运行中连接可靠的回路，如重要电源、重要的操作回路及二次回路、电机的励磁、移动设备的线路及剧烈振动场合的线路。

（2）对铝有严重腐蚀而对铜腐蚀轻微的场合。

（3）爆炸危险环境或火灾危险环境有特殊要求者。

（4）特别重要的公共建筑物。

（5）高温设备旁。

（6）应急系统，包括消防设施的线路。

此外，经全面技术经济分析确认宜用铜芯电缆的，有高层建筑、大中型计算机房的建筑、重要的公共建筑等以及国外工程和外资工程等适应国外要求的。

2）电缆芯数选择

（1）电压 1kV 及以下的三相四线制低压配电系统，若第四芯为 PEN 线时，应采用四芯型电缆，不得采用三芯电缆加单芯电缆组合成一回路的方式。当 PE 线作为专用而与带电导体 N 线分开时，则应用五芯型电缆。若无五芯型电缆时可用四芯电缆加单芯电缆电线捆扎组合的方式，PE 线也可利用电缆的护套、屏蔽层、铠装等金属外护层。分支单相回路带 PE 线时应采用三芯电缆。如果是三相四线制系统，则采用四芯电缆，第四芯为 PE 线。

（2）3～35kV 交流系统应采用三芯电缆。

（3）在水下或重要的较长线路中，为避免或减少中间接头，或单芯电缆比多芯电缆有较好的综合技术经济性时，可选用单芯电缆，但应注意用于交流系统的单芯电缆不得采用钢带铠装，应采用经隔磁处理的钢丝铠装电缆。

3）电缆绝缘水平选择

电缆绝缘水平的选择见表 11.12，正确地选择电缆的额定电压 U_0 值是确保长期安全运行的关键之一。

表 11.12　电缆绝缘水平选择

系统标称电压 U/kV		0.22/0.38	3		6		10		35	
电缆的额定电压 U_0/U/kV	U_0（第Ⅰ类）	0.6/1 (0.3/0.5)	1.8/3		3/3		6/10		21/35	
	U_0（第Ⅱ类）	(0.45/0.75)		3/3		6/6		8.7/10		26/35
缆芯之间的工频最高电压 U_{max}/kV			3.6		7.2		12		42	
缆芯对地的雷电冲击耐受电压的峰值 U_{pi}/kV					60	75	75	95	200	250

（1）电缆设计用缆芯对地（与绝缘屏蔽层或金属护套之间）的额定电压 U_0，应满足所在电力系统中性点接地方式及其运行要求的水平。中性点非有效接地（包括中性点不接地和经消弧线圈接地）系统中的单相接地故障持续时间在 1min 到 2h 之间时，必须选用第Ⅱ类的 U_0。仅当系统中的单相接地故障能很快切除，在任何情况下故障持续时间不超过 1min 时，才可选用第Ⅰ类的 U_0。一般情况下，220/380V 系统只选用第Ⅰ类的 U_0，3～35kV 系统应选用第Ⅱ类的 U_0。

（2）电缆设计用缆芯之间的额定电压 U_0 应按等于或大于系统标称电压 U 选择。

（3）电缆设计用缆芯之间的工频最高电压 U_{max} 应按等于或大于系统的最高工作电压选择。

（4）电缆设计用缆芯的雷电冲击耐受电压峰值 U_{pi} 应按表 11.12 选取。

4）绝缘材料及护套的选择

（1）黏性浸渍纸绝缘电力电缆的优点是允许运行温度较高、介质损耗低、耐电压强度高、使用寿命长，其缺点是绝缘材料弯曲性能差、不能在低温时敷设，否则易损伤绝缘。按浸渍方式分有普通油浸纸绝缘、滴干型油浸纸绝缘和不滴流浸渍纸绝缘三种。由于绝缘层内油的淌流，普通油浸纸绝缘电缆敷设的水平高差仅允许5~20m，滴干绝缘电缆可允许水平高差100~300m，不滴流电缆则无高差限制。

油浸纸绝缘电力电缆有铅、铝两种护套。铅护套质软，韧性好，不影响电缆的弯曲性能；化学性能稳定，熔点低，便于加工制造。但它价贵重量重，且线性膨胀系数小于浸渍纸，线芯发热时电缆内部产生的应力可能使铅包变形。

由于铅包的抗疲劳特性较差，故在有振动的场合，如公路、铁路桥上或与变压器直接连接的电缆，采用铅包电缆时需使用弹性橡胶、沙枕类衬垫来支持电缆。铝包护套重量轻，成本低，但加工困难，目前已停产。

（2）橡胶绝缘电力电缆的弯曲性能较好，能够在严寒气候下敷设，特别适用于敷设线路水平高差大或垂直敷设的场合。它不仅适用于固定敷设的线路，也可用于定期移动的固定敷设线路。移动式电气设备的供电回路应采用橡胶绝缘橡胶护套软电缆（简称橡套软电缆）；有屏蔽要求的回路，如煤矿采掘工作供电电缆应具有分相屏蔽。普通橡胶遇到油类及其化合物时，很快就会损坏，因此在可能经常被油浸泡的场所，宜使用耐油型橡胶护套电缆。普通橡胶耐热性能差，允许运行温度较低，故对于高温环境又有柔软性要求的回路，宜选用乙丙橡胶绝缘电缆。

乙丙橡胶绝缘电缆在我国尚未广泛应用，但在国外特别是欧洲早已大量应用。它具有较优异的电气、力学性能，即使在潮湿环境下也具有良好的耐高温性能，线芯长期允许工作温度可达90℃。采用氯化氯乙烯护套的乙丙橡胶绝缘电缆，可适用于要求阻燃的场所。

（3）聚氯乙烯绝缘及护套电力电缆（简称全塑电缆或塑料电缆）有1kV及6kV两级。主要优点是制造工艺简便，没有敷设高差限制，重量轻，弯曲性能好，接头制作简便，耐油、耐酸碱腐蚀，不延燃，具有内铠装结构使钢带或钢丝免受腐蚀，价格便宜。因此可以在很大范围内代替油浸纸绝缘电缆、滴干绝缘和不滴流浸渍纸绝缘电缆。尤其在线路高差较大或敷设在桥架、槽盒内以及在含有酸、碱等化学性腐蚀土质中直埋时，宜选用塑料电缆。缺点是绝缘电阻较油浸纸绝缘电缆低，介质损耗较高，因此6kV重要回路电缆，不宜用聚氯乙烯绝缘型电力电缆。

由于普通聚氯乙烯在燃烧时散放有毒烟气，故对于低烟、低毒要求的场合，如地下客运设施区、地下商业区、高层建筑和特殊重要公共设施等人流较密集场所，或者重要的厂房，不宜采用普通型聚氯乙烯绝缘或护套型电力电缆，而应采用低烟、低卤或无卤的难燃电缆。普通型聚氯乙烯绝缘电缆的适用温度范围为 -15 ~60℃。在 -15℃以下低温环境，可采用氯乙烯电力电缆。

聚氯乙烯电力电缆不适用在含有苯及苯胺类、酮类、吡啶、甲醇、乙醇、乙醛等化学剂的土质中，在含有三氯乙烯、三氯甲烷、四氯化碳、二硫化碳、醋酸酐、冰醋酸的环境中也不宜采用。近年我国聚氯乙烯电力电缆的线芯长期允许工作温度从65℃提高到70℃，载流量也相应提高，而制造电缆用的70℃绝缘料不同于65℃绝缘料，选用电缆时应注意。

电缆着火延燃酿成重大灾害在国内外屡有发生，损失惨重，阻燃电线电缆主要特点是不易着火或着火后延燃仅局限在一定范围内，它适用于有高阻燃要求场所，如高层建筑、油田、煤矿、核电站或重要的公共建筑等。阻燃型聚氯乙烯电缆其性能符合 IEC332 -1 ~3 标准，而其规格、结构尺寸、载流量及重量均同普通型同类产品，仅在型号前冠以“ZR -”，表示阻燃。耐火电缆适用于高层建筑、核电站、化工、矿山等防火安全条件要求高的环境，如应急电源系统、消防系统、电梯线路等。耐火电缆型号是在普通塑料缆型号前冠以“NH -”表示。

(4) 交联聚乙烯绝缘聚氯乙烯护套电力电缆性能优良，结构简单，制造方便，外径小，重量轻，载流量大，敷设方便，除不受高差限制外，其终端和接头方便，完全可以代替纸绝缘电缆。对于1kV 电压级及 6 ~35kV 电压级的非重要回路电缆可采用“非干式交联”工艺制作的电缆，如四川电缆厂用温水交联工艺使生产成本大大降低，且由于聚乙烯料重量轻，故而1kV 级的电缆价与聚氯乙烯塑料电缆相差有限，可推广应用。对于 6 ~35kV 重要回路应选用干式交联工艺制作的电缆，电气性能更优异。交联聚乙烯绝缘聚氯乙烯护套电缆还可敷设于水下，但应具有防水层构造。

(5) 金属护套矿物绝缘电缆耐高温，外护层为铜或铝，绝缘为氧化镁，适用于钢铁工业、发电厂、油库、高层建筑、核电站、采油平台、冷库等交流额定电压500V（直流电压1000V）及以下的高温、高湿、易燃、易爆环境。它的长期工作环境温度可达250 ~400℃，是理想的耐高温电缆，但价格十分昂贵，限制了它的广泛使用。

5) 铠装选择

(1) 直埋地敷设。在土壤可能发生位移的地段，如流沙、回填土及大型建筑物、构筑物附近应选用能承受机械张力的钢丝铠装电缆，或采取预留长度，用板桩或排桩加固土壤等措施，以减少或消除因土壤位移而作用在电缆上的应力。

塑料电缆直埋地敷设时，当使用中可能承受较大压力或存在机械损伤危险时，应选用钢带铠装；若无上述情况时，可不需要带有铠装。

电缆金属套或铠装外面应具有塑料防腐蚀外套，当位于盐碱、沼泽或含有腐蚀性的矿渣回填土中时，应具有增强防护性的外护套。

(2) 水下敷设。敷设于通航河道、激流河道或被冲刷河岸、海湾处宜采用钢丝铠装；在河滩宽度小于 100m、不通航的小河或沟渠底部，且河床或沟底稳定的场合可采用钢带铠装。但钢丝、钢带外面均需具有耐腐蚀的塑料或纤维外被层。

(3) 导管或排管中敷设。宜选用塑料外护套或加强型铅包护套。

(4) 空气中敷设。在支持挡距大于 400mm 时，可能承受机械损伤或防鼠害、蚁害要求较高的场所，如地下铁道等应采用铠装电缆，敷设于托盘、梯架、槽盒。目前也有工厂生产防白蚁型聚氯乙烯护套电线、电缆，它的规格、电气性能、力学物理性能与普通型同类产品相同。无防鼠、蚁害要求时，可不需铠装。在含有腐蚀性气体环境中，铠装外应包有挤出外护套；在有放射线作用的场所，应有氯丁橡胶或其他耐辐射的外护套；高温场所应有硅橡胶类耐高温外护套。

在有防火要求场所，应选用耐火型电缆，或在电缆外层涂覆防火涂料、缠绕防火包带或敷设在耐火槽盒中。涂覆涂料和缠绕包带后，电缆载流量仅下降 1%~3%，可忽略不计。除架空绝缘电缆外，非户外型电缆用于户外时，宜有遮阳措施，如加罩、盖或穿管等。

2. 电缆截面的选择

电缆截面选择应满足允许温升、电压损失、机械强度等要求。对于电缆线路还应校验其热稳定，较长距离的大电流回路或 35kV 及以上的输电线路应校验经济电流密度，以达到安全运行、降低能耗、减少运行费用的目的。

同一供电回路需多根电缆并联时，宜选用相同缆芯截面。

高压电缆要校验热稳定，低压电缆要校验与保护电气的配合。

1) 按温升选择

为保证电缆的实际工作温度不超过允许值，电缆按发热条件的允许长期工作电流，不应小于线路的工作电流。电缆通过不同散热条件地段，其对应的缆芯工作温度会有差异，除重要回路或水下电缆外，一般可按 5m 长最恶劣散热条件地段来选择截面。

敷设在空气中和土壤中的电缆允许载流量的计算为

$$\mathrm{K}I \geq I_g \tag{11.1}$$

式中：I 为电缆在标准敷设条件下的额定载流量，A；I_g 为计算工作电流，A；

K 为不同敷设条件下的综合校正系数。

2）按经济电流密度选择

当最大负荷利用小时大于 5000h 且线路长度超过 20m 时，应按经济电流密度选择电缆截面，有

$$S=\frac{I_g}{j} \tag{11.2}$$

式中：I_g 为计算工作电流，A；j 为经济电流密度，A/mm^2。

3）按电压损失校验

按电压损失校验截面，应使各种用电设备的电压降符合如下要求：

（1）高压电机≤5%；

（2）低压电机≤5%（一般），≤10%（个别特别远的电机），15%～30%（启动时端电压降）；

（3）电焊机回路≤10%；

（4）起重机回路≤15%（交流），≤20%（直流）。

计算公式：

（1）三相交流，有

$$\Delta U\%=\frac{173}{U}I_gL(r\cos\varphi+x\sin\varphi) \tag{11.3}$$

（2）单相交流，有

$$\Delta U\%=\frac{200}{U}I_gL(r\cos\varphi+x\sin\varphi) \tag{11.4}$$

（3）直流线路，有

$$\Delta U\%=\frac{200}{U}I_gL_r \tag{11.5}$$

式中：U 为线路工作电压，三相为线电压，单相为相电压，V；I_g 为计算工作电流，A；L 为线路长度，km；r 为单位长度的电阻，Ω/km；J 为电缆单位长度的电抗，Ω/km；$\cos\varphi$ 为功率因数。

4）中性线、保护线、保护中性线的选择

在三相四线制配电系统中，中性线（N 线）的允许载流量不应小于线路中最大不平衡负荷电流，同时应考虑谐波电流影响。以气体放电灯为主要负荷的照明供电线路，N 线截面应不小于相线截面。

保护线（PE 线）或保护中性线（PEN 线）的截面按热稳定要求必须不小于

$$S_p\geqslant\frac{I}{K}\sqrt{t} \tag{11.6}$$

式中：S_p 为 PE 线或 PEN 线的截面，mm^2；I 为流过保护装置的接地故障电流（用于 IT 系统时为两相短路电流）均方根值，A；T 为开断电器动作时间，s（适用于 $t \leqslant 5s$）；K 为计算系数，其值见表 11.13。

表 11.13　计算系数 K 值

导线材质	电缆中的芯线绝缘				绝缘电线的绝缘			裸导线		
	聚氯乙烯	普通橡胶	乙丙橡胶	油浸纸	聚氯乙烯	普通橡胶	乙丙橡胶	看得见的并在限定的范围内	正常条件	火灾危险
铜芯	114	131	142	107	143	166	176	228	159	138
铝芯	76	87	95	71	95	110	116	125	105	91
钢					52	60	64	82	58	50

11.2.4　电缆的载流量

1. 载流量表的说明

（1）空气中敷设载流量表是以环境温度 30℃ 为基准，埋地敷设载流量表是以环境温度 25℃、土壤热阻系数 1.2℃·m/W 为基准。在不同敷设条件下，电缆允许的载流量尚应乘以相应的校正系数。为使用方便，编入了不同环境温度下的载流量数据。在空气中敷设（明敷）的有 25℃、30℃、35℃及 40℃四种，乙丙橡胶电缆有 50℃、55℃、60℃及 65℃四种，在土壤中直埋地敷设的有 20℃、25℃及 30℃三种。

当敷设处的环境温度不同于上述数据时，载流量应乘以校正系数 K_t，见表 11.14、表 11.15。其计算公式为

$$K_t = \sqrt{\frac{\theta_n - \theta_a}{\theta_n - \theta_c}} \tag{11.7}$$

式中：θ_n 为电缆线芯允许长期工作温度，℃，见表 11.16；θ_a 为敷设处的环境温度，℃；θ_c 为已知载流量数据的对应温度，℃。

表 11.14　空气中敷设不同环境温度时载流量的校正系数 K_t 值

线芯长期工作温度/℃	空气温度/℃					
	20	25	30	35	40	45
90	1.08	1.04	1.00	0.96	0.91	0.87

续表

<table>
<tr><th rowspan="2">线芯长期工作温度/℃</th><th colspan="6">空气温度/℃</th></tr>
<tr><th>20</th><th>25</th><th>30</th><th>35</th><th>40</th><th>45</th></tr>
<tr><td>80</td><td>1.10</td><td>1.05</td><td>1.00</td><td>0.95</td><td>0.89</td><td>0.84</td></tr>
<tr><td>70</td><td>1.12</td><td>1.06</td><td>1.00</td><td>0.94</td><td>0.87</td><td>0.79</td></tr>
<tr><td>65</td><td>1.13</td><td>1.07</td><td>1.00</td><td>0.93</td><td>0.85</td><td>0.76</td></tr>
<tr><td>60</td><td>1.15</td><td>1.08</td><td>1.00</td><td>0.91</td><td>0.82</td><td>0.71</td></tr>
<tr><td>50</td><td>1.22</td><td>1.12</td><td>1.00</td><td>0.87</td><td>0.71</td><td>0.50</td></tr>
</table>

表 11.15　直埋地敷设不同环境温度时载流量的校正系数 K_t 值

<table>
<tr><th rowspan="2">线芯长期工作温度/℃</th><th colspan="5">空气温度/℃</th></tr>
<tr><th>15</th><th>20</th><th>25</th><th>30</th><th>35</th></tr>
<tr><td>90</td><td>1.07</td><td>1.04</td><td>1.00</td><td>0.96</td><td>0.92</td></tr>
<tr><td>80</td><td>1.09</td><td>1.04</td><td>1.00</td><td>0.95</td><td>0.90</td></tr>
<tr><td>70</td><td>1.10</td><td>1.05</td><td>1.00</td><td>0.94</td><td>0.88</td></tr>
<tr><td>65</td><td>1.12</td><td>1.06</td><td>1.00</td><td>0.93</td><td>0.87</td></tr>
<tr><td>60</td><td>1.13</td><td>1.07</td><td>1.00</td><td>0.92</td><td>0.85</td></tr>
<tr><td>50</td><td>1.18</td><td>1.09</td><td>1.00</td><td>0.89</td><td>0.77</td></tr>
</table>

表 11.16　电缆线芯允许长期工作温度

<table>
<tr><th colspan="2">电线、电缆种类</th><th>线芯允许长期工作温度/℃</th><th colspan="3">电线、电缆种类</th><th>线芯允许长期工作温度/℃</th></tr>
<tr><td colspan="2">橡胶绝缘电线 500V</td><td>65</td><td colspan="3">通用橡套软电缆 500V</td><td>65</td></tr>
<tr><td colspan="2">塑料绝缘电线</td><td>70</td><td colspan="3">橡胶绝缘电力电缆 500V</td><td>65</td></tr>
<tr><td rowspan="4">黏性油浸纸绝缘电力电缆</td><td>1～3kV</td><td>80</td><td rowspan="5">不滴流油浸纸绝缘电力电缆</td><td rowspan="2">单芯及分相铅包</td><td>1～6kV</td><td>80</td></tr>
<tr><td>6kV</td><td>65</td><td>10kV</td><td>70</td></tr>
<tr><td>10kV</td><td>60</td><td rowspan="3">带绝缘</td><td>35kV</td><td>80</td></tr>
<tr><td>35kV</td><td>50</td><td>6kV</td><td>65</td></tr>
<tr><td rowspan="2">交联聚乙烯绝缘电力电缆</td><td>1～10kV</td><td>90</td><td>10kV</td><td>65</td></tr>
<tr><td>35kV</td><td>80</td><td colspan="3">裸铝、铜母线或裸铝、铜绞线</td><td>70</td></tr>
<tr><td colspan="2">聚氯乙烯绝缘电力电缆 1～6kV</td><td>70</td><td colspan="3">乙丙橡胶绝缘电缆</td><td>90</td></tr>
</table>

（2）电缆在空气中敷设是指室内外普通支架单根电缆明敷，包括槽盒或托盘、梯架内、地沟或隧道中敷设。当多根并列明敷时应乘以表 11.17 的校正系数 K_{1k}。

电缆直埋地敷设是指电缆在土壤中直埋，埋深≥0.7m，并非地下穿管道敷设。土壤热阻系数为 1.2℃・m/W。

表 11.17　电缆在空气中多根并列敷设时载流量的校正系数 K_{1k} 值

根数		1	2	3	4	6	4	6
排列		○	○○	○○○	○○○○	○○○○○○	○○ ○○	○○○ ○○○
电缆（中心距离）	d	1.00	0.90	0.85	0.82	0.80	0.80	0.15
	$2d$	1.00	1.00	0.98	0.95	0.90	0.90	0.90
	$3d$	1.00	1.00	1.00	0.98	0.96	1.00	0.96

电缆埋地敷设时，由于周围的土壤含一定的水分，因此当电缆线芯温度大于 70℃，在一定的温度梯度下，水分向外迁移，即土壤水分迁移，致使电缆周围的土壤变得干燥，土壤热阻系数增大。电缆线芯温升越高，则土壤水分迁移就越厉害，并且使土壤的热阻系数增大，可达 3.0℃・m/W 以上。土壤的水分迁移与电缆的表面温度、敷设处原始土壤的含水量及类型等因素有关。除直埋于水泥或沥青路面下或其他具有保水覆盖层的情况外，一般应考虑土壤水分迁移的影响。抑制土壤水分迁移的有效方法是降低电缆的表面温度，将黄沙与水泥以适当的比例混合拌匀作为回填土，能使土壤的热阻系数维持在 1.2℃・m/W 左右。若不按上述换土处理，也可按土壤的热阻系数为 2.0 ~ 2.5℃・m/W 来选择电缆截面，以降低电缆表面温度。

2. 不同绝缘电缆的载流量

不同型号的绝缘电缆在空气中敷设和直埋地敷设两种情况，载流量也相应变化。主要型号包括黏性油浸纸绝缘电力电缆、不滴流油浸纸绝缘电力电缆、聚氯乙烯绝缘电力电缆、交联聚乙烯绝缘电力电缆、橡胶绝缘电力电缆、铜芯乙丙橡胶绝缘电力电缆，下面重点介绍交联聚乙烯绝缘电力电缆的载流量（表 11.18 和表 11.19）。所列载流量表中，θ_n 表示线芯允许长期工作温度，θ_a 表示敷设处环境温度。

1）在空气中敷设的载流量

表 11.18　交联聚乙烯绝缘电力电缆在空气中敷设的载流量

截面/mm^2		0.6/1kV $\theta_n=90℃$						6/6kV、8.7/15kV $\theta_n=90℃$						26/35kV $\theta_n=80℃$		
		4 芯				单芯 $\theta_a=25℃$		3 芯				单芯 $\theta_a=25℃$		3 芯	单芯 $\theta_a=25℃$	
		25℃	30℃	35℃	40℃	∘∘∘	∘ ∘∘	25℃	30℃	35℃	40℃	∘∘∘	∘ ∘∘	30℃	∘∘∘	∘ ∘∘
铜芯	4	42	40	38	36											
	6	52	50	47	45											
	10	67	65	62	58											
	16	88	85	81	76											
	25	120	115	109	103			135	130	125	118					
	35	151	145	138	130			172	165	158	150					
	50	182	175	166	157			208	200	192	182					
	70	229	220	209	198			255	245	235	223	305	285	193		
	95	281	270	256	243			307	295	283	268	365	340	240		
	120	328	315	299	283			359	345	331	314	415	395	286		
	150	374	360	342	324			411	395	379	359	460	445	329		
	185	437	420	399	378			468	450	432	410	515	515	369		
	240	520	500	475	450			551	530	509	482	590	595			
	300							629	605	581	551	660	675			
	400											755	800			
	500											835	905			
	630											920	995			

2）直埋地敷设的载流量

表 11.19　交联聚乙烯绝缘电力电缆在直埋地敷设的载流量（$\rho_t=1.2℃\cdot m/W$）

截面/mm^2		0.6/1kV $\theta_n=90℃$					6/6kV、8.7/15kV $\theta_n=90℃$					26/35kV $\theta_n=80℃$		
		4 芯			单芯 $\theta_a=25℃$		3 芯			单芯 $\theta_a=25℃$		3 芯	单芯 $\theta_a=25℃$	
		20℃	25℃	30℃	∘∘∘	∘ ∘∘	20℃	25℃	30℃	∘∘∘	∘ ∘∘	25℃	∘∘∘	∘ ∘∘
铜芯	4	52	50	48										
	6	62	60	58										
	10	83	80	77										
	16	104	100	96										
	25	135	130	125			140	135	130					
	35	161	155	149			166	160	154					
	50	192	185	178			198	190	182					
	70	234	225	216			239	230	221	270	260	177		
	95	281	270	259			286	275	264	320	300	211		
	120	317	305	293			322	310	298	355	340	267		
	150	359	345	331			364	350	336	390	385	288		
	185	406	390	374			411	395	379	430	430	313		
	240	473	455	437			473	455	437	490	490			
	300						536	515	494	535	550			
	400									595	570			
	500									655	630			
	630									710	765			

3. 导体的直流电阻计算

（1）导体温度在20℃时的直流电阻标准值为

$$\gamma_{do} = \frac{\rho}{A} K_{01} K_{02} K_{03} \times 10^3 \quad (11.8)$$

（2）导体温度在20℃时的直流电阻最大值为

$$\gamma_{dmax} = \gamma_{do} K_{04} \quad (11.9)$$

（3）导体温度在 t（℃）时的直流电阻最大值为

$$\gamma_{dt} = \gamma_{dmax}[1 + a(t-20)] \quad (11.10)$$

11.3　电缆线路的运行维护

11.3.1　电缆线路的运行

1. 电力电缆运行工况良好的标志

受电后的电力电缆承担了电力的传输任务，必须做到运行工况良好、安全可靠、故障少。良好工况的标志有以下几点。

1）线路连接正确、继电保护齐全

电缆的连接应正确、牢固、无松脱。运行的电力电缆的首端与变压器二次侧配套的开关柜内的断路器（或负荷开关）连接，末端与分支盒内开关连接，其连接要保证相序正确，连接牢固。连接用的紧固螺栓、螺母及平垫圈均为钢质制品。

各类保护齐全且动作灵敏。在线运行的电缆及其连接的配电、用电设施组成了一个完整的供配电系统，应具备下列继电保护及监控系统。

（1）齐全的电压、电流、功率指示仪表及功率因数表，以及过压、过流、过载保护。

（2）温度显示装置及火灾自动报警系统与灭火装置。

（3）电气设备及电缆故障显示装置。

2）安全可靠、故障少

安全可靠指在线运行的电缆不过载运行，各类仪表及装置灵活，指示正确，具体表征如下。

（1）电缆及配套设施不过热，通风良好（直埋或穿管暗敷电缆除外），缆沟内不积水，桥架电缆上无灰尘杂物覆盖。

（2）不经常中断供电，无火灾发生。

（3）很少出现电缆接地、短路、断路或击穿故障。

（4）电缆及配送电运行、维护、保养组织机构建全，运行、维护人员落实、分工明确，且做到每日进行巡视和维护，一旦发生电缆及变、配电设施故障，能很快排除。

2. 电缆线路的运行要求

为了保证电缆线路设备长期保持良好状态，安全可靠运行，必须十分注意电缆线路设备的正确运行管理工作。电缆线路设备的运行工作主要包括线路巡视、预防性耐压试验、电缆负荷测量、电缆温度测量、防止腐蚀的检查管理工作。

1）线路巡视

指派专职巡视人员，经常巡视并检查电缆线路、终端头附件和电缆线路沿途的场地情况，是防止外力破坏、消除鸟害和消除终端头瓷套管缺陷所引起的故障的有效方法。巡视人员将检查结果记入巡视记录簿内。巡视中所发现的缺陷，应分轻重缓急，采取对策及时处理。同时应与有关单位（如城建、自来水、煤气、下水道、电话线、热力管等单位）加强联系，事先了解单位施工的地点及进展，主动掌握电缆线路上的情况，是防止外力破坏的有力措施。在施工现场及电缆线路附近，采取各种宣传措施以防止运行电缆受损。技术人员也必须定期做重点的监督性检查。运行部门可参照《电力电缆运行规程》的规定，结合当地的实际情况，制定各种设备的巡视检查项目和周期。巡视检查一般有如下内容。

（1）巡视检查的周期可根据设备的多少和各设备的运行特点制定，周期宜短不宜长。

（2）电缆线路上不准堆放笨重物体或打桩，并检查是否有被挖掘过的迹象。

（3）电缆线路上是否有新建筑物。

（4）电缆线路是否有下沉现象，特别是过桥电缆的桥堍两端。

（5）电缆线路上是否堆有含腐蚀性的物品。

（6）电缆被开挖后如有悬空的情况，必须用木板衬托后吊起。

（7）电缆的保护管、钢皮及终端头金属附件是否锈烂。

（8）电缆铅包是否龟裂，终端盒及瓷套是否有裂纹和渗油现象。

（9）电缆终端头尾线是否安全可靠，接线处是否有过热的现象。

（10）电缆的接地是否良好完备。

（11）橡塑电缆表面及雨罩是否有积灰爬电（放电痕迹）、绝缘老化现象。

（12）电缆的铭牌是否清楚正确。

（13）过河电缆岸边的警告牌是否完好。

另外在节日前夕，特殊天气如雾天、大雪天及雷雨季节、落冰雹后对满负荷运行的电缆应特别加强巡视。

电缆线路巡视要求包括制订巡视项目和巡视周期计划。各个单位电缆线路路数不同，敷设方法不同，所用电缆电压等级不同，但均须进行有计划、有项目地巡视。正常情况下电力电缆巡视检查项目内容有下列几点。

（1）对直埋敷设在地下的电缆线路，应查看电缆走向的路面及地面是否有明显的压坑，有无挖掘痕迹，沿电缆走向线路标志牌是否完整无缺，如有不正常，应及时检测和排除。

（2）对钢筋混凝土预制的缆沟电缆线路，应检查缆沟盖板是否断裂或缺少，应检查沟内通风是否良好、无积水和其他杂物，检查沟内电缆温度是否正常，有无异常运行声音。

（3）桥架电缆线路应检查支架有无松脱，线槽内有无过多的积尘，通风是否良好，槽盖板是否齐全无损坏，检查防灭火装置是否齐全，有无异常。

2）预防性耐压试验

预防性耐压试验是电缆运行中对其绝缘水平进行周期性监视的重要手段，亦是探索隐形故障的有效措施。主要作用是判明电缆线路在试验电压作用下的绝缘性能，并记录测量的原始数据及条件情况，以便与历史记录比较，来判明电缆线路绝缘性能的变化情况，确定该电缆是否能继续运行。通过试验发现缺陷可缩短试验周期或停止运行进行检修，以防发生事故。

通过历次预试结果记录数据的分析，可以了解一条电缆的状况，使运行人员掌握主动权。因此预防性试验是减少电缆事故，保证电缆安全运行的不可缺少的一项工作。对于试验的周期、试验电压可根据《电气设备交接和预防性现场试验标准》进行。

3）电缆负荷测量

对电缆负荷的监视，可以掌握电缆负荷变化情况和过负荷时间长短，有利于电缆运行状况的分析。电缆线路负荷的测量可用配电盘式电流表、记录式电流表或携带式钳形电流表测定。对无人值班的变电所电缆负荷的测定，每年应进行2～3次，1次安排在夏季，另1次则在秋冬季高峰负荷期间，根据预先选定的最有代表性的一天进行。根据测量结果，进行系统分析，以便采取措施，保证电缆安全经济地运行。

电缆的允许载流量取决于导体的截面积和最高许可温度、纸绝缘及护层的热阻系数、电缆结构的尺寸、线路周围环境的温度和热阻系数、电缆埋置深度以及并列敷设的条数等。由于各季节气候温度不同，电缆允许载流量亦随之而异。当电缆过负荷时，电缆内部因热而膨胀，使铅包相对胀大，但是铅包的伸缩性很小，当负荷减轻电缆较冷时，铅包不能像电缆内部其他组成部分一样恢复到原来的体积，因此就造成铅包和纸绝缘之间的空隙。这个空隙在电场作用下很易发生游离，促使绝缘老化，结果使电缆耐压强度大大降低。为了避免电缆由于上述原因发生故障，运行部门必须经常测量和监视电缆的负荷，使其不超过规定的限度。测量时间及次数应按现场运行规程执行，一般应选择最有代表性的日期和负荷最特殊的时间进行测量。自发电厂或变电所引出的电缆负荷测量可由值班人员执行，每条线路的电流表上应当画出控制红线以标志该线路的最大允许负荷。当电流表的指针超过红线时，值班人员应立即通知调度部门采取减荷措施。调度也可按额定的负荷来调配电网的负荷。

在紧急情况下，电缆可以按过负荷继续运行，但过负荷的百分率和时间必须符合《电力电缆运行规程》的规定。

4）电缆温度测量

仅仅监视或控制电缆的负荷并不能保证电缆的正常运行，因为它还受环境条件和散热条件的影响，所以还应进行温度的监测。利用各种仪器测量电缆线路的负荷电流以及电缆外皮温度、电缆接头温度等，目的是防止电缆绝缘超过允许最高温度而缩短电缆寿命。

不仅要测量电缆的温度，而且还应测量电缆周围的环境温度，仅仅检查负荷并不能保证电缆不过热，这是因为：①计算电缆允许载流量时所采用的热阻系数和集聚因数，与实际情况可能有些差别；②设计人员在选择电缆截面积时，可能缺少关于整个线路敷设条件和周围环境的充分资料；③城市或工厂地区经常有改建工程和添装新的电力电缆或热力管路等，对于原来的周围环境和散热条件产生影响。因此，运行部门除了经常测量负荷外，还必须检查电缆的实际温度来确定有无过热现象。在测量时应选择在负荷最大时和散热条件最差的线段（一般不少于10m）进行检查。测量仪器可使用热电偶、热电阻压力式温度计或者红外线测温仪。

（1）电缆外皮的温度测量，可确定电缆有无过热现象。测量时，应先确定测温点，按负荷最大时和散热条件最差的线段选择并进行测量。对于与电缆接近的交叉地区有外来热源的可能时，还应监测该地区的地温是否超过规定温升，可参照表11.20所列数值，一旦超过就应采用降温措施，以防止电缆过热损坏。

表 11.20　电缆接头短路温度

电缆接头形式	短路允许温度
焊锡接头	120℃
压接和螺栓连接接头	150℃
气焊或电焊接头	与导体温度相同

电缆接头温度的测量方法，要根据接头的形式确定。在电缆线路中较为普遍采用的有下列几种方法。

示温蜡片法。测试时，将示温蜡片用绝缘棒粘贴在被测量处或在停电时先粘好，观察哪一个颜色蜡片熔化就表示达到哪一温度。示温蜡片分 60℃（黄色）、70℃（绿色）、80℃（红色）三种。示温蜡片法的不足之处是反应时间较慢，粘贴不方便，只能粗略检查温度，故目前已很少采用。

变色测温笔法。它实际上是造船工业中监视焊接时受热工件温度用的量具，根据笔中的色素达到一定的温度能变色的特性来指示温度。在电缆线路中用于测量接头温度，可选用变色温度为 70℃的变色测温笔。使用时，将笔置于绝缘棒上在被测处画条线即可。当被测接头的温度超过 70℃时，笔线颜色就会变成湖蓝色。这种测量方法测量温度迅速（1～2s），使用简便，价格便宜。

红外线测温仪。如图 11.7 所示，这种测温方法精度远比上述两种高，并且可以在不接触电气设备的情况下进行测量。红外测温仪由光学系统、光电探测器、信号放大器及信号处理、显示输出等部分组成。光学系统汇聚其现场内的目标红外辐射能量，红外能量聚焦在光电探测器上并转变为相应的电信号，该信号再经换算转变为被测目标的温度值。红外测温仪的优点主要是便捷、精确和安全。

图 11.7　红外线测温仪外形

上述测试方法虽然能反映出电缆外皮温度、接点温度，监视电缆的运行情况，但不能反映电缆终端、接头等电缆薄弱部分内部的运行状态。图 11.8 所示为一种用来测量物体温度的非表面接触式热成像仪，该仪器采用彩色液晶显示，能够高精度地获取并记录物体内部各个部分的温度情况。这种仪器结构紧凑，重量轻，并且有摄像处理系统，能获取数字化高质量的物体图像，还可自动跟踪温度，并记录回放温度图，通过输出端子连接到计算机上，在计算机上进行图像数据分析。这种仪器用于电缆线路的测试，特别是对于电缆终端、接头等内部温度状态的监测和图像分析效果很好，能及时发现因负荷而引起的局部发热情况，从而做到对运行电缆负荷的有效监视。

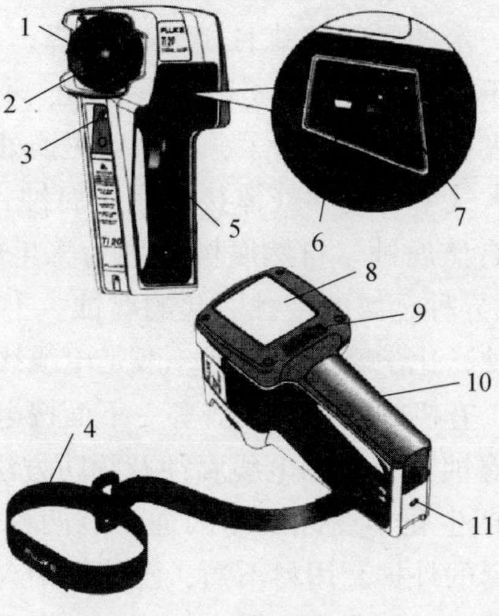

图 11.8　热成像仪外形

1—聚焦控制；2—光通道；3—激光孔；4—腕带和夹头；5—扳机，用于定格热图像；6—USB 端口；7—AC 适配器；8—显示屏；9—控制按键；10—电池仓；11—三脚架安装孔。

（2）测量电缆金属内护层温度。为了保证能及时发现和解决电缆发热情况，根据运行管理部门长期经验总结，要对电缆线路运行时的实际温度进行测量，通常通过对电缆金属内护层温度测量来实现。目前用于测量电缆金属内护层温度的仪器主要是热电偶仪、线绕测温电阻。测量时，为保证测量的正确性，应将测点选择在散热最差的线路段，每一个测点放置两个热电偶仪（其中一个作为备用测温仪），两个热电偶仪测量点间的距离应不小于 10m，并在负荷最大时进行测量。热电偶仪的安装方法如图 11.9 所示。测温时应同时测周围的环境温度，但应注意：在测周围环境温度时，应与测电缆温度的元件保持一定的距离（无外来热源影响下保持 3m 以上）。

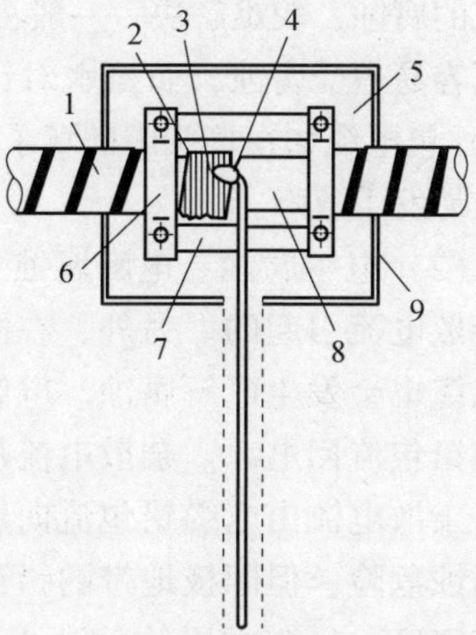

图 11.9　在电缆上安装热电偶仪的方法

1—电缆；2—钢丝；3—热电偶；4—焊锡；5—沥青；6—钢轧头；7—连接铜片；8—铅护套；9—木盒。

5）防止腐蚀

电缆腐蚀一般指电缆金属护套（铅包或铝包皮）部分的腐蚀。金属被腐蚀的结果是部分将变成粉状而脱落，金属护套逐渐变薄至穿透，失去密封作用而导致绝缘受潮，经一定的时间绝缘性能逐步下降，从而形成电缆线路的故障。一般情况下，由于电缆被腐蚀的过程发展很慢，不可能及时被发现，一旦发现时，腐蚀已经是极其严重的程度了，必须做更换处理。电缆腐蚀可分干腐蚀和湿腐蚀。外露于大气中与化学气体接触属于腐蚀，埋设于地下属湿腐蚀。湿腐蚀又分电腐蚀和自然腐蚀。自然腐蚀分别为寄生电池的作用（如细菌新陈代谢等）、透气差及异种金属的接触引起的腐蚀。干腐蚀主要是化学气体和非电解物质引起的腐蚀，化学腐蚀的原因一般是电缆线路附近的土壤中含有酸或碱的溶液、氯化物、有机物及炼炉灰渣等。下面按电缆腐蚀特性分化学腐蚀和电腐蚀（或称电解腐蚀）来说明电缆腐蚀及预防方法。

（1）化学腐蚀。产生化学腐蚀的原因通常有两种情况：一种为电缆在制造过程中由于金属护套的外护套用料不当，浸渍剂中含有对铅包或铝包有腐蚀性的物质，如石炭酸等；另一种为电缆在使用中，周围环境所引起的腐蚀，如土壤中含有酸或碱溶液、氯化物、有机物腐蚀介质等，均容易引起电缆腐蚀。对化学腐蚀没有太好的防治方法，属于制造缺陷，由制造厂改进。对周围环境造成的腐蚀，较难解决，一般将电缆改道或采用防腐性能好的电缆。铝包比铅包更容易遭受腐蚀，如氨水对铅没有多大腐蚀，但对铝包腐蚀严重，因此铅（铝）包电缆如在接头中破坏了制造厂所做的防腐层，必须认真处理修好，否则极易发生故障。

（2）电解腐蚀。电解腐蚀主要是由电气化铁道、直流电车轨道流入大地的杂散电流引起的。另外，在同一地区里其他管道采用阴极保护时，则附近的电缆也会发生电解腐蚀。电缆金属护套是良好的导电体，杂散电流将通过电缆铅包流回电源。杂散电流从周围土壤中流入电缆铅包的地带叫作阴极地带，杂散电流由电缆铅包流向周围土壤的地带称阳极地带。阴极地带一般没有腐蚀危险，但阳极地带的铅包则极易发生腐蚀，一般当从电缆外皮流出的电流密度一昼夜的平均值达 $1.5\mu A/cm^2$ 时，就有腐蚀危险。此时则应采取措施防止或减少杂散电流通过铅包。电腐蚀预防方法是：加强电缆外被层与杂散电流间的绝缘，它可基本消除杂散流对电缆金属护套和其他外导电层的影响；取消有轨电车，并监视无轨电车用接地回路的电缆的绝缘；远离电气化火车的铁轨或在电缆外加装绝缘遮蔽管；装设防止电腐蚀设备。目前，被广泛应用于防止电腐蚀的方法有牺牲阳极、外接电源、排流或强排流、极性排流和设置阴极站等。

腐蚀的化合物是褐色的过氧化铅时，一般可判定为阳极地区杂散电流腐蚀；呈鲜红色也有呈绿色或黄色的铅化合物时，一般可判定为阴极地区杂散电流腐蚀；铅包腐蚀生成物如为白色豆状带淡黄或淡粉红色的化合物时，一般可判定为化学腐蚀。

3. 电缆线路的故障分类

1）低阻故障和开路故障

凡是电缆故障点绝缘电阻下降至该电缆的特性阻抗，甚至直流电阻为零的故障均称为低阻故障或短路故障（这个定义是从采用脉冲反射法的角度，考虑到波阻抗不同对反射脉冲的极性变化的影响而定的。对于电桥法，低阻故障的定义不受特性阻抗概念的限制）。这个概念主要是对故障点在电缆终端而言，定义并不十分严格。如果故障点在电缆中的某个位置，由于故障电阻与电缆特性阻抗并联，故障点的等效阻抗是故障电阻与电缆特性阻抗的并联值，即使故障电阻值大于电缆特性阻抗数倍时，其反射脉冲的极性仍然会与发送脉冲相反，呈短路性质反射。这里给出一个电缆特性阻抗的参考值：铝芯 $240mm^2$ 截面积的电力电缆的特性阻抗约为 10Ω；铝芯 $35mm^2$ 截面积的电力电缆的特性阻抗约为 40Ω；其余截面积的铝芯电力电缆的特性阻抗一般在 10 ~ 40Ω 之间，可据此估计。

凡是电缆绝缘电阻无穷大或虽与正常电缆的绝缘电阻值相同，但电压却不能送至用户端的故障均称为开路（断路）故障，低阻故障和开路故障可以用低压脉冲法直接测得故障距离。

2）高阻故障

电缆故障点的直流电阻大于该电缆的特性阻抗的故障均称为高阻故障，包括高阻泄漏故障和闪络性故障。

（1）高阻泄漏故障在做电缆高压绝缘试验时，泄漏电流随试验电压的增加而增加。在试验电压升高到额定值时（有时还远远达不到额定值），泄漏电流超过允许值，称为高阻泄漏故障。

（2）闪络性故障试验电压升至某值时，监视泄漏电流的电流表指示值突然升高，且表针呈闪络性摆动，电压稍下降，此现象消失，但电缆绝缘仍有极高的阻值，这表明电缆存在闪络性故障。这种故障点没有形成电阻通道，只有放电间隙或闪络表面的故障便称为闪络性故障。

一般的高阻故障点的性质，可用图 11.10 的等效电路表示。

高阻故障的表现形式尽管多种多样，但其本质均表现在图 11.10 等效电路中的“高阻泄漏电阻”上。“高阻泄漏电阻”的阻值直接决定了高阻故障的特

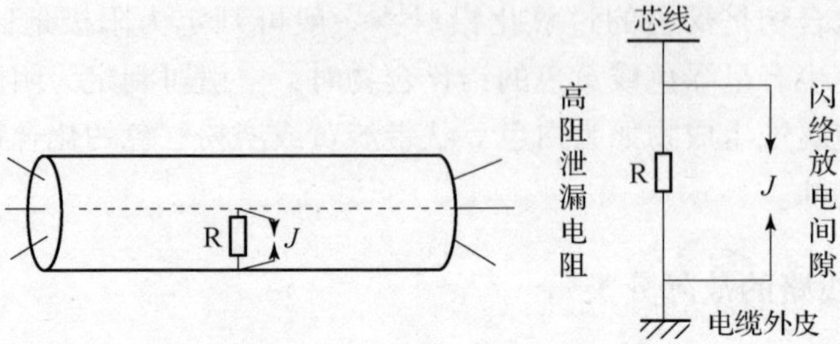

图 11.10　高阻故障点的等效电路示意

性。它们可以是“高阻泄漏故障”，或者是“高阻闪络性故障”，或者是二者兼有的故障。例如：当 R 近似无穷大时，故障点 J 两端的直流电压可以增至相当高而泄漏电流还不至于超过额定值，完全可能在电压升至额定值前故障间隙 J 被击穿，从而形成闪络性故障。当 R 小于一定值，做耐压试验时，由于 R 的存在而产生较大的泄漏电流。这样大的泄漏电流将在高压电源的内阻上产生较大的压降，从而使故障间隙 J 两端的电压无法升高，J 可能就不会被击穿。欲升高电压，泄漏电流势必增加。因此完全可能因泄漏电流大大超过允许值而使继电器保护动作，J 也就不会出现闪络现象。当 R 等于零或小于被测电缆的特性阻抗时，故障性质便变成低阻故障。

电力电缆的高阻故障无法用低压脉冲法测得故障距离，只能用冲击高压闪络法进行测量。测量的基本原理是利用冲击高压将故障点瞬时击穿放电，用电缆仪记录故障点击穿放电时突跳电压（或电流）波在故障点与测试端来回反射的时间差计算故障距离。

4. 常见电缆故障原因

致使电缆发生故障的原因是多方面的，现将常见的几种主要原因归纳如下。

（1）机械损伤。很多故障是由电缆安装敷设时不小心造成的机械损伤或安装后靠近电缆路径作业造成的机械损伤而直接引起的。有时如果损伤轻微，在几个月甚至几年后损伤部位才发展到铠装、铅（铝）护套穿孔，潮气侵入而导致损伤部位彻底崩溃形成故障。直接受外力作用造成的损坏主要有施工和交通运输所造成的损坏。例如，挖土、打桩、起重、搬运等都可能误伤电缆。行驶车辆的振动或冲击性负荷，也会造成穿越公路或铁路以及靠近公路或铁路并与之平行敷设的电缆的铅（铝）护套的疲劳裂损，形成故障。

（2）电缆外皮的电腐蚀。如果电力电缆埋设在附近有强烈地下电场的地面下（如大型行车、电力机车轨道附近），往往出现电缆外皮铅（铝）护套腐蚀致穿的现象，导致潮气侵入，绝缘破坏。

(3) 化学腐蚀。电缆路径在有酸碱作业的地区通过，或从有苯蒸气产生的场地经过往往会造成电缆铠装和铅（铝）护套大面积长距离被腐蚀。

(4) 自然力造成损坏。这方面的损坏主要包括中间接头、终端头受自然拉力和内部绝缘胶膨胀的作用所造成的电缆护套的裂损。因电缆自然胀缩和土壤下沉所形成的过大拉力，拉断中间接头或导体以及终端头护套因受力而破损等。地面下沉现象往往发生在电缆穿越公路、铁路及高大建筑物的地段，地面的下沉使电缆垂直受力而形变，导致电缆铠装、铅（铝）护套破裂甚至折断而造成各种类型的故障。

(5) 电缆绝缘物的流失。尤其是油浸纸电缆，电缆敷设时地沟凸凹不平，或处在电杆上的户外头，电缆的起伏、高低落差悬殊，高处的电缆绝缘油流向低处而使高处电缆绝缘性能下降，导致故障发生。

(6) 过热。造成电缆过热的因素是多方面的，既有内因，又有外因。内因主要是电缆绝缘内部气隙游离造成局部过热，从而使绝缘炭化；外因是电缆过负荷产生过热。安装于电缆密集地区、电缆沟及电缆隧道等通风不良处的电缆，穿在干燥管中的电缆，以及电缆与热力管道接近的部分等，都会因本身过热而使绝缘加速损坏。长期过负荷运行，会使电缆的温度随之升高，尤其在炎热的夏季，电缆的温升常常导致电缆整体绝缘下降，薄弱处和接头处首先被击穿。在夏季，电缆故障率高的原因正在于此。

(7) 拙劣的技工、拙劣的接头与不按技术要求敷设电缆往往都是形成电缆故障的重要原因。

(8) 在潮湿的气候条件下做接头，使接头封装物内混入水汽而耐不住试验电压，往往形成闪络性故障。

(9) 过电压。过电压主要是指大气过电压（雷击）和电缆内部过电压。对实际故障进行的分析表明，许多户外终端头的故障是由大气过电压引起的。电缆本身的缺陷也会导致在大气过电压的情况下发生故障。在对电缆故障发生原因的分析中，要特别注意了解高压电缆敷设中的情况。若电缆外表观察到可疑之点，则应查阅电缆安装敷设工作完成后的记录。这些记录应包括如下细节：铜芯或铝芯导线的截面积；绝缘方式；各个对接头的精确位置；三通接头的精确位置；电缆路径的走向；某一电缆到别的电缆或接头的情况，以及两种不同截面积的电缆对接头的精确位置和有无反常的敷设深度或者有特别的保护措施，如钢板、穿管和排管等；电缆敷设中的技工和技术员的姓名；历次发生故障的地点及排除经过等。

当欲快速定位故障时，这些资料是非常有价值的。由于制造缺陷而造成的电缆故障不多，因而对于事故的其他原因分析，应充分考虑到上述细节。

5. 电缆绝缘老化原因

在线运行的电力电缆及电气装备用电缆因受机械力、电动力、热力及化学腐蚀等多种因素影响，其绝缘层将老化发脆变硬，影响使用，结果因老化导致电缆击穿而使使用寿命减短。

在机械力、电动力、热力及化学作用四种因素中，热力及化学作用主要是敷设场所及周围环境所致。从 20 世纪 80 年代起，以聚乙烯绝缘及交联聚乙烯绝缘为主体的塑料电缆，因其具有电性能良好、重量轻、价格低和施工方便等特点，故在国内输配电电力线路和控制线路中的应用日趋增多。由于该类电缆采用塑料绝缘，受环境条件影响而老化比其他品种更为严重。现以聚乙烯绝缘电缆为例，说明电缆受环境条件的影响而产生老化情况。

1）不同敷设方法对电缆的老化影响

电力电缆的主要敷设方式有地下直埋敷设、架空（含钢索）敷设、缆沟敷设及水下或海底敷设。因敷设安装方式不同受环境条件作用不同，可能出现的老化形式和程度也不同，造成电缆使用寿命差别很大。表 11.21 是不同敷设方式对聚乙烯绝缘电缆的环境老化因素及形式。

表 11.21　不同敷设方式对聚乙烯绝缘电缆环境老化因素及形式

<table>
<tr><th>序号</th><th>电缆敷设方式</th><th>环境老化因素</th><th>可能出现的老化形式</th></tr>
<tr><td rowspan="2">1</td><td rowspan="2">架空或钢索敷设</td><td>阳光中紫外线作用，受大气中臭氧的作用</td><td rowspan="2">绝缘表面脱色、绝缘硬化发脆和开裂或龟裂，这些都是绝缘老化的具体表现</td></tr>
<tr><td>有害气体二氧化硫（SO_2）及硫化氢（H_2S）腐蚀作用</td></tr>
<tr><td rowspan="7">2</td><td rowspan="7">地下直埋敷设</td><td>表面活化剂作用</td><td>绝缘硬化、开裂或龟裂</td></tr>
<tr><td>土壤内有机溶剂作用</td><td rowspan="2">软化、溶解绝缘</td></tr>
<tr><td>地下油污作用</td></tr>
<tr><td>地下化学药剂作用</td><td>绝缘硬化、开裂、软化、溶解</td></tr>
<tr><td>土壤中水分潮气</td><td>绝缘电阻低，绝缘产生水树</td></tr>
<tr><td>土壤中硫化物作用</td><td rowspan="2">绝缘产生硫化树</td></tr>
<tr><td>土壤中盐、碱作用</td></tr>
</table>

续表

序号	电缆敷设方式	环境老化因素	可能出现的老化形式
3	缆沟敷设	沟内进水电缆受潮	绝缘电阻低，绝缘产生水树
		环境温度高，通风不佳	绝缘层过热硬化发脆、开裂、龟裂
		空气中有害气体：如 SO_2 及 H_2S 等	使电缆塑料绝缘层硬化发脆、开裂、龟裂
		化学药剂流入缆沟内	绝缘硬化发脆、软化、溶解
		硫化物入侵电缆沟	绝缘产生硫化树
4	海底敷设	海水作用	绝缘产生水树
		海生物（如海藻）的影响	绝缘产生硫化树

2）各式各样的环境老化

电缆敷设场所及周围存在气体、液体及固体三大类介质，三类介质对电缆产生不同影响，如空气中有害气体会腐蚀电缆绝缘，有害液体及固体同样如此。表 11.22 列出了部分环境条件对聚乙烯等几种电缆的影响。

表 11.22　环境条件（气、液、固体介质）对电缆的影响

环境条件	聚氯乙烯电缆	聚乙烯电缆	橡胶电缆	尼龙电缆	油浸纸绝缘电缆
变压器油	○	○	×	○	√
硅油	○	○			
氟利昂 12	○	○	√	√	×
杂酚油	×	△			
甲酚	○	○			
苯酚	○	○			
苯胺	○	○		√	×
苯二甲酸二辛酯	△	○	√	√	○
醋酸乙烯	△	○	○	○	×
沥青	○	○	√	√	○
盐酸（10%）	√	√	√	√	△
盐酸（38%）	√	√	√	√	△
硫酸（10%）	√	√	√	√	△

续表

环境条件	聚氯乙烯电缆	聚乙烯电缆	橡胶电缆	尼龙电缆	油浸纸绝缘电缆
浓硫酸（发烟）	×	×			
硝酸（10%）	√	√	√	√	×
醋酸（50%）	√	○			
亚硫酸气	√	○			
氨气	○	√			
氨水	○	○			
氯气	×	×			
过氧化氢	○	○			
硫化氧	△	○			
稀氢氧化钠	○	○			
食盐水	√	√	√	√	×
海水	√	√	√	√	×
土壤	√	√	√	√	×

注：“√”表示环境条件对电缆不影响；“×”表示严重侵蚀条件，不可用的电缆；“○”表示环境虽起作用，但对电缆影响不大；“△”表示环境条件可避免使用电缆

6. 几种环境老化机理分析

1）电缆出现脱色架空

电缆在运行中受阳光中紫外线、臭氧作用，其绝缘层出现脱色，这是电缆绝缘老化形式中最常见、最轻微的一种老化表现。脱色虽然对电缆妨碍不大，但它是电缆绝缘进一步老化的先兆。为使电缆绝缘不进一步老化，应加强维护，采取防阳光及紫外线辐射措施，减少其脱色现象，是维护保养不可忽略的。

2）电缆出现水树故障

就聚乙烯绝缘电缆而言，它的耐水性比油浸纸绝缘电缆要强，橡胶电缆、尼龙电缆的耐水性能均好，然而一旦水分进入缆芯导体中，在电缆送电运行过程中，在电磁的作用下，水分就会从内向外呈树枝状伸展，最终导致电缆绝缘击穿，通常称这种击穿现象为水树。水树现象通常在高压、大容量的电力电缆中发生。故维护中要强调缆沟内不能积水，桥架电缆线槽盒一定要加盖。

3）电缆出现硫化树故障

电缆的硫化树故障是由于电缆敷设环境周围有硫化物存在，如硫化氢的水溶液，它可以透过聚乙烯绝缘及油浸纸绝缘电缆的护套和绝缘层，直达电缆的芯线导体。如这些电缆芯线导体为铜材，铜和硫化物产生化学反应，将产生硫化亚铜等黑色的腐蚀物。随着这些腐蚀物不断地增加和聚积在芯线导体上，最后将呈现树枝状贯穿整个绝缘层，最终使电缆绝缘击穿。

因硫化物导致的电缆产生硫化树过程与电磁强度的关系不大，所以这类故障现象在高压电力电缆中几乎不存在，只在低压电力电缆、控制及信号电缆中发生，又因这几类电缆的绝缘厚度较薄，受硫化作用导致绝缘破坏和击穿时间比高压电缆水树故障更短，一般敷设运行仅几年就出现硫化树而击穿。故石化厂矿电缆运行寿命比其他环境下短。

4）电缆的硬化、开裂、软化或溶解

电缆绝缘出现硬化、开裂、软化或溶解，均是电缆老化的又一具体体现。从表11.21及表11.22中也可看出，它只在特定的环境老化因素和电缆护套材料情况下发生。就塑料电缆来说，聚乙烯护套的化学稳定性要比聚氯乙烯护套好。但在应力存在的条件下，当聚乙烯护套处在表面活性剂（如洗涤剂）之中，则将产生所谓的环境应力，使电缆绝缘开裂，而在聚氯乙烯护套中就可避免。从而说明电缆护套的选择要因地制宜，应按环境条件选择。

7. 电力电缆故障诊断的一般步骤

电力电缆故障的测寻一般按如下步骤进行。

1）电力电缆故障性质的确定

电力电缆发生故障以后，必须首先确定故障的性质，然后才能确定用什么方法去进行故障的粗测。否则，盲目进行测寻，不但测不出故障点，而且会拖延探测故障的时间，甚至因粗测方法不当而损坏测试仪器。

确定故障的性质，是指确定故障电阻是高阻还是低阻；是闪络性还是封闭性故障；是接地、短路、断线，还是它们的混合；是单相、两相，还是三相故障。可以根据故障发生时出现的现象，初步判断故障的性质。例如，运行中的电缆发生故障时，若只是给了接地信号，则有可能是单相接地故障。继电保护过流继电器动作，出现跳闸现象，则此时可能发生了电缆两相或三相短路或接地故障，或者是发生了短路与接地混合故障。发生这些故障时，短路或接地电流烧断电缆将形成断线故障。如果通过上述判断还不能完全将故障的性质确定下来，还必须测量绝缘电阻和进行“导通试验”。

测量绝缘电阻时，使用兆欧表（1kV 以下的电缆用 1000V 的兆欧表；1kV

以上的电缆用2500V 的兆欧表）来测量电缆线芯之间和线芯对地的绝缘电阻。进行“导通试验”时，将电缆的末端三相短接，用万用表在电缆的首端测量芯线之间的电阻，以判断三相中某相有无断线或短路的现象。有时为了弄清故障点的击穿电压，还要进行直流耐压试验，即确定故障的性质。

2）粗测

粗测（初步确定）电缆故障点的距离，是排除电缆故障的一个很重要步骤。粗测，就是测出故障点到电缆任一端的大致距离。粗测是故障精确定点前的必要准备。无论电缆仪的分辨率有多高，所读出的故障点距离仅仅代表了从电缆测试端到故障点的电缆长度。电缆的埋设路径不可能是一条直线，而且每一个端头和中间接头都不可避免存在预留长度，以便出故障后检修之用。因此电缆仪读出的故障距离不可能和地面度量距离完全一致，有时相差数十米也是合理的。电缆仪的读数只作为精确定点时的重要参考。对于精确定点，要求电缆仪的读数误差小到一两米是不必要的。

近年来，国内外很重视电力电缆故障探测技术的开发研究。早期的方法是使高阻故障经过烧穿后变成低阻故障，而后再用电桥法或低压脉冲反射法进行粗测。采用这种方法进行“烧穿”很费时间、人力和电力，而且需要庞大的设备。目前已经开发出可靠的冲击高压闪络法、二次脉冲法、智能高压电桥法等先进测试技术。现在探测电力电缆故障时，不再将高阻故障“烧穿”，而是直接对故障电缆的故障相施加直流高压或冲击高压，使故障点电离放电闪络，然后再通过闪络脉冲的反射波粗测出故障点的位置。

粗测法实际上可归纳为两类，即经典法（如电桥法等）和现代法（如闪络法等）。现代法与经典法相比，具有不需要占用有关电缆的精确数据（如电缆长度、截面、接头数等），测寻速度快（不需要“烧穿”）等优点。

3）测寻故障电缆的敷设路径

对于埋地电缆，就是找出故障电缆的敷设路径和埋设深度，以便进行精测（定点）。当然，为了绘制埋地电缆敷设路径的图纸，有时也要测寻电缆的敷设路径。测寻方法是向电缆中通入音频信号电流，然后利用路径接收机天线线圈接收此音频信号。根据电缆正上方的电磁场变化规律确定电缆在地下的准确敷设位置和深度。

4）故障点的精确定位

故障点的精确位置，通常采用声测、感应、测接地电位（跨步电压法）等方法进行定点。

上述四个步骤是一般的测寻步骤。实际测寻时，可根据具体情况省略一些步骤，例如，电缆敷设路径的图纸准确时可不必再测敷设路径；对于高阻故障，可不经烧穿而直接用闪络法进行粗测；对于一些中间接头闪络性故障，不需要进行定点，可根据粗测得到的距离数据查阅资料判断可能是接头故障，可直接挖出粗测点处的中间接头，然后再通过细听而确定故障点；对于电缆沟或隧道内的电缆故障，可进行冲击放电，不需要使用仪器（如定点仪等）而通过直接用耳听来确定故障点。以上是电缆故障诊断的一般步骤。电力电缆故障诊断的一般步骤与方法如表11.23所列。

表11.23 电力电缆故障诊断的一般步骤与方法

步骤	内容	方法	备注
1	确定故障性质	（1）测绝缘电阻	
		（2）导通试验	
2	粗测	（1）经典法： ①电桥法； ②驻波法	高阻故障需烧穿
	距离	（2）现代法（脉冲反射法）： ①低压脉冲法； ②直流高压闪络法； ③冲击高压闪络法	高阻故障无需烧穿
3	探测路径	（1）音频感应法	只适用于鉴别电缆
		（2）卡钳形电流表法	
4	精测定点	（1）声测定点法	仅适用金属性接地故障
		（2）感应定点法	
		（3）时差定点法	
		（4）同步定点法	
		（5）其他特殊方法	适用于低压电缆故障

11.3.2 电缆线路的维护

电缆线路设备和其他供电设备一样，必须经常加以检修和维护。检修的周期及要求应按照《电力电缆运行规程》和电业部门《维护检修规程》的规定执行，检修项目则根据设备规定的期限、巡视和试验结果加以确定。一般的维护工作每年至少一次（亦可由主管单位领导根据管辖设备数量及设备情况研究决定)，主要有以下内容。

1. 户内电缆终端头的维护

装置在户内的电缆头结构比较简单，运行条件也较好，一般的维护工作如下。

(1) 清扫电缆沟并检查电缆情况，电缆沟内积水要排出，并找出积水原因采取措施堵漏。

(2) 清扫终端头，检查有无电晕放电痕迹。

(3) 检查终端头引出线接触是否良好。

(4) 核对线路铭牌及相位颜色。

(5) 锈蚀支架及电缆铠装油漆防腐。

(6) 检查接地焊接是否良好，接地线有无损伤。

(7) 检查终端头有无漏油现象，对漏油的终端头应找出原因采取相应措施，消除漏油现象。

2. 户外电缆终端头的维护

(1) 清扫终端头瓷套管，检查壳体及瓷套有无裂纹，瓷套管表面有无放电痕迹。

(2) 检查终端头引出线接触是否良好，特别是铜铝接头有否腐蚀。

(3) 核对线路铭牌及相位颜色。

(4) 修理保护管及油漆锈蚀铠装，更换锈蚀支架。

(5) 检查铅包龟裂和铝包腐蚀情况。

(6) 检查接地焊接是否完好，接地线是否标准。

(7) 检查终端盒内绝缘胶（油）有无水分，绝缘胶（油）不满者应予补充。

3. 分支箱的维护

(1) 检查电缆分支箱底脚螺栓有无松动，箱外壳有无损坏，检查雨水有无进入箱内。

(2) 检查分支箱通气孔是否堵塞，通风百叶窗是否完好，检查和清扫箱内积尘。

(3) 检查箱内电气设施是否齐全，电缆终端引线与箱内开关连接是否松脱。

(4) 检查电缆沟引入分支箱的电缆转弯处电缆有无破损。

（5）电缆分支箱应加铁锁和专人负责，检查有无临时动力线从分支箱内引出。

（6）检查和清理分支箱周围的易燃易爆物，分支箱旁应设有防火的消防器材。

4. 隧道、电缆沟、人井、排管的维护

（1）检查门锁是否开闭正常、门缝是否严密，进出口、通风口防小动物进入的设备是否齐全，出入通道是否通畅。

（2）检查隧道、人井内有无渗水、积水，有积水时要排出，并将渗漏处修复。

（3）检查隧道、人井内电缆及接头情况，应特别注意电缆和接头有无漏油，接地是否良好，必要时测量接地电阻和电缆的电位，防止电缆腐蚀。

（4）检查隧道、人井电缆支架上有无撞伤或蛇形擦伤，支架是否有脱落现象。

（5）清扫电缆沟和隧道，抽出井内积水，清除污泥。

（6）检查人井盖和井内通风情况，井体有无沉降及有无裂缝。

（7）检查隧道内防水设备、通风设备是否完善正常，并记录室温。

（8）检查隧道电缆的位置是否正常，接头有无漏油、变形，温度是否正常，防火设备是否完善有效，以及检查隧道的照明是否完善。

（9）疏通备用排管，核对线路铭牌。如发现排管有白蚁，应立即消除。

5. 桥上电缆及电缆桥的维护

（1）巡查桥两端靠近平地处的电缆及两桥墩之间电缆有无拖拉或绷紧现象，电缆保护管或保护槽有无裂开或其他缺陷。

（2）通航部分是否曾受船舶冲撞或有无被篙杆撞伤情况。

（3）检查电缆铠装护层。

11.3.3 电缆线路的管理

1. 电缆线路管理工作的内容

电缆线路的技术管理工作主要有四个方面，即技术资料的管理、计划的编制、备品的管理及人员培训。

2. 电缆线路的相关技术资料

电缆线路的技术资料是十分重要的，运行部门必须有系统的、长期的积累并加以整理。完整的技术资料包括一切原始装置记录、设计书及图纸、线路协议书、试验报告、故障及其修复情况、电缆移动变迁报告以及经常性的运行记录。下面列举几种必须具备的重要资料。

1）电缆网络总图

电缆网络总图是一个地区全部电缆线路的地形平面布置图，比例尺一般为1∶5000，主要标明线路名称、电缆间的相对位置及变电所的地点等。在电缆线路密集的城市里，可将总图按电压等级分绘制为数张（但不宜过多，尽可能集中），以便一目了然。总图能使管理人员对全区线路布置情况充分了解，在进行电缆线路扩建和改建时，便于参考选择新的路径，也可以从总图上引出各地段电缆埋设情况，便于迅速查出各地段电缆情况，便于查清线路，对巡视电缆线路和维护电缆工作有重大作用。总图应按电缆线路的增减和变更及时修正，保证高度准确。

2）电缆网络系统接线图

电缆网络系统接线图是表示电缆网络在整个电力系统中供电情况的布局，系统图可以表明各电缆在系统中供电的重要性和负荷分布情况，便于在检修电缆和试验工作时向系统调度部门办理停电手续。电缆网络系统图应标出发电厂、变电所及各线路的系统接线、电压等级、机组及变压器容量等。系统图无比例尺，但线条不应过密，同一输电线路的并行电缆可以简化为一根粗线条。

3）电缆线路图

直埋的电缆线路必须有详细的敷设位置图样，比例尺一般为1∶500，地下管线密集地段应取1∶100，甚至更大，管线稀少地段可用1∶1000。平行敷设的线路尽量合用一张图纸，但必须标明各条线路的相对位置，并标明地下管线剖面图，线路图应当在敷设电缆时由制图员测绘，其准确度要求较高，图上应当包括路面上所有永久性的建筑物，例如大楼、人井、界石、消防龙头、铁塔等。线路图上还应注明电缆中间接头的具体位置、每段电缆长度、截面积等规格，并有更改线路图的说明记录等。原始的图纸应由施工安装单位绘制，在验收工程时交给运行单位保存。

4）电缆截面图

电缆的制造规范，各制造厂并不完全一致，即使形式、电压等级及导体截面相同，其结构尺寸也难以完全一样。因此，每种电缆都必须有一张截面图，图上注明需要的参数，图的比例尺寸为1∶1，这张图对于接头设计、系统保护计算及敷设在特殊要求的地方设计装置等都有用处。电缆截面图上还可记载制造厂名、采购日期、采购数量和装置使用地点等，以供将来统计参考之用。

5）电缆头装配图

每一种形式的电缆中间接头或终端头均须有一份标准装置设计总图，总图必须配有详细注明材料的分件图，图纸的编号可以用代表电缆头形式的符号进行系列化，保持不变，以便于记录查考。标准装配图是统一工艺、提高施工质量和验收标准的依据，在采购电缆头材料时也可参考，在培训电缆接头制作工人时，也是制订工艺标准的重要依据。

6）电缆线路索引卡

每一条电缆线路均应有索引卡片一张，记录其简单的原始装置和历史情况以及有关的图纸编号等。原始装置包括电缆正确的长度、截面积、电压、型号、安装日期、线路的参数，以及电缆头的型号、编号、数量、绝缘剂种类、装置日期等。历史情况包括电缆线路的变迁、故障和检修等的记录。此卡片可按电压等级、变电站、配电站、线路分类，并按查阅方便的办法顺序排列。因索引卡保存时间很长，翻阅次数较多，所以索引卡要选用好的纸张，填写字迹要清晰。

7）故障报告

电缆线路故障后经过修理必须填写故障报告。报告应详细写明故障部分的原有安装资料、故障现象、修理情况及故障原因分析等，必要时可将故障部分拍摄成照片或绘图附在报告上。完整的故障统计资料，是制订反事故措施和年度检修计划等的主要依据。

8）线路专档

每条电缆线路必须有一专门技术档案，一切有关该线路的技术文件资料（例如线路设计书、电缆安装资料、验收文件、协议书以及后来更改线路的记录等）、运行维护报表、检修工作表、预防性试验报告、故障测试记录、故障修理报告、负荷和温度记录、腐蚀检查记录、现场巡视记录等，都应分类归入专档内。总之，在线路索引卡上所不能详载的内容，都应从技术专档内查出。

3. 电缆运行维护和检修计划的编制

计划编制除根据《电力工业技术管理法规》和《电力电缆运行规程》的规定外，还应结合本地区设备的具体情况做适当的调整。经常性的运行和维护工作，一般可按固定计划执行，但检修工作则需根据线路检查和试验结果，以及历年事故分析所提出的反事故对策来进行。计划内容包括工作项目、工作进度、劳动力安排、材料准备和主要材料消耗数量。总的工作量应该从下列几个方面来考虑。

（1）年平均供电故障次数。

（2）年平均定期预防性试验击穿的次数。

（3）拟加以改装的有缺陷的中间接头或终端头数量。

（4）根据事故对策提出的措施。

（5）根据线路巡视、温度测量、负荷检查等提出的措施。

（6）有关防止电缆腐蚀的工作。

（7）配合供电线路更换电杆或配电变压器等的年平均工作量。

（8）城市建设部门统一规划改建的有关配合工作。

（9）支援用电单位内部电缆线路故障检修的允许工作量。

在制订计划时，运行部门应充分考虑供电调度问题，务必使停电次数尽量减少，停电时间尽量缩短，以免影响用户用电。电缆检修考虑特殊事宜，如耐压试验电源和雨天户外部分不能达到维护标准，以及试验时的安全要求、相互配合等，都需在实际工作中商量并妥善安排。

4. 电缆备品的管理

电缆备品包括电缆和电缆接头等材料，都是特殊材料，一般不易零星购置。为了保证按期进行检修工作，运行部门应有一定数量的备品，并有一定的保管制度。备品须保存在易于取用的地点，并且按不同的规范分别放置。备品的数量不仅取决于运行中的设备多少，而且和安装的情况有关，例如电缆备品的长度应足够替换同一电压等级一次事故内损坏的电缆，长度可根据过去运行经验决定。水底电缆、过桥电缆及隧道电缆一般应分别备有跨越主航道、桥梁全长及两个人井间长度的备品。电缆的中间接头和终端头，每种形式最少要有两套备品，户外式终端头较容易发生故障，备品数量可适当增加一些。当然，备品过多会造成大量资金积压，也是不适宜的。因此，在确定备品数量时，须从需要和经济两方面同时考虑。如果材料来源较易，则可相应减少备品。备品应放在干燥的地方，专人负责并严格验收，防止在使用时发现缺陷影响工作进展。备品的保管和补充，应每年核实一次，并遵照备品管理制度进行。

5. 对异常运行电缆绝缘的监视管理

电缆运行中发生事故经检修未能彻底消除缺陷，或在预防性试验中发现缺陷而未能及时加以消除者，当它投入运行后必须加强监视。监视过程中必须遵照《电力电缆运行规程》的规定及结合运行部门的运行经验，在较短的时间内重复进行监视，以便检查缺陷有无变化。如果在半年内经三次以上的试验，而缺陷没有变化，则可认为其已是固定性的缺陷，可以记入历史专档备查，而在运行过程中可以按照正常的情况管理。对于异常运行电缆的监视应有专人负责，并有明显的指示图表示意。对于在监视中击穿的绝缘应迅速消除缺陷，以免损失过多，而对于固定性缺陷，虽放弃监视，但还是不能进行绝缘升级，应按现场评定绝缘的标准，再经过正常试验周期1～2次后，重新评定绝缘等级。

对于长期使用和设备陈旧的系统，没有达到国家标准的设备，可按具体情况另行规定。

6. 电缆线路专业人员的培训

电缆线路的运行工作是一项专业性较强的工作，在技术培训方面，首先要培养掌握各项操作的基本功，学习内容如下。

（1）技工工作方法。

（2）各种电缆的敷设方法。

（3）看懂电缆线路图及简单的装配图。

（4）绝缘材料的热处理。

（5）进行杆塔登高工作的实习。

（6）有关电缆试验的常识。

（7）有关各种规程（包括城建、公用事业、交通运输等有关规定）的学习。

（8）一般电缆理论知识。

这些基本功除了必要的理论课和场内实习外，主要结合现场条件进行。电缆线路运行人员必须经过上述的各种基本功训练并有一定的现场工作经验，再学习有关电缆运行的专业知识，才能胜任电缆工作。

7. 电缆设备评级

电缆线路的设备管理是通过一系列技术、组织、经济措施，对设备实行全过程的管理。它涉及内容广泛，如设备的选用、运输与保管、安装与调试、运行与维护、改造、更新等一系列工作。下面仅介绍电缆线路的定级管理。电缆线路的定级管理，是对设备安全大检查的一个重要环节。设备定级既能反映设备的技术状况，又有利于加强设备的维修和改进，并能及时消除缺陷，对设备可靠运行具有十分重要的意义。设备定级，主要根据运行和检修中发现的缺陷，并结合预防性试验结果进行综合分析，确定对安全运行的影响程度，并考虑绝缘水平、技术管理情况及安全管理情况来核定设备。电缆设备评级分一类电缆设备和二类电缆设备评定。一类电缆设备是经过运行考验，技术状况良好，能保证在满负荷下安全供电的电缆设备。评级标准如下。

（1）规格能满足实际运行需要，无过热现象。

（2）无机械损伤，接地正确可靠。

（3）绝缘良好，各项试验符合规程要求。

（4）电缆头无漏油、漏胶现象，瓷套管完整无损伤。

（5）电缆的固定和支架完好。

（6）电缆的敷设途径及中间接头等位置有标志。

（7）电缆头分相颜色和铭牌正确清楚。

（8）技术资料完整正确。

（9）装有油压监视和外护层绝缘监视的电缆，要动作正确，绝缘良好。

二类电缆设备是基本完好的设备，能经常保证安全供电，但个别元件有一般缺陷，仅能达到一类设备（1）~（4）项标准，即为二类设备。

一、二类设备均为完好设备。达不到一、二类设备标准的，应为三类设备，是不能保证安全运行的设备。

完好设备与参加定级设备总数之比的百分数，称为设备的完好率。每个电缆设备的定级，应按电缆设备单元来进行，每一单元设备的等级一般应按单元中完好性最低的元件来确定。一般可将电缆、电缆架构、电缆保护设备、电缆接地引下线等划归为一个单元；电缆沟、电缆隧道、电缆竖井、电缆排管等划归为一个单元。

电缆设备定级，应每季度进行一次，每半年至少进行一次绝缘水平定级。

8. 电缆绝缘评级

从方便电缆线路运行管理考虑，运行中的每一根电缆都必须建立绝缘监督资料档案，它也是技术部门进行绝缘评级的一个重要依据和内容。电缆线路的故障多数是因为绝缘被击穿引起的，因此加强电缆绝缘的监视就特别重要。对电缆绝缘评级是全面评定电缆绝缘水平的一项重要工作，主要根据预防性试验的结果和运行中是否发生故障而定。电缆绝缘评级，大体分为如下三类。

一类绝缘：试验项目齐全，结果合格，未发现缺陷。

二类绝缘：泄漏试验次要项目或次要项目数据不合格（如泄漏不对称系数大于标准值），发现绝缘有缺陷，但能安全运行或影响较小。

三类绝缘：泄漏试验主要项目或主要项目数据不合格，发现绝缘有重大缺陷，威胁安全运行（如耐压试验时闪络，泄漏电流极大且有升高现象，但未超过试验电压）。

第12章

电力系统

导航台配电系统因地方供电配置不同，配电设备建设时间不同，各台的供配电设备不尽相同，但供电系统的设计、建设思路和供电流程是一致的。供电线路的主电缆和主要电力设备均为一工一备，其电力系统如图12.1所示。高压、低压设备在前面章节已介绍，本章主要介绍电力系统的相关知识。

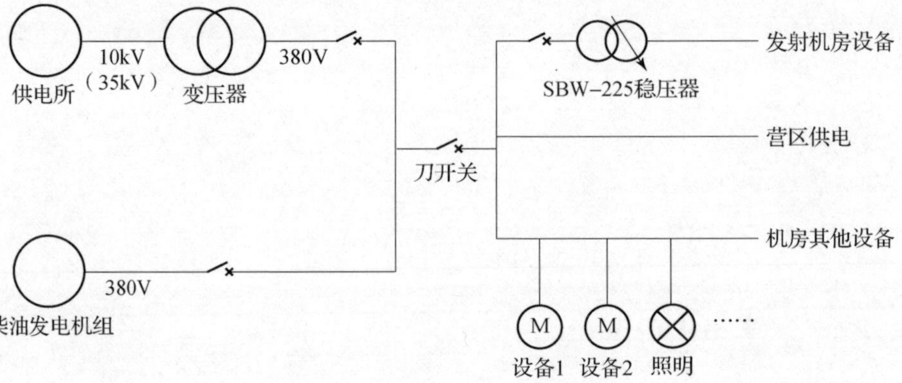

图12.1 导航台电力系统示意图

12.1 电力系统概述

12.1.1 电力系统、电力网及动力系统

电力系统通常是由发电机、变压器、电力线路、用户等组成的三相交流系统。图12.2所示为一简单电力系统，图12.3所示为一复杂的电力系统。

电力系统中的电气设备也称为电力系统的元件，它们之间既有区别，又互相作用。发电机产生电能，升压变压器把发电机发出的低压电能变换为高压电能，输电线路输送电能，降压变压器把网络中的高压电能变换为低压电能，便于用户使用。这样一个产生电能、输送和分配电能、使用电能所连接起来的有机整体称为电力系统。

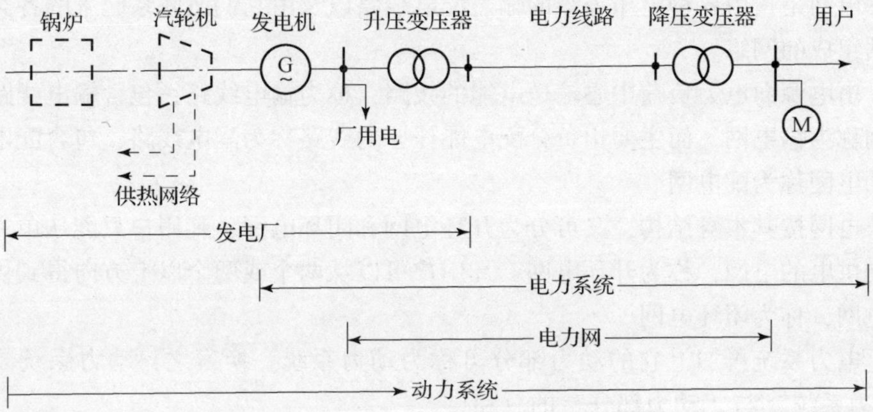

图 12.2 动力系统、电力系统、电力网示意图

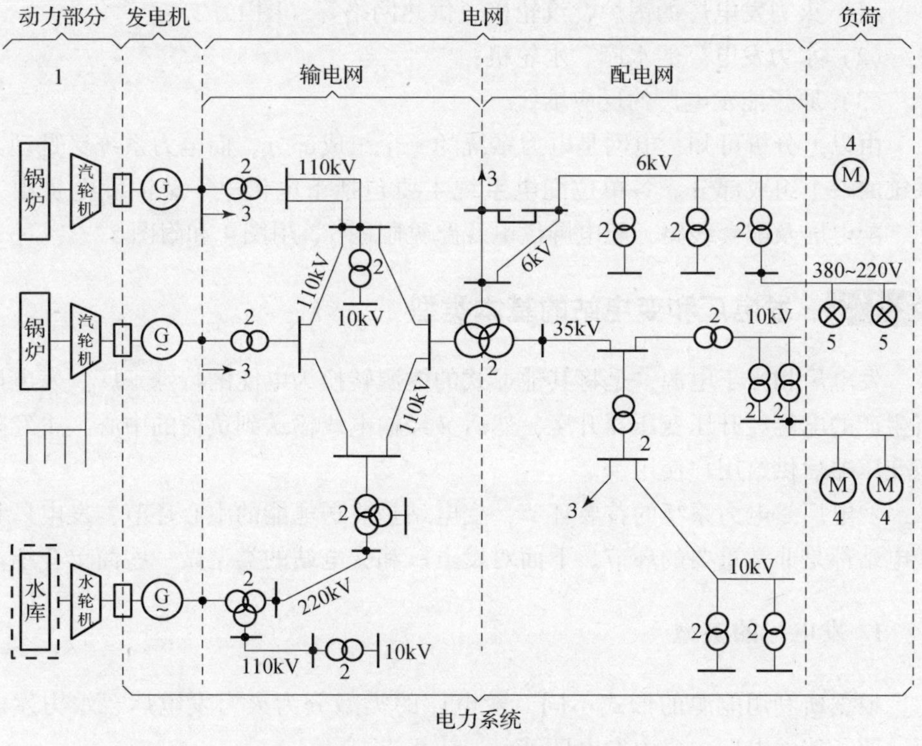

图 12.3 复杂电力系统示意图

1—动力部分；2—变压器；3—负荷；4—电动机；5—照明灯。

确切地说，电力系统是指由发电机、变压器、电力线路、用户的用电设备等在电气上相互连接所组成的有机整体。

图 12.2 所示简单电力系统中，除去发电机、用户的用电设备，剩下的部分即电力线路及其两边连接的变压器，称为电力网，简称电网。

电网是指由各种电压等级的输、配电线路以及由它们所联系起来的各类变电站组成的网络。

由电源向电力负荷中心输送电能的线路，称为输电线路，包含输电线路的电网称为输电网。而主要担负分配电能任务的线路称为配电线路，包含配电线路的电网称为配电网。

电网按其本身结构，又可分为开环电网和闭环电网。凡用户只能从单方向得到供电的电网，称为开环电网；凡用户可以从两个或两个以上方向得到供电的电网，称为闭环电网。

电力系统再加上它的动力部分可称为动力系统。换言之，动力系统是指“电力系统”与“动力部分”的总和。

动力部分，随电厂的性质不同而不同，主要有以下几种：

(1) 火力发电厂的锅炉、汽轮机、供热网络等（图 12.2）；

(2) 水力发电厂的水库、水轮机；

(3) 原子能发电厂的反应堆。

由以上分析可知，电网是电力系统的一个组成部分，而电力系统又是动力系统的一个组成部分。各单位配电系统主要包括市电供电、柴油发电机组工作、配电屏及配套线路，配电屏供电线路见附图 3、附图 4 和附图 5。

12.1.2 发电厂和变电站的基本类型

发电厂相当于电源，是将其他形式的能源转换为电能的特殊工厂。发电厂所生产的电能经升压变压器升压，然后又经输电线输送到负荷的中心，再经降压变压器后供给用户使用。

发电厂是电力系统的首要环节，变电站是输送电能的中心环节，发电厂和变电站都是非常重要的环节。下面对发电厂和变电站的类型做一些简单介绍。

1. 发电厂的类型

根据所利用能源的形式不同，发电厂的类型分为火力发电厂、水力发电厂、原子能发电厂、风力发电厂等。

目前电力系统中主要还是火力和水力发电厂。

1) 火力发电厂

火力发电厂是指以燃料（主要是煤，其次是石油或天然气）为能源的发电厂。火力发电厂中的原动机大都为汽轮机，也有个别地方采用柴油机、燃气轮机。

火力发电厂又可分为凝汽式火电厂和热电厂。

（1）凝汽式火电厂，简称火电厂。

凝汽式火电厂的锅炉产生蒸汽，通过导气管送至汽轮机，具有一定温度和压力的气体喷打在汽轮机叶片上，使叶片转动带动转子转动，汽轮机和发电机是同轴（转子）的，发电机定、转子均绕着绕组（转子绕组和定子绕组），因转子转动形成旋转的磁场，发电机定子绕组（不动）在旋转的磁场内被磁力线所切割，因此在定子绕组中感应电动势，有电流产生，如图12.4所示。

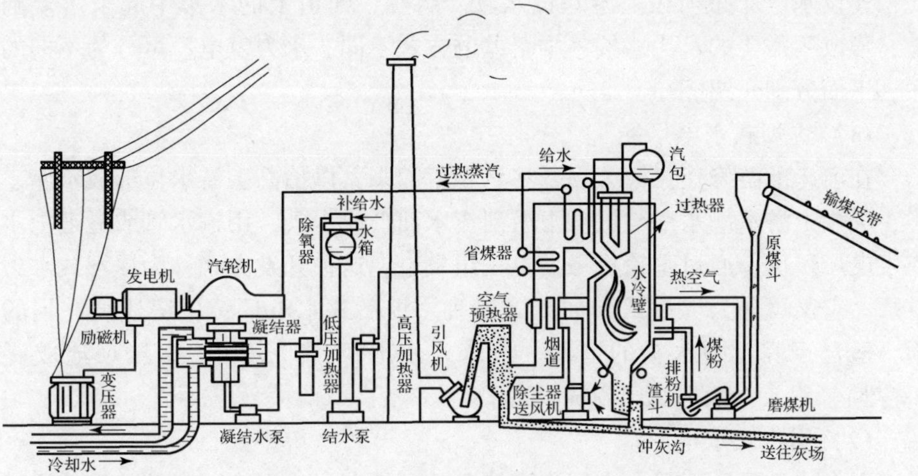

图12.4　凝汽式火力发电厂生产过程示意图

在汽轮机已做过功的蒸汽排入凝汽器内冷却成水，又重新送回锅炉使用。由于在凝汽器中，大量的热量被循环水带走，因此凝汽式火电厂效率较低，只有30%~40%。

（2）热电厂。

热电厂是既发电又供热的电厂。热电厂与火电厂不同之处在于，汽轮机中的一部分做过功的蒸汽从中间段抽出来，通过供热网络供给热用户。这样可以减少被循环水带走的热量损失，提高总效率。现代热电厂的总效率可高达60%~70%。

大型厂矿企业建设自备电厂，这类电厂的原动机一般为小型汽轮机或柴油机。

2）火力发电厂特点

（1）电厂布局灵活；

（2）一次性建设投资小；

（3）耗煤量大；

（4）设备繁多；

（5）开机和停机损耗大；

（6）能担负调峰调频任务；

（7）对空气污染大。

3）水力发电厂

利用水能源发电的电厂称为水力发电厂。水力发电厂将水的位能和动能转换成电能。水力发电厂容量的大小取决于上下游的水位差和流量的大小。因此，建设水电厂必须在上游建设水坝。将江、河道上的水集中起来落差到下游，形成所需要的水头。按集中落差的方式不同，水力发电厂可分为不同的形式，下面分别介绍。

（1）堤坝式水电厂。

在河床上游修建拦河大坝，将水积蓄起来，以抬高上游水位形成水库。这样，堤坝上游水库水面与堤坝下游河流水面形成水头，用输水管或隧道把水引入发电厂厂房，通过水轮机—发电机组发电。这种开发方式称为堤坝式水力发电厂。它又可分为堤后式和河床式两种。堤后式水电厂，厂房建筑在坝的后面，适合于高、中水头的情况。河床式水电厂，厂房和挡水堤坝连成一体（一排），水头一般在20～30m以下。

（2）引水式水电厂。

引水式发电厂建筑在山区水流湍急的河道上，或河床坡度较陡的地段，由引水渠道造成水头，而且一般不需修坝，只修堤堰即可，如图12.5所示。

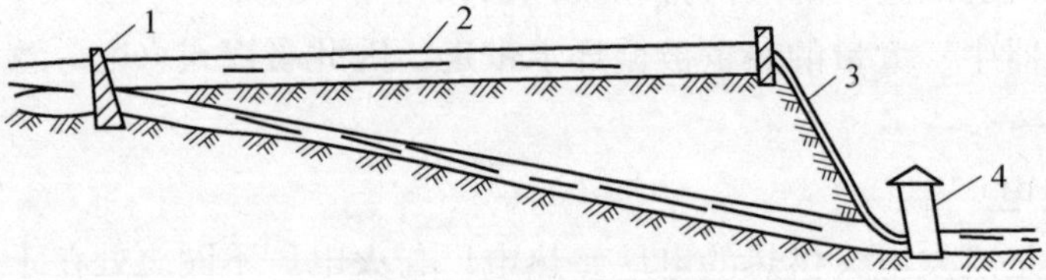

图12.5　引水式水电厂

1—堰；2—引水渠；3—压力水管；4—厂房。

（3）混合式水电厂（抽水蓄能）。

在适宜开发的河段拦河筑坝，坝上游河段的落差由坝集中，坝下游河段的落差由压力引水道集中，而水电厂的水头则由两部分落差共同形成，这种集中落差的方式称为混合开发模式，如图12.6所示。

4）水力发电厂特点

（1）发电量受水库约束，应合理利用水源，洪水期多发电，枯水期少发电；

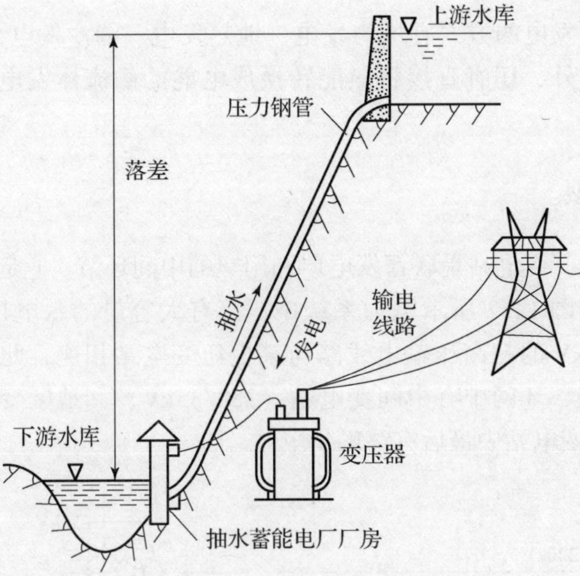

图 12.6　抽水蓄能水电厂

(2) 发电成本低，效率高；

(3) 运行灵活；

(4) 可调容量大；

(5) 污染小；

(6) 建设投资大，工期长。

5) 核电厂

核电厂是利用核裂变能转换为热能，被高压水带至蒸汽发生器产生蒸汽，再按火电厂的发电方式发电。它的核反应堆相当于火电厂的锅炉，核电厂所需的燃料较少。

在核反应堆内，铀-235在中子的撞击下，使原子核裂变，产生巨大的能量（铀-235全部裂变时所释放的能量为 8×10^{10} J 热量），主要是以热能的形式被高压水带至蒸汽发生器，在此产生蒸汽，送至汽轮发电机组发电。1kg 的铀-235所发出的电力，约等于2700t 煤所发出的电力，因此，核电厂所需的燃料极少。

我国独立研制的核电厂有浙江秦山核电厂，容量为 1×30 万 kW，于1991年并网发电；广东大亚湾核电厂，容量为 2×90 万 kW，于1994年建成投产。

核电厂特点：①原料少，经济；②干净；③发电容量大；④一旦发生事故，对人危害很大。

6）其他方式发电

利用其他能源发电的方式有风力发电、地热发电、潮汐发电、沼气发电、太阳能发电等。另外，还有直接将热能转换成电能的磁流体发电、电气体发电等。

2. 电站的类型

在电力系统中，变电站是联系发电厂和用户的中间环节，它起着变换和分配电能的作用。如图 12.7 所示电力系统中，接有大容量的水电厂和火电厂，某水电厂通过 500kV 的超高压输电线路与某枢纽变电站相连，此枢纽变电站与 220kV 环网相连，环网中有中间变电站（220/35kV）和地区变电站（220/110/10kV），地区变电站中最后有终端供电站。

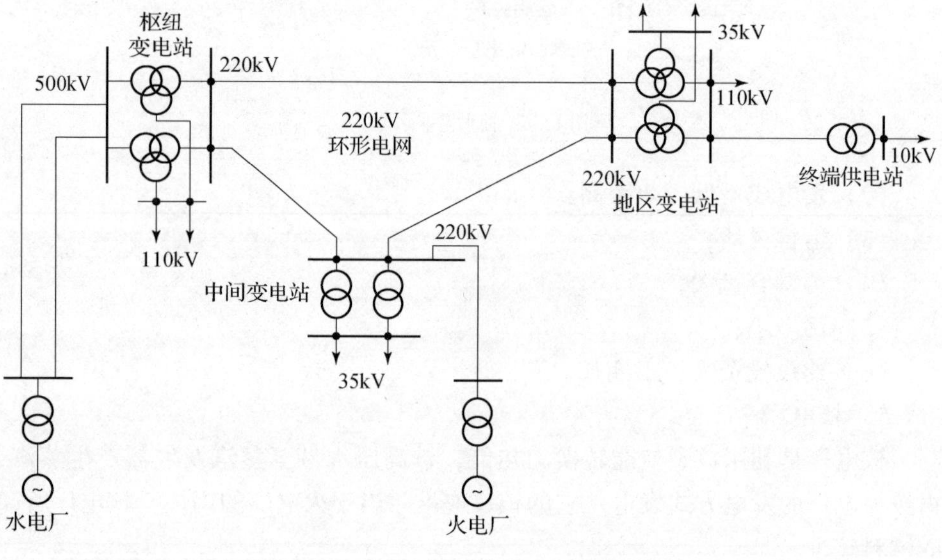

图 12.7　含多个变电站的电力系统原理接线图

根据变电站在电网中的位置不同，可分为下列几种类型。

1）枢纽变电站

枢纽变电站位于电力系统的枢纽点，它连接电力系统高压和中压的几个部分，汇集多个电源，电压等级较高，如 330～500kV 等。若枢纽变电站发生事故出现全站停电，将导致系统解列，甚至出现全系统崩溃的灾难局面。

2）中间变电站

高压侧以穿越功率为主，在系统中起交换功率的作用或使高压远距离输电线路分段的变电站，称为中间变电站。它一般汇集 2～3 个电源，电压等级多为 220～330kV，同时又降压给当地用户。

3）地区变电站

高压侧电压一般为 110～220kV，对地区用户供电为主，是一个地区或城市的主要变电站。全站停电时，只是该地区中断供电，影响面积小。

4）终端供电站

在输电线路的终端，接近负荷点，高压侧电压多为 110kV 或更低，一般经降压后直接向用户供电的变电站，称为终端供电站。这类变电站若全站停电，只是用户受到影响。

有时，也将变电站按其用途分为升压变电站（升压站）、降压变电站、联络变电站、工厂企业变电站、农村变电站、整流变电站、牵引变电站等。

12.2 电力系统运行的特点和要求

12.2.1 电能的优点

电能在各种能源中占有特殊的地位，其优点如下：

（1）电能可以很方便地转换成其他形式的能，如光能、热能、机械能、化学能等；

（2）电能便于生产、输送、分配、使用，易于控制；

（3）自然界中具有丰富的电力资源，如煤、石油、天然气、水力、原子能、太阳能等。

由于这些原因，电能成为广泛使用的一种能源。

12.2.2 电力系统运行的特点

任何一个系统都有它独有的特征。电力系统的运行和其他工业系统比较起来，具有如下明显的特点。

1. 电能不能大量储存

电能的产生、输送、分配、消费、使用实际上是同时进行的，每时每刻系统中发电机发出的电能应等于该时刻用户使用的电能以及传输这些电能时在电网中损耗的电能。这个产销平衡关系是电能生产的最大特点。

2. 过渡过程非常迅速

电能以电磁波的形式传输，其速度近似于光的速度，为 30 万 km/s。“快”是它的一个极大特点。如电能从一处输送至另一处所需要的时间仅千分之几秒；电力系统从一种运行状态过渡到另一种运行状态的过渡过程非常快。

3. 与国民经济各部门密切相关

现代工业、农业、国防、交通运输业等都广泛使用电能，此外，在人民日常生活中也广泛使用各种电器，而且各部门的电气化程度越来越高。因此，电能供应的中断或不足，不仅直接影响各行业的生产，造成人民生活紊乱，而且在某些情况下甚至会造成政治上的损失或极其严重的社会性灾难。

由于这些特点的存在，对电力系统的运行提出了严格要求。

12.2.3 对电力系统运行的基本要求

评价电力系统的性能指标有安全可靠性、电能质量和经济性能。根据电力系统运行的特点，电力系统应满足以下三点基本要求。

1. 保证可靠地持续供电

电力系统运行首先要满足可靠、不间断供电的要求。虽然保证可靠、不间断供电是电力系统运行的首要任务，但并不是所有负荷都绝对不能停电，一般可按负荷对供电可靠性的要求将负荷分为三级，运行人员根据各种负荷的重要程度不同，区别对待。

一级负荷：属于重要负荷，如果对该负荷中断供电，将会造成人身事故、设备损坏、产生大量废品，或长期不能恢复生产秩序，给国民经济带来巨大损失。

二级负荷：如果对该级负荷中断供电，将会造成大量减产、工人窝工、机械停止运转，城市公共事业和人民生活受到影响等。

三级负荷：不属于第一、第二级负荷的其他负荷，短时停电不会带来严重后果，如工厂的不连续生产车间或辅助车间、小城镇、农村用电等。

通常对一级负荷要保证不间断供电。对二级负荷，如有可能也要保证不间断供电。当系统中出现供电不足时，三级负荷可以短时断电。当然，对负荷的这种分级不是一成不变的，会随着国家的技术经济政策而改变。

2. 保证良好的电能质量

我国已先后颁布了六个有关电能质量的国家标准，即供电电压允许偏差、电力系统频率允许偏差、公用电网谐波、三相电压允许不平衡度、电压允许波动和闪变、暂时过电压和瞬态过电压。这些国家标准的制定，保证了我国电力系统的电能质量。

电力系统的电压和频率正常是保证电能质量的两大基本指标，电压质量和频率质量一般以偏离额定值的大小来衡量。实际用电设备均按额定电压设计，若电压偏高或偏低都将影响用电设备运行的技术和经济指标，甚至不能正常工作。一般规定，电压偏移不应超过额定电压的 ±5%。频率的变化同样影响用电设备的正常工作，以电动机为例，频率降低引起转速下降，频率升高则转速上升。电力系统运行规定，频率偏移不超过 ±（0.2～0.5）Hz。

近些年来，随着冶金工业、化学工业及电气化铁路的发展，电力系统中的非线性负荷（如整流设备、电力机车、电解设备等）及冲击性负荷（如电弧炉、轧钢机等）使电能的非线性、非对称性和波动性日趋严重。由于大量非线性负荷接入系统，引起谐波比重增大，交流电波形达不到规定的标准，正弦交流电的波形质量一般以谐波畸变率衡量。谐波畸变率是指周期性交流量中谐波含量（减去基波分量后所得的量）的方均根值与其基波分量的方均根值之比（用百分数表示）。谐波畸变率的允许值随电压等级的不同而不同，如 110kV 供电时为 2%，35kV 供电时为 3%，10kV 供电时为 4%。

为使电力系统中的冲击性负荷对供电电压质量的影响控制在合理的范围内，按标准规定，电力系统公共供电点，由冲击性功率负荷产生的电压波动允许值：在 10kV 及以下为 2.5%，35～110kV 为 2%，220kV 及以上为 1.6%。电压闪变 ΔU_{10}（等值 10Hz 电压闪变值）允许值：对照明要求较高的白炽灯负荷为 0.4%，一般性照明负荷为 0.6%。

三相电力系统中三相不对称的程度称为三相不平衡度。用电压或电流负序分量与正序分量的方均根值百分比表示。按标准规定，电力系统公共连接点正常电压不平衡度允许值为 2%，短时不得超过 4%。

关于电能质量的暂时过电压和瞬态过电压，按国标规定有下列指标。

（1）系统工频过电压限值。如工频过电压限值 3～10kV 为 $1.1\sqrt{3}$，35～66kV 为 $\sqrt{3}$，110～220kV 为 1.3。

（2）操作过电压限值。标准过电压限值如 110～252kV 为 3.0，330kV 为 2.2，500kV 为 2.0。

由此可知，衡量电能质量的指标是电压偏差、频率偏差、谐波畸变率、三相不平衡度、电压波动和闪变、暂时过电压和瞬态过电压。如果不能满足这些指标要求，无论是对用户还是对电力系统本身都会产生不良后果。因此，运行人员必须随时调节电力系统的电压和频率，并在一些地点实施相应的限制电压波动措施及谐波治理措施，以保证电力系统的电能质量。

3. 努力提高电力系统运行的经济性

电力系统运行的经济性主要反映在降低发电厂的能源消耗、厂用电率和电网的电能损耗等指标上。

电能所消耗的能源在国民经济能源的总消耗中占的比重很大。要使电能在生产、输送和分配的过程中耗能小、效率高，最大限度地降低电能成本有着十分重要的意义。电能成本的降低，不仅意味着能量资源的节省，还将影响各用电部门成本的降低，对整个国民经济带来很大益处。而要实现经济运行，除了进行合理的规划设计外，还需对整个系统实施最佳的经济调度。

以上对电力系统的三条基本要求，前两条必须保证，在保证可靠性、电能质量的前提下力求经济。将以上几点归纳起来可知，保证向用户提供充足、优质而又经济的电力，就是电力系统运行的基本任务。

12.3　电力系统的负荷

电力系统中发电厂所发出的电能除了一部分在传输和分配过程中损失掉以外，大多数供给用户使用。图 12.8（a）所示为一简单的电力系统。图中的用户包括工业、农业、交通运输、国防及人民生活。通常将用户所使用的功率称为系统负荷，也称综合负荷，如图 12.8（b）所示。电力系统负荷主要包括异步电动机、电热器、整流设备、照明设备等。各种用户的用电规律往往是千差万别的，而且它们在一年四季中、一天 24h 内的用电情况随时都在变化。由于电能产品不能储存，生产与消费间依赖关系非常密切，因此在电力系统的运行管理中，必须充分研究各种负荷的特性，否则无法保证电力系统的可靠供电和经济运行。

通常将负荷随时间变化的情况画成的图，称为负荷曲线。负荷曲线是指某一时间段内负荷随时间变化的规律。绘制负荷曲线时，一般以横坐标表示时间，纵坐标表示负荷。负荷曲线的种类很多，如按时间段的长短分，可分为日负荷曲线、年负荷曲线等；按负荷种类分，可分为有功功率负荷曲线、无功功

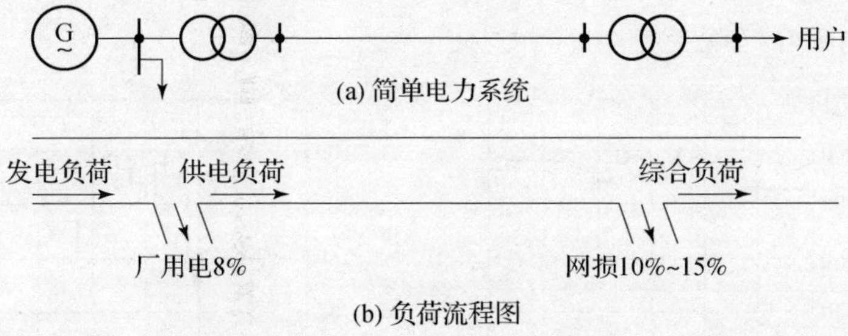

图 12.8 简单电力系统负荷流程图

率负荷曲线；按计量地点分，又可分为用户的负荷曲线、变电站的负荷曲线、发电厂的负荷曲线等。

在电力系统运行中经常用到的负荷曲线有日有功负荷曲线、年最大负荷曲线、年持续负荷曲线。

12.3.1 日有功负荷曲线

用户的有功功率日负荷曲线是反映一天 24h 内有功负荷的变化的，可以根据运行中的记录绘出。为了简化计算和便于绘制，常把连续变化的负荷看成在测量的那一小段时间内不变，因此负荷曲线可以绘制成阶梯形。图 12.9 是电力系统典型日有功负荷曲线的一个例子。从图上可以看出，晚上 12 时到次日凌晨 6 时负荷水平较低，称为负荷低谷；而 8 ~ 12 时、17 ~ 22 时用电较多，称为尖峰负荷；最高处称为最大负荷 P_{max}，最低处称为最小负荷 P_{min}；而把最小负荷以下的部分称为基本负荷，显然基本负荷是不随时间而变化的。

不同类型用户的负荷曲线是很不相同的，一般来说，负荷曲线的变化规律取决于负荷的性质，如厂矿企业的生产情况、班次、地理位置、气候等因素。图 12.9 为几种类型用户的典型日有功负荷曲线，纵坐标用最大负荷的百分数来表示。

图 12.9（a）为钢铁工业负荷曲线。钢铁工业为三班制连续生产，因而负荷曲线很平坦，最小负荷为最大负荷的 85%。

图 12.9（b）为食品工业负荷曲线。食品工业多为一班制生产，因而负荷曲线变化幅度较大，最小负荷为最大负荷的 13%~14%。

图 12.9（c）为农副业加工负荷曲线。农副业加工每天往往只是持续一段时间，每天仅用电 12h；但在夏季出现农业排灌负荷时，却有相当平坦的日负荷曲线。

图 12.9（d）为市政生活负荷曲线。市政生活用电的最大特点是具有明显的照明用电高峰（晚上）。

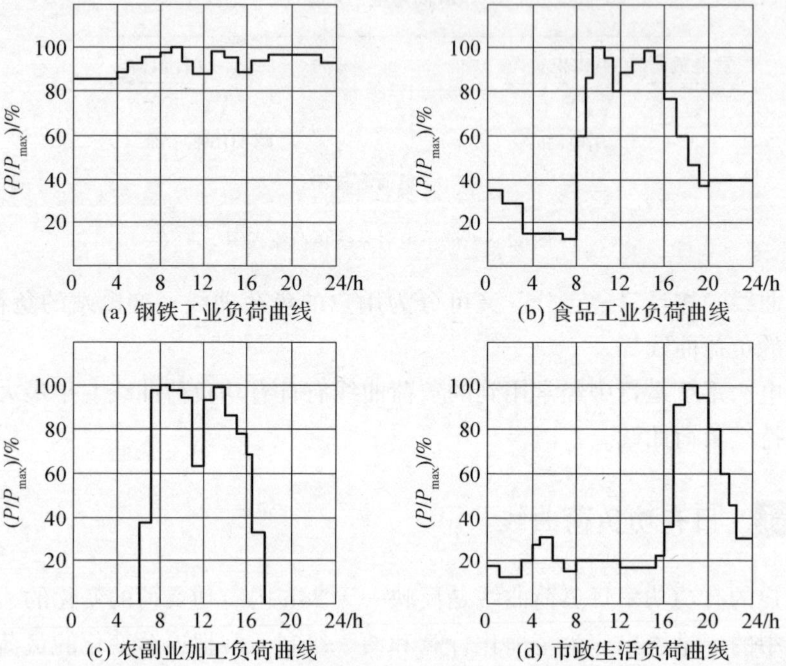

图 12.9　几种类型用户的典型日有功负荷曲线

由于负荷曲线的纵坐标是有功功率，横坐标是时间，则负荷曲线所包围的面积就是该用户一天内所使用的电能，可表示为

$$W = \int_0^{24} P\mathrm{d}t = \sum_{i=1}^{24} P_i \Delta t_i \tag{12.1}$$

式中：有功功率 P 的单位为 kW；时间 t 的单位为 h；电能 W 的单位为 kW · h。

12.3.2　年最大负荷曲线

在电力系统的运行中，不仅要知道一昼夜内负荷的变化规律，而且要知道一年内负荷的变化规律。图 12.10 所示的年最大负荷曲线，反映从年初到年终一年内的逐月（或逐日）综合最大负荷的变化规律。分析图 12.10 可看出如下几点。

(1) 夏季的最大负荷较小。这是由于夏季日长夜短，照明负荷普遍减小的缘故，但如果季节性负荷的比重较大，也可能使夏季的最大负荷反而超过冬季。

（2）年终的负荷较大。这是由于各工矿企业为超额完成年度计划而增加生产，以及新建扩建厂矿投入生产。

（3）参照年最大负荷曲线，可以用负荷较小的时段来安排发电机组的检修。如图 12. 10 所示 a 是系统机组检修的时间。

（4）年最大负荷曲线可以用来决定整个系统的装机容量，以便有计划地扩建发电机组或新建发电厂。如图 12. 10 所示 b 是系统扩建或新建的机组容量。

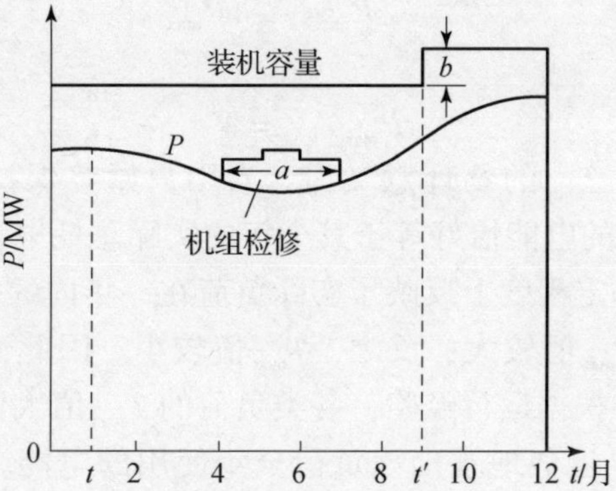

图 12. 10　年最大负荷负载

12. 3. 3　年持续负荷曲线

年持续负荷曲线是根据全年的负荷变化按照其大小及在一年中累计的持续运行时间排列组成的，如图 12. 11 所示。

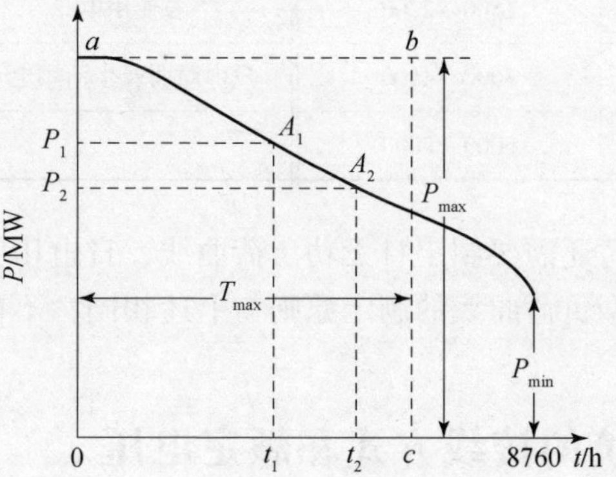

图 12. 11　年持续负荷曲线

曲线中的 A_1 点反映了在一年内负荷值超过 P_1 的累计持续时间为 t_1；A_2 点反映了在一年内负荷值超过 P_2 的累计持续时间为 t_2。于是可根据年持续负荷曲线计算出一年内负荷所消耗的电能 W。从图 12. 11 可看出，一年内负荷所消

耗的电能即是年持续负荷曲线所包围的面积，表示为

$$W = \int_0^{8760} P\mathrm{d}t \tag{12.2}$$

如果把用户全年所消耗的电能与一年内的最大负荷之比所得到的时间，称为年最大负荷利用小时数，以 $T_{\max}$ 表示，则有

$$T_{\max} = \frac{W}{P_{\max}} = \frac{\int_0^{8760} P\mathrm{d}t}{P_{\max}} \tag{12.3}$$

或

$$P_{\max} T_{\max} = W \tag{12.4}$$

由式（12.1）看出，$T_{\max}$ 的物理意义为：当用户始终保持最大负荷 $P_{\max}$ 运行时，经过 $T_{\max}$ 所消耗的电能恰好等于其全年的实际总耗电量。年最大负荷利用小时数的大小，在一定程度上反映了实际负荷在一年内的变化程度。如果负荷曲线较为平坦，则 $T_{\max}$ 值较大；反之，$T_{\max}$ 值较小。因此，它在一定程度上反映用户的用电特点。根据运行经验，各类负荷的 $T_{\max}$ 值大体有一个范围，这样就可以按式（12.4）近似地求出该负荷全年使用的电能。这种方法在电网计算时是常用的。

根据电力系统长期运行和实测所积累的经验表明，对于各种不同类型的负荷，其年最大负荷利用小时数大体上在一定的范围之内，如表 12.1 所列。

表 12.1　各类负荷的年最大负荷利用小时数 $T_{\max}$

负荷类型	$T_{\max}$/h	负荷类型	$T_{\max}$/h
单班制企业用电	1500～2200	农业用电	2500～3000
两班制企业用电	3000～4500	户内照明及生活用电	2000～3000
三班制企业用电	6000～7000		

根据需要，有时还需要制定日无功负荷曲线、日电压变化曲线、月最大负荷曲线等。各种类型负荷曲线的制定原则与上述相同，不再一一述及。

12.4　电力系统的接线方式和额定电压

12.4.1　电力系统的接线方式和接线图

电力系统是最大的人工系统，敷设在非常广大的地域上，因而任何人想在

不长的时间内看到整个系统的全部连接的实际情况都是不可能的，只能通过察看各元件连接情况的单线图，从而了解到整个系统的连接情况。

1. 电力系统的接线图

电力系统的接线图有电气接线图和地理接线图两种。

1）电气接线图

如图 12.12 所示，在电气接线图上，要求突出表明电力系统各主要元件（发电机、变压器、线路等）之间的电气连接关系；要求接线清楚，一目了然，而不过分重视实际的位置如何、距离的比例关系。

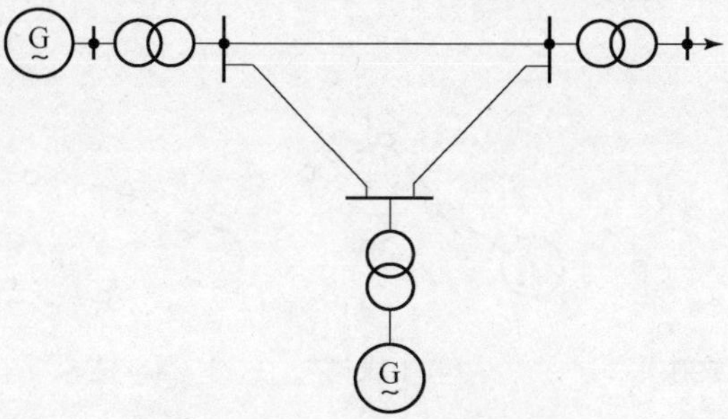

图 12.12　电力系统的电气接线图

2）地理接线图

如图 12.13 所示，在地理接线图上，很强调电厂与变电站之间的实际位置关系及各条输电线的路径长度都按一定比例反映出来，但各主要元件之间的电气联系、连接情况不必详细表示。

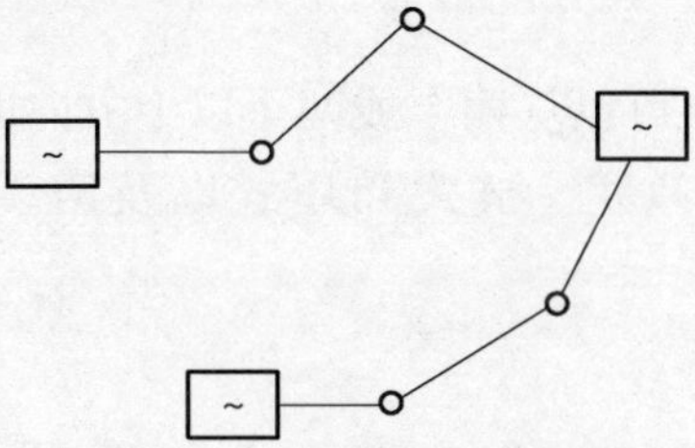

图 12.13　电力系统的地理接线图

通常为了清楚、确切地掌握电力系统实际连接情况，往往将这两种图配合使用。

2. 电力系统的接线方式

电力系统的接线方式应满足电力系统运行的基本要求：

（1）必须保证用户供电的可靠性；

（2）必须能灵活地适应各种可能的运行方式；

（3）应力求节约设备和材料，减少设备费用和运行费用，使电网的建设和运行比较经济；

（4）应保证各种运行方式下运行人员能够安全操作。

按照以上要求，不论是户内网络、城市网络，还是区域网络，其接线方式大致可分为无备用和有备用两类。

1）无备用接线

无备用接线是指用户只能从一个方向取得电源的接线方式，包括放射式、干线式、链式，如图 12.14 所示。

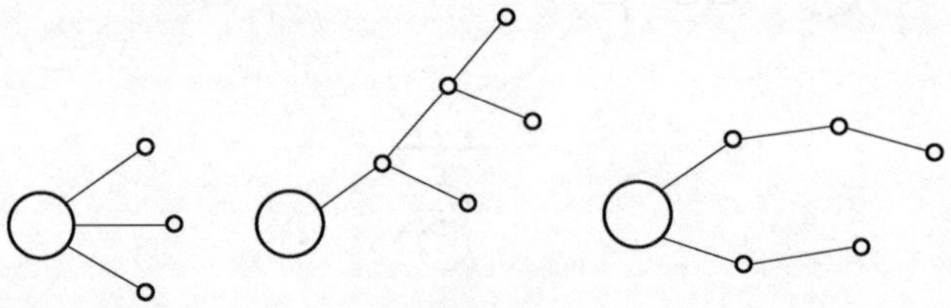

(a) 放射式　(b) 干线式　(c) 链式

图 12.14　无备用接线方式

无备用接线的特点是简单、经济、运行方便，但供电可靠性差、电能质量差。为了提高这类电网的供电可靠性，除了加强检查与维护，通常是在适当的地点装设保护装置，以保证故障线路的切断有一定的选择性，从而尽可能地缩小停电范围。

2）有备用接线

有备用接线是指用户可以从两个或两个以上方向取得电源的接线方式，包括双回路的放射式、干线式、链式和环式以及两端供电式等，如图 12.15 所示。

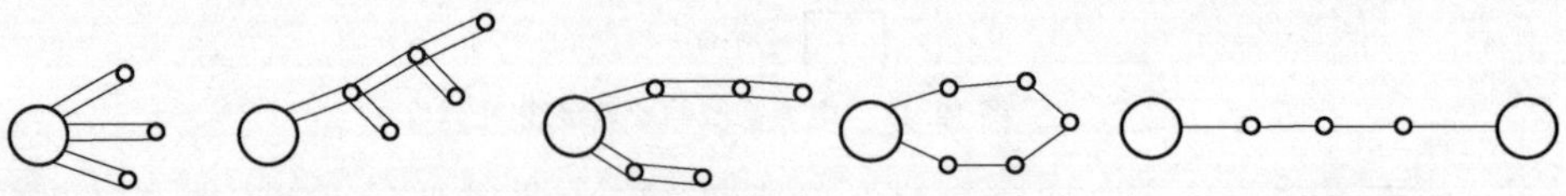

(a) 双回路放射式　(b) 双回路干线式　(c) 双回路链式　(d) 环式　(e) 两端供电式

图 12.15　有备用接线方式

有备用接线的优点是供电可靠、电能质量高；缺点是运行操作和继电保护复杂，经济性较差。

由以上可知，各种形式的接线各有优缺点，实际中应该采用哪一种方案，需要进行技术和经济性能的比较。比较供电可靠性、电能质量、经济性、操作方便与灵活性四个方面，还应考虑当前国家的经济政策，最后确定出可行的接线方案。

12.4.2 电力系统的额定电压

1. 电力系统各元件的额定电压

电气设备的额定电压通常是由制造厂根据其工作条件确定的。电力系统正常运行时，发电机、变压器、用电设备等各种电气设备只有在额定电压运行时，技术经济性能才最好，安全可靠运行及使用寿命才能得到保证。但是，从设备制造及运行管理的角度考虑，额定电压等级不宜过多，且电压级差不宜过小。为了使电力工业和电工制造业的生产标准化、系列化和统一化，世界上的许多国家和有关国际组织都制定了有关于标准电压等级的条例。我国规定的各种电气设备额定电压，按电压的高低分为三类。

第一类是100V以下的额定电压，见表12.2。它们主要用于安全照明、蓄电池及开关设备的直流操作电源。表12.2电压等级，只作为特殊情况下安全照明负荷用。

表12.2 第一类额定电压

直流/V	交流/V	
	三相（线电压）	单相
1	—	—
12	—	12
24	—	—
—	36	36
48	—	—

第二类是100V以上、1000V以下的额定电压，见表12.3。它们主要用于一般电力负荷及照明设备。表中括号内的电压，只用于矿井下或其他安全要求较高之处。

表 12.3　第二类额定电压

用电设备			发电机		变压器			
直流/V	三相交流/V		直流/V	交流三相线电压/V	交流/V			
	线电压	相电压			三相		单相	
					一次绕组	二次绕组	一次绕组	二次绕组
110	—	—	115	—	—	—	—	—
—	(127)	—	—	(113)	(127)	(133)	(127)	(133)
220	220	127	230	230	220	230	220	230
—	380	220	460		400	380	400	380
440	—	—		—	—	—	—	—

第三类是 1000V 以上的额定电压，见表 12.4。它们主要用于发电机、变压器及用电设备。

从表 12.4 中可以看出，即使在同一个电压等级中，各种电气设备（发电机、变压器、电力线路、用电设备等）的额定电压并不完全相等。某一级的额定电压是以用电设备的额定电压为中心而定的，为了使互相连接的电气设备都能运行在较有利的电压下，各电气设备的额定电压之间有一个相互配合的问题。

表 12.4　第三类额定电压

用电设备/kV	交流发电机线电压/kV	变压器线电压/kV		用电设备/kV	交流发电机线电压/kV	变压器线电压/kV	
		一次绕组	二次绕组			一次绕组	二次绕组
3	3.15	3 及 3.15	3.15 及 3.3	35	—	35	38.5
[illegible]	6.3	6 及 6.3	6.3 及 6.6	110	—		110
[illegible]	10.5	10 及 10.5	10.5 及 11	220	—		220
—	363	15.75	15.75	15.75	330	—	330

电力系统中发电机、变压器、电力线路、用电设备等额定电压的确定如下。

(1) 用电设备的额定电压为 U_N（最理想、最经济的工作电压），也是其他元件的参考电压。

(2) 电力线路的额定电压。如图 12.16 所示，线路的首端和末端均可接用电设备，而用电设备的端电压一般允许在额定电压的 ±5% 以内波动。因而在没有调压设备的情况下，可容许在线路始末两端之间的电压损耗不大于 10%。于是，线路首端电压比用电设备的额定电压高 5%，即 $U_1 = U_N(1+5\%)$；线路末端电压比用电设备的额定电压低 5%，即 $U_2 = U_N(1-5\%)$；电力线路的额定电压为首末端电压的平均值，即 $(U_1+U_2)/2 = U_N$。

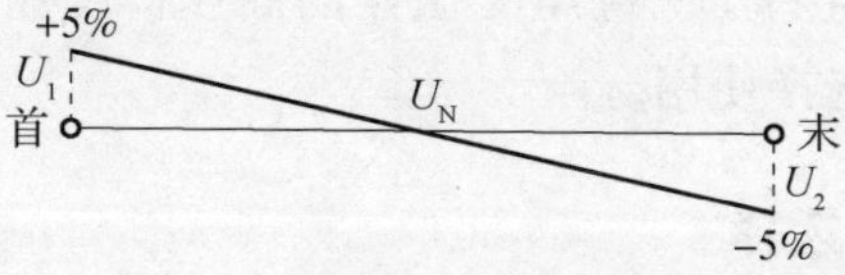

图 12.16 电压沿线路长度的分布

可见，电力线路的额定电压和用电设备的额定电压是相等的。

(3) 发电机的额定电压。发电机作为直接配电的电源，总是接在线路的首端，为了补偿线路运行时产生的电压降，所以发电机的额定电压应该比线路的额定电压高 5%（与线路首端电压相当），即 $U_{GN} = U_N(1+5\%)$。

例如，发电机接在额定电压为 10kV 线路的首端时，该发电机的额定电压为 10.5kV。对于没有直配负荷的大容量发电机，其额定电压按自身的技术经济条件来确定，如 125MW、200MW 及 300MW 的汽轮发电机，额定电压分别为 13.8kV、15.75kV 及 18kV。

(4) 变压器的额定电压。变压器两侧的额定电压之比，称为变压器变比。例如，确定图 12.17 中变压器的变比，首先应确定变压器两侧的额定电压。

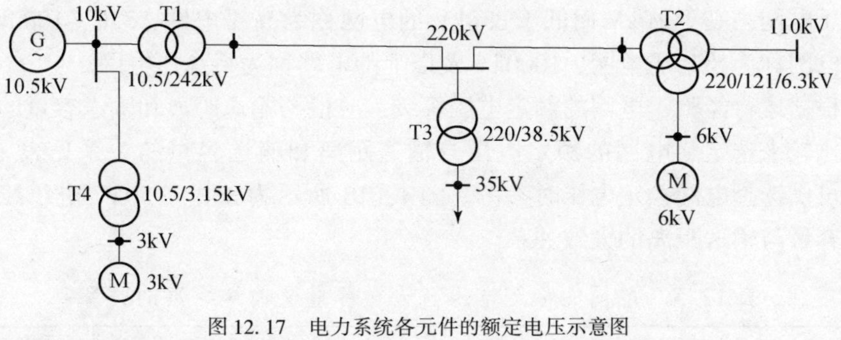

图 12.17 电力系统各元件的额定电压示意图

变压器在传输电能的过程中，具有负荷和电源的双重地位。它的一次侧是接受电能的，相当于用电设备；它的二次侧是送出电能的，相当于电源。因此，变压器的一次侧额定电压等于用电设备的额定电压，即 $U_{1N} = U_N$。但是，直接和发电机相连的变压器（图 12.17 中的 T1、T4），其一次侧额定电压等于发电机的额定电压，即 $U_{1N}=U_{GN}=U_N(1+5\%)$。变压器的二次侧额定电压应高于后面网络额定电压的 5%，即 $U_{2N}=U_N(1+5\%)$，但这是指空载运行情况。当变压器带负荷运行时，则在变压器内部会有约 5% 的电压降，所以要保持在正常工作时变压器二次侧的输出电压较电力线路的额定电压高 5%，就必须规定变压器二次侧的额定电压较线路的额定电压高 10%，即 $U_{2N}=U_N(1+10\%)$。

必须指出，某一变压器的变比不是唯一的，根据电力系统的运行需要，通常在变压器的高压绕组上（三绕组变压器的高压、中压绕组上）都设有若干个分接抽头，供调压选择使用。

2. 网电压等级的选择

输、配电网额定电压的选择又称电压等级的选择，关系到电力系统建设费用的高低，运行是否方便，设备制造是否经济合理。在输送距离和输送容量一定的条件下，所选的额定电压越高，则线路上的电流越小，相应线路上的功率损耗、电能损耗和电压损耗也就越小，且可以采用较小截面的导线以节约有色金属。但是，电压等级越高，线路的绝缘越要加强，杆塔的几何尺寸也要随着导线之间距离和导线对地之间距离的增加而增大。这样，线路的投资和杆塔的材料消耗就要增加。同样，线路两端的升、降压变电站的变压器以及断路器等设备的投资也要随着电压的增高而增大。因此，采用过高的额定电压并不一定恰当。

根据电压等级的高低，目前电网大体分为低压、中压、高压、超高压和特高压五种。电压等级在 1kV 以下的电网称为低压电网，1～10kV 之间的电网称为中压电网，高于 10kV 而低于 330kV 的电网称为高压电网，330～1000kV 之间的电网称为超高压电网，1000kV 及以上的电网称为特高压电网。

根据运行经验，电网的额定电压等级，应根据输送距离和输送容量的技术经济比较来选定。电网的额定电压与输送距离和输送容量的关系见表 12.5。此表可供选择电网额定电压时参考。图 12.18 所示为 330～750kV 电压线路的输送容量与输送距离的大致关系。

表 12.5　电网的额定电压与输送容量及输送距离的关系

额定电压/kV	输送容量/MV·A	输送距离/km	额定电压/kV	输送容量/MV·A	输送距离/km
3	0.1～1.0	1～3	220	100～500	100～300
6	0.1～1.2	4～15	330	200～800	200～600
10	0.2～2.0	6～20	500	1000～1500	150～850

续表

额定电压/kV	输送容量/MV·A	输送距离/km	额定电压/kV	输送容量/MV·A	输送距离/km
35	2～10	20～50	750	2000～2500	500以上
110		10～50	50～150		

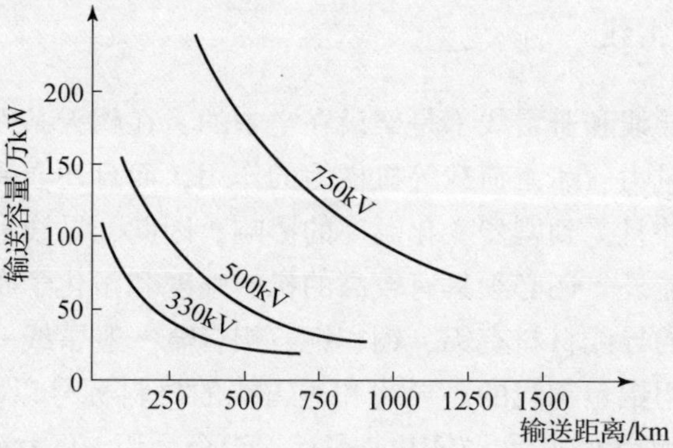

图12.18 330～750kV 电压线路的输送容量与输送距离关系

12.5 电力线路的结构

电力线路按结构可分为架空线路和电缆线路两类。架空线路是将导线架设在杆塔上；电缆线路一般是敷设在地下（沟道里、管道中）或水底。

12.5.1 架空线路

架空线路之所以广泛使用，是因为它较电缆线路有一些显著的优点，如建造费用低、施工周期短、技术要求不高、维护和检修方便、节省有色金属等。

架空线路是由导线、避雷线、杆塔、绝缘子和金具（图12.19未标示）构成，如图12.19所示。

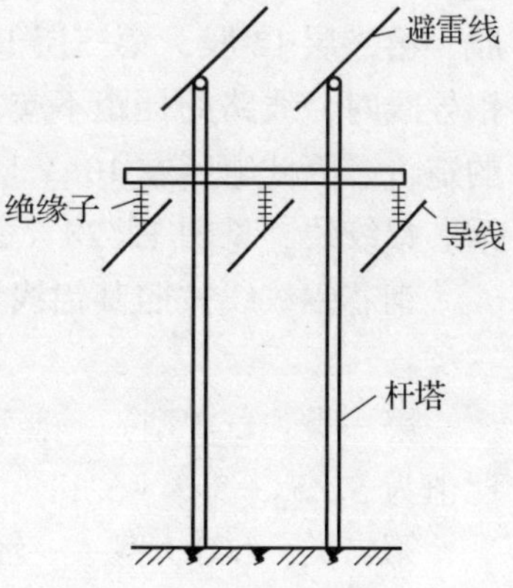

图12.19 架空线路的主要元件

它们的作用分别如下：

（1）导线用于传导电流、输送电能；

（2）避雷线用于将雷电流引入大地，以保护电力线路免受雷击；

（3）杆塔用于支撑导线和避雷线，使导线与导线、导线与大地之间保持一定的安全距离；

（4）绝缘子用于使导线和杆塔之间保持绝缘；

（5）金具用于连接导线或避雷线，将导线固定在绝缘子上，以及将绝缘子固定在杆塔上。

1. 导线和避雷线

架空线路的导线和避雷线都是架设在空中的，在露天条件下运行，它们不仅要承受自重、风力、冰雪荷载等机械力的作用，而且还会受到空气中有害气体的化学侵蚀，并且受到剧烈变化温度的影响。因此，导线和避雷线除了要求有良好的导电性能外，还必须具有较高的机械强度和耐化学腐蚀的能力。

目前，常用的导线材料有铝、铜、钢、铝合金。避雷线一般用钢导线，在特殊情况下也有用铝包钢线的。导线和避雷线的材料标号以不同的字母表示，如铝用 L 表示，钢用 G 表示，铜用 T 表示，铝合金用 HL 表示。

由于多股线优于单股线，架空线路多采用绞合的多股导线，称多股绞线，多股绞线的标号为 J，其结构见图 12.20。

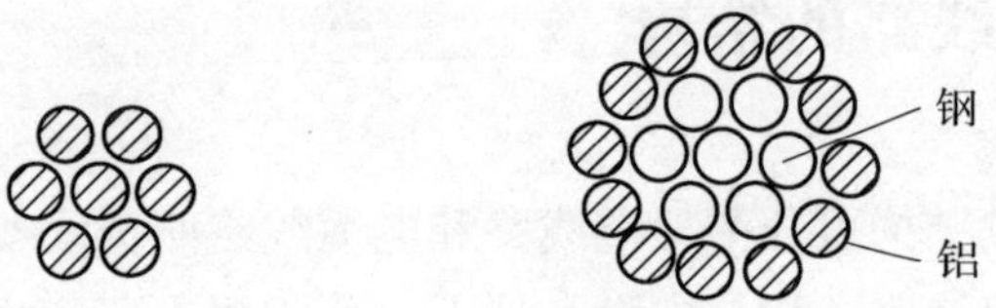

(a) 一种金属的多股绞线　　(b) 两种金属的多股绞线

图 12.20　常用导线的断面图

多股绞线股数的安排规律是：除中心一股芯线外，由内向外，第一层 6 股，第二层 12 股，第三层 18 股，依此类推。由于铝线的机械强度较低，采用铝导线时，线路的档距不应太大，这样就增加了杆塔的数目，从而抬高了线路的造价。因此电压在 10kV 以上的输电线路广泛采用由钢导线和铝导线制成的钢芯铝绞线，见图 12.20（b）。

钢芯铝绞线按照其铝线和钢线截面比的不同有不同的机械强度，一般分为三类：

第一类：LGJ 型——普通钢芯铝绞线，它的铝线截面 S_L 和钢线截面 S_G 的比值为 $S_L/S_G=5.3\sim6.1$；

第二类：LGJQ 型——轻型钢芯铝绞线，$S_L/S_G=7.6\sim8.3$；

第三类：LGJJ 型——加强型钢芯铝绞线，$S_L/S_G=4.0\sim4.5$。

无论是单股还是多股、一种还是两种金属制成的导线，其型号后边的数字总是代表主要载流部分额定截面积。例如 LGJQ－300 型表示轻型钢芯铝绞线，主要载流部分的额定截面积为 300mm^2。

2. 杆塔

杆塔的类型很多，按受力的特点分为直线杆塔、耐张杆塔、转角杆塔和直角杆塔、终端杆塔、换位杆塔及跨越杆塔等，也可按使用的材料分为钢筋水泥杆、木杆、铁塔，或按结构形式、导线排列方式等分成各种类型。

随着杆塔形式的不同，也就有不同的导线排列方式。单回路杆塔上导线的排列有三角形和水平排列等，两回路铁塔有伞形、鼓形和双三角形等。

3. 绝缘子

绝缘子用来支撑和悬挂导线并使之与杆塔绝缘。它是一种瓷质和玻璃质元件，应具有足够的绝缘强度和机械强度，同时对化学杂物的侵蚀具有足够的抵抗能力，并能适应周围大气条件的变化，如温度和湿度变化对它本身的影响等。

图 12.21　针式绝缘子

架空线路上所用的绝缘子主要有针式和悬式两种，如图 12.21、图 12.22 所示。此外，在个别情况下也有用瓷横担绝缘子（图 12.23）等型式的。

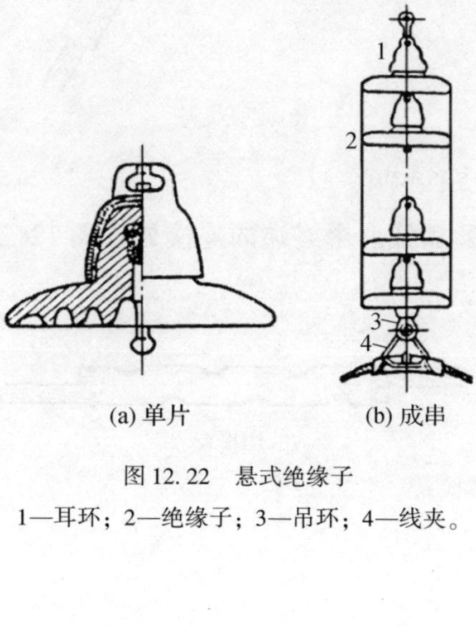

(a) 单片　(b) 成串

图 12.22　悬式绝缘子

1—耳环；2—绝缘子；3—吊环；4—线夹。

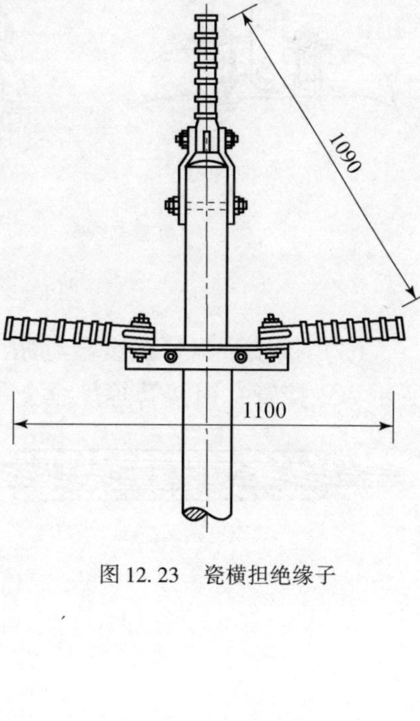

图 12.23　瓷横担绝缘子

针式绝缘子适用于电压不超过 35kV 的线路。悬式绝缘子是成串使用的，用于电压为 35kV 及以上的线路，型号为 X，X 后的数字表示可以承受的荷重（单位：t）。线路电压不同，每串绝缘子的片数也不同。规程规定：使用 X－4.5 型绝缘子时，35kV 不少于 3 片，110kV 不少于 7 片，220kV 不少于 13 片，330kV 不少于 19 片，500kV 不少于 28 片。因此，通常也可根据绝缘子串上绝缘子的片数判断线路的电压等级。

瓷横担绝缘子的两端为金属，中间为瓷质，既起绝缘子的绝缘作用，又起横担的支持作用。采用这种绝缘子可节省木材、钢材，有效地降低杆塔高度。

4. 金具

架空线路的金具有悬垂线夹、耐张线夹、接续金具、连接金具、保护金具等几大类。

（1）悬垂线夹。悬垂线夹的主要作用是将导线固定在直线杆塔的悬垂绝缘子串上，或将避雷线固定在直线杆塔上。图 12.24（a）所示为一种常用的悬垂线夹。

（2）耐张线夹。耐张线夹的主要作用是将导线固定在非直线杆塔的耐张绝缘子串上，或将避雷线固定在非直线杆塔上。图 12.24（b）所示为一种常用的耐张线夹。

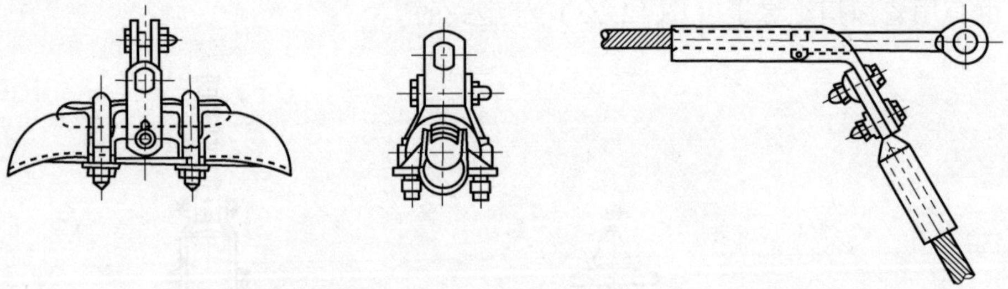

(a) 悬垂线夹　　(b) 耐张线夹

图 12.24　悬垂线夹和耐张线夹

（3）接续金具。接续金具用于导线或避雷线两个终端的连接处。图 12.25 所示为压接管、钳接管等接续金具。

(a) 压接管　　(b) 钳接管

图 12.25　接续金具

（4）连接金具。运用连接金具可将绝缘子组装成串或将线夹、绝缘子串、杆塔横担相互连接。

（5）保护金具。保护金具包括防振保护金具和绝缘保护金具。

防振保护金具用于防止因风引起的周期性振动而造成导线、避雷线、绝缘子串乃至杆塔的损坏。这类金具有护线条、预绞丝、防振锤、阻尼线等。其中，护线条和预绞丝的作用在于减小导线振动时所受的机械应力，是加强导线抗振能力的金具；防振锤和阻尼线则在导线振动时产生与振动方向相反的阻力，因而是削弱导线振动的金具。护线条和防振锤如图 12.26（a）、图 12.26（b）所示。

绝缘保护金具悬重锤可以减小悬垂绝缘子串的偏移，防止其过分靠近杆塔。悬重锤见图 12.26（c）。图中的重锤片数可以增减。

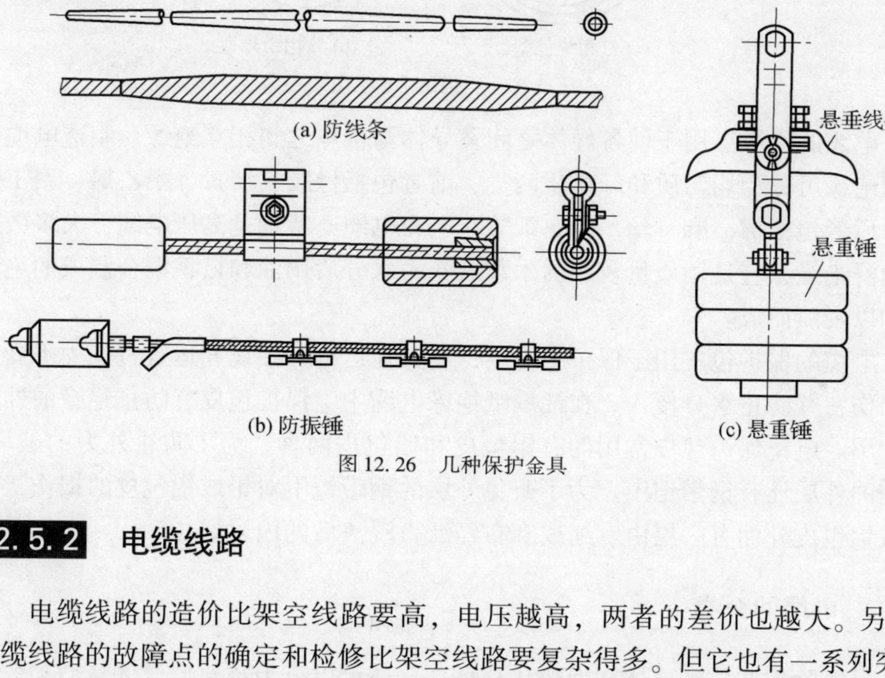

图 12.26　几种保护金具

12.5.2　电缆线路

电缆线路的造价比架空线路要高，电压越高，两者的差价也越大。另外，电缆线路的故障点的确定和检修比架空线路要复杂得多。但它也有一系列突出的优点，如不需要在地面上架设杆塔，从而节省了土地占用面积；供电可靠，极少受外力破坏和气象条件的影响；对人身较安全等。因此，在大城市、发电厂和变电站的内部或附近以及穿过江河海峡时，往往采用电缆线路。电缆线路由电缆和附件组成。

1. 电缆的构造

电缆的构造一般包括导体、绝缘层和保护包皮三部分。

电缆的导体通常由多股铜绞线或铝绞线制成，以增加电缆的柔性，使之能在一定程度内弯曲而不变形。根据电缆中导体数目的不同，可分为单芯、三芯和四芯电缆。单芯电缆的导体截面总是圆形的；三芯和四芯电缆的导体截面除了圆形外，还有扇形的，如图 12.27 所示。

(a) 三相统包型

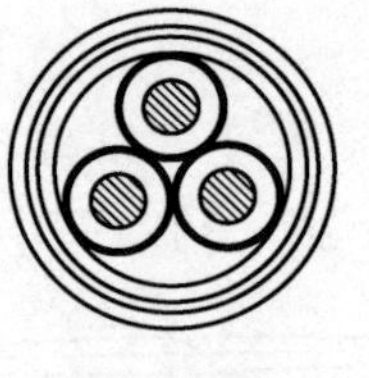

(b) 分相铅分型

图 12.27　电缆结构示意图

电缆的绝缘层用于使各导体之间及导体与包皮之间相互绝缘。制造电缆所用的绝缘可分为均匀质和纤维质两类，前者包括橡胶、沥青、聚乙烯、聚丁烯等，后者包括棉、麻、丝、绸、纸等。电力电缆，特别是高压电缆，大多数采用油浸绝缘，它是用质量较好的木浆纸除去水分后用油和松香混合制成的绝缘剂加以浸渍而成。

电缆的保护包皮用于保护绝缘层，使其在运输、敷设和运行过程中不受外力损伤，并防止水分侵入。在油浸纸绝缘电缆中，保护包皮有防止绝缘油外流的作用。电缆保护包皮常用的有铝包皮和铅包皮两种。为了防止外力的破坏，电缆的外层还有钢带铠甲。为了避免外层的钢带铠甲对铅或铝包皮的损伤，在铅或铝包皮外面有一层由麻绳或麻布经沥青浸渍后的内衬层。

2. 电缆的分类

电缆除按芯数和导体截面形状分类外，还可以分为统包型、屏蔽型和分相铅包型。统包型的三相芯线绝缘层外有一共同的铅包皮。这种电缆内部电场分布不均匀，不能充分利用绝缘强度，只用于 10kV 以下的电缆。屏蔽型的每相芯线绝缘层外部都包有金属带。分相铅包型的各相分别有铅包。由于屏蔽型和分相铅包型电缆改善了电场的分布，使之成为如图 12.28 所示的均匀分布辐射电场，从而更好地利用了电缆的绝缘，因此 10kV 以上的电缆常采用这两种型式。

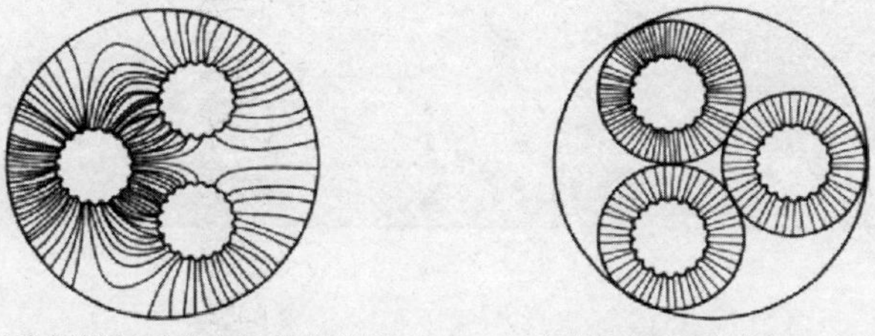

(a) 无分相铅包时的电场分布情况　　(b)有分相铅包时的电场分布情况

图 12.28　屏蔽和分相铅包的作用

当额定电压超过 35kV 时，绝缘厚度要求加大，制造时电缆内部不可避免地存在气隙，在高压作用下，很容易产生气体游离，使绝缘迅速破坏。因此，超高压的电力电缆还有充油式、充气式的。

第13章

工具和仪器仪表

13.1 万用表

万用表又称为复用表、多用表、三用表、繁用表等，是电力电子等部门不可缺少的测量仪表，一般以测量电压、电流和电阻为主要目的。万用表按显示方式分为指针万用表和数字万用表。一般万用表可测量直流电流、直流电压、交流电流、交流电压、电阻和音频电平等，有的还可以测电容量、电感量及半导体的一些参数等。

13.1.1 指针万用表

以 MF47 型万用表为例介绍指针万用表。

1. 面板

MF47 型万用表面板如图 13.1 所示。其面板包括测试控制和测试指示两部分。

1）测试控制部分

（1）量程开关是一特制的 24 位波段开关。开关指示盘有红、绿、黑三色。红色指示盘测量交流，量程有 10V、50V、250V、1000V 五挡；另在“10V”交流电压挡还可以测量电容量、电感量和音频电平值。绿色指示盘测量晶体管直流放大系数 hFE，ADJ 挡为测量 hFE 做调节准备。黑色指示盘分别测量直流电压、直流电流和欧姆挡，直流电压量程有 0.25V、1V、2.5V、10V、50V、250V、500V、1000V 八挡，直流电流量程有 0.05mA、0.5mA、5mA、50mA、500mA 五挡，欧姆挡量程有 X1Ω、X10Ω、X100Ω、X1KΩ、X10KΩ 五挡。

图 13.1　MF47 型万用表

（2）标有红色“+”和黑色“COM”标记的插孔为万用表“+、-”表笔插孔，一般应分别插入红色表笔和黑色表笔，表明万用表在测量直流时的正负极性。标有红色“2500V”标记的插孔，是供测量大于1000V而小于2500V的直流电压或交流电压时用，将红色表笔（正表笔）插入此插孔内，黑色表笔（负表笔）仍插入“COM”插孔，量程开关置于交流电压1000V或直流电压1000V，便可进行测量小于2500V交流电压或直流电压了。标有红色“10A”标记的插孔，是供测量大于500mA小于10A的直流电流时用，将红色表笔插入该孔内，黑表笔插入“COM”插孔内即可，此时，量程开关置于任何位置均可。

（3）标有“Ω”字样的旋钮，为零欧姆调节旋钮其作用是当量程开关置于欧姆挡时，两表笔短路，表头指针应指“0”，若不指0，则调节此旋钮。

（4）标有“N”“P”和“e、b、c”黄色字母的六孔插座，为测量半导体三极管时，插置三极管管脚。当为PNP型管时，则插置右边。

2）测试指示部分

（1）表头指针。当表头无电流通过，指针停在左边不动；有电流通过，指针会根据电流的大小向右偏转；电流消失，指针自动退回原位。

（2）表头标度盘。标度盘共有六条标度：第一条专供测电阻用；第二条供测交流电压，直流电流用；第三条供测晶体管放大倍数用；第四条供测量电容用；第五条供测电感用；第六条供测音频电平用。刻度盘上装有反光镜，以消除视差。

2. 标度盘符号及意义

MF47型万用表标度盘上的符号及意义，如表13.1所列。

表13.1 MF47型万用表标度盘符号及意义

序号	符号	意义
1	A-V-Ω	万用表
2	≂	交、直流两用
3	—或DC	直流
4	~或AC	交流（单相）
5	C(μF)50Hz	测电容量时，用交流电源为50Hz，10V，表针指示为μF
6	L(H)50Hz	测电感量时，用交流电源为50Hz，10V，表针指示为H

续表

序号	符号	意义
7	20kΩ/－V	直流电压灵敏度
8	4kΩ/～V	交流电压灵敏度
9	－2.5	直流指示值的准确度等级，2.5 表示误差不超过 ±2.5%
10	～5	交流指示值的准确度等级，5 表示误差不超过 ±5%
11	Ω2.5	欧姆数指示值的准确度等级，2.5 表示误差不超过 ±2.5%
12	┌─┐	水平放置使用
13	[III]	三级防护外磁场
14	☆(6)	绝缘强度试验电压为 6kV

3. 使用的注意事项

（1）使用前必须熟悉量程开关、旋钮、插孔和插座的作用，了解标度盘上每条标度线所对应的被测电量。

（2）使用时应水平放置万用表，若表针不指机械零位，可用螺丝刀调节表头上的调整螺丝，使表针回零。

（3）更换电阻挡量程应重新调整欧姆零点。

（4）测电流应将万用表串联到被测电路中，并注意正负极性，不应接反。

（5）测电压时，应将万用表并联在被测电路的两端，测直流电压时要注意正负极性。如果误用直流电压档去测交流电压，则万用表指针不动或略微抖动；如果误用交流电压挡去测直流电压，若表笔极性正确则万用表指针指示偏高一倍，若表笔极性接反则万用表指针指示为零。

（6）测量电路中的电容前，应先将该电容正负极短路放电，防止大电容上积存的电荷经过万用表泄放，损坏表头；测量有电感的电路中的电压时，必须在切断电源之前先把万用表断开，防止由于自感现象产生高压损坏万用表。

（7）在欧姆挡，正表笔即红表笔，其插座上“＋”的插孔是接万用表内电池的负极，带负电；负表笔即黑表笔，其插座上标有“COM”的插孔是接表内电池的正极，带正电。因此，在测量晶体管、电解电容器等有极性元件时，需要注意两表笔和被测元器件极性的一致。

（8）严禁在测高压（如 220V）或大电流（如 0.5V）时，拨动量程开关，以免产生电弧，烧坏开关触点。万用表使用完，一般将量程开关置于交流

1000V 档位；长期不用的万用表，应将电池取出，避免电池存放过久而变质，漏出的电解液腐蚀电路板。

13.1.2 数字万用表

数字万用表面板如图 13.2 所示。

图 13.2 数字万用表

1. 测试项目

（1）电压的测量；
（2）电流的测量；
（3）电阻的测量；
（4）二极管的测量；
（5）三极管的测量；
（6）MOS 场效应管的测量；
（7）电容测试；
（8）通断测试。

2. 测量技巧

1）测喇叭、耳机、动圈式话筒

用 R×1Ω 挡，任一表笔接一端，另一表笔点触另一端，正常时会发出清脆响亮的“哒”声。如果不响，则是线圈断了，如果响声小而尖，则是有擦圈问题，也不能用。

2）测电容

用电阻挡，根据电容容量选择适当的量程，并注意测量时对于电解电容黑表笔要接电容正极。

（1）估测微法级电容容量的大小：可凭经验或参照相同容量的标准电容，根据指针摆动的最大幅度来判定。所参照的电容不必耐压值也一样，只要容量相同即可，例如估测一个 100μF/250V 的电容可用一个 100μF/25V 的电容来参照，只要它们指针摆动最大幅度一样，即可断定容量一样。

（2）估测皮法级电容容量的大小：要用 R×10kΩ 档，但只能测到 1000pF 以上的电容。对 1000pF 或稍大一点的电容，只要表针稍有摆动，即可认为容量够了。

（3）测电容是否漏电：对 1000μF 以上的电容，可先用 R×10Ω 挡将其快速充电，并初步估测电容容量，然后改到 R×1kΩ 挡继续测一会儿，这时指针不应回返，而应停在或十分接近∞处，否则就是有漏电现象。对一些几十微法以下的定时或振荡电容（如彩电开关电源的振荡电容），对其漏电特性要求非常高，只要稍有漏电就不能用，这时可在 R×1kΩ 挡充完电后再改用 R×10kΩ 挡继续测量，同样表针应停在∞处而不应回返。

3）测量在路二极管、三极管、稳压管好坏

因为在实际电路中，三极管的偏置电阻或二极管、稳压管的周边电阻一般都比较大，大都在几百几千欧姆以上，这样，就可以用万用表的 R×10Ω 或 R×1Ω 挡来测量二极管 PN 结的好坏。在路测量时，用 R×10Ω 挡测 PN 结应有较明显的正反向特性（如果正反向电阻相差不太明显，可改用 R×1Ω 挡来测），一般正向电阻在 R×10Ω 挡测时表针应指示在 200Ω 左右，在 R×1Ω 挡测时表针应指示在 30Ω 左右（根据不同表型可能略有出入）。如果测量结果正向阻值太大或反向阻值太小，都说明这个 PN 结有问题，这个管子也就有问题了。这种方法对于维修时特别有效，可以非常快速地找出坏管，甚至可以测出尚未完全坏掉但特性变坏的管子。如用小阻值档测量某个 PN 结正向电阻过大，如果把它焊下来用常用的 R×1kΩ 挡再测，可能还是正常的，但其实这个管子的特性已经变坏了，不能正常工作或不稳定了。

4）测电阻

测电阻时重要的是要选好量程，这样读数最准确。要注意的是，在用 R×10k 电阻挡测兆欧级的大阻值电阻时，不可将手指捏在电阻两端，这样人体电阻会使测量结果偏小。

5）测稳压二极管

通常所用的稳压管的稳压值一般都大于 1.5V，而指针表的 R×1k 以下的电阻挡是用表内的 1.5V 电池供电的，这样，用 R×1k 以下的电阻挡测量稳压管就如同测二极管一样，具有完全的单向导电性。但指针表的 R×10k 挡是用 9V 或 15V 电池供电的，在用 R×10k 测稳压值小于 9V 或 15V 的稳压管时，反向阻值就不会是∞，而是有一定阻值，但这个阻值还是要大大高于稳压管的正向阻值的。如此，就可以初步估测出稳压管的好坏了。但是，好的稳压管还要有准确的稳压值，业余条件下可再找一块指针表来测量。方法是：先将一块表置于 R×10k 挡，其黑、红表笔分别接在稳压管的阴极和阳极，这时就模拟出稳压管的实际工作状态了，再取另一块表置于电压挡 V×10V 或 V×50V（根据稳压值确定）上，将红、黑表笔分别搭接到刚才那块表的黑、红表笔上，这时测出的电压值就基本上是这个稳压管的稳压值。说“基本上”，是因为第一块表对稳压管的偏置电流相对正常使用时的偏置电流稍小些，所以测出的稳压值会偏大一点，但基本相差不大。这个方法只可估测稳压值小于指针表高压电池电压的稳压管。如果稳压管的稳压值太高，就只能用外加电源的方法来测量了。(这样看来，我们在选用指针表时，选用高压电池电压为 15V 的要比 9V 的更适用些。)

6）测三极管

测三极管通常用 R×1kΩ 挡，不管是 NPN 管还是 PNP 管，不管是小功率、中功率、大功率管，测其 be 结、cb 结都应呈现与二极管完全相同的单向导电性，反向电阻无穷大，其正向电阻大约在 10kΩ 左右。为进一步估测管子特性的好坏，必要时还应变换电阻挡位进行多次测量，方法是：置 R×10Ω 挡测 PN 结正向导通电阻都在大约 200Ω；置 R×1Ω 挡测 PN 结正向导通电阻都在大约 30Ω（以上为 47 型表测得数据，其他型号表略有不同，可多试测几个好管总结一下，做到心中有数）。如果读数偏大太多，可以断定管子的特性不好。还可将表置于 R×10kΩ 再测，耐压再低的管子（基本上三极管的耐压都在 30V 以上)，其 cb 结反向电阻也应在∞，但其 be 结的反向电阻可能会有些，表针会稍有偏转（一般不会超过满量程的 1/3，根据管子的耐压不同而不同)。但在用 R×1kΩ 以下挡测 ce 或 ec 结电阻时，表头指示应为无穷大，否则管子就是有问题。应该说明以上测量是针对硅管而言的，对锗管不适用。另外，所说的“反向”是针对 PN 结而言，对 NPN 管和 PNP 管方向实际上是不同的。

3. 选购注意

数字万用表是最基本的测试工具，一块好的数字万用表不仅能够测量各种电学参数更是排除故障、修理电器的得力助手。当前可供选择的数字万用表产品种类很多，其具体选择要点如下。

1）精度

数字万用表的精度直接影响测量结果准确性，首先应该对数字万用表的精度技术指标进行分析：一是看表的精度能否达到要求；二是对表的整体性能进行分析，4 位数字万用表不一定比 3 位半数字万用表的测量精度高，一块工艺粗糙的 4 位半数字万用表的测量精度可能不如一块做工精良的 3 位半数字万用表。

2）外观检查

应检查数字万用表表壳是否完好，开关、按键功能是否正常。拨动开关(测量功能选择）是否旋转灵活，阻尼合适，手感舒适，对应的测量功能是否正常。液晶显示屏是否清晰，有无笔画缺失，数字跳动应尽量小。蜂鸣器是否能发声。

3）参考因素

如果能打开表壳，可以观察电路板的设计、选用的元件、安装和焊接水平等。一块好的数字万用表，电路板的设计是非常重要的。选用元件的水平决定了数字万用表测量精度，高端数字万用表往往采用贴片元件，提高精度的同时也减少电路板的体积，关键部位的元件甚至会进行筛选。购买时还应该留心一些细节，如安全防护、产品保修、测试电缆、用户手册等是否完备。

4）性能检测

购买数字万用表时，可以借助测量已知量（如电阻、电容、电池电压、交流电压等）的方法对数字万用表测量功能进行确认，有条件的可以送到相应的机构对技术指标逐项检查、验收。

13.2 数字兆欧表

数字兆欧表如图 13.3 所示。

图 13.3　数字兆欧表

13.2.1 工作原理

数字兆欧表由中大规模集成电路组成，输出功率大，短路电流值高，输出电压等级多（有四个电压等级）。工作原理为由机内电池作为电源经 DC/DC 变换产生的直流高压由 E 极出经被测试品到达 L 极，从而产生一个从 E 到 L 极的电流，经过 I/V 变换经除法器完成运算直接将被测的绝缘电阻值由屏幕显示出来。

数字兆欧表是摒弃传统的人工手摇发电工作方式，采用先进的中大规模集成电路，应用DC/AC变换技术将三端钮、四端钮测量方式合并为一种机型的新型接地电阻测量仪。

13.2.2 工作参数特性

数字兆欧表的工作参数见表13.2，其工作特性如下：

（1）数字兆欧表由自带充电电池供电，量程可自动转换，一目了然的面板操作和液晶显示使得测量十分方便和迅捷。

（2）输出功率大、带载能力强，抗干扰能力强。

（3）测试阻值量程宽，重量轻。

表13.2　数字兆欧表工作参数

工作电源	8节AA型充电电池，外置充电适配器
工作温度及湿度	-10℃~40℃，最大相对湿度85%
保存温度及湿度	-20℃~60℃，最大相对湿度90%
绝缘性能	电路与外壳间电压为1000VDC时，最大2000MΩ
耐压性能	电路与外壳间电压为2500VAC时，承受1min

13.2.3 数字兆欧表使用方法

数字兆欧表在工作时，自身产生高电压，而测量对象又是电气设备，所以必须正确使用，否则就会造成人身或设备事故。使用前，首先要做好以下准备：

（1）测量前必须将被测设备电源切断，并对地短路放电，决不允许设备带电进行测量，以保证人身和设备的安全。

（2）对可能感应出高压电的设备，必须消除这种可能性后，才能进行测量。

（3）被测物表面要清洁，减少接触电阻，确保测量结果的正确性。

（4）测量前要检查数字兆欧表是否处于正常工作状态，主要检查其“0”和“∞”两点。摇动手柄，使电机达到额定转速，数字兆欧表在短路时应指在“0”位置，开路时应指在“∞”位置。

（5）数字兆欧表使用时应放在平稳、牢固的地方，且远离大的外电流导体和外磁场。

做好上述准备工作后就可以进行测量了，在测量时，还要注意数字兆欧表的正确接线，否则将引起不必要的误差甚至错误。

数字兆欧表的接线柱共有三个：一个为“L”即线端，一个为“E”即地端，一个为“G”即屏蔽端（也称保护环）。一般被测绝缘电阻都接在“L”“E”端之间，但当被测绝缘体表面漏电严重时，必须将被测物的屏蔽环或不需测量的部分和“G”端相连接。这样漏电流就经由屏蔽端“G”直接流回发电机的负端形成回路，而不在流过数字兆欧表的测量机构（动圈）。这样就从根本上消除了表面漏电流的影响，特别应该注意的是测量电缆线芯和外表之间的绝缘电阻时，一定要接好屏蔽端“G”，因为当空气湿度大或电缆绝缘表面不干净时，其表面的漏电流将很大，为防止被测物因漏电而对其内部绝缘测量造成影响，一般在电缆外表加一个金属屏蔽环，和数字兆欧表的“G”端相连。

当用数字兆欧表摇测电器设备的绝缘电阻时，一定要注意“L”和“E”端不能接反，正确的接法是：“L”线端钮接被测设备导体，“E”地端钮接设备外壳，“G”屏蔽端接被测设备的绝缘部分。如果将“L”和“E”端接反了，流过绝缘体内及表面的漏电流经外壳汇集到地，由地经“L”流进测量线圈，使“G”失去屏蔽作用而给测量带来很大误差。另外，因为“E”端内部引线同外壳的绝缘程度比“L”端和外壳的绝缘程度要低，当数字兆欧表放在地上使用时，采用正确接线方式时，“E”端对仪表外壳和外壳对地的绝缘电阻，相当于短路，不会造成误差，而当“L”和“E”接反时，“E”端对地的绝缘电阻同被测绝缘电阻并联，而使测量结果偏小，给测量带来较大误差。

由此可见，要想准确地测量出电气设备等的绝缘电阻，必须对数字兆欧表进行正确的使用，否则，将失去测量的准确性和可靠性。

13.2.4 注意事项

（1）兆欧表使用时必须平放。

（2）兆欧表转速为120r/min。

（3）自查：开路试验，兆欧表转速达到120r/min，指针应在“∞”处；短路，慢慢地转动兆欧表，指针应在“0”处。

（4）电动机的绕组间、相与相间、相与外壳间的绝缘电阻应≥0.5MΩ。移动电动工具≥2MΩ。

（5）测量线路绝缘时：相与相≥0.38MΩ，相与零≥0.22MΩ。

（6）中、小型电动机一般选用500－1000型。

（7）若测得一相电阻是零则说明这相已短路。

（8）若测得一相电阻是 0.1 或 0.2MΩ 则说明这相绝缘电阻性能已降低。

（9）电器设备的绝缘电阻是越大越好。

（10）电动机或线路的绝缘电阻性能降低、短路，需要维修，不能使用。

13.3 钳形电流表

钳形电流表是由电流互感器和电流表组合而成的，如图 13.4 所示。电流互感器的铁芯在捏紧扳手时可以张开，被测电流所通过的导线可以不必切断就可以穿过铁芯张开的缺口，当放开扳手后铁芯闭合。穿过铁芯的被测电路导线就成为电流互感器的一次线圈，其中通过电流便在二次绕组线圈中感应出电流，从而使二次绕组相连接的电流表有指示，即测出被测线路的电流。

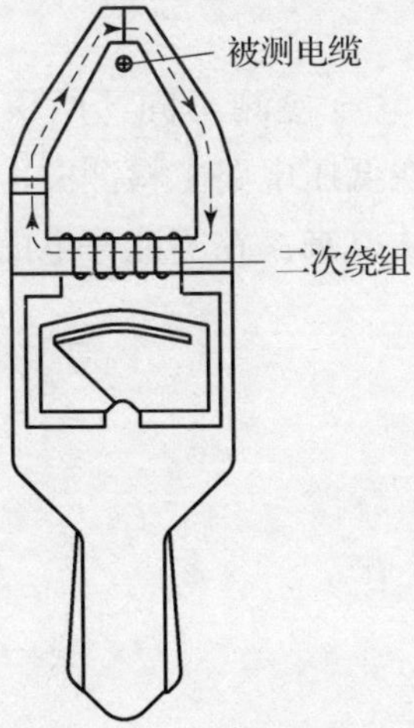

图 13.4 钳形电流表

13.3.1 工作特性

钳形电流表的工作特性如下：

（1）高低压钳形电流表也可以当高低压变化比测试仪使用，即分别测出一次回路和二次回路的高低压电流，再人工计算就能得出高低压的变化。

（2）绝缘杆轻便，具有防潮、耐高温、抗冲击、抗弯、高绝缘、可伸缩等特点。

（3）无线传输能穿透多层楼房障碍或直线 30m 接收被测数据。

13.3.2 使用方法

（1）用钳形电流表检测电流时，一定要夹住一根被测导线，夹住两根则不能检测电流。另外，使用钳形电流表中心检测时，检测误差小。在检查家电产品的耗电量时，使用线路分离器比较方便，有的线路分离器可将检测电流放大10倍，因此1A以下的电流可放大后再检测。用直流钳形电流表检测电流时，如果电流的流向相反，则显示负数。可使用该功能检测汽车的蓄电池是充电状态还是放电状态。

（2）平均值方式的钳形电流表通过交流检测，检测正弦波的平均值，并将放大1.11倍之后的值作为有效值显示出来。波形率不同的正弦波以外的波形和歪波也同样放大1.11倍后显示出来，所以会产生指示误差。因此检测正弦波以外的波形和歪波时，应选用可直接测试出真有效值的钳形电流表。

（3）漏电检测与通常的电流检测不同，两根或者三根导线要全部夹住，也可夹住接地线进行检测。在低压电路上检测漏电电流的绝缘管理方法，已成为首要的判断手段。自被确认以来，在不能停电的楼宇和工厂，便逐渐采用漏电电流钳形表来检测。

13.3.3 基本操作

1. 电阻测量

（1）将功能开关设置到位；

（2）将红色测试线插入V/Ω端口，黑色测试线插入COM端口；

（3）使测试线接触短路，按下归零调整开关消除测试线的电阻；

（4）将测试线连接测试回路。

2. 导通测量

（1）将功能开关设置到位；

（2）将红色测试线插入V/Ω端口，黑色测试线插入COM端口；

（3）使测试线接触短路，按下归零调整开关消除测试线的电阻；

（4）按下模式选择开关将普通模式切换为导通检测模式；

（5）将测试线连接测试回路，若测试电阻低于20Ω时蜂鸣器将鸣叫。

3. 频率测量

（1）将功能开关设置到 A 或者 V 位置；

（2）然后按下模式选择开关 3 次，将普通模式切换为频率测量模式，显示“Hz”标志；

（3）按照 ACA 或 ACV 测量过程进行。

13.3.4 注意事项

（1）测量前先估计被测电流的大小，选择合适的量程。若无法估计被测电流的大小时，则应从最大量程开始，逐步换成合适的量程。转换量程应在退出被测导线后进行。

（2）测量时应将被测载流导线置于钳口的中央位置，以减小测量误差。

（3）钳口要结合紧密。若发现有杂声出现，应检查钳口结合处是否有污垢存在。

（4）测量 5A 以下的较小电流时，为使读数准确，在条件许可的情况下，可将被测导线在钳口铁芯上绕几圈再测量，被测的实际电流值等于仪表读数除以导线绕的圈数。

（5）测量完毕，要将仪表的量程开关置于最大量程位置上。

13.4 电钻

电钻是一种在金属、塑料、木材等材料上钻孔或扩孔的手持式电动工具。电钻开发较早，是电动工具中较早发展起来的产品，它产量大、品种多、规格全，在各行业都得到了广泛应用。

电钻体积小、携带方便、使用灵活，不受场地和空间限制，可加工一些不便或不能在钻床上加工的部件。为适应不同作业的需要，还开发了很多特种电钻，如双速电钻、无级调速电钻、吸附电钻（磁座钻）、台架电钻、角向电钻、万向电钻、软轴电钻等。

13.4.1 电钻的结构原理

电钻由驱动电动机、减速箱、钻夹头或圆锥套筒、手柄、电源开关、电源线等组成。电钻选用的驱动电动机主要是单相串励电动机和三相笼型异步电动机。单相串励电动机一般用于 23mm 以下规格的电钻，三相笼型异步电动机用于较大规格的电钻。

直流永磁电钻适用于野外作业，用永磁直流电动机驱动，它无需电源线，由内装电池供电。电钻一般仅用减速箱来改变转速，主要采用一级和二级减速。减速箱一般仅是机壳内的一部分空间，由前罩和齿轮组成，前罩壳经中间盖与电动机外壳用螺钉连接。齿轮一般采用 0.5 ~ 1.5 模数的高度修正或角度修正的齿轮，材料选用 40 铬钢或 45 钢，并经热理，壳体内充填适量的润滑脂予以润滑。

进行钻孔作业时，钻头需用钻夹头或圆锥套筒夹持。一些电钻采用一种新式钻夹头，不需扳轮，直接用手可以加紧钻头。19mm 以下的电钻多采用扳手夹紧式钻夹头，配用直柄钻头。钻夹头与电钻主轴的连接形式一般有螺纹连接和锥孔连接两种。钻夹头零件选用优质钢材不低于 58HRC；与夹爪相配的螺母不低于 53HRC；扳轮及环齿的硬度不低于 48HRC；钻体扳手孔的表层硬度不低于 48HRC。19mm 及以上的电钻多采用莫氏圆锥套筒，配用锥柄麻花钻。

钻头选用锥柄麻花钻时，根据锥柄麻花钻规格，应采用的莫氏圆锥套筒的锥度如下。

（1）15. 5mm 以下钻头的锥柄为 1 号莫氏圆锥。

（2）15. 6 ~ 23. 5mm 钻头的锥柄为 2 号莫氏圆锥。

（3）23. 6 ~ 32. 5mm 钻头的锥柄为 3 号莫氏圆锥。

（4）32. 6 ~ 49. 5mm 钻头的锥柄为 4 号莫氏圆锥。

大规格电钻钻削小孔时，可能造成钻头的莫氏锥柄与电钻莫氏圆锥套筒不配，这时可用锥柄工具衬套做过桥连接。

电钻工作时需要施加一定的轴向推压力，该力借助于电钻的手柄来实现。手柄的结构随电钻的规格大小而有所不同。6mm 以下电钻一般采用直筒式，外壳即手柄；6 ~ 10mm 多采用手枪式结构，有的手枪电钻可加一个活动的辅助手柄；13mm 电钻多采用环式后手柄，一般在左侧加一个活动的辅助手柄；16mm 以上电钻一般采用双横手柄，并设计有后托架（板）。

13. 4. 2 电钻的规格与性能

电钻的规格代表着电钻的加工能力，由两部分内容组成：第一部分为电钻钻削 45 号钢时，所允许使用的最大钻头直径，有 4、8、10、13、16、19、23、32、38、49 等，单位为 mm；第二部分为按照电钻的钻削效率划分的 3 个等级，即 A（普通型）、B（重型）、C（轻型）。

A 型电钻具有较高的钻削效率，通用性强，规格齐全，主要用于普通钢材的钻孔。A 型电钻大多数采用二级变速。

B 型电钻的额定输出功率和转矩比 A 型大，具有很高的钻削效率，过载能力强，可施加较大的轴向力，主要用于优质钢材的钻孔。B 型电钻转速与 A 型相仿，以二级变速为主。

C 型电钻的额定输出功率和转矩比 A 型小，具有轻便和结构简单的特点，主要用于铝、铜等有色金属及其合金、塑料和木材等材料的钻孔。C 型电钻用于有色金属等材料的钻孔时，具有较高的钻削效率；用于普通钢材和铸铁的钻孔时，钻削效率较低，并不能施以强力。C 型电钻转速较高，以一级变速为主。

A 型和 B 型电钻对有色金属、塑料、木材等钻孔时，最大钻直径可相应增大 30%~50%。

13.4.3 电钻的使用

电钻的使用要求具体如下：

（1）不同材料、不同直径的钻孔，应该尽可能选择相应规格的电钻和相适应的锋利钻头，以达到最高的工作效率。

（2）使用电钻钻孔时应尽量保持钻头与工件表面垂直，用力应均匀平稳，不能用力过猛，以免造成电钻过载或小规格钻头折断。如遇转速突然降低的情况，应立即放松压力；突然刹停时，应立即松开开关，切断电源。在孔即将钻通时，推力应适当减小，注意保持重心，防止造成意外。

（3）在硬度较高的材料（如钢铁）上钻孔时，为了准确定位，防止打滑，可先用冲子或钢钉等在工件上打出小坑，然后再在小坑上进行钻孔。

13.4.4 型号选择

电钻产品适合在钢材、木材和塑料上钻孔，是手持式电动工具中使用最为普及的工具之一。一般的五金商店都有电钻销售，为了选购到合适的电钻，一般应注意以下几点。

（1）电钻产品是国家认证认可监督管理委员会规定的强制性认证产品，因此在选购时，首先应该检查该工具是否有 3C 标志，检查工具的外包装上或工具的铭牌上是否有 3C 标志，若对此仍有疑义（由于电钻的生产厂家未通过年度监督复查，国家认证认可监督管理委员会暂停或撤销其证书），可登录国家认证认可监督管理委员会的网站，查阅该工具的 3C 证书是否现行有效。

（2）一般选购电钻时，应选择声誉较好，较有影响力的大公司，因为这些大公司技术力量雄厚，质量控制比较严格，售后服务也比较规范。

（3）应根据使用者的需要，先区分家庭用还是专业用，由于大多数的电钻都是针对专业人员设计，因此在选购前，应先区分专业与一般家庭用的工具。通常专业与一般家庭用的工具差别在功率上，专业用的工具功率较大，以方便专业人士减轻工作量，一般家庭用的工具由于工程较小，工作量也相对较小，因此工具的输入功率也不需要很大。

（4）观察电钻的外包装，工具的外包装应图案清晰，没有破损，塑料盒坚固，开启塑料盒的搭扣应牢固耐用。

（5）观察电钻的外观，工具的外观应色泽均匀，塑料件表面无明显影丝和凹痕，不应有划痕或磕碰痕迹，外壳零件之间的装配错位≤0.5mm，铝铸件涂料光滑美观无缺损，整机表面应无油污和污渍。用手握持时，自我感觉手感较好，开关的手柄应平整。电缆线的长度一般应不小于2m。

（6）检查电钻的铭牌和说明书，工具的铭牌参数应与3C证书上的一致。说明书上应有制造商和生产厂的详细地址和联系方式。铭牌或合格证上应有产品可追溯的批量编号。

（7）用手握持电钻，接通电源，用手频繁操动开关，使工具频繁起动，观察工具开关的通断功能是否可靠。同时观察现场的日光灯是否有异常现象，以便确认工具是否装有有效的无线电干扰抑制器。

（8）电钻通电运行1min，运行时用手握持，手应无明显感觉到任何不正常的颤动，观察换向火花，一般从工具的进风口处向里看，在换向器表面应无明显的弧光。运行时，应无不正常的噪声。

13.5 冲击电钻

冲击电钻制成可调式结构，当调至旋转无冲击位置时，装上麻花钻可作为普通电钻使用；当调至旋转带冲击位置时，装上冲击钻头（建工钻）可在砖石、轻质混凝土等脆性材料上打孔。可见，冲击电钻是一种多功能电动工具。目前生产的冲击电钻很多还带有正反转功能，可作为电动旋具使用。

冲击电钻与电锤的主要区别是产生冲击力的原理不同，电锤的冲击能量大，能在坚硬的混凝土构件上打孔。

13.5.1 外形结构

冲击电钻的外形结构与中小规格电钻相似，只是增加了冲击装置及调节环，冲击电钻选用的驱动电动机主要是单相串励电动机。Ⅱ类冲击电钻的电动机安置在塑料外壳内。塑料外壳既是支承电动机的结构件，又是电动机定子铁芯的附加绝缘。转子附加绝缘采用转轴绝缘，以使转子铁芯与外露的钻夹头、前罩壳等金属零件在电气上隔离。

冲击电钻的传动装置由减速齿轮和冲击装置组成。减速齿轮与中小规格电钻相同。冲击装置主要采用齿轮冲击装置前端头部有调节环，调节环上设有“钻头”和“锤子”的标志。当调节环的“钻头”标志调到前罩壳上的定位标记时，离合器运动件脱离离合器静止件。电动机的旋转运动经齿轮减速后，主轴上的钻夹头夹持钻头做单一旋转运动。当调节环上的“锤子”标志调到前罩壳上的定位标记时，离合器运动件与离合器静止件啮合。电动机的旋转运动经齿轮减速后带动离合器，主轴上的钻夹头夹持钻头在外施轴向力的作用下做旋转带冲击的复合运动。

离合器的静止件固定在用铝合金压铸的前罩壳内，离合器的运动件与主轴连接成一体。离合器静止件与运动件间装置一压缩弹簧。当电动机旋转时，经齿轮减速使主轴顺时针旋转，离合器主动件也随之一起旋转。由于操作者施加轴向力，克服弹簧力使离合器啮合。主轴的输出转矩使离合器主动件的齿产生轴向分力，离合器脱啮，而操作者继续施加轴向压力，使离合器重新啮合。这样，离合器脱开、啮合，同时产生轴向往复位移，主轴就产生旋转带冲击的复合运动。

冲击电钻冲击力的大小取决于电动机的输出转矩、转速及操作者施加的轴向压力大小。

一般离合器犬牙高度为0.8mm，犬牙间的冲击距离约1.6mm。离合器的犬牙齿数关系着冲击频率的大小。一般情况下，在输出转矩为定值时，冲击频率越高越好。冲击频率即为经减速后的主轴转速与犬牙齿数的乘积。

离合器犬牙在冲击电钻工作时承受着非常大的接触应力，是影响冲击电钻质量的重要部件之一，因此对离合器的材料选择和热处理工艺都有较高的要求。

冲击电钻有双速、无级调速等。打大孔时用低速，打小孔时用高速。

冲击电钻钻头用钻夹头夹持。钻夹头与主轴用短圆锥或螺纹连接，连接尺寸参见电钻。螺纹连接钻夹头能保证在较强振动情况下工作的钻夹头不易从冲击电钻脱落。

冲击电钻多采用手枪式手柄，有的装设一个活动的辅助手柄，较大规格的冲击电钻采用环式后手柄，并在左侧加一个活动的辅助手柄，冲击电钻辅助手柄上一般设有钻孔深度定位器。

冲击电钻的电源开关采用带自锁的自动复位开关；无级调速冲击电钻采用

无级调速电源开关。

13.5.2 规格与性能

冲击电钻的规格指加工砖石、轻质混凝土等材料时的最大钻孔直径。双重绝缘单相串励冲击电钻的技术性能数据如表 13.3 所列。

表 13.3 双重绝缘单相串励冲击电钻的技术性能数据

规格/mm	最大成孔直径/mm		输入功率/W	额定冲击频率/min^{-1}	额定转矩/（N·m）	质量/kg
	钢	砖石				
10	6	10	280	18000	1.02	1.8
12	8	12	350	12000	2.3	2.5
16	10	16	400	11250	2.9	2.8
20	13	20	570	8400	4.56	4.0

13.5.3 冲击电钻的使用

冲击电钻的使用要求如下：

(1) 冲击电钻是以钻削为主、冲击为辅的手持式钻孔工具，由于它具有较高的冲击频率而适于在红砖、轻质混凝土和瓷砖上冲钻孔。如果用其对硬质混凝土凿孔，则钻头会很快磨损。

(2) 使用钻夹头夹持冲击钻头时，应用钥匙轮流插入 3 个钥匙定位孔中用力旋紧，以夹紧钻头尾部，防止钻孔时脱落飞出。

(3) 使用冲击电钻时应戴防护眼镜，尤其是由下向上钻孔时，必须戴防护眼镜。

(4) 使用冲击电钻钻孔前，应将调节环转到“钻孔”位置空载运转 1min 左右。运转时，声音应均匀，无异常的周期性杂声，手握工具无明显麻感。然后将调节环转到“锤击”位置，让钻夹头顶在硬木上，此时应有明显而强烈的冲击感；转到“钻孔”位置，则应无冲击现象。

(5) 冲击电钻的冲击力是借助于操作者的轴向进给压力而产生的，但压力不宜过大。过大时不仅会降低冲击频率，还会引起电动机过载而损坏冲击电钻，但过小也会影响工作效率。对 10mm、12mm 规格的冲击电钻，一般轴向进给力应在 150～200N 之间；对 16mm、20mm 规格的冲击电钻，一般轴向进给力应在 250～300N 之间。

（6）在对钻孔深度有要求的场所打孔，可使用辅助手柄上的定位器来控制钻孔深度。使用时只要将蝶形螺母拧松，将定位杆调节到所需长度，再拧紧螺母即可。

（7）钻凿较深或较大孔时，应注意经常把钻头退出钻孔几次，以防止出屑困难而造成钻头发热磨损、钻孔效率降低、堵转等现象。

（8）在瓷砖上钻孔时，为了防止瓷砖破裂，可先调到无冲击位置，施加较大压力。

13.5.4 选购技巧

冲击电钻的价格跟尺寸往往成正比，尺寸越大，价格越高。在选购之前，要考虑冲击电钻的具体用途，以便选择一款合适的。

附加功能的选择，现在市面上的产品大多为了增加客户忠诚度，会开发很多功能，这些功能有的也许并不常用，在选择时，要根据实际情况来选。

13.6 电锤

电锤是指附有气动锤击机构的一种带安全离合器的电动式旋转锤钻。电锤是利用活塞运动，压缩气体冲击钻头，不需要手使多大的力气，可以在混凝土、砖、石头等硬性材料上开6～100mm的孔，电锤在上述材料上开孔效率高，但它不能在金属上开孔。

13.6.1 工作原理

电锤原理是传动机构在带动钻头做旋转运动的同时，还有一个方向垂直于钻头做往复锤击运动。电锤是由传动机构带动活塞在一个汽缸内往复压缩空气，汽缸内空气压力周期变化带动汽缸中的击锤往复打击砖头的顶部，类似用锤子敲击砖头，故名电锤。

13.6.2 特点

电锤的工作特点如下：

（1）良好的减振系统。可以使操作人员握持舒适，缓解疲劳。通过“振动控制系统”来实现；通过软胶把手增加握持舒适度。

（2）精准的调速开关。轻触开关时转速较低，可以帮助机器平稳起钻（例如在瓷砖等平滑的表面上起钻，不仅可以防止钻头走滑，也可以防止钻孔破裂）。正常工作时可使用高速以确保工作效率。

（3）稳定可靠的安全离合器。又称转矩限制离合器，避免在使用过程中因钻头的卡滞而产生的大转矩反作用力传递给用户，这是对使用者的一种安全保护。这一特点还可防止齿轮装置和电机的停止转动。

（4）全面的电机防护装置。在使用中不可避免会有颗粒状的硬物进入机器（尤其是向上作业钻孔，如对墙顶钻孔），如果电机没有一定的防护，在高速旋转中极易被硬物碰断或刮伤漆包线，最终导致电机失效。

（5）正反转功能。可使电锤运用范围更加广泛，通过开关或调整碳刷位置来实现，通常工具均会采用调整碳刷位置（旋转刷架）来实现，这样做的好处是操作方便，可有效抑制火花来保护换向器，延长电机使用寿命。

13.6.3 注意事项

电锤工作时的注意事项如下：

（1）作业前的检查应符合下列要求：外壳、手柄不出现裂缝、破损；电缆软线及插头等完好无损，开关动作正常，保护接零连接正确、牢固可靠；各部防护罩齐全牢固，电气保护装置可靠。

（2）机具启动后，应空载运转，检查并确认机具联动灵活无阻。作业时，加力应平稳，不得用力过猛。

（3）作业时应掌握电钻或电锤手柄，打孔时先将钻头抵在异型铆钉工作表面，然后开动，用力适度，避免晃动；转速若急剧下降，应减少用力，阻止电机过载，严禁用木扛加压。

（4）钻孔时，应注意避开混凝土中的钢筋。

（5）电钻和电锤为40%断续工作制，不得长时间连续使用。

（6）作业孔径在25mm以上时，应有稳固的作业平台，周围应设护栏。

（7）严禁超载使用。作业中应注意音响及温升，发现异常应立即停机检查。在作业时间过长，机具温升超过60°C时，应停机，自然冷却后再行作业。

（8）机具转动时，不得撒手不管。

（9）作业中，不得用手触摸电锤电锯刃具、模具和砂轮，发现其有磨钝、破损情况时，应立即停机修整或更换，然后再继续进行作业。

13.7 角磨机

角磨机（Anglegrinder），又称研磨机或盘磨机，是一种利用玻璃钢切削和打磨的手提式电动工具，主要用于切割、研磨及刷磨金属与石材等。

13.7.1 原理功能

角磨机就是利用高速旋转的薄片砂轮以及橡胶砂轮、钢丝轮等对金属构件进行磨削、切削、除锈、磨光加工。角磨机适合用来切割、研磨及刷磨金属与石材，作业时不可使用水。切割石材时必须使用引导板。针对配备了电子控制装置的机型，如果在此类机器上安装合适的附件，也可以进行研磨及抛光作业。

角磨机安装上砂轮片就是一台小型手提砂轮切割机，可切削打磨小型的金属部件，在金属加工中如不锈钢防盗窗、灯箱的制作都少不了它。在石材加工中，可安装云石切割片、抛光片、羊毛轮等，切割、打磨、抛光全要靠它。木工、瓦工、电焊工都常用到。需要说明的是，角磨机的设计主要是用来打磨的，锯、割功能不是设计的初衷。因为角磨机转速高，使用锯片、切割片时不能用力加压，不能切割超过 20mm 厚的硬质材料，否则一旦卡死，会造成锯片、切割片碎裂飞溅，或者机器弹开失控，轻则损坏物品，重则伤人！可选择 40 齿以上的优质锯片，并保持双手操作，做好防护措施。

13.7.2 操作规程

角磨机的操作规程如下：

（1）带保护眼罩。

（2）打开开关之后，要等待砂轮转动稳定后才能工作。

（3）长发操作人员一定要先把头发扎起。

（4）切割方向不能向着人。

（5）连续工作 30min 后要停 15min。

（6）不能用手握住小零件对角磨机进行加工。

（7）工作完成后自觉清洁工作环境。

具体品牌和型号的角磨机各有不同，请在操作前务必查看说明书。

13.7.3 常见型号

角磨机常见型号按照所使用的附件规格划分为100mm（4英寸）、125mm（5英寸）、150mm（6英寸）、180mm（7英寸）及230mm（9英寸），欧美多使用的小规格角磨机为115mm。

角磨机分为紧凑型角磨机和大角磨机。紧凑型角磨机为超轻，带有或不带有安全配置角磨机；大角磨机为功率强劲，适用于难度大的打磨和切割操作。

13.7.4 维护保养

小型角磨机是日常生活中经常使用的电动工具。角磨机在使用的过程中也是需要保养的，具体如下：

（1）经常检查电源线连接是否牢固，插头是否松动，开关动作是否灵活可靠。

（2）检查电刷是否磨损过短，要及时更换电刷，以防因电刷接触不良而造成火花过大或烧毁电枢。

（3）检查工具的进、出风口不可堵塞，并清除工具任何部位的油污与灰尘。

（4）应及时添加润滑脂。

（5）工具发生故障，送厂家或指定的维修处检修。

（6）检查角磨的标记。没有标记或者看不清标记的、不能核实的角磨机不能使用。

（7）检查角磨的缺陷：目测检查，即直接用眼睛观察角磨表面有无裂痕等问题；敲击检查，即用木槌敲打角磨，若角磨没有问题应该是清脆的声音，若是其他的声音则表明有问题。

（8）检验角磨的回转强度。对同一种同一批型号的角磨使用回转强度抽查，没有经过检测的角磨绝对不可以安装使用。

13.8 手持式直向砂轮机

手持式直向砂轮机是砂磨类电动工具的基本品种，在冶金、机械和车辆制造、造船、建筑工程等行业广泛用于清理大型工件的飞边、毛刺，打磨焊缝，磨平表面及除锈等。

13.8.1 手持式直向砂轮机的外形结构与主要部件

手持式直向砂轮机由电动机、减速箱、长端盖、手柄、电源线、砂轮等组成，其外形结构如图 13.5 所示。

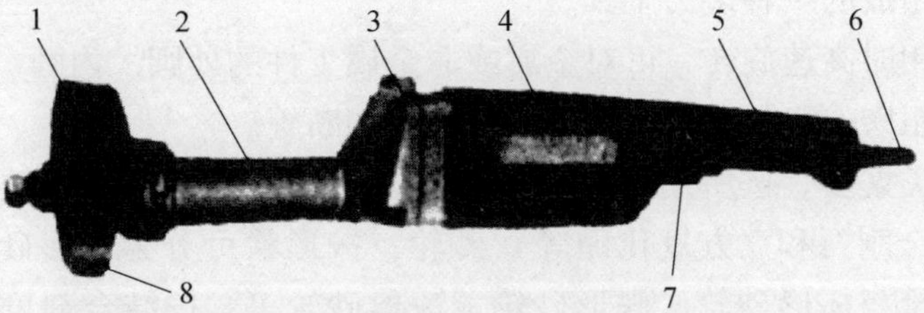

图 13.5 手持式直向砂轮机外形结构
1—砂轮防护罩；2—传动轴及手柄；3—减速箱；4—电动机；
5—手柄；6—电源线；7—开关；8—砂轮。

手持式直向砂轮机选用的电动机有单相串励电动机、三相工频电动机和三相中频电动机 3 种。

三相笼型异步电动机额定转速均在 2800r/min 左右，所以磨削速度偏低。但由于工作特性较硬，制造成本低，维护简单，寿命长，是工厂应用最广的一种手持式直向砂轮机。

单相串励手持式直向砂轮机具有转速高、质量轻等优点。但由于单相串励电动机工作特性较软，额定转速仅为空载转速的 60% 左右，因此，这类砂轮机在空载时的切削速度能达到 35m/s 以上，而在工作时却显著下降。这是单相串励电动机应用在砂磨类电动工具中的缺点，但设计得当还是可以适当弥补的。

三相中频手持式直向砂轮机是一类较理想的砂磨类电动工具，具有较硬的工作特性，较高的磨削速度和工作效率，而且有着体积小、质量轻、寿命长等优点，但需配置附加中频电源，制造成本较高，所以目前应用较少。

此外，还有砂轮轴与电动机通过软轴、软管连接的三相工频软轴式砂轮机。

单相串励砂轮机和三相中频砂轮机一般设有齿轮减速装置，三相工频砂轮机由电动机的转轴直接带动砂轮旋转。

手柄是砂轮机磨削作业时的握持部分，置于尾部。操作时，一手握持手柄，另一手握在长端盖的颈部。手柄腔内装置电源开关。

砂轮夹紧装置由两只法兰盘、夹紧螺母、衬垫等构成，为确保手持式直向砂轮机的操作安全，砂轮机装有不能拆除的砂轮防护罩，砂轮防护罩上标有清晰、耐久的指示砂轮正确旋转方向的箭头标志，旋转方向从轴端看为逆时针。

13.8.2 砂轮

砂轮是用磨料和结合剂等制成的中央有通孔的圆形磨具，是磨具中用量最大、使用面最广的一种。砂轮磨粒的作用类似一把小刀，因而砂轮可以看作是由无数小刀组成的一种多刃工具。

砂轮使用时高速旋转，可对金属或非金属工件的外圆、内圆、平面和各种型面等进行粗磨、半精磨和精磨以及开槽和切断等。

砂轮种类繁多。按所用磨料可分为普通磨料（刚玉和碳化硅等）砂轮和超硬磨料（金刚石和立方氮化硼等）砂轮；按形状可分为平形砂轮、斜边砂轮、筒形砂轮、杯形砂轮、碟形砂轮、钹形砂轮等；按结合剂可分为陶瓷砂轮、树脂砂轮、橡胶砂轮、金属砂轮等；按气孔大小可分为微气孔砂轮、小气孔砂轮、大气孔砂轮等；按用途可分为磨鞋砂轮、磨木材砂轮、磨纸砂轮、磨布砂轮等。

砂轮的特性参数主要有磨料、黏度、硬度、结合剂、形状、尺寸等，现分别介绍如下。

(1) 磨料及其选择。磨料是制造砂轮的主要原料，它担负着切削工作。因此，磨料必须锋利，并具备高的硬度、良好的耐热性和一定的韧性。常用磨料的名称、代号、特性和用途见表13.4。

表13.4 常用磨料

类别	名称	代号	特性	用途
氧化物系	棕刚玉	A（GZ）	含91%～96%的氧化铝。棕色，硬度高，韧性好，价格便宜	磨削碳钢、合金钢、可锻铸铁、硬青铜等
	白刚玉	WA（GB）	含97%～99%的氧化铝。白色，比棕刚玉硬度高、韧性低，自锐性好，磨削时发热少	精磨淬火钢、高碳钢、高速钢及薄壁零件
碳化物系	黑色碳化硅	C（TH）	含95%以上的碳化硅。黑色或深蓝色，有光泽。硬度比白刚玉高，性脆而锋利，导热性和导电性良好	磨削铸铁。黄铜、铝、耐火材料及非金属材料
	绿色碳化硅	GC（TL）	含97%以上的碳化硅。绿色，硬度和脆性比TH更高，导热性和导电性好	磨削硬质合金、光学玻璃、宝石、玉石、陶瓷、珩磨发动机汽缸套等

续表

类别	名称	代号	特性	用途
高硬磨料系	人造金刚石	D（JR）	无色透明或淡黄色、黄绿色、黑色。硬度高，比天然金刚石性脆。价格比其他磨料贵好多倍	磨削硬质合金、宝石等高硬度材料
	立方氮化硼	CBN（JLD）	立方形晶体结构，硬度略低于金刚石，强度较高，导热性能好	磨削、研磨、珩磨各种既硬又韧的淬火钢和高钼、高矾、高钴钢及不锈钢

（2）粒度及其选择。粒度指磨料颗粒的大小。粒度分磨粒与微粉两种。磨粒用筛选法分类，它的粒度号以筛网上一英寸长度内的孔眼数来表示。例如60#粒度的磨粒，说明能通过每英寸长有60个孔眼的筛网，而不能通过每英寸70个孔眼的筛网。微粉用显微测量法分类，它的粒度号以磨料的实际尺寸来表示。

磨料粒度的选择，主要与加工表面粗糙度和生产率有关。

粗磨时，磨削余量大，要求的表面粗糙度值较大，应选用较粗的磨粒。因为磨粒粗、气孔大，磨削深度可较大，砂轮不易堵塞和发热。精磨时，余量较小，要求粗糙度值较低，可选取较细磨粒。一般来说，磨粒愈细，磨削表面粗糙度愈好。

（3）结合剂及其选择。砂轮中用以黏结磨料的物质称结合剂。砂轮的强度、抗冲击性、耐热性及抗腐蚀能力主要取决于结合剂的性能。

（4）硬度及其选择。砂轮的硬度是指砂轮表面上的磨粒在磨削力作用下脱落的难易程度。砂轮的硬度低，表示砂轮的磨粒容易脱落；砂轮的硬度高，表示磨粒较难脱落。砂轮的硬度和磨料的硬度是两个不同的概念。同一种磨料可以做成不同硬度的砂轮，它主要决定于结合剂的性能、数量以及砂轮制造的工艺。磨削与切削的显著差别是砂轮具有“自锐性”，选择砂轮的硬度，实际上就是选择砂轮的自锐性，希望还锋利的磨粒不要太早脱落，也不要磨钝了还不脱落。

选择砂轮硬度的一般原则是：加工软金属时，为了使磨料不致过早脱落，则选用硬砂轮；加工硬金属时，为了能及时地使磨钝的磨粒脱落，从而露出具有尖锐棱角的新磨粒（自锐性），选用软砂轮。前者是因为在磨削软材料时，砂轮的工作磨粒磨损很慢，不需要太早的脱离；后者是因为在磨削硬材料时，砂轮的工作磨粒磨损较快，需要较快的更新。

精磨时，为了保证磨削精度和粗糙度，应选用稍硬的砂轮。工件材料的导热性差，易产生烧伤和裂纹时，选用的砂轮应软一些。

（5）形状尺寸及其选择。根据机床结构与磨削加工的需要，砂轮制成各种形状与尺寸。砂轮的外径应尽可能选得大些，以提高砂轮的圆周速度，这样对提高磨削加工生产率与表面粗糙度有利。此外，在机床刚度及功率许可的条件下，如选用宽度较大的砂轮，同样能起到提高生产率和降低粗糙度的效果，但是在磨削热敏性高的材料时，为避免工件表面的烧伤和产生裂纹，砂轮宽度应适当减小。

（6）砂轮型号的含义。在砂轮的端面上一般都印有型号，例如 P400 × 50 × 203A60L6V35，其含义如图 13.6 所示。

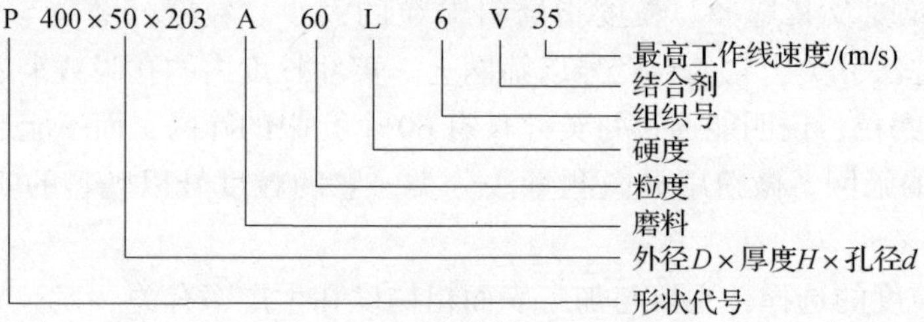

图 13.6　砂轮型号的含义示意图

13.8.3　手持式直向砂轮机的使用

1. 砂轮机的使用

使用砂轮机应遵守下列安全事项：

（1）在调换砂轮或更换零件，或检查砂轮之前，应拔下电源插头。

（2）操作砂轮机不得穿宽大的衣服，以防止被高速旋转的砂轮卷住。

（3）操作砂轮机进行磨削作业时，必须戴上护目镜，防止飞溅的磨粒进入眼睛。

（4）砂轮机的电源插头插入插座前，必须将砂轮机的电源开关关断。

（5）操作砂轮机应始终注意电源线不得与砂轮相接触。

（6）使用或调换砂轮，应检查砂轮是否裂开。用较轻的非金属工具（如木槌、旋具木柄），轻轻敲打砂轮，应发出清脆的声音，如果砂轮发出沙哑声则不得使用。

（7）严禁拆除砂轮保护罩进行磨削作业，以防止砂轮爆裂飞出伤人。

（8）不允许使用大于砂轮机规格的最大允许尺寸的砂轮。

（9）使用或调换的砂轮，最高安全工作线速度必须大于砂轮机空载时相应的线速度。

2. 其他注意事项

（1）使用砂轮机的作业场所的电源电压，对手持式单相串励直向砂轮机不应超过额定值的10%。手持式三相工频直向砂轮机出厂时一般均接成星形，适用于交流380V电源。如果电源电压为220V，则应按铭牌指示改接成三角形连接后才能使用。

（2）操作砂轮机磨削前，应先接通电源，检查砂轮的旋转方向是否与砂轮保护罩上所标志的旋转方向一致。如果不一致，必须立即停机。三相工频和三相中频手持式直向砂轮机可变换电源插头的接线，调整相序。单相串励手持式直向砂轮机可调换定子绕组与转子绕组接线的位置。

（3）操作砂轮机应一手握持后手柄，一手握持长端盖，紧握而始终全面控制砂轮机。操作安装在后手柄上的开关，在砂轮机启动时的瞬间会出现短暂的跳动。

（4）砂磨作业时，应先驱动砂轮机，后接触工件；砂磨完毕，砂轮应先离开工件，后切断砂轮机电源。砂磨工件时不允许将砂轮与工件猛撞或施力过大，应逐步施加压力，使砂轮不受冲击力，以避免砂轮爆裂而发生事故。

（5）拆装砂轮时，先卸下砂轮保护罩，然后用专用扳手将砂轮轴夹持，用扳手卸下夹紧螺母，取下法兰盘和衬垫，将要调换的砂轮脱离砂轮轴。装上新砂轮，依次将衬垫、法兰盘装入砂轮轴，然后旋上夹紧螺母，用扳手固紧，再将砂轮保护罩装上。安装砂轮时应注意使砂轮运转平衡。砂轮与夹紧法兰盘间衬垫要贴紧，夹紧螺母不应拧得过紧，但要牢固可靠连接，以防止砂轮碎裂。

（6）砂轮硬度是影响手持式直向砂轮机磨削效率的重要因素。一般加工软材料的工件应选用较硬的砂轮；加工硬材料的工件则选用软砂轮。由于软材料容易磨削，砂轮工作面的磨粒不易磨钝，为了不使砂轮上磨粒在未磨钝前就脱落，砂轮应选择硬一些的。加工硬材料工件时，磨粒容易磨钝，为保持砂轮较高的磨削效率并且不灼伤工件，磨钝的磨粒应较快地脱落并突出新的锋利磨粒，应选硬度低一些的砂轮。一般手持式直向砂轮机选用的砂轮，硬度应适当低一些为好。这样可以改善砂轮的自锐性，即磨钝的磨粒容易脱落，以保持锋利的刃口，具有良好的磨削性能。为提高磨削效率、减轻劳动强度，应尽量选用粒度粗一些的砂轮。一般砂轮的粒度与加工工件材料的选用关系为：粗磨铸件选用12#~16#；清理钢锭、铸铁选用16#~24#；打磨焊缝、磨平表面选用36#~46#。

13.9 电动角向磨光机

角向磨光机有电动和气动两种，主要安装钹形砂轮来修磨工件的飞边、毛刺、焊缝，以及等离子切割后的大直径不锈钢、合金钢管的切口等。

角向磨光机除可修磨工件外，安装切割砂轮片也可切割不锈钢、合金钢、普通碳素钢的型材、管材等；安装干式金刚石锯片可切割砖、石、石棉波纹板等建筑材料；安装圆盘钢丝刷、砂盘可用于除锈、砂光金属表面；安装抛轮则可抛光各种材料的表面。

电动角向磨光机无需空气压缩机等辅助设备，便于携带，使用更为广泛。

13.9.1 电动角向磨光机的结构原理

电动角向磨光机由驱动电动机、减速箱、砂轮夹紧装置、手柄、电源开关、电源连接组件等组成，其外形结构如图 13.7 所示。

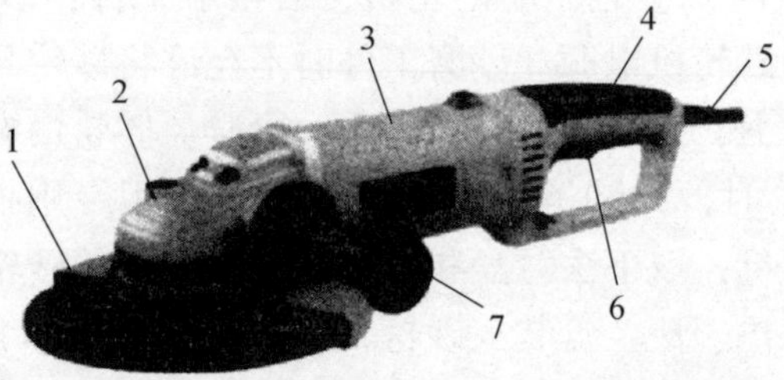

(a)

(b)

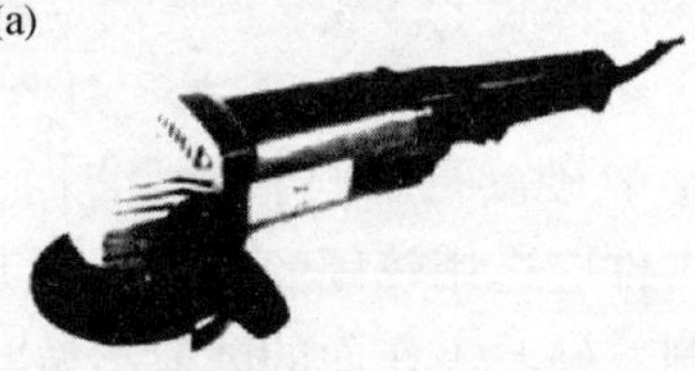

(c)

图 13.7 角向磨光机的外形结构

1—砂轮、砂轮夹紧装置、防护罩；2—减速箱；3—电动机；
4—手柄；5—电源线；6—开关；7—辅助手柄。

电动角向磨光机选用的驱动电机主要是单相串励电动机和三相笼型异步电动机。单相串励电动机一般用于中小规格的电动角向磨光机，三相笼型异步电动机用于较大规格的电动角向磨光机。

三相角向磨光机多采用三相中频电源，属于Ⅱ类电动工具，一般由 200Hz 三相异步变频机组供电。它具有较硬的机械特性，较高的磨削和切割效率，而且体积小，质量轻，寿命长，使用安全可靠。

角向磨光机的减速箱内装置一对螺旋锥齿轮，用来改变转速和方向。减速箱一端与电动机的机壳用螺钉连接，另一端通过砂轮接盘与钹形砂轮和圆螺母紧固在一起。砂轮轴的上端采用滚针轴承，以减小钹形砂轮的径向摆动。

电动角向磨光机装有必须用手工工具才能拆除的砂轮防护罩。钹形砂轮的防护罩固定在减速箱壳体的下端，一般用2mm的钢板制成，不允许采用脆性材料制造。防护罩安装后，钹形砂轮外露部分的角度不得大于120°。

电动角向磨光机的手柄有直筒式（图13.7（b））和后手柄式（图13.7（a）、图13.7（c））两种。直筒式多为小规格（125mm以下）的电动角向磨光机，以手握机身单手操作，也可在齿轮箱上装上辅助手柄双手操作。后手柄式都是125mm以上的中、大规格角向磨光机，其辅助手柄可根据需要装在左边或右边，有的可装在工具上方。

13.9.2 电动角向磨光机的工作头

电动角向磨光机可采用钹形砂轮、切割砂轮片、干式金刚石锯片、强力弹性磨盘、石材专用角磨片、盘形钢丝刷、抛盘等工作头。

钹形砂轮是用玻璃纤维作磨粒补强材料，以树脂粘成一体的高速砂轮片；其形状类似打击乐器“钹”，故称钹形砂轮。钹形砂轮主要采用白刚玉、棕刚玉等磨料，用多层增强玻璃纤维材料补强，具有较高的抗拉、抗冲击和抗弯强度，使用线速度可达70~80m/s。

抛光盘是用于抛光、砂光的工作头，由一个专用的弹性圆盘作支承体，在圆盘上可设置棉织物或圆盘式砂布、砂纸等。

13.9.3 电动角向磨光机的使用

电动角向磨光机的使用要点及注意事项如下：

（1）电动角向磨光机规格的选用应根据实际需要来确定。例如：100mm以下的电动角向磨光机的功率较小，磨削效率较低，操作力稍大时易过载损坏；但其质量轻，并可单手操作，使用方便，尤其适用于爬高作业。180~230mm电动角向磨光机质量较重，但功率大，磨削效率高，适用于大量的磨削及切割作业。

（2）磨削不同材料工件时，为提高磨削效率，应选用不同粒度和硬度的钹形砂轮。钹形砂轮的粒度及硬度的选择参见13.9.2节“电动角向磨光机的工作头”。

（3）使用前要对钹形砂轮进行检查，其厚薄应一致，砂粒分布应均匀，外圆与内孔具有较好的同轴度，用木槌轻击砂轮应无破裂声。砂轮出厂日期应在一年之内，如超过一年，由于增强树脂性能改变，应重新进行回转强度试验，以保证使用安全。不能使用切断砂轮进行研磨。

（4）钹形砂轮的安装与调换。调换钹形砂轮时，一定要把电源插头从插座上拔下，以免不小心接通电动角向磨光机电源开关而引起意外事故。拆卸砂轮时用专用扳手夹持主轴。然后用叉形扳手拆卸固紧砂轮压板的圆螺母。带有主轴锁定装置的电动角向磨光机只要揿下主轴锁定按钮即能把主轴锁定，然后只需用一只叉形扳手就能将固紧砂轮压板的圆螺母卸下，即可调换砂轮。当调换工作结束时，要检查主轴锁定按钮是否已复位。如锁定按钮未复位时就接上电源启动电动角向磨光机，将会因主轴制动而损坏。安装与调换砂轮时，砂轮一定要夹紧，否则启动时由于离心力的作用容易使砂轮飞出，造成意外事故。没有砂轮防护装置时，千万不要使用角向磨光机。

（5）使用角向磨光机时，应牢牢握住工具的操作柄和侧柄（100mm 以上规格的电动角向磨光机应安装辅助手柄），实现全面控制，否则所产生的反作用力可能造成危险。

（6）在使用电动角向磨光机进行磨削或切割前，应先进行试运转，检查砂轮的旋转方向与齿轮箱头部标记的表示旋转方向的箭头方向是否相符，如一致才能进行作业。操作时应戴好防护眼镜，无关人员不要接近作业现场。

（7）角向磨光机启动时，启动力矩会使工具出现短暂的突然跳动。为保证加工质量，操作时应先启动电动角向磨光机，后接触工件；使用完毕后先离开工件，后切断电源。

（8）使用钹形砂轮磨削时，为保证磨削质量和效率，应使钹形砂轮平面与工件表面成 15°~30°，使钹形砂轮边缘大约 2.5cm 的表面接触工件。

（9）磨削作业时，施压力不能过大，在大多数情况下，机器本身的重量即够研磨。加压过大将导致转速降低，使表面加工不良；并容易造成过载，使机器寿命缩短。

（10）用于切割时，应使电动角向磨光机沿切割砂轮平面推进，左右移动将导致砂轮损坏。当发现转速明显下降时，应减小压力以免损坏电动角向磨光机。

（11）要避免砂轮与工件冲撞，防止砂轮爆裂造成伤亡事故。

（12）切断电源之后，砂轮仍会继续旋转一段时间，待砂轮停稳后才可放下，以免造成严重事故。

（13）新砂轮首次使用时，应将角磨机由对面往操作人员这边拉，等砂轮的前缘适当磨损后，就可任何方向研磨了。

13.10 手持式电动石材切割机

电动石材切割机是一种用于各种石材、瓷砖、混凝土、玻璃钢等材料的切割、开槽等加工的电动工具，有手持式和可移式两种，具有操作简便、切削效率高、加工质量好等优点，广泛应用于建筑施工、室内装修、道路建设等。

13.10.1 手持式电动石材切割机的结构原理

手持式电动石材切割机有直向石材切割机和角向石材切割机两种，其外形结构如图 13.8 所示。

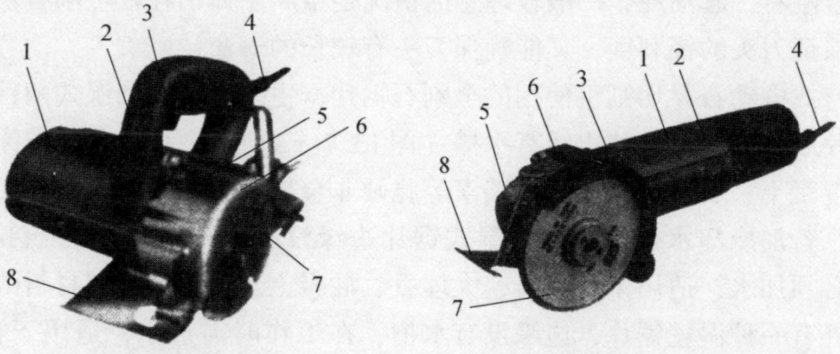

(a) 直向电动石材切割机　　(b) 角向电动石材切割机

图 13.8　手持式电动石材切割机的外形结构

1—电动机；2—手柄；3—开关；4—电源线；5—齿轮箱；6—防护罩；7—金刚石锯片；8—底板。

手持式电动石材切割机设计为Ⅱ类电动工具，电动机采用单相串励电动机，置于塑料机壳内。

直向石材切割机采用直齿轮传动，角向石材切割机采用锥齿轮传动。

手持式电动石材切割机的保护罩用厚度为 2mm 的钢板冲压成型，用来防止金刚石锯片破裂或石材破裂飞出。防护罩与底板用螺钉连接成一体，松动连接螺钉可以转动底板任意调节角度，以适合加工作业所需的角度。

底板由导板、导座和锁块等构成。底板能进行上下调节，锯切前用于调整锯切深度，锯切时起支撑和导向作用。

平台导轨安置在机架上。平台导轨中有一根制成三角筋。工作平台用铝合金制造，底部多装了一条切割槽，以使锯片在割断工件时不致割坏平台。

湿式电动石材切割机设有为锯片提供冷却水的供水装置。冷却水除冷却作用外，还能带走刃口的切屑，提高了切削效率。湿式电动石材切割机必须由隔离变压器供电，且额定电压须小于115V。

13.10.2 金刚石锯片

金刚石锯片是一种切割工具，广泛应用于石材、陶瓷等硬脆材料的加工。金刚石锯片主要由两部分组成：基体与刀头。基体是粘接刀头的主要支撑部分，一般用锰钢制造；刀头则是在使用过程中起切割作用的部分。刀头会在使用中被不断地消耗掉，消耗到基体就无法使用了。刀头之所以能切割硬脆材料，是因为其中含有金刚石，金刚石作为目前最硬的物质，它在刀头中摩擦切割被加工对象。而金刚石颗粒则由金属包裹在刀头内部。在使用过程中，金属胎体与金刚石一起消耗，一般较理想的情况是金属胎体消耗较金刚石快，这样就既能保证刀头的锋利度，又能确保刀头有较长的寿命。

手持式电动石材切割机使用的金刚石锯片，主要有干式和湿式两种，目前干式锯片居多。干式锯片边缘有水槽（图13.7（a）），适用于各种花岗岩、大理石、混凝土、水磨石、瓷砖、碳素等脆硬非金属材料的干式切割，切割时可不加水，若加冷却水效果更好。湿式锯片边缘没有水槽（图13.7（b）），在工作时必须加水，适用于花岗岩、大理石、混凝土及其他非金属材料的湿式切割。另外有一种涡轮锯片，边缘没有水槽，在工作时需加水，适用于花岗岩、大理石、混凝土及其他非金属材料的湿式切割。

选购金刚石锯片时，一般用户没有专业设备来检测锯片质量，只能靠目测的方法。首先查看尺寸对不对，然后检查有没有焊缝，有焊缝的不能购买。再查看刀刃上有没有缺口，缺口大则不能使用。最后查看后刀面磨得光不光，越光滑越好。

13.10.3 手持式电动石材切割机的使用

1. 注意事项

（1）选择合适的金刚石锯片。金刚石锯片在使用前必须检查锯片有无破裂、弯曲现象，确认完好无损且试运转正常才能使用。

（2）手持式电动石材切割机不允许固定在台面或支架上，作为固定式使用。

（3）金刚石锯片不能用来锯切金属材料，否则会造成过热，缩短寿命，并造成金刚石锯片的破裂。

（4）锯片在运转时，不要将手或身体靠近，不能触摸，以免造成划伤或卷入的危险；锯片在运转时，不能用金属棒等辅助物来进行制动，必须操作开关让其停止转动。

（5）电动石材切割机不允许拆除防护罩进行锯切作业。被锯切的材料，尤其是锯切小块材料时，材料必须夹紧后才能锯切，以避免锯切时材料飞出而引起事故。

（6）浇水装置的水源可使用自来水和水槽，水槽必须放在高于工作面80cm或80cm以上的位置。

（7）在锯切石材过程中不要施加侧压力，不要进行曲线切割，用力要均匀，进刀要平稳，防止过载。

（8）锯切水泥、瓷材、石材等，一次锯切的深度在5mm以下，如果锯切5mm以上时，要分2～3次锯切，一次锯切则易损坏金刚石锯片，烧毁电动机。

（9）在使用过程中，如因使用不当，锯片出现塞滑现象可用砂轮或耐火砖重新开刃。

（10）电动石材切割机使用完毕后，应清除石屑和一切污物，并在导轨表面涂上润滑脂。

2. 金刚石锯片的装卸方法

（1）主轴朝上，将锯片依照锯片上标明的旋转方向装入主轴。

（2）将锯片的方向箭头与石材切割机方向箭头对准，将锯片装入垫圈凸部。

（3）将锯片螺母凹部朝锯片侧装入主轴。

（4）用一只扳手插入主轴缺口部，另一只扳手将螺母拧紧。

（5）拆卸金刚石锯片时，按以上方法的相反顺序进行。

3. 吸尘器的使用

手持式电动石材切割机在使用干式锯片锯切石材时粉尘很大，安装吸尘器收集粉尘可大幅减少粉尘的飞散，防止粉尘对操作人员健康的危害。具体安装使用方法如下。

（1）在安装锯片前安装集尘罩。首先松开锁块的小螺钉，把集尘罩安装在齿轮箱上。调整集尘罩至适合操作的角度，然后拧紧螺钉。

（2）安装好金刚石锯片后，将吸尘器软管的金属接头插入吸尘器安装口上，用螺钉旋具拧紧。

（3）把集尘罩靠在被锯切的石材上，校准画线与锯片位置，不需开口，就可以进行切割。

第14章

配电系统的常见故障及排除

14.1 电动机不能起动

1. 故障产生的原因

（1）电源电压过低或缺相；
（2）主干电路断线或开关故障；
（3）控制电路故障；
（4）定子绕组断线；
（5）鼠笼式转子绕组断线或脱焊；
（6）绕组连接错误；
（7）负载过大；
（8）电机轴承损坏或在所传动的机械中卡住；
（9）单相电机起动电容损坏。

2. 故障处理的方法

（1）提高电源或增设稳压设备；
（2）检修或更换线路与开关；
（3）更换熔丝或线圈，确保线路连接可靠；
（4）重新连接绕组或更换绕组；
（5）修理或更换鼠笼式转子绕组；
（6）重新连接；
（7）降低负载；
（8）更换电机轴承或修理传动机械；
（9）更换电容。

14.2 电动机起动响声大、电流大

1. 产生故障的原因

三相定子绕组中引出线的一相首线与尾线接反。由于一相首线与尾线接反，产生的旋转磁场方向不一致。

2. 故障的处理方法

先用兆欧表确定哪一对引出线是属于同一相，再将任何两相绕组串联起来，接入电压较低的单相交流电源（电压值为额定电压的40%左右）上，第三相绕组的两根引出线上接1只交流电压表或白炽灯泡（灯泡的电压应不低于第三相绕组的感应电压）。如果电压表指示读数或白炽灯亮，即表示第一相绕组尾线和第二项绕组的首线接在一起；如果电压表无读数或白炽不灯亮，则表示第一相绕组尾线和第二相绕组尾线接在一起，然后将第一相和第二相绕组首、尾线做好记号，用同样的方法找出第三相首、尾线。将查出的一相首尾线进行互换。

14.3 电动机过热

1. 产生故障的原因

（1）电机过载；
（2）电源电压较电动机的额定电压过高或过低；
（3）定子铁芯部分硅钢片之间绝缘漆不良；
（4）转子定子相摩擦，致使定子局部过热；
（5）电动机通风不好；
（6）周围环境温度过高；
（7）定子绕组有短路或接地故障；
（8）重换线圈后的电动机，接线错误或绕制线圈时匝数错误；
（9）在运转中的三相电动机一相断路，电源缺相或电机绕组断一相。

2. 故障的处理方法

(1) 降低负荷或换一台容量较大的电动机;

(2) 调整电源电压, 允许波动范围为5%;

(3) 拆开电动机检修定子铁芯;

(4) 拆开电动机抽出转子, 检查铁芯是否变形, 轴是否弯曲, 端盖的止口是否过松, 轴承是否受损;

(5) 检查风扇旋转方向, 风扇是否脱落, 风口是否堵塞;

(6) 更换B级或F级绝缘的电动机或采取管道通风;

(7) 拆开电动机, 抽出转子, 用电桥测量各项线圈或各元件的直流电阻, 或用兆欧表测量对机壳的绝缘电阻, 局部和全部更换线圈;

(8) 按图纸检查和改正三相绕组;

(9) 检查电源或重新修理。

14.4 电动机冒烟

1. 故障产生的原因

(1) 电刷下火花过大;

(2) 电枢绕组有短路故障;

(3) 换向器的升高片之间及电枢绕组各元件之间充满电刷粉末和油污, 引起燃烧;

(4) 电动机内部各引线的接点不紧密或有短路状态;

(5) 电机过载。

2. 故障的处理方法

(1) 检查电刷或换向器的工作情况;

(2) 检查电枢绕组发热情况, 或当电动机不转时, 在电枢中通入低压直流电测量各相邻换向片间的电压降;

(3) 清洗或吹净这些油污或粉末;

(4) 检查各引线之间的连接点;

(5) 减轻电动机的负荷或换一台容量大的电动机。

14.5 自动开关无法合闸

1. 手动操作的自动开关不能合闸

1）原因

（1）失压脱扣器线圈损坏或无电压；

（2）储能弹簧变形，致使合闸力不够；

（3）释放弹簧的反作用力过大；

（4）机构不能复位再扣。

2）处理方法

（1）更换线圈，加上合适的电压；

（2）换上新的储能弹簧；

（3）重新调整或更换；

（4）调整再扣到规定值。

2. 电动操作的自动开关不能合闸

1）原因

（1）电源电压不符；

（2）电源容量不够；

（3）电动机或电磁铁损坏；

（4）电磁铁拉杆行程不够；

（5）电动机操作定位开关失灵；

（6）控制器中整流管或电容器损坏。

2）处理方法

（1）更换电源；

（2）增大电源容量；

（3）修复或做适当处理；

（4）调整或更换拉杆；

（5）修复或更换电动机操作定位开关；

（6）更换。

14.6 接触器噪声过大

1. 故障产生的原因

（1）电源电压过低；
（2）触头弹簧压力过大；
（3）磁系统歪斜或在机器上卡住，使铁芯不能吸平；
（4）极面生锈或有异物嵌入铁芯极面；
（5）短路环出现断裂；
（6）铁芯极面磨损过度而不平。

2. 故障的处理方法

（1）提高操作回路电压；
（2）调整触头弹簧压力；
（3）排除机械卡住故障；
（4）清理铁芯极面；
（5）调换铁芯或短路环；
（6）更换铁芯。

14.7 高压断路器短路崩烧

1. 故障产生的原因

（1）拉杆活动，造成接触不良，或拉杆断裂碰在带电部分上（少油断路器）；
（2）油漏干，没有采取措施即停电操作；
（3）消弧室不佳；
（4）地线或短路线忘记拆除；
（5）油箱内掉进东西（多油断路器）；
（6）油变质或有水分；

（7）多相接地造成；
（8）动物爬上断路器的引出、入口导电杆处（没加套管或套管绝缘不好）；
（9）违反规程，没停电就卸油箱，或忘上油箱就送电；
（10）在室外由于下雨或雪造成绝缘性能不佳或漏进雨水；
（11）遮断容量不够；
（12）导体部分连接松动冒火。

2. 故障的处理方法

（1）经常检查拉杆的销轴是否有掉出及断裂现象；
（2）带电充油或拉上一级断路器，无电源再拉此断路器；
（3）检修时发现消弧室有问题应及时处理；
（4）把地线挂在明处，在送电前必须全部检查或测量；
（5）在检查修理断路器时，使用的工具必须心中有数，用完要清点；
（6）要定期试油，耐压不合格即要换掉或过滤；
（7）参考接地故障的处理方法；
（8）引出、入口要加绝缘套管；
（9）工作前要检查，按规章制度办事；
（10）加强巡视检查；
（11）设计选择时不要发生错误或不符合要求；
（12）接触要严，螺丝要上紧。

14.8 高压断路器接地故障

1. 故障产生的原因

（1）拉杆活动，触头碰到箱壁上（多油）；
（2）引出、入口导电杆绝缘不佳（多油）；
（3）支持绝缘不佳（少油）；
（4）软铜片折断；
（5）拉式瓷瓶绝缘不佳；
（6）地线忘拆除。

2. 故障的处理方法

（1）检查时发现固定拉杆螺丝或顶丝松，要上紧；

（2）定期做好预防性试验及测试；

（3）注意形状再合闸，跳闸时不要使软铜片受压及过于拉紧（行程不要太大）；

（4）同短路崩烧故障预防处理方法；

（5）更换拉式瓷瓶；

（6）拆除地线。

14.9 变压器有不正常的噪声

1. 故障产生的原因

1）铁芯与油箱打火

故障现象：铁芯与油箱间有放电声。

故障原因：

（1）安装时螺丝没有拧紧；

（2）接地片没有插紧。

2）铁芯松动

故障现象：有不正常的震动声或噪声。

故障原因：

（1）铁芯叠片中缺片；

（2）铁芯油道内或夹片下面存在未夹紧的自由端；

（3）铁芯的紧固件松动；

（4）铁芯间有杂物。

2. 故障的处理方法

硅钢片常两面涂漆，对1611号漆，用松节油稀释，涂油漆后在炉温200℃下干燥10～12h；对1030号漆，用苯纯净汽油稀释，在炉温105±2℃下干燥2h，两面漆膜总厚为0.01～0.05mm，更换熔丝。

14.10 稳压器无法自动调压

各单位用稳压器型号为 SBW225 型，其图纸见附图 6。

1. 故障现象：不能稳压

故障原因：

（1）取样变压器损坏；
（2）控制线路板损坏；
（3）电机烧毁；
（4）机械系统故障；
（5）负载反馈高次谐波。

处理方法：

（1）修理或更换取样变压器；
（2）修理或更换控制线路板；
（3）修理或更换电机；
（4）修理或更换机械系统；
（5）取样变压器电源加装滤波器和净化信号。

2. 故障现象：稳压动作仅一个方向

故障原因：

（1）行程限位开关常闭触点开路或损坏；
（2）手动/自动转换开关触点损坏；
（3）控制板上 KC1、KC2、升降压继电器损坏。

处理方法：

（1）更换行程限位开关；
（2）更换手动/自动转换开关；
（3）更换控制板上 KC1、KC2、升降压继电器。

3. 故障现象：电压没有输出

故障原因：

（1）停止按钮 SB3 常闭触点开路；

（2）稳压按钮 SB4 触点损坏；

（3）主回路上接触器 KM 损坏；

（4）故障保护。

处理方法：

（1）修理或更换停止按钮 SB3；

（2）修理或更换稳压按钮 SB4；

（3）修理或更换主回路上接触器 KM；

（4）查看是否有故障（过压、欠压、相序、逆功率）。

第三篇

温控系统

众所周知空调具有改善房间内的温度、湿度的功能。它的出现，在一定程度上使人们的生活环境变得舒适。尤其是恒温恒湿型的空调机在科学研究、生产制造等方面提供温湿相宜的条件保证了特殊的工作需要。近年来由于科学技术的发展和生活水平的提高，大大促进了空调产品的开发，新型的空调机脱颖而出，新产品不断涌现。无论是外形还是内部结构或功能等方面都有很大改进。新型空调机在结构上着重于节能，在提高制冷能力的同时降低耗电量，实现先进的微型计算机控制，在功能上更便于操作和智能化。目前空调机已从半封闭式压缩机到全封闭式压缩机，从水冷式到风冷式机组，从手动到自动，经历了两次更新过程，LF84N/86N空调成为主要制冷装备。

本篇主要围绕LF84/86N空调机组，主要内容有制冷基本知识，LF84N空调的基础知识，空调常用工具仪表，LF84N空调常见故障与排除。

第 15 章

制冷基础知识

制冷与空调设备以流体（气体和液体的总称）作为载能物质，实现热能与其他形式能量（主要是机械能）之间的转换或热能的转移。本章主要介绍有关制冷的基础知识，为学习制冷与空调技术奠定基础。

15.1 制冷术语

15.1.1 工质

凡是用来实现热能与机械能的转换或用来传递热能的工作物质统称为工质。在制冷装置中，不断循环流动以实现能量转换的工作物质称为工质，也是制冷系统中完成制冷循环的工作介质。例如氟利昂、氨、水等。

15.1.2 制冷剂

制冷剂即制冷工质，是制冷系统中完成制冷循环的工作介质。制冷剂在蒸发器内吸取被冷却对象的热量而蒸发，在冷凝器内将热量传递给周围空气或水而被冷凝成液体。制冷机借助于制冷剂的状态变化，达到制冷的目的。

15.1.3 载冷剂

载冷剂也称冷媒，是指在间接制冷系统中用以传送冷量的中间介质。载冷剂在蒸发器中被制冷剂冷却后，送到冷却设备中，吸收被冷却物体或环境的热量，再返回蒸发器被制冷剂重新冷却，如此不断地循环，以达到连续制冷的目的。载冷剂传递冷量是依靠显热作用，而不是依靠蒸发潜热来实现制冷。例如：空气、水、盐水、有机化合物及其水溶液等。

15.2 制冷参数

15.2.1 温度

常用的温度单位（温标）有三种：摄氏温度、华氏温度、绝对温度。

（1）摄氏温度（t,℃）：常用的温度单位。用摄氏温度计测得的温度。

（2）华氏温度（F,℉）：欧美国家常用的温度单位。

（3）绝对温度（T, K）：一般在理论计算中使用。

三种温度单位之间换算：

（1）华氏温度 F(℉) = 9/5 × 摄氏温度 t(℃) + 32(已知摄氏温度求华氏温度)。

（2）摄氏温度 t(℃) = [华氏温度 F(℉) − 32] × 5/9(已知华氏温度求摄氏温度)。

（3）绝对温度 T(K) = 摄氏温度 t(℃) + 273(已知摄氏温度求绝对温度)。

15.2.2 压力

1. 压力的常用单位

压力的常用单位有：MPa（兆帕），kPa（千帕），Pa（帕），bar（巴或巴帕），kg·f/cm^2（千克力每平方厘米），atm（标准大气压），at（工程大气压），mmHg（毫米汞柱），mmH_2O（毫米水柱）。

2. 换算关系

（1）1MPa = 1000kPa = 10^6Pa = 10bar = 10atm = 10at = 7500.6mmHg = 10.197kg·f/cm^2

（2）1B0 = 760mmHg = 1.01326bar = 0.101326MPa

工程上一般表示为

（1）1bar(巴或巴帕) = 0.1MPa(兆帕) = 100kPa(千帕) = 10^5Pa(帕) ≈ 1kg·f/cm^2(千克力每平方厘米) ≈ 1atm(标准大气压) = 1at(工程大气压) = 760mmHg(毫米汞柱)

(2) 1mmHg(毫米汞柱)=133.3Pa(帕)

(3) 1mmH_2O(毫米水柱)=9.8Pa(帕)

3. 几种压力表示法

(1) 大气压(B_o):空气对地球表面所产生的压力。大气压的大小与位置高度和温度有关,所以规定了标准大气压,其值为0.1MPa。

(2) 绝对压力(P_j):在容器中,分子热运动而对容器内壁产生的压力,用P_j表示。制冷剂热力性质表中的压力一般为绝对压力。

(3) 表压(P_b):制冷系统中用压力表测得的压力,用P_b或P表示。

(4) 表压是容器内气体压力与大气压(B_o)的差值,即

$$P_b = P_j - B_o \tag{15.1}$$

一般认为表压加上1bar或0.1MPa,就是绝对压力。

(5) 真空度(H):容器内的绝对压力小于当地大气压的数值,即当表压是负值时,它的绝对值就是真空度。对于制冷系统来说,就是制冷系统低于外界大气的压力。用H或P_j表示,即

$$H = B_o - P_j \tag{15.2}$$

$$H = |P_j - B_o| \tag{15.3}$$

一般不加说明时压力均指表压。

15.2.3 汽化、蒸发、沸腾、沸点

(1) 汽化:物质从液态变成气态的现象,汽化有蒸发和沸腾两种形式。

(2) 蒸发:在任何温度下的液体表面进行汽化的现象。如盘中的水在室温下水量会慢慢减少直至消失的现象,还有水变水蒸气的现象。

(3) 沸腾:液体通过各种途径吸热使温度升到沸点时,在液体内部进行的剧烈汽化现象。但在制冷过程中,制冷剂的汽化被习惯称为蒸发。

(4) 沸点:液体在饱和状态下的饱和温度,也就是制冷技术中所说的蒸发温度。

15.2.4 比热、显热、潜热

(1) 比热:单位质量的物质温度改变单位温度时所需的热量即为该物质的比热。单位为kJ/(kg·℃)或kcal①/(kg·℃)。

① 1cal=4.184J。

（2）显热：仅使物体温度升高或降低，但并没有改变物体的形态，那么物体所吸收或放出的热称为显热，单位为 J 或 kcal。如 20℃冷水变 80℃热水所吸的热为显热。

（3）潜热：仅使物体状态发生改变，但其温度不变，那么物体所吸收或放出的热称为潜热，单位为 J 或 kJ。如制冷剂从液体变气体沸腾时所吸的热就是潜热。

15.2.5 饱和状态、饱和温度、饱和压力

饱和状态：液体汽化时，其分子不断从液体中逸出，同时也有分子从蒸气中进入液体，当达到同一时间进出液体的分子数相等并平衡时的状态。

饱和温度和饱和压力：饱和状态下的温度称为饱和温度，与之相应的压力称为饱和压力。

制冷剂在蒸发器中蒸发以及在冷凝器中冷凝都是在饱和状态下进行的，所以蒸发温度与蒸发压力、冷凝温度与冷凝压力也是一一对应的。对应关系可查制冷剂热力性质表。

15.2.6 蒸发、吸气、排气、冷凝的压力和温度

1. 蒸发压力（温度）

蒸发压力（温度）指液体制冷剂在蒸发器内蒸发沸腾时的饱和压力（温度）。蒸发温度与蒸发压力呈一一对应关系。蒸发温度可以通过回气压力表的读数换算成绝对压力后，查制冷剂的热力性质表得到，蒸发温度一般比库温低 10℃左右。按设计规定：冷却间的蒸发温度为 -8 ~ 10℃；冻结物冷藏间的蒸发温度为 -28℃；冻结间的蒸发温度为 -33℃。制冷系统最佳的蒸发温度是根据制冷工艺要求而确定的，如以水或盐水为载冷剂时，则蒸发温度比载冷剂出口温度低 4 ~ 6℃；以空气为载冷剂用风机强制循环时，则蒸发温度比空气温度低 5 ~ 10℃；当空气为自然对流时，则蒸发温度比库温低 10 ~ 15℃。当在一定的冷凝压力下，蒸发温度过高或过低都是不利的。蒸发温度过高，满足不了系统的降温要求；蒸发温度过低，则制冷量下降，单位制冷量耗功增加。决定蒸发温度和蒸发压力的主要因素是制冷剂的蒸发量与压缩机吸气量之间的关系。如果蒸发量等于压缩机的吸气量，则蒸发压力与蒸发温度会稳定不变。反之，则会引起蒸发压力与蒸发温度的升高或降低。影响蒸发量和吸气量的因素主要与库房的热负荷、蒸发器的传热面积和压缩机的容量有关。在实际操作

中，通过节流器来改变蒸发量与吸气量之间的关系，是调节蒸发温度和蒸发压力的基本方法。

2. 压缩机的吸气压力（温度）

压缩机吸气口处制冷剂气体的压力（温度），可以通过压缩机吸气压力表（或温度计）观测到。由于回气管道存在流动阻力，所以吸气压力比蒸发压力略低，而吸气温度总是高于蒸发温度（其差值称为过热度），一般高出5～10℃。氟利昂系统吸气过热度增加可使制冷量略有增加，一般控制在5～15℃；氨系统吸气过热度过高是有害的，一般控制在5～8℃。在制冷系统中，如果吸气压力过低，将引起压缩比增大、油压过低和制冷效率降低等不良后果。因此，压缩机的安全保护上都装有低压控制器，以保证压缩机运行的经济性和安全性。引起吸气压力过低的主要原因有蒸发压力过低、回气管道堵塞或吸气阀开得过小等。而吸气温度过低，则有可能吸入湿蒸汽，导致压缩机发生液击；如吸气温度太高，则必将提高压缩机的排气温度，使制冷量下降，功耗增大。因此吸气过热度过高或过低，都会对系统不利。制冷系统开始调试时，调节节流机构的开启度，只要排气压力允许，压缩机能正常运行，应尽量提高吸气压力。

3. 排气压力（温度）

排气压力（温度）是指制冷剂蒸汽经压缩机压缩后排出排气口处的压力（温度）。可以通过压缩机排气压力表（或温度计）观测到。排气温度也可以用吸气状态和排气压力在压焓图上查得。由于冷凝器盘管的管道阻力，排气压力比冷凝压力略高。排气温度取决于吸气压力P_o、排气压力P_K、压缩比P_K/P_o、吸气过热度和干度，吸气温度过高或压缩比较大，都会使排气温度升高。在其他参数不变的情况下，压缩机吸、排气压差越大，排气温度越高；吸气过热度越大，排气温度越高。压缩比是指气体被压缩后的绝对压力与压缩前的绝对压力之比，又称压力比。在制冷压缩机中，通常以冷凝压力（绝对压力）与蒸发压力（绝对压力）之比代替。为方便起见，制冷系统的蒸发压力与冷凝压力都在压缩机的吸、排气口检测，即通常称为压缩机的吸、排气压力。使用氟利昂制冷剂的单级活塞压缩机的压缩比一般不超过10，而使用氨的单级活塞压缩机的压缩比一般不超过8。压缩比过高将会使压缩机的吸气量减少，相应的输气量减少；压缩终了的温度过高，相应的排气温度升高，造成润滑油变稀甚至挥发分解和碳化，则会降低传热效果和恶化压缩机的润滑条件；制冷剂经节流损失增大，节流后制冷剂的干度增大，制冷量和制冷性能下降，故对压缩机的可靠性和经济性均不利。通常情况下，压缩机冷凝压力一般变化不大，而压缩比增大的主要原因是蒸发温度低引起蒸发压力降低。排气温度过高，会引起润滑油黏度下降，使润滑效果变差，易造成运转部件的损坏。另外当排气温度升高到接近润滑油闪点时，还容易出危险。为了保证压缩机的安全正常运行，规定 R12 系统的排气温度不能超过 130℃；R22、R717 和 R502 以及氨单机系统不能超过 150℃。对于螺杆压缩机，R22 和 R717 系统不能超过 105℃；R12 不能超过 90℃。

4. 冷凝压力（温度）

冷凝压力（温度）是指制冷剂在冷凝器内由气体冷凝成饱和液体时的压力（温度）。冷凝温度可以通过冷凝压力表的读数和查制冷剂的热力性质表求得，它对系统运行的经济性、安全性都有直接、重大的影响。据计算，在蒸发温度不变的情况下，冷凝温度在 25～40℃内，每升高 1℃增加耗电量 3.2%左右。如冷凝温度过高，将使排气温度过高，润滑油大量挥发进入换热器，造成换热效率降低。此外，冷凝温度过高相应会使冷凝压力过高，将使系统失去安全运行的保障，所以规定 R22 和 R717 制冷系统冷凝温度不得高于 40℃，冷凝压力不得高于 1.5MPa 表压；R12 制冷系统冷凝温度不得高于 50℃，冷凝压力不得高于 1.2MPa 表压。在蒸发温度不变时，冷凝温度升高，制冷量应减少。在蒸发温度不变时，冷凝温度升高，压缩机消耗功率应增加。在蒸发温度不变时，冷凝温度升高，压缩机排气温度应增高。

冷凝温度的高低，取决于冷凝器的传热面积、热阻，冷却介质的温度、流量和流速，以及压缩机的排气温度和排气量等。在压缩机和冷凝器选定之后，水冷式冷凝器的冷凝温度主要取决于冷却水温度和冷却水量。如果出水温度高，冷凝温度和冷凝压力也高，将增加压缩机的耗电量，但是用水量减少，水泵可省电。因此，通常水冷式冷凝器的冷凝温度一般比冷却水的出水温度高 3～5℃。风冷式冷凝器的冷凝温度一般比空气温度高 10～15℃。

15.2.7 过热蒸汽和过热度、过冷液体和过冷度

1. 过热蒸汽

在一定压力下，蒸汽的温度高于对应压力下的饱和温度，称为过热蒸汽。为保证压缩机的安全运转，防止液击现象，吸气温度（吸入压缩机进气阀处

的制冷剂温度）必须比蒸发温度要高一点，也就是要使制冷剂气体变成过热气体，应有一定的过热度（压缩机吸气温度与蒸发器内饱和蒸发温度的差值）。

2. 过热度

吸气温度超过饱和蒸发温度的差值称为吸气过热度。

在氟利昂制冷系统中，对于没有回热器或气液过冷器的情况下，吸气温度应比蒸发温度高5℃左右；对于有回热器或气液过冷器的情况下，吸气温度应比蒸发温度高15℃左右，但其吸气温度最高不得超出15℃。

如吸气过热度太大，必将引起压缩机的排气温度过高，使冷凝器热负荷增加，制冷量下降，功耗增大；如吸气过热度过低，则有可能吸入湿蒸汽，导致压缩机发生液击。因此吸气过热度过高或过低，都会对系统不利。

3. 过冷液体

在一定压力下，液体的温度低于对应压力下的饱和温度，称为过冷液体。制冷剂蒸汽在冷凝器中被冷却水或空气完全冷凝成液体时，此时的液体是饱和液体。饱和液体若在冷凝器（或过冷器）中进一步冷却，其温度低于饱和温度．就成为过冷液体。

4. 过冷度

饱和液体温度和过冷液体温度之差称为过冷度，制冷剂的过冷度一般为5℃左右。液体温度低于饱和温度的数值称为液体过冷度。过冷度可从节流装置前液体管上测得。制冷剂的过冷对提高制冷系数是很有益的。在一般的制冷机中，进入节流装置的制冷剂液体一般都不是饱和液体，而是过冷液体。采用过冷液体是为了增加制冷量，提高制冷系数。它还能减少经过节流部件时的节流损失，提高制冷系数。为使制冷剂过冷，除确保冷却水的流量和压力外，还要尽量采用温度低的冷却水。对于风冷式冷凝器，就要保证空气流速和流量，并尽可能采用较低温度的空气。液体过冷一般发生在冷凝器底部、蒸发器内、中间冷却器内。制冷剂液体经过再冷却后，其单位质量制冷量增加。因此，节流阀前液体过冷有利于提高制冷效率。如液体过冷度小，则会使制冷剂液体出现闪发气体（液体制冷剂中的一部分因压力突然降低而汽化所生成的气体），造成膨胀阀供液量不足，降低制冷能力。

15.2.8 体积、比体积、密度

1. 体积

体积是指工质所占据的空间，常用 V 表示。对于液体和固体，V 就是体积占据的空间。

2. 比体积

比体积是体积除以质量，即单位质量的工质所占有的体积。符号为 γ，单位为 m^3/kg。如果质量为 m 的工质占有的体积为 V，则工质的比体积为 $\gamma = V/m$。由于工质的比体积随温度和压力而变化，实用中往往需要规定某一状况为标准状态。国际上把压力为 101325Pa，温度为 0℃（273.15K）的状态规定为标准状态。

3. 密度

密度是质量除以体积，即单位体积工质的质量称为密度，符号为 P，单位为 kg/m^3。显然，比体积与密度互为倒数，即

$$\gamma \cdot \rho = 1 \tag{15.4}$$

比体积和密度都是说明工质在某一状态下分子疏密程度的物理量，二者互不独立，通常以比体积作为状态参数。

15.2.9 热量和功

功和热量是系统与外界之间通过边界（系统与外界的分界面）进行能量传递的两种本质不同的方式。功和热量都不是系统的状态参数，而是过程量。

1. 热量

热量是能量的一种形式。它是表示物体吸热或放热多少的物理量。当温度不同的两个物体相接触时，两者温度逐步趋于一致，热能从温度较高的物体向温度较低的物体转移，此时物体所放出或吸收的能量称为热量。符号为 Q，单位为 J（焦耳）。因温度变化而引起的热量变化的计算式为

$$Q = m \cdot C_p \cdot (t_1 - t_2) \tag{15.5}$$

式中：Q 为热量，J；m 为物体的质量，kg；C_p 为比定压热容，J/(kg · K)；

t_1、t_2 为物体的初始与终了温度，K。

热力学中规定，当物体吸热时热量取正号，放热时取负号。

2. 功

功是指除温差以外的其他不平衡势差所引起的系统与外界之间传递的能量。热力学所涉及的功包括容积功和流动功。

（1）容积功是在工质与外界间的压力差的作用下，工质的容积发生变化，工质对外界所做的功（膨胀功）或外界对工质所做的功（压缩功）的统称。

（2）流动功是在制冷和空调中，系统中的工质流动时所做的功。

15.2.10 热力学能

热力学能也称内能。热力学能是指以一定方式储存于物质内部的能量。从微观上看，热力学能包括分子移动、转动、振动的动能及分子间由于相互作用力的存在而具有的位能。热力学能的符号为 U，单位为 J。通常将 0℃ 状态的气体的热力学能定义为零，各种状态下工质的热力学能可在有关图表中查得。对于热力学封闭系统，有

$$\Delta U = Q + W \tag{15.6}$$

式中：ΔU 为系统热力学能的变化量，J；Q 为传给系统的能量，J；W 为对系统所做的功，J。

在理想压缩过程中，制冷剂蒸气得到外界的压缩功，根据热力学第一定律，这些能量必然转换成内能储存在制冷剂内部使其温度、压力升高，从而能够通过冷凝器把热量释放给周围的冷却介质。

15.2.11 焓和比焓

焓是状态参数，在数值上等于系统的热力学能和压缩功之和，也就是一个内能与压力位能之和的复合状态参数，是随物质一起转移的能量。焓的符号为 H，单位为 J。

$$H = U + P \cdot V \tag{15.7}$$

式中：U 为热力学能，J；P 为压力，Pa；V 为容积，m^3。

显然，P、V 及 U 均为状态参数，故 H 也是一个状态参数。制冷系统的分析计算中常用比焓（质量焓），即单位质量工质的焓。比焓是焓除以质量，符号为 h，单位为 J/kg。比焓具有能量的意义。

15.3 制冷剂

制冷剂又称制冷工质，是制冷循环的工作介质，利用制冷剂的相变来传递热量，即制冷剂在蒸发器中汽化时吸热，在冷凝器中凝结时放热。当前能用作制冷剂的物质有80多种，最常用的是氨、氟利昂类、水和少数碳氢化合物等。1987年9月在加拿大的蒙特利尔市召开了专门性的国际会议，并签署了《关于消耗臭氧层的蒙特利尔协议书》，于1989年1月1日起生效，对氟利昂在的R11、R12、R113、R114、R115、R502及R22等CFC类的生产进行限制。1990年6月在伦敦召开了该协议书缔约国的第二次会议，增加了对全部CFC、四氯化碳（CCl_4）和甲基氯仿（$C_2H_3Cl_3$）生产的限制，要求缔约国中的发达国家在2000年完全停止生产以上物质，发展中国家可推迟到2010年。另外对过渡性物质HCFC提出了2020年后的控制日程表。HCFC中的R123和R134a是R12和R22的替代品。

15.3.1 热力学的要求

（1）在大气压力下，制冷剂的蒸发温度（沸点）t_s要低。这是一个很重要的性能指标。t_s越低，则不仅可以制取较低的温度，而且还可以在一定的蒸发温度t_0下，使其蒸发压力P_0高于大气压力，以避免空气进入制冷系统，发生泄漏时较容易发现。

（2）要求制冷剂在常温下的冷凝压力P_c应尽量低些，以免处于高压下工作的压缩机、冷凝器及排气管道等设备的强度要求过高。并且，冷凝压力过高也有导致制冷剂向外渗漏的可能和引起消耗功的增大。

（3）制冷剂的临界温度要高些、冷凝温度要低些。临界温度的高低决定了制冷剂在常温或普通低温范围内能否液化。

（4）凝固温度是制冷剂使用范围的下限，冷凝温度越低制冷剂的适用范围越大。

15.3.2 物理化学的要求

（1）制冷剂的黏度应尽可能小，以减少管道流动阻力，提高换热设备的传热强度。

（2）制冷剂的导热系数应当高，以提高换热设备的效率，减少传热面积。

（3）制冷剂溶解于润滑油的性质应从两个方面来分析。如果制冷剂与润滑油能任意互溶，其优点是润滑油能与制冷剂一起渗到压缩机的各个部件，为机体润滑创造良好条件，且在蒸发器和冷凝器的换热面上不易形成油膜阻碍传热；其缺点是从压缩机带出的油量过多，并且能使蒸发器中的蒸发温度升高。部分或微溶于油的制冷剂，其优点是从压缩机带出的油量少，故蒸发器中蒸发温度较稳定；其缺点是在蒸发器和冷凝器换热面上形成很难清除的油膜，影响了传热。

15.3.3 安全性的要求

由于制冷剂在运行中可能泄漏，故要求工质对人身健康无损害、无毒性、无刺激作用。

15.3.4 制冷剂的分类与编号

制冷剂的种类和品种都比较多，为了使用和书写方便，制定了一套代号。

（1）制冷剂的代号国际上都用 R 表示，R 是 Refrigerant（制冷剂）的第一个字母，我国以前用代号 F 来表示氟利昂（卤代烃），为了与国际上采用的代号一致，故改用代号 R。

（2）对氟利昂制冷剂，代号 R 后面的数字可根据氟利昂的通式 $CmHnFpBr$，按下面规则表示：

R 后面第一位数字表示氟利昂分子式中碳原子的数目 m 减去 1，即（$m-1$），若 $m-1=0$，则可以不写。

R 后面第二位数字表示氟利昂分子式中氢原数目 n 加 1，即（$n+1$）。

R 后面第三位数字表示氟利昂分子式中氟原子的数目 P。

若氟利昂分子式中有溴原子存在，则在最后增加字母 B，并附以溴原子数目 r，若 $r=0$，表示分子式中没有溴原子，则不写这一项。例：$CFCl_3$—R11，CF_2Cl_3—R12，CHF_2Cl—R22。

（3）对于可作为制冷剂的无机化合物（氨、空气、水等）。它们的代号中 R 后的第一个数字为 7，其后跟着的数字是该制冷剂分子量的整数部分。当有两种或两种以上的制冷剂的分子量整数部分相同时，可在其余的制冷剂的编号上加上一个 a 或 b 等加以区分。例：NH_3—R717，空气—729，H_2O—R718。

（4）饱和碳氢化合物也按氟利昂的编号规则书写。如：甲烷为 R50，乙烷为 R170 等。要注意有一例外是丁烷，它的代号是 R600，而不是 R390。此外，同素异构物在代号后加一个字母“a”或在个位数上加一个数字。例：异二氟乙烷为 R152a，异丁烷为 R600a 或 R601。

（5）环状化合物的代号是在后面加一个字母“C”，然后按氟利昂的编号规则书写。例：六环二氯环丁烷为 RC316，七氟一乙烷为 RC317 等。

（6）非饱和碳氢化合物和它们的卤族元素衍生物的代号，是在 R 的后面先写一个“1”，然后写上按氟利昂编号规则的数字。如：三氟一氯乙烯为 R1113。

（7）共沸制冷剂的代号在标准中规定，R 后的第一个字母为“5”，其后的两位数字按启用的先后次序编号。

（8）非共沸制冷剂的代号在标准中规定，R 后面的第一个字母为“4”，其后的两位数字按启用的先后次序编号。

15.3.5 氟利昂的特性

氟利昂的特性具体如下：

（1）氟利昂是一种透明、无味、无毒、不易燃烧和爆炸及化学性质稳定的制冷剂。不同的化学组成和结构的氟利昂制冷剂热力学性质相差很大，可适用于高温、中温和低温制冷机，以适应不同制冷温度的要求。

（2）氟利昂对水的溶解度小，制冷装置中进入水分后会产生酸性物质，并容易造成低温系统的“冰堵”，堵塞节流阀或管道。另外应避免氟利昂与天然橡胶起作用，其装置应采用丁腈橡胶的垫片或密封圈。

（3）氟利昂与润滑油的关系：一般是易溶于冷冻油的，但在高温时，氟利昂就会从冷冻油内分解出来。所以在大型冷水机组中的油箱里都有加热器，保持在一定的温度来防止氟利昂的溶解。

（4）常用的氟利昂制冷剂有 R12、R22、R502 及 R1341a，由于其他型号的制冷剂现在已经停用或禁用。在此不做说明。

（5）氟利昂 12（CF2Cl2，R12）是氟利昂制冷剂中应用较多的一种，主要在中小型食品库、家用电冰箱以及水路冷藏运输等制冷装置中广泛采用。R12 具有较好的热力学性能，冷藏压力较低，采用风冷或自然冷凝压力为 0.8～1.2kPa。R12 的标准蒸发温度为 −29℃，属中温制冷剂，用于中小型活塞式压缩机可获得 −70℃的低温。而对大型离心式压缩机可获得 −80℃的低温。近些年电冰箱的代替冷媒为 R134a。

（6）氟利昂 22（CHF2Cl，R22）是氟利昂制冷剂中应用较多的一种，主要在家用空调和低温冰箱中采用。R22 的热力学性能与氨相近。标准汽化温度为 −40.8℃，通常冷凝压力不超过 1.6MPa。R22 不燃、不爆，使用中比氨安全可靠。R22 的单位容积比 R12 约高 60%，其低温时单位容积制冷量和饱和压力均高于 R12 和氨。近年来大型空调冷水机组的冷媒大都采用 R134a 来代替。

（7）氟利昂 502（R502）是由 R12、R22 以 51.2% 和 48.8% 的百分比混合而成的共沸溶液。R502 与 R115、R22 相比具有更好的热力学性能，更适用于低温。R502 的标准蒸发温度为 -45.6℃，正常工作压力与 R22 相近。在相同的工况下单位容积制冷量比 R22 大，但排气温度却比 R22 低。R502 用于全封闭、半封闭或某些中小制冷装置，其蒸发温度可达 -55℃。R502 在冷藏柜中使用较多。

（8）氟利昂 134a（C2H2F4，R134a）是一种较新型的制冷剂，其蒸发温度为 -26.5℃。它的主要热力学性质与 R12 相似，不会破坏空气中的臭氧层，是近年来鼓吹的环保冷媒，但会造成温室效应。它是比较理想的 R12 替代制冷剂。

机房用 LF 系列空调使用的制冷剂是 R22。

第16章 LF84N空调基础知识

LF84N（LF86N）系列单元空调机是冷风型，主要由室内和室外两部分组成。室内部分与室外部分用22mm×1.5mm和28mm×2mm铜管连接，形成一个密闭循环系统。

LF84N（LF86N）系列单元空调机的主要作用是为机房提供适宜的工作环境温度。机房温度要求控制在25±5℃范围。机组温度设定在18～28℃时，控制精度为±(0.5～1℃)；相对湿度设定在50%～70%时，控制精度为±(5%～10%)；室外侧冷风机进风温度范围为18～43℃。

此机组为冷风型风冷机组，制冷量为84kW，风量为15000m^3/h，总功率为32.1kW，使用电源为380V/50Hz，采用三相四线制方式供电，使用工质为R22，L表示冷风型，F表示风冷，84表示制冷量，N表示压缩机在室内，系统高压给定值为2.2MPa，低压给定值为0.3MPa，最高临界压力值为2.7MPa。

16.1 空调原理

16.1.1 降温原理

制冷系统工作时由压缩机排出的高温高压制冷剂气体进入冷凝器被冷凝成中温过冷液体，经膨胀阀节流降压变成低温低压的气液混合物进入蒸发器，在蒸发器内蒸发并吸收通过蒸发器的空气的热量，使流经蒸发器的空气得以降温，汽化后蒸汽再被压缩机吸入，这样不断循环，从而达到降温的目的。

16.1.2 降湿原理

由于蒸发器翅片表面温度低于空气的露点温度，空气流经蒸发器表面时，在蒸发器表面有水分析出。

16.2 组成结构及其作用

LF84N（LF86N）系列单元空调机是恒温恒湿型，主要由室内和室外两部分组成。室内部分主要有涡旋式压缩机、蒸发器、膨胀阀、离心风机及其他附件（包括电磁阀、压力控制器、干燥过滤器、温度控制器、控制电器等）；室外部分主要有风冷冷凝器及储液器。

16.2.1 涡旋式压缩机

压缩机为制冷系统心脏，制冷运行时压缩机不断将蒸发器中吸热蒸发的制冷剂蒸汽吸入再压缩成高压气体排入冷凝器中，目前 LF84N 型单元式空调配有 2 台压缩机，都为全封闭涡旋式压缩机。其型号为 ZR19M3 - TWD，功率为 13.6kW。

工作原理：涡旋式压缩机的基本结构和工作原理可参见图 16.1 和

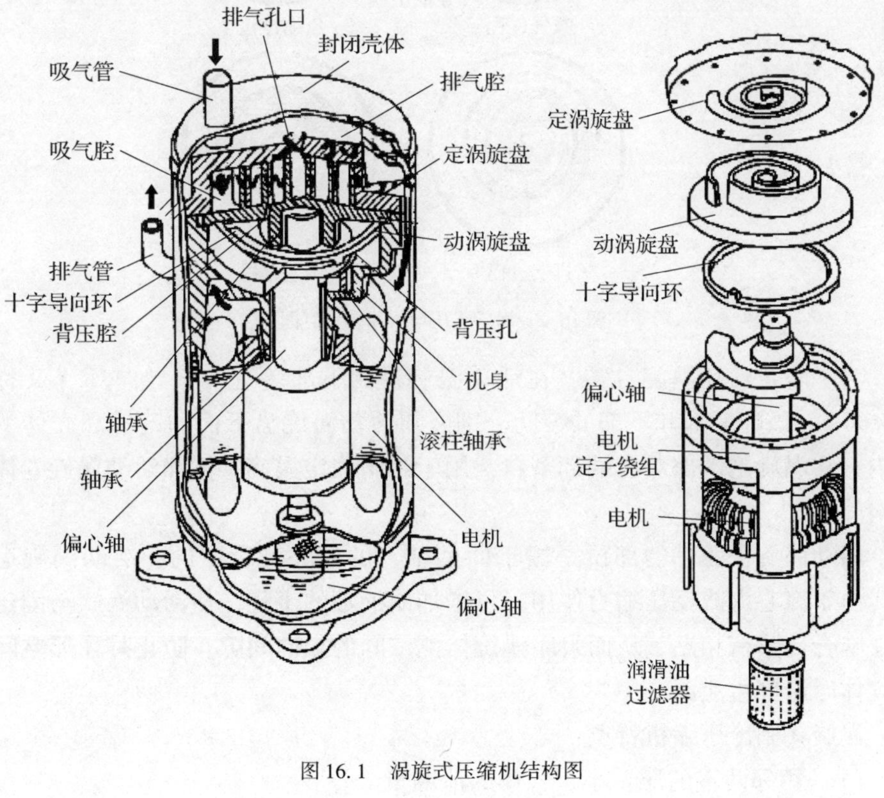

图 16.1 涡旋式压缩机结构图

图 16.2。在仅开设进、排气管接头的密封壳体内，上部装设由固定涡旋卷体和活动涡旋卷体构成的涡旋副，下部装设电动机。涡旋副与电动机共用偏心主轴。固定涡旋与活动涡旋由几条啮合线将涡旋副的空间分隔为几部分。涡旋副外侧空间与吸气口相通，中心部位与排气口相通，外侧与中心间由啮合线构成 2 ~3 个月牙形封闭空间。电动机通电后，活动涡旋受旋转的偏心轴曲柄驱动，将沿固定涡旋曲面绕偏心轴公转，使涡旋副啮合线不断变化位置，从而可周期性地由外侧到中心依次缩小几个月牙形空间的容积，这样，经进气管和进气腔从涡旋副外侧空间吸入的制冷剂蒸气就可不断受到压缩，最后由涡旋副中心部位的排气口经排气腔和排气管排出。

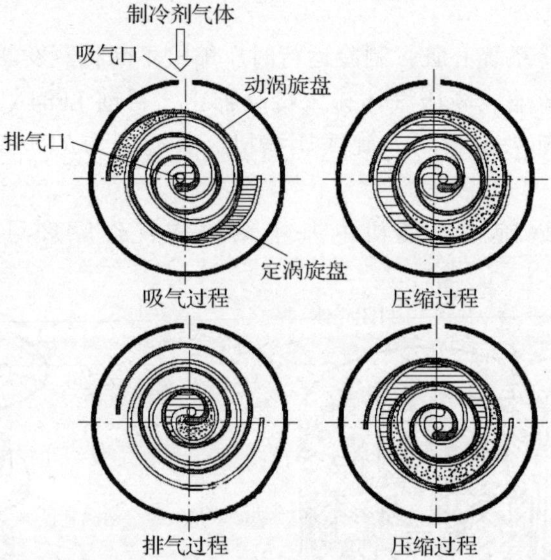

图 16.2　涡旋式压缩机原理示意图

为了防止活动涡旋自转，在活动涡旋盘的下部装有十字导向环（又称防自转环）。该环上部和下部的突肋分别嵌在活动涡旋盘下面的键槽和壳体的键槽内。在涡旋副端部装有端部密封，用于封闭固定涡旋卷体和活动涡旋卷体的轴向间隙。

活动涡旋被驱动的部位是嵌于曲柄轴上的偏心轴套中的，活动涡旋运转时，由于离心力或反压缩力作用，可增加曲柄轴的半径，使活动涡旋与固定涡旋在啮合处紧密相贴，从而封闭涡旋体侧壁间的径向间隙，防止月牙形空间压缩气体时沿周边泄漏。

涡旋式制冷压缩机特点：

（1）相邻两室的压差小，气体的泄漏量少。

（2）由于吸气、压缩、排气过程是同时连续进行的，压力上升速度较慢，因此转矩变化幅度小、振动小。

（3）没有余隙容积，故不存在引起输气系数下降的膨胀过程。

（4）无吸、排气阀，效率高，可靠性高，噪声低。

（5）由于采用气体支承机构，故允许带液压缩，一旦压缩腔内压力过高，可使动盘与定盘端面脱离，压力立即得到释放。

（6）机壳内腔为排气室，减少了吸气预热，提高了压缩机的输气系数。

（7）涡线体型线加工精度非常高，必须采用专用的精密加工设备。

（8）密封要求高，密封机构复杂。

涡旋压缩机在主轴旋转一周的时间内，仅有的进气、压缩、排气三个工作过程是同时进行的，外侧空间与吸气口相通，始终处于吸气过程，内侧空间与排气口相通，始终处于排气过程。

16.2.2 冷凝器

LF84N 型空调冷凝器为整体套片式，由引进美国 OAK 公司的换热器生产线制造，类型为铜管套铝翅片式，型号为 FN56A，单台空调室外机数量 2 台，风机功率为 1.5kW，室内外机连接液管 $\phi22\text{mm}\times1.5\text{mm}$，室内外机连接汽管 $\phi28\text{mm}\times2\text{mm}$。

冷凝器由几组蛇形盘管组成，在盘管外加有肋片。如图 16.3 所示肋片通常采用铝制连续整体片，每片厚度为 0.1～0.6mm，片间节距为 1.5～4mm，多片构成肋片组。

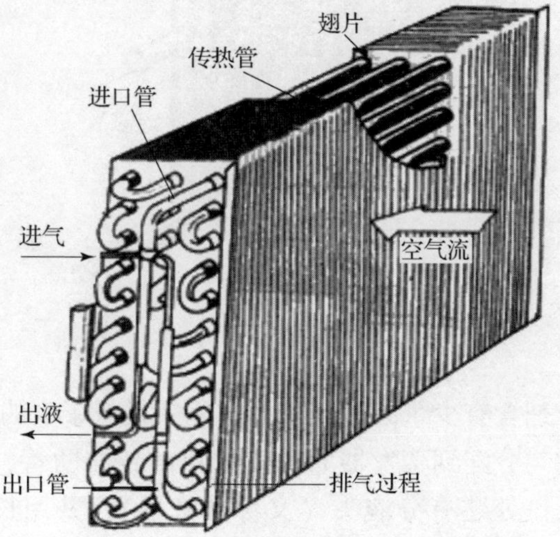

图 16.3　冷凝器

肋片组与盘管之间用液压或挤压胀紧方式固定，整机通常制成长方体形。冷凝器在制冷时为系统的高压设备装在压缩机排气口和节流装置之间，由空调压缩机中排出的高温高压气体进入冷凝器，通过铜管和铝箔片散热冷却，空调机中装有轴流式冷却风扇，采用的是风冷式，使制冷剂在冷却凝结过程中，压力不变，温度降低。由气体转化为液体。

16.2.3 蒸发器

LF84N型空调蒸发器为整体套片式，由引进美国OAK公司的换热器生产线制造，如图16.4所示。类型为铜管套铝翅片式。它由几排带肋片的盘管和风机组成。它依靠风机的强制作用，使被冷却房间的空气从盘管组的肋片间流过，管内制冷剂吸收强迫流经管外空气的热量汽化，使管外的空气冷却降温后送入房间。盘管通常采用直径为10～18mm的铜管，肋片一般采用平板型或波纹型的连续整体式铝片，片厚为0.2～0.3mm，片间节距大小与蒸发温度有关。蒸发温度不太低，肋片管上不结霜时，片距可取2～4mm；蒸发温度较低，肋片管上结霜时，会影响空气流动，片距应大一些，可取6～12mm。

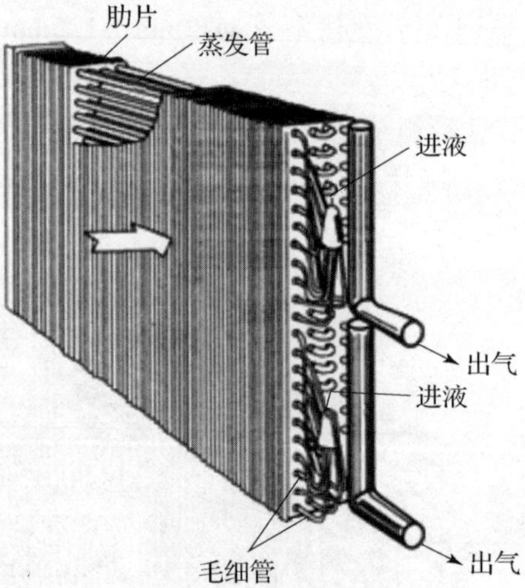

图16.4　蒸发器

节流后的制冷剂含有少量闪发蒸汽，实际上是低干度的湿蒸汽。为了保证液态制冷剂能够均匀分配到蒸发器肋片盘管组的各路肋管，以提高换热效果，蒸发器的制冷剂入口处装有分液头（又称分液器），并用长毛细管作分液管，将分液头与各路肋管相连。来自节流阀的气液混合物先进入分液头，或借助分液头的离心作用，或因与分液头内壁面碰撞，或依靠分液头的降压增速作用，使气液混合物得到充分均匀的混合后，再经分液管分送入各路肋管。通常使分液头及分液管的流动阻力较各路肋管的阻力大10倍以上。因此，即使各路肋管的流动阻力相差较大（如相差10%），但分液头、分液管加上肋管的总阻力各路相差却很小（不超过1%）。这样，各路的总阻力就基本相等，因而各路的供液量也就均匀了。

16.2.4 节流装置

节流装置是气液法制冷系统的基本组成之一。制冷循环中，冷凝器虽将气态制冷剂冷凝为液态，但由于冷凝压力高于蒸发压力，还必须将冷凝液的压力降至蒸发压力后送入蒸发器，制冷剂才能在低温下沸腾汽化实现制冷。流体经历绝热节流过程，由于要克服流道截面突然缩小所产生的很大流动阻力，压力将会降低。因此，只要在冷凝器与蒸发器之间串接节流装置，就可使高压的制冷剂冷凝液降压变为蒸发器所需的低压冷凝液。此外，如果将节流装置制成阀式，还可通过调节阀的开启度来调节制冷剂的循环流量，从而调节制冷量，以适应蒸发器热负荷的变化。制成阀式的节流装置称为节流阀。由于它具有降压和调节流量的两种功能，故又可称为膨胀阀或调节阀。LF84N型空调节流装置为外平衡式热力膨胀阀，如图16.5所示。

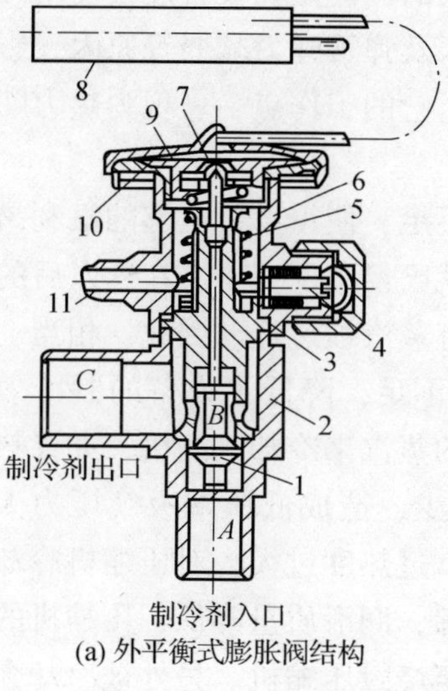

(a) 外平衡式膨胀阀结构

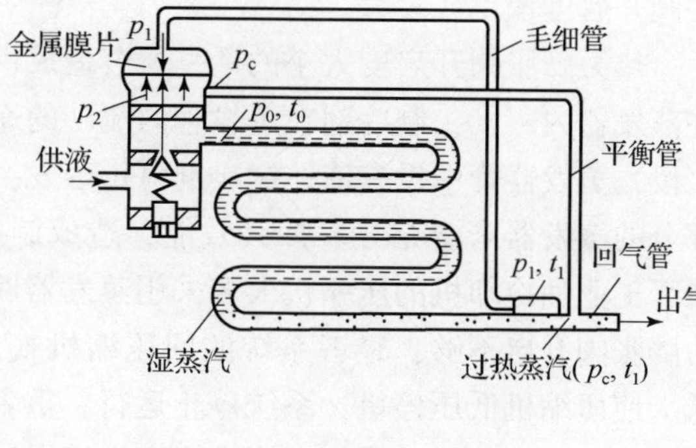

(b) 外平衡式膨胀阀安装

图16.5 膨胀阀

1—阀体；2—下阀体；3—垫；4—调节齿轮；5—弹簧；6—上阀体；7—膜片；8—感温包；9—膜片内室；10—膜片外室；11—平衡管接头。

外平衡式热力膨胀阀由感应机构、执行机构、调整机构和阀体组成。感应机构中充注氟利昂工质，感温包设置在蒸发器出口处，其出口处温度与蒸发温度之间存在温差，通常称为过热度。感温包感受到蒸发器出口温度后，使整个感应系统处于对应的饱和压力 p_1。该压力将通过膜片传给顶杆直到阀芯。在压力腔上部的膜片仅有 p_1 存在，膜片的下方有调整弹簧的弹簧力 p_2 和蒸发压力 p_0，三者处于平衡时有 $p_1 = p_2 + p_0$。当蒸发器热负荷增大时，出口过热度偏高，p_1 增大，$p_1 > p_2 + p_0$，合力使顶杆、阀芯下移，热力膨胀阀开启增大，制冷剂流量按比例增加。反之，热力膨胀阀开启变小，制冷剂流量按比例减小。因此，制冷设备是由热力膨胀阀通过控制过热度实现制冷系统的自我调整的。弹簧的预紧力可通过调节杆底部的螺钉进行调整。

膨胀阀的过热度由静装配过热度与有效过热度组成。使阀门开始开启所需要的过热度称为开启过热度，又称静装配过热度，一般的静装配过热度约为3℃。从热力膨胀阀开始开启至额定开度所需要的过热度增量，称为热力膨胀阀的有效过热度或可变过热度。其数值的大小与弹簧的刚度及阀芯的行程有关，一般有效过热度为2～5℃，通常把热力膨胀阀的静装配过热度与有效过热度之和称为工作过热度，即平时所说的过热度。因此，只有保证过热度在合适的范围内，制冷系统才能达到最大冷量，又不会引起湿冲程。工业油冷却机过热度都要求在5～8℃之间。如果发现过热度不在该范围内，就要进行调整。

制冷设备刚投入运行，热力膨胀阀是不用调整的，但是在设备连续使用几年后，阀针的磨损、系统有杂质、阀孔部分有堵塞及弹簧弹力减弱等原因，影响了热力膨胀阀的开启度，使得热力膨胀阀偏离了它的工作点，表现为热力膨胀阀开启度偏小或过大。

热力膨胀阀开启度太小的话，就会造成供液不足，使得没有足够的氟利昂在蒸发器内蒸发，制冷剂在蒸发管内流动的途中就已经蒸发完了，在这以后的一段，蒸发器管中没有液体制冷剂可供蒸发，只有蒸汽被过热。因此，相当一部分的蒸发器未能充分发挥其效能，造成制冷量不足，降低了设备的制冷效果。工业油冷却机的压缩机大多采用蒸发器回来的蒸汽来冷却压缩机，如果热力膨胀阀开启不够，轻者系统的回压缩机气体减少，造成低压端吸气压力太低，使压缩机低压停机，系统停止运行；重者蒸汽过热度过大，对压缩机冷却作用减小，压缩机的排气温度会增高，润滑油变稀，润滑质量降低，压缩机的工作环境恶化，会严重影响压缩机的工作寿命甚至烧毁压缩机。另外被冷却介质温度降不下来，又增加了压缩机的运行时间，也增加了耗电量。

与此相反，如果热力膨胀阀开启过大，即热力膨胀阀向蒸发器的供液量大于蒸发器负荷，会造成部分制冷剂来不及在蒸发器内蒸发，就同气态制冷剂一起进入压缩机，引起湿冲程，甚至冲缸事故，损坏压缩机。同时，热力膨胀阀开启过大，使蒸发温度升高，制冷量下降，压缩机功耗增加，增加了耗电量。因此，有必要定期检查调整热力膨胀阀，尽量让热力膨胀阀工作在最佳匹配点。

热力膨胀阀调整前的检查。在调整热力膨胀阀之前，必须确认设备制冷异常是由热力膨胀阀偏离最佳工作点引起的，而不是氟利昂少，干燥过滤器堵塞、滤网、风机等其他原因所引起的。同时，必须保证感温包采样信号的正确性，感温包必须水平安装在回气管的下侧方45°的位置，绝对不可安装在管道的正下方，以防管子底部积油等因素影响感温包正确感温。更不能安装在立管上。检查冷凝器风机控制方式，尽量采用调速控制，以保证冷凝压力恒定。

热力膨胀阀调整时注意事项。热力膨胀阀的调整工作，必须在制冷装置正常运行状态下进行。由于蒸发器表面无法放置测温计，可以利用压缩机的吸气压力作为蒸发器内的饱和压力，查表得到近似蒸发温度。用测温计测出回气管的温度，与蒸发温度对比来校核过热度。调整中，如果感到过热度太小，则可把调节螺杆按顺时针方向转动（增大弹簧力，减小热力膨胀阀开启度），使流量减小；反之，若感到过热度太大，即供液不足，则可把调节螺杆朝相反方向（逆时针）转动，使流量增大。由于实际工作中的热力膨胀阀感温系统存在着一定的热惰性，信号传递滞后，运行基本稳定后方可进行下一次调整。因此整个调整过程必须耐心细致，调节螺杆转动的圈数一次不宜过多、过快（直杆式热力膨胀阀的调节螺杆转动一圈，过热度变化大概改变1~2℃，调节杆每次以旋转1/4~1/2周为宜）。

膨胀阀的调整还可按经验方法进行：转动调节杆改变阀的开度，使蒸发器出口处的回气管外刚能结露或挂霜，用手去摸时有一种将手粘住的阴凉感觉就基本可以了。空调制冷系统蒸发温度在0℃以上，应视结露情况判断。

16.2.5 干燥过滤器

在空调制冷系统中，干燥过滤器的作用是吸收制冷系统中的水分，阻挡系统中的杂质使其不能通过，防止制冷系统管路发生冰堵和脏堵。由于系统最容易堵塞的部位是膨胀阀，因此，干燥过滤器通常安装在冷凝器与膨胀阀之间。LF84N型空调的干燥过滤器就位于膨胀阀的前端，结构如图16.6所示。

其外壳是用紫铜管收口成型，两端进出接口有同径和异径两种，进端为粗金属网，出端为细金属网，可以有效地过滤杂质。内装吸湿特性优良的分子筛作为干燥剂，以吸收制冷剂中的水分，确保膨胀阀畅通和制冷系统正常工作。当干燥剂因吸水过多而失效时，应该及时进行更换。

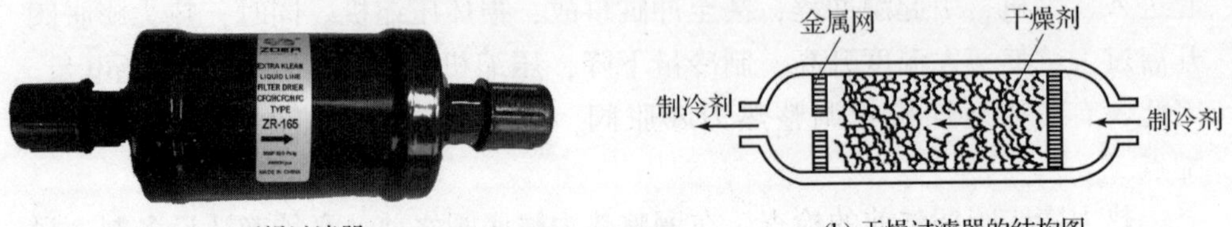

(a) 干燥过滤器　　(b) 干燥过滤器的结构图

图 16.6　干燥过滤器

16.2.6　电磁阀

如图 16.7 所示，LF84N 型空调用的电磁阀由电磁线圈和磁芯组成，当电磁线圈通电或断电时，磁芯动作控制阀体开与关。电磁线圈是直接安装在阀体上，磁芯被封闭在密封管中。当空调启动时，电磁线圈产生电磁力把阀门打开，制冷剂开始循环；达到设定温度时，电磁阀线圈断电，电磁力消失，关闭制冷剂循环，起到调节温度作用。

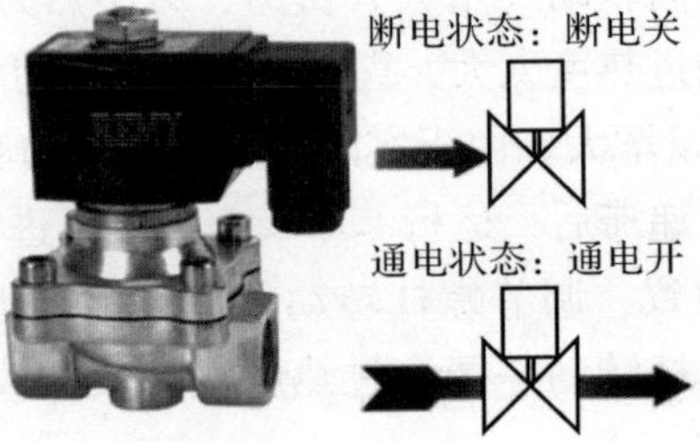

图 16.7　电磁阀

16.2.7　压力控制器

压力控制器的主要作用和工作原理。压力控制器是一种受压力信号控制的电气开关，用于制冷机组上的高低压保护。当压缩机的吸排气压力超出其正常工作压力时，高低压控制器的触头动作而切断电源，使压缩机停车，以起到保护和自动控制作用。

系统中压缩机的排气压力过高，超过正常运行负荷时，很可能使电动机绕组烧毁和损伤压缩机的排气阀门，所以高压控制器很重要，这是能够理解的。而低压控制器为什么同样重要呢？这是因为吸气压力低于正常的蒸发压力，是存在故障的表现，会影响制冷机组的正常工作，甚至不能制冷，白白消耗了电能，而且还会增加压缩机的上油量。特别是封闭式机组，空转很可能烧毁电动机绕组。

压力控制器形式很多，结构也略有区别，但其动作原理基本相同，都是以波纹管气箱为动力室，接收压力信号后使气箱产生位移，以推动触头的通与断。压力控制器的外形如图 16.8 所示。

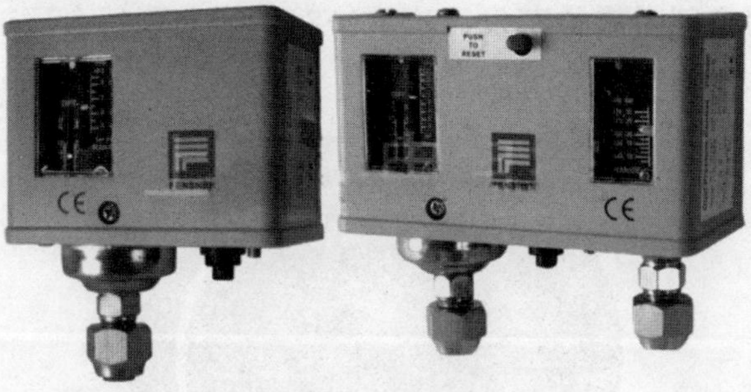

图 16.8　压力控制器

使用和调整：压力控制是一种安全保护装置，出厂时其高低压力设定值已调整好，在使用中不得擅自改变。用户如需要其他工作压力设定值时，可事先通知该生产厂家，以便按需要来调整。若欲改变控制器工作压力，可用调节螺钉拉紧或放松调节弹簧来调整，然后用六角螺母固定。调节过的压力控制器，应对调整值反复试验 2 ~ 3 次，观察其切断与接通压力控制值是否符合调节要求。

当出现压力控制器触头频繁动作导致停车现象时，应检查系统是否有故障，并可装高低压力表以检查高低压力有无超出正常范围，若没有超出现象，观察或检查压力控制器的哪一个触头跳动，确定后可进行再调节，更正调整值，使制冷设备能够正常运转。

16.2.8 储液罐

LF84N 型空调制冷系统中的高压储液罐（也称储液筒，如图 16.9 所示）是装在冷凝器和膨胀阀之间的，它的功能如下：

（1）适应蒸发器的负荷变动对供应量的需求，在蒸发负荷增大时，供应量也增大，由储液罐的存液补给；负荷变小时，需要液量也变小，多余的液体储存在储液罐里。

（2）避免凝液在冷凝器中积存过多而使传热面积变小，影响冷凝器的传热效果。

图 16.9　储液罐

16.2.9 高低压力表

LF84N 型空调压力表如图 16.10 所示，里圈读数为压力，单位为 bar，外圈读数为不同制冷剂对应的蒸发温度。LF84N 型空调每台压缩机各有两块压力表，分别显示压缩机吸排气压力。

图 16.10 压力表

16.2.10 操作面板

LF84N 型空调控制面板见图 16.11（a），LF86N 型空调控制面板见图 16.11（b），使用时应根据机房设定温度要求，按要求正确操作设置。

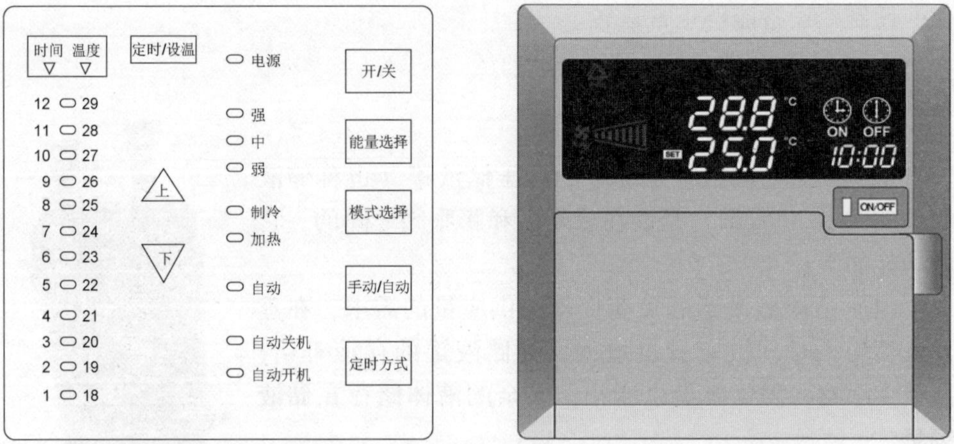

(a) LF84N型空调控制面板　　(b) LF86N型空调控制面板

图 16.11 空调控制面板

16.3 操作使用

16.3.1 面板操作使用

1. LF84N 型空调

LF84N 型空调仪表操作面板说明，如图 16.11（a）所示：

“开/关”键：按下后主机开，电源指示灯亮；再按主机关闭，电源指示灯灭。电源灯如闪烁，则表示故障。

“能量选择”键：三挡选择，分“强”“中”“弱”三挡。

选择为“制冷”状态时：三压缩机系统机组分别对应为“三台压缩机开”“两台压缩机开”和“一台压缩机开”；两压缩机系统机组中，“中”“弱”两挡都为“一台压缩机开”，“强”挡为“两台压缩机开”。

“模式选择”键：两挡选择键，可选机组“制冷”和“加热”状态（LF84N 型空调只有制冷）。

“手动/自动”键：选择手动或自动操作模式。“自动”指示灯亮时表示处于自动状态，选择“自动”时，仪表“能量选择”键无效，仪表按设定温度和定时自动进行开关动作。首先是蒸发器风机启动，即“通风”；随后则按设定温度 T_e 与实际测得回风温度 T_x 之差控制一、二、三级输出（压缩机工作台数变化）。

“定时方式”键：可选择“定时开机”和“定时关机”。

“定时/设温”键：“定时”键与“上”“下”键配合使用，来选择自动关机时间和自动开机时间的数值。“设温”键与“上”“下”键配合使用，来选择机组设定温度的数值。

“上/下”键：设定定时时间或设定温度控制点数值的增减键。

发生故障时，即输入端口带动报警装置开关量闭合后，“电源”指示灯闪烁，仪表关闭所有输出口，待到用户解决报警后，重新开机，如无故障，仪表方能正常工作。

仪表设定蒸发器风机先于压缩机运行，蒸发器风机不开，压缩机不能启动。每台压缩机启动间隔不得小于 5min。两台压缩机需同时启动时，启动间隔为 10s。

2. LF86N 型空调

LF86N 型空调仪表操作面板如图 16. 11（b）所示。

1）开关机

在任意页面，如工作状态为停止状态而且控制器无故障，按“ON/OFF”键进入运行状态，送风机运行，运行灯闪烁。在任意页面，如当前工作状态为运行状态，按“ON/OFF”键进入停止状态。上电后指示灯即长亮，运行时提示灯闪烁。

2）模式切换

在主页面，按“模式”键，可进行模式切换。在显示屏上最上一排的模式图标会进行相应的切换。

3）参数设置

（1）用户参数设置。

在主页面下，按“设置”键，即进入用户功能设置。此时可通过“▲/▼”键选择需设置的各个参数，B 区显示需设置参数的值，C 区显示次参数的代码。在选中需设置的参数后，再次按下“设置”键即可进入此参数的设置状态，按“▲/▼”键即可调整次参数的数值，按“◀/▶”键选择次参数的个位、十位或小数点后一位进行设置。当设置完成后，再次按下“设置”键即可保存此设置，这时可以再选择其他参数设置。当完成设置后，可按“返回”键返回主页面。

（2）温度设置。

在主页面下，按“▲”键进入温度设置，此时设置的参数闪烁，可按“▲/▼”键进行温度设置，也可按下“◀/▶”键进行设置个位、十位或小数点后一位的转换。按“设置”键确定更改。当设置完成后，可按“返回”键返回主页面。设置完成后 5s 内请勿重新上电，否则会导致设置参数不保存。

（3）厂家参数设置。

厂家参数分为一级参数和二级参数（表 16. 1 和表 16. 2），在主页面下，按“设置”键，进入用户设置页面，按“模式”键进入密码输入页面，输入正确的密码后，按“设置”键进入一级参数设置页面，按“模式”键可以在一级参数和二级参数设置页面进行切换。具体参数设置方法参照用户参数设置。

表 16.1 一级参数设置表

代码	名称	数值	缺省	意义
00A	启动延时时间	1～300s	60	送风机开后延时多少秒开压缩机
01A	内风机运行速度	0～2	0	0＝自动，1＝低速，2＝高速
02A	来电自启动	0～1	0	1＝来电自启动，0＝无来电自启动。是否来电自启动
03A	出厂复位	0～1	0	0＝不恢复，1＝恢复。把所有设置参数都复位到出厂时的设置，此设置立即生效
05A	送风温度校正	－9.9～9.9℃	0	当探测的温度和实际温度有出入时，可通过此参数进行补偿
06A	回风温度校正	－9.9～9.9℃	0	当探测的温度和实际温度有出入时，可通过此参数进行补偿
07A	温度设定	5～50℃	25	设置温度
08A	温度回差（制冷）	0.1～9.9℃	1	制冷时能量调节的温度点
10A	送风温度过低	0～40℃	3	制冷时，送风温度不大于3℃停压缩机并报警
11A	压缩机低压延时	0～250	120	在压缩机启动后，多长时间后开始检测压缩机低压故障

表 16.2 二级参数设置表

代码	名称	数值	缺省	意义
A005	压缩机个数选择	1～2	2	机组中有多少个压缩机
A007	温控方式	0～1	1	0＝送风，1＝回风。能量控制是以送风温度控制还是以回风温度控制
A010	送风探头禁用/启用	0～1	1	1＝启用，0＝禁用。禁用送风传感器，则无送风温度过高过低保护
A011	回风探头禁用/启用	0～1	1	1＝启用，0＝禁用

4）时间设置

（1）系统时间设置。

在主页面下，按“功能”键，即进入系统时间设置，此时按“▲/▼”键即可调整设置时间。在此设置中可按“◀/▶”键选择小时十位数、小时个位数、分钟十位数、分钟个位数的设置。按“设置”键即可保存设置。

（2）定时开机。

在主页面下，按“功能”键，即进入系统时间设置，再按一下“模式”键即进入定时开机设置，此时屏上会显示，在此设置中，按“▲/▼”键即可调整设置时间。可按“◀/▶”键选择小时十位数、小时个位数、分钟十位数、分钟个位数的设置。按“设置”键即可保存设置。设置完成后，可按“返回”键返回主页面。当定时开机生效时，主页面会显示符号。如果要取消定时开机，进入定时开机画面后，按“复位”键即可取消，如图 16.12 所示。

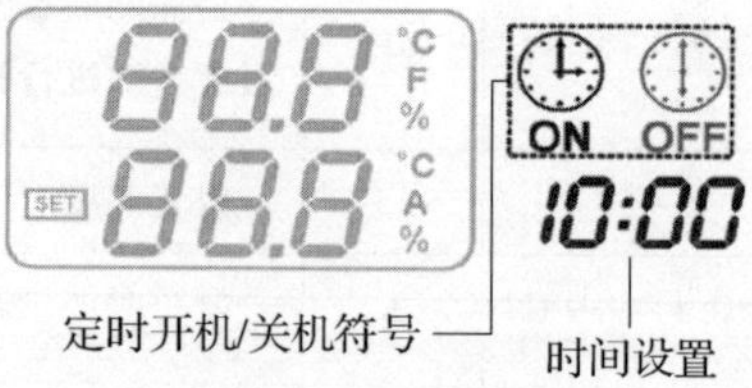

图 16.12　定时开关机

（3）定时关机。

在主页面下，按“功能”键，即进入系统时间设置，再按两下“模式”键即进入定时关机设置，此时屏上会显示，在此设置中，按“▲/▼”键即可调整设置时间。可按“◀/▶”键选择小时十位数、小时个位数、分钟十位数、分钟个位数的设置，按“设置”键即可保存设置。设置完成后，可按“返回”键返回主页面。当定时关机生效时，主页面会显示符号。如果要取消定时关机，进入定时关机画面后，按“复位”键即可取消。

5）状态查询

如图 16.13 所示，在主页面下按下“查询”键，进入输出输入查询，此时 C 区显示 AD＊＊（＊＊表示两位数字），它表示模拟量输入，如 AD01，表示第 2 个模拟量，在 B 区会显示它所对应的值，再按“◀/▶”键可切换查询类型，如 DO＊＊，表示数字输出查询，DI＊＊表示数字输入查询。可通过“▲/▼”键查询此类型的各个输出或输入点的值。查询完之后，可按“返回”键返回到主页面。

6）故障查询与复位

在发生故障后，可按“故障”键，进入故障查询。如图 16.14 所示，A 区表示此时共有多少个故障，如 E02 表示共有 2 个故障。B 区表示故障代码，如 E01 表示通信故障。在 C 区中表示当前故障是出现故障中的第几个故障，如 EE02 表示此故障是第 2 个故障。出现多个故障后，可按“▲/▼”键在各个故障中进行切换。查询完毕后，按“返回”键返回主页面。具体故障代码及故障类型见表 16.3。

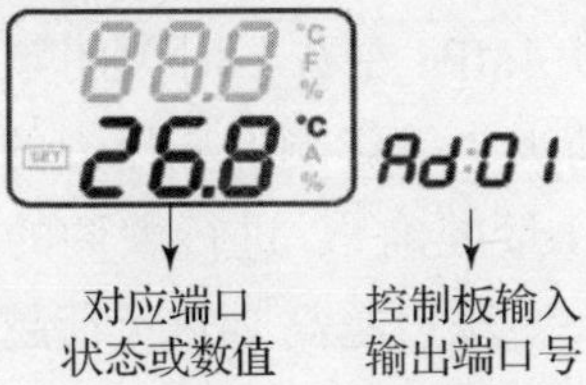

图 16.13　手动按键图

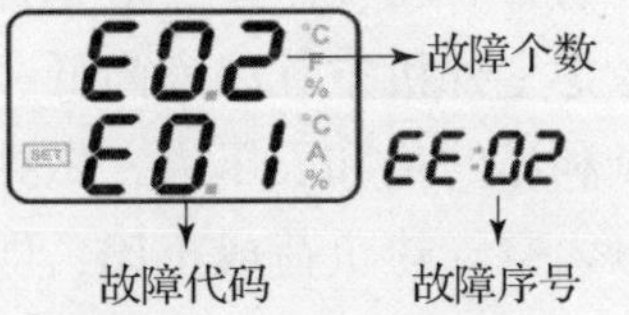

图 16.14　故障查询

表 16.3　故障代码对应表

名称	代码	意义	复位方式
通信故障	E01	面板和主板之间无法通讯	自动复位
回风温度探头故障	EE2	回风温度探头开路或短路	自动复位
压缩机一高压	E10	压缩机一高压过高	手动复位
压缩机一低压	E11	压缩机一低压过低	手动复位
压缩机二高压	E20	压缩机二高压过高	手动复位
压缩机二低压	E21	压缩机二低压过低	手动复位
电源故障	E68	电源缺相、错相等保护	断电复位
内风机故障	E69	内风机故障	手动复位

发生故障后系统报警，外部故障排除后，在主页面或故障查询页面按下“复位”键，即可复位故障。外部故障未排除之前，无法复位。

16.3.2 加氟

空调设备如果制冷剂泄漏，就必须补充制冷剂。准确加氟的步骤和方法如下：在涡旋压缩机低压加氟口连接压力表，连接好氟利昂软管、氟利昂罐（注意先排空气）。

1. 测电流

用钳流表测量空调主电源单根相线的电流，当电流达到空调的额定值（LF84N 型空调额定值在 25A 左右）时，关闭氟利昂瓶阀门。

2. 测压力

在低压截止阀口，一边加氟一边观察真空压力表的低压压力读数，当低压在 0.42～0.45MPa（冬季一般稍低，压力在 0.4MPa 左右）时关闭氟利昂瓶阀门。再考虑室外机空气温度高低、室内冷负荷大小等影响低压压力的因素，微微调节氟利昂的量和表压力，做到准确加氟（量准确）。进行微调的原因是低压力与室内空气热负荷成正比，即热负荷越大，压力越高，热负荷越小，压力越低。

16.3.3 收氟

LF84N 型空调收氟时，先将压力保护器低压压力调到 0MPa，然后关闭储液罐的出液阀，手动启动压缩机，当压力快降到 0MPa 时表示氟利昂基本已经收完（时间一般不超过 1min），关闭压缩机。由于储液罐的进液口是单向阀，因此制冷剂都收进到了储液罐。

16.3.4 加冷冻油

空调冷冻油的加注一般在空调安装时进行（加 1L 左右），如果使用过程中因消耗或泄漏需加注，必须先收氟，然后对低压系统进行抽真空。抽真空后将空调冷媒充注阀利用软管与冷冻机油连接，打开充注阀，空调自动抽油，直至油量达到要求（一般达到压缩机上的示液镜的 2/3 即可），关闭充注阀。注意接软管时先不要把软管与充注阀接死，留有缝隙，把软管放水平，使油自然充满软管，并产生渗油。主要是为了排空气。

16.3.5 检漏

（1）目检，也就是用眼睛观察一些容易泄漏的重点部位，如内外机接管的锁母口。一般来说制冷剂泄漏会伴随着冷冻油泄漏，所以可以认为外观有油的地方就是泄漏的地方。

（2）检漏仪检测，这种方法使用的很少，不是特别准确，只能检测到漏，但是漏在哪里很难检出。

(3) 肥皂水检漏，这是最常用的方法，在容易泄漏的地方或者有油的地方涂上肥皂水或者洗洁精。此法直观，容易操作。

16.4 维护保养

16.4.1 日检拭

空调的日检拭内容如下：

(1) 空调机组日常运行中，值班员应经常检测各种仪表的指示值是否在正常范围内；

(2) 值班员应经常注意监听风机与压缩机运转有无异常声响；

(3) 电气线路有无明显松动或打火现象；

(4) 压缩机的电压波动不超过额定值的10%。

(5) 电源三相电压的平衡性，应在5%以内；

(6) 机组运行有无明显的振动现象；

(7) 检查压缩机有无结霜现象；

(8) 摸压缩机发热情况；

(9) 移去机组周边杂物。

16.4.2 周保养

空调的周保养内容如下：

(1) 停止空调机的运行，抽出滤尘网，清除滤尘网的灰尘；

(2) 停止空调机运行，切断总电源，用气体或者水反向吹除蒸发管表面，清除管子周围剩余的灰尘，装上滤尘网；

(3) 停止空调机运行，切断总电源，用气体或者水反向吹除冷凝排管表面；

(4) 检查整个制冷系统密封情况，发现泄漏要及时解决；

(5) 检查膨胀阀及过滤器的情况。

16.4.3 月检修

空调的月检修内容如下：

(1) 检查机组的接地装置；

(2) 检查电源线有无松动老化现象；

(3) 检查室内外机组的固定情况；

(4) 定期向风机轴承添加润滑油；

(5) 检查空调电路接线是否牢固，无污物与潮气；

(6) 检查整个制冷系统有无制冷剂泄漏现象，发现泄漏时必须及时解决；

(7) 检查压缩机的绝缘情况。

第 17 章

空调常用工具仪表

17.1　管路检修工具

空调常用管路检修工具主要有切管器、弯管器和扩管组件等。

1. 切管器

切管器主要用于空调器制冷铜管的切割。在对空调器进行维修时，经常需要使用切管器切割不同长度和不同直径的铜管。切管器主要由刮管刀、滚轮、刀片及进刀旋钮组成。

切管器有不同的规格，常用切管器的规格为 3 ~ 20mm。由于空调器制冷循环对管路的要求很高，杂质、灰尘和金属碎屑都会造成制冷系统堵塞，因此，对制冷铜管进行切割要使用专用的设备，这样才可以保证铜管的切割面平整、光滑，且不会产生金属碎屑掉入管中，阻塞制冷循环系统。

2. 扩管组件

在对空调器的管路进行焊接操作时，如果需要焊接的两段铜管的管径相同，就需要使用扩管组件对其中一根铜管的连接口进行扩口，以便与另一根铜管良好插接，从而确保管路的密闭性良好。

如图 17.1 所示，扩管组件主要包括顶压器、顶压支头和夹板。在进行扩管操作时，将铜管用夹板夹牢，然后将顶压支头安装在顶压器上，即可通过顶压的方式将铜管的管口撑大。顶压时，选用不同的顶压支头即可将管口顶压成杯形口或喇叭口。

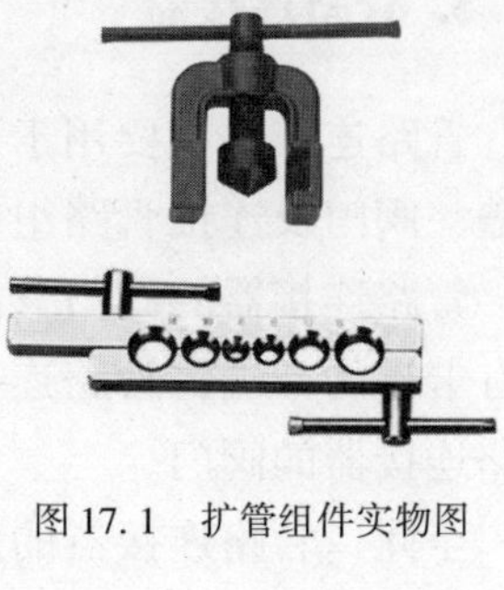

图 17.1　扩管组件实物图

3. 封口钳

封口钳也称大力钳，当空调器的制冷系统检修完毕后，就需要将检修表阀从压缩机的工艺管口取下，此时，就需要使用封口钳对工艺管口进行封闭操作。

在具体使用时，首先要使封口钳的钳口正好能钳住工艺管口（注意既不能过松也不可过紧），然后选定距工艺管与压力表焊口 2cm 左右的位置作为封口处，再用砂纸将工艺管处打磨干净，使用气焊设备对封口处进行加热软化。

待封口软化后，使用封口钳钳住封口处并用力按压封口钳手柄，将工艺管口封死。同时使用气焊设备对封口末端进行加热（距封口处 5 ~ 10cm），待铜管软化后，用克丝钳将其剪断，再用气焊设备将断口处焊死。端口焊好后取下封口钳，再对封口处进行补焊，即可完成工艺管的封口操作。

4. 弯管器

弯管器是专门用于对铜管进行弯曲加工的工具，如图 17.2 所示。为适应制冷管路的需要，有时需要进行弯管操作，将铜管弯曲成弧形。为了保证制冷系统循环的效果，对于管路的弯曲有严格的要求。通常管路的弯曲半径不能小于管路直径的 3 倍，且要确保铜管内腔不能变形。

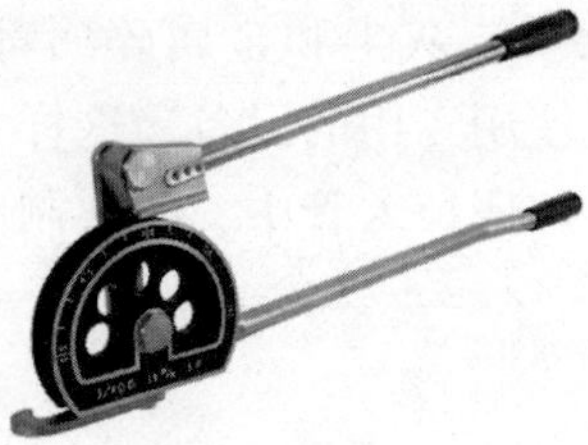

图 17.2　弯管器实物图

5. 管路连接器

管路连接器主要用于连接软管，以便于制冷剂的流通。管路连接器主要由上盖、阀门及连接管路组成。

管路连接器的阀门只能借助管路连接器的上盖取下，即管路连接器的上盖带有卡槽的一端将管路连接器的阀门卡住，旋转管路连接器的上盖，即可拧下管路连接器的阀门。

至此，管路连接器的阀门即可取下。使用管路连接器时，需要将管路连接器的上盖拧下，对管路连接器与软管进行连接即可。

17.2 空调维修专用工具

维修空调器时，除了以上管路设备外，还需要一部分专用工具用于空调器的抽真空、充入制冷剂等操作，如真空泵、氮气瓶及氮气等。

1. 真空泵

对空调的制冷系统进行抽真空操作时，需要使用专用的设备——真空泵。常用真空泵的规格为2～4L/s（排气能力）。

在对空调器的制冷系统进行开路检测后，很容易使空气进入制冷系统。当制冷系统中含有其他气体时，系统中高、低压压力都会升高，这样将增加压缩机的负荷，导致压缩机的制冷效率降低。

尤其是当制冷系统中含有较多的水分时，危害将更大，制冷系统中的水分会使压缩机的绝缘电阻下降，而且会腐蚀压缩机和制冷系统的管路。水分还会使冷冻机油变质，从而引起一系列故障。因此在进行空调器的制冷系统开路检测后，需要对制冷系统进行抽真空、充注制冷剂的操作。同时，在对制冷系统进行抽真空处理时，一定要使用质量合格的真空泵，并且确保制冷系统内的气体全部排空。

2. 氮气瓶和氮气

在对空调器的管路进行维修时，氮气是必不可少的辅助材料。氮气一般压缩在氮气瓶（钢瓶）中，在对空调制冷管路进行管路吹洗、试压、检漏时，通常都需要使用氮气。

在使用过程中，氮气瓶阀门处必须接一个减压阀，并根据需要调节氮气瓶的排气压力。每次使用结束后，必须将盛装氮气的钢瓶阀门关闭。

3. 三通检修阀

在对空调器制冷系统进行抽真空、充注制冷剂及测量压力时，要用到三通检修表阀。三通检修表阀主要由三通阀和压力表两部分组成，其中三通阀的接口1内有螺纹，用于安装压力表；接口2与空调器的制冷系统连接（通常连接压缩机的工艺管口）；接口3用于在检修时充注氮气，或与真空泵连接对系统抽真空，或与制冷剂钢瓶连接用于充注制冷剂。

当三通检修表阀的控制阀门关闭时，接口 3 即处于关闭状态，而接口 1 与接口 2 仍然连通，这时就可以随时监视制冷系统内压力的变化，使用起来非常方便。压力表的最大量程一般为 0.9～2.5MPa，负压均为 0～0.1MPa。

为了更加便捷地使用三通检修表阀，一些三通检修表阀还带有标识“H”“S”。其中“H”表示连接制冷系统一端，“S”表示连接充注氮气、制冷剂等设备的一端。

在连接和使用三通检修表阀时，还需要学会三通检修表阀的连接方式。

（1）三通检修表阀的输出接口应与压缩机的工艺管相连，将一段钢管（约 20cm）的一端使用扩管器扩成喇叭口，再准备好一个三通检修表阀。

（2）将扩好喇叭口的铜管配上相应的纳子。

（3）利用喇叭口铜管上的纳子可与检修表阀相连接，再将铜管的另一端（扩成杯形）焊接到压缩机的工艺管上。

如果检修表阀的管口连接错误，则会导致检修表阀不起作用，具体表现为：打开检修表阀的控制阀门时会出现跑气的现象；关闭检修表阀的控制阀门时，检修表阀的压力表不能显示制冷系统内的压力值。因此，在三通检修表阀的安装过程中，要注意检修表阀各管口连接的正确性。

4. 加注冷媒表组

加注冷媒表组又称为压力表和复合修理阀，主要用于加注制冷剂时的压力、流量测量和控制。其表头上配有两只复合压力表：蓝色表示低压表，其规格为 $-76\sim17.5\text{kg/cm}^2$；红色表示高压表，其规格为 $0\sim17.5\text{kg/cm}^2$。

如图 17.3 所示，加注冷媒表组中的低压表、高压表，分别使用蓝、红色控制阀进行控制，并且部分加注冷媒表组的控制阀其低压表、高压表上还标有 L、H 标识及阀门旋转方向。

图 17.3　加注冷媒表组实物图

5. 制冷剂钢瓶及制冷剂

制冷剂钢瓶是用来存放制冷剂的专用容器，制冷剂的流量主要通过制冷剂钢瓶上的控制阀门进行控制，在不充注制冷剂时，一定要将阀门拧紧，以免制冷剂泄漏而污染环境。

目前，空调器一般使用 R22、407C 制冷剂，并且制冷剂钢瓶的容量主要分为6kg、20kg、40kg等规格，在进行空调器的维修时，可根据空调器的数量及维修使用量选择制冷剂钢瓶的容量。

6. 制冷剂定量加注器及回收机

在对空调器进行充注制冷剂操作时，一般都会使用制冷剂定量加注器。使用该设备可以准确设定添加制冷剂的量。有些制冷剂定量加注器还具有回收制冷剂的功能，在抽真空操作时，可使用它对制冷剂进行回收，以免制冷剂排出，污染环境。

通常，空调器的铭牌上会标识出制冷剂装入量的标称值。在对制冷系统充注制冷剂时，就可使用制冷剂定量加注器按照标称值精确设定制冷剂的充注量，这样就可以使空调器能够很好的工作，而不会由于制冷剂充注过量或过少而影响空调器制冷系统的工作效率。

17.3 常用焊接工具

维修空调器时，经常使用焊接工具对管路进行焊接操作。常用的焊接工具主要有氧气瓶、燃气瓶、焊枪等。

1. 气焊设备

1）氧气瓶及燃气瓶

在进行空调器制冷管路的焊接操作时，通常会用到气焊设备。气焊设备主要包括氧气瓶、乙炔气瓶（燃气瓶）和焊枪等。

氧气瓶的上部安装有阀门和检测仪表，总阀门位于氧气瓶的顶部，用来控制氧气的输出；输出控制阀门也称减压阀，用来控制氧气的输出量；氧气瓶的瓶口处还设有输出压力表，用来指示输出氧气的量。有些氧气瓶除了设有输出压力表外，还设有总压力表。

燃气瓶顶部同样也设有一个阀门和一个检测仪表，燃气瓶顶部的阀门用来控制燃气瓶内部液化石油气流量，输出压力表用来指示液化石油气输出量。

2）焊枪

焊枪手柄上有两个端口，分别为燃气输入口和氧气输入口，这两个端口通过连接软管分别与相应的燃气瓶和氧气瓶相连。

如图17.4所示，焊枪的手柄处设置有两个控制旋钮（燃气控制旋钮和氧气控制旋钮），它们分别用来调节燃气和氧气的用量。焊接时通过这两个控制旋钮的调节来得到最佳的焊接温度。

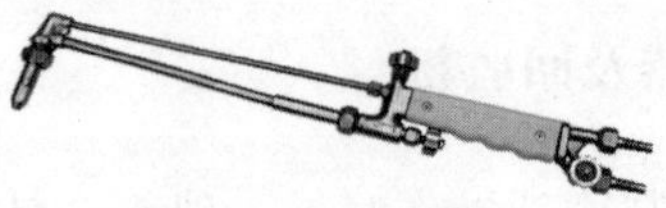

图 17.4 焊枪实物图

由于乙炔是易燃气体，氧气是助燃气体，因此在进行焊接操作时氧气瓶和乙炔瓶不能挨得太近，更不能放在高温的地方。盛装这两种气体的钢瓶应相距一定的距离，且应将钢瓶放置在阴凉通风的地方。平时不使用时，应将两个钢瓶的阀门关紧，使用完毕后也应分别将氧气瓶和乙炔瓶的瓶阀关闭，以防止因泄露而发生意外。

2. 热风焊枪

在进行空调器的维修过程中，热风焊枪主要用于焊接贴片式元件，如贴片式电阻器、贴片式电容器、贴片式晶体三极管等。

1）热风焊枪的作用

在焊接过程中经常使用850 型热风焊枪。热风焊枪是利用热风作为加热源的焊接设备，通常用于焊接和解焊接电路板上的贴片元器件等，其使用方法较电烙铁更为方便，能够大幅度提高工作效率，但其价格较昂贵。热风焊枪配有不同内径的喷嘴，在进行器件的拆卸时，根据元器件的特点选择合适的喷嘴即可。

2）热风焊枪的使用

（1）根据所需焊接的器件选择合适的喷嘴，并用十字螺丝刀将喷嘴固定在热风焊枪上。

（2）将热风焊枪的电源线与市电进行连接，即将电源线插入插座。

（3）将喷嘴固定完成后，根据所需要焊接的元器件的类型调节热风焊枪的温度和风量，表 17.1 所列为热风焊枪的温度和风量设置。

表 17.1 热风焊枪的温度和风量设置

待换元器件名称	温度调节旋钮	风量调节旋钮
贴片式元器件	5～6 级	1～2 级
双列贴片式集成电路（芯片）	5～6 级	4～5 级
四面贴片式集成电路（芯片）	5～6 级	3～4 级

(4) 将热风焊枪的风量调节完成后，将其开关打开。

(5) 将热风焊枪的开关打开后，使热风焊枪喷嘴垂直对准需要拆卸的元器件，并来回移动。

(6) 热风焊枪使用完毕后，要先将焊枪放回支架上，再将电源开关关闭，在关闭焊枪时，要注意热风焊枪会释放出冷空气对焊枪进行降温，因此要特别注意安全。

3. 电烙铁

如图 17.5 所示，电烙铁在空调器维修中主要用于镀锡、焊接、补焊、更换元器件等操作，是修复空调器电路板上的断线使用最多的工具之一，因此电烙铁是不可缺少的维修工具。

图 17.5 电烙铁实物图

常用焊锡丝的直径有 0.5mm、0.8mm、1.0mm 等。对于一般的焊锡丝而言，其直径越小，熔点越低；反之，直径越大，熔点越高。

在对空调器进行维修操作时，最好选用两种不同熔点的焊锡。在维修空调器低压部分时，对于小而密且距离元器件较近的焊点，使用低温细焊锡焊接较为方便；对于高压大电流部分，则需要使用温度、熔点和硬度都较高的焊锡，以保证焊点的牢固性和电气性能。

在焊接操作中，由于电烙铁的高温，焊锡在空气中很容易被氧化，焊锡氧化后将对焊接质量造成较大的影响。

松香的主要成分为松香酸，这种酸在电烙铁的高温下才起作用。松香酸会在电烙铁的高温下与焊锡氧化层发生还原反应，并且能够在短时间内保护高温熔化的焊锡不被氧化，从而保证焊锡与基材良好地融合在一起。

在对管路进行焊接操作时，需要根据管路材质的不同来选择不同材质的焊条。例如，如果所焊接的管路都是铜管，则最好使用铜磷焊条；如果是铜管与其他材质的管路（如钢管）焊接，则最好使用铜银焊条，并且在焊接时要使用焊剂。

第18章

LF84N空调常见故障及排除

当LF84N空调机组出现故障时，先判断故障部位，根据故障现象找到故障原因，进而将该故障排除。

18.1 空调故障判断的基本方法

故障判断是空调检修的一个重要环节，本节将着重讲解空调故障的判断方法。

18.1.1 观察法

1. 外观检查

观察LF84N空调室内外机组的整体外观，查看是否有磕碰或损坏的地方，检查空调各连接管件及阀门有无损坏，管路有无明显破损及泄漏等情况。制冷剂管路存在泄漏，往往会出现油渍。通常，LF84N空调制冷系统中容易发生泄漏的部位常出现在焊接处，工艺管口、电磁阀及膨胀阀等部位，也有管道腐蚀及蒸发器与冷凝器的破损现象。查看电路及器件有无松动、脱落或接插不可靠。

2. 压力检查

通过压力表观察空调运行时吸、排气侧的压力，根据压力值和对应的温度值来分析判断故障部位。

3. 结露检查

观察吸气管路及膨胀阀后端的蒸发排管的结露程度，一旦不结露或蒸发器结露，则可判断制冷剂不足或膨胀阀有微堵。反之，若结露至压缩机壳体，则说明充入制冷剂过量。

4. 液镜检查

通过制冷系统输液管路上装备的视液镜观察制冷剂的流动状态，进而分析判断制冷系统是否有故障。若通过视液镜观察液体制冷剂无气泡出现，则说明为制冷剂充足；若进口出现气泡，则说明制冷剂略缺；若气泡连续不断，则说明制冷剂不足；若通过视液镜看不到液体，则说明制冷剂全部泄漏。

5. 滴水检查

主要观察制冷情况下蒸发器排出的冷凝水情况，若滴水连续不断，则说明正常；若长时间只滴一滴水或不滴水，则说明制冷剂不足或有其他故障，同时要注意周围环境中水分的含量。

6. 代码检查

通过故障指示灯的亮灭、闪烁及代码来判断故障，检查 LF86N 空调机组故障代码参考使用说明书。

18.1.2 声音判断法

通过声音来判断机组的故障也是比较常用的方法。

1. 噪声检查

通过倾听压缩机和风机等运转声音来判断压缩机与风机的故障，有时有的电气会频繁动作出现异常声响。

2. 气流声检查

主要通过倾听制冷剂通过节流元件节流后的流动声来判断故障。制冷系统充灌制冷剂正常时，气液混合体流动声低沉。当制冷剂缺少时，制冷系统内多为气体，气流声相应变大，或者明显增大。

18.1.3 温度判断法

通过手接触机组部件的温度，可以较快地判断故障。

1. 触摸压缩机吸、排气管的冷热程度

在正常情况下，触摸压缩机的吸气管会感到发凉，并会出现结露情况。一旦无凉感、无凝露或出现温感，则说明不正常，可能是制冷剂泄漏或堵塞。

在正常情况下，触摸压缩机的排气管，温度为 70 ~ 100℃。一旦排气管过烫或温度超过 130℃，则为故障，应重点检查室外机是否停转，系统是否含有空气，压缩机内是否缺油。

2. 触摸压缩机壳体冷热程度

LF84N 与 LF86N 空调机组均采用涡旋式压缩机，上部是压缩机，下部是电机，进气在中部，排气在上部，吸气管周围有凉感，若压缩机整体温度较高，则说明内部制冷剂泄漏、系统有较多空气或压缩机缺油。

3. 触摸过滤器及膨胀阀的冷热程度

在正常情况下，过滤器两端的温度基本一致，而膨胀阀两端的温差明显。当过滤器堵塞时，两端的温差明显；膨胀阀出现堵塞时，后端无凉感或粘手的现象。

18.1.4 仪表测量法

用仪器仪表检查制冷系统、电气系统。例如用检漏仪测漏，用电流表测试运转电流，用万用表测量电源、线路、电气开关与电子元件等。

18.1.5 气味判断法

在制冷设备运行中，如果嗅到周围空气中有焦味，则说明制冷系统或电气系统的零部件可能烧毁。此时应沿着烧焦气味源，重点检测压缩机电机绕组、风机电机、电磁阀线圈及接触器等电气元件是否烧毁。

18.2 常见故障分析与排除

LF84N 空调机组主要为发射机房提供适宜的工作温度，在日常使用中难免出现一些不良的反应及故障，为了能够及时对其进行检查和修理，以下列出

一些常见的故障，并分别对这些故障进行分析，进而排除这些不良反应及故障。

18.2.1 制冷效果不好

制冷效果不好是指空调机组能正常运转制冷，但在规定的工作条件下室内温度降不到设定温度，造成这种现象的原因较多，可以从以下几个方面进行分析。

1. 制冷剂泄漏

故障原因：在LF84N空调机组制冷系统中，如果制冷剂泄漏，循环的制冷剂不足，将造成制冷量不足。

检查方法：观察吸气、排气压力；摸排气管，排气温度高，排气管路烫手；在膨胀阀出口处能听到比平时要大的断续的“吱吱”气流声；蒸发器不结霜或结浮霜；停机后，系统内平衡压力一般低于相同环境温度对应的饱和压力。

排除方法：当制冷剂发生泄漏后，不能急于向系统内充注制冷剂，而应立即查找泄漏点，经修复后再充注制冷剂。在检修时，必须注意易漏的环节，查找各主要连接点是否有渗油、管路断裂等现象。如果没发现较大的漏点，可按正常的检修方法充注氮气、检漏、修复渗漏点、抽真空、加充制冷剂，然后运转试机。

2. 系统充注的制冷剂过多

故障原因：制冷系统中充注的制冷剂量超过系统的容量，过多的液态制冷剂就会占去蒸发器一定的容积，减小散热面积，使其制冷效果降低。

检查方法：检查吸气和排气压力均高于正常压力值，冷凝器温度高，压缩机电流增大，蒸发器结霜不实，吸气管挂霜，严重时出现液击现象。

排除方法：关闭系统送液阀，机组运行几分钟，通过储液器上的工艺管口连接注液管，将制冷剂回收一部分。再打开阀门，试运行机组，待吸气压力和排气压力恢复正常值。

3. 制冷系统有空气

故障原因：空气在制冷系统中会使制冷效率降低。

检查方法：查看高低压值是否升高，压缩机出口至冷凝器进口的温度明显升高，同时气体喷发声断续且明显加大。

排除方法：可以在停机几分钟后，在冷凝器的最高部位排出空气，或者打开管路抽真空，重新充注制冷剂。

4. 压缩机效率低

故障原因：制冷剂不变的情况下，实际排气量下降，必然会使压缩机的制冷量相应减少。

检查方法：查看压缩机的使用时间，检查压缩机运动部件的磨损、老化以及气阀的密封性能降低情况。

排除方法：按照程序更换压缩机。

5. 蒸发器管路中有冷冻油

故障原因：在制冷循环过程中，有些冷冻机油残留在蒸发器管路内，经过长时间的使用，蒸发器内残留的油较多时，会严重影响其传热效果，出现制冷效果变差的现象。

检查方法：判断蒸发器管路内冷冻油的影响是较困难的，因为这种现象易同于其他几种故障混淆。一般来说可以通过结霜来判断，若蒸发器上结霜不全不实，而此时又未发现其他故障，则可以判断是管路有冷冻油所致。

排除方法：清除蒸发器内的冷冻机油，需要将蒸发器拆下来，进行吹洗后再烘干。如果不易拆卸，可从蒸发器进口处充注制冷剂冲洗几次，然后用氮气吹干。

6. 制冷系统不畅通

故障原因：由于制冷系统清洗不干净，经过长时间的使用后，污物淤积在过滤器中，部分网孔被堵塞，致使流量减小，影响制冷效果。

检查方法：系统中微堵的异常现象是排气压力偏低，排气温度下降，被堵塞部位的温度比正常时温度低。堵塞严重时会出现凝露和结霜现象。

排除方法：可对管路进行冲洗，更换干燥过滤器。

18.2.2 吸气压力过高、过低

1. 吸气压力过高的原因

1）膨胀阀的开度过大，或其感温包不起作用故障原因：膨胀阀的开度过大或其感温包不起作用后，致使进入蒸发器的制冷剂量增加。

检查方法：蒸发器结有较厚霜层，吸气管有挂霜现象。

排除方法：调整膨胀阀的开度或更换膨胀阀。

2）吸气阀片泄漏或损坏

故障原因：吸气阀片泄漏或损坏，致使压缩机在压缩时不能完全密封气缸。

检查方法：摸压缩机吸气管口温度的变化。

排除方法：更换压缩机。

3）系统内充入的制冷剂过量

故障原因：加注的制冷剂超过系统的容量，使进入蒸发器的制冷剂过多。

检查方法：吸气和排气压力均高于正常压力值，冷凝器温度高，压缩机电流增大，蒸发器结霜不实，吸气管挂霜，严重时出现液击现象。

排除方法：将过量的制冷剂放出，直至压力接近正常值。

4）系统内有空气

故障原因：因空气是不凝性气体。

检查方法：吸气压力也相应升高，缸盖发烫，排气压力表针摆动幅度加大。

排除方法：关闭系统的送液阀，将制冷剂储藏在冷凝器内，打开储液器上部的放空气阀，把空气排出，直到有制冷剂放出。

5）机组热负荷增加，回风温度过高

故障原因：因机组的热负荷增加，进入蒸发器的制冷剂变成了过热饱和蒸汽。

检查方法：检查机组工作的环境温度。

排除方法：增加机组的台数，降低热负荷量，使工作环境温度降低。

2. 吸气压力过低的原因

1）膨胀阀的开度过小或者阀口堵塞，膨胀阀的感温包中充灌的制冷剂漏掉

故障原因：膨胀阀的开度过小或堵塞，进入蒸发器内部的制冷剂量减少，如果感温包内的制冷剂泄漏掉，在热负荷量的变化下无法调整供液量，始终处于最小状态。

检查方法：观察蒸发器的结霜情况，膨胀阀的供液量不足致使蒸发器不结霜或结浮霜。

排除方法：调整膨胀阀的开度及清洗膨胀阀过滤网，或更换膨胀阀。

2）回气管路堵塞

故障原因：气管路堵塞，致使蒸发器内的制冷剂气体不能完全被压缩机吸入，堵塞形成了阻力。

检查方法：观察蒸发器的结霜情况，用手摸回气管道，堵塞部位的两端会出现温差。

排除方法：拆下管道用氮气冲洗，清除异物。

3）系统中制冷剂量不足

故障原因：系统的制冷剂不足，使系统内的压力相应降低。

检查方法：检查低压压力表是否在规定值范围，结合冷凝器的散热情况及蒸发器的结霜情况判断，制冷剂不足会造成冷凝温度也相应降低，同时蒸发器结霜不均匀。

排除方法：对系统补充适量同型号的制冷剂。

4）回风温度过低

故障原因：回风温度低，致使蒸发器内的制冷剂不能较好地吸收热量蒸发。

检查方法：通过温度计或仪表显示温度情况。

排除方法：减少制冷设备的运转台数或转换为通风。

5）风机风量减少

故障原因：风机出现反转时，风量明显减弱；风机缺相，转速上不去；风机轴承损坏，造成转速过低；风机叶片与螺壳之间的间隙过大；过滤网积尘较厚，堵塞进风量，均会造成风机风量不足。

检查方法：转动风机观察风机转向是否正确，测量电压是否正常，转动风机观察轴承处有无金属摩擦声，检查螺壳与叶片之间的间隙，查看滤网的清洁情况。

排除方法：调整电机的相位，恢复电源，更换轴承，清洁过滤网，或更换风机。

6）压力表损坏

故障原因：压力表损坏，指示的压力值为伪值。

检查方法：在压缩机吸气管工艺管口连接 1 只压力表与仪表进行对比。

排除方法：按操作程序更换压力表。

18.2.3 排气压力过高、过低

1. 排气压力过高

1）冷却风量不足

故障原因：风量过小，不能较好地将冷凝器内制冷剂的热量带走。

检查方法：查看冷凝器周围是否有障碍物，检查风机转速是否正常，有无出现风扇不转或有异常声响。

排除方法：移去冷凝器周围的障碍物，检查电源有无缺相或电压过低，或更换风扇。

2）冷凝器太脏

故障原因：冷凝器表面的污物影响到传热效果。

检查方法：查看冷凝器表面的清洁度，是否有过多的灰尘和异物。

排除方法：对冷凝器进行冲洗。

3）系统内有空气

故障原因：空气是不凝性气体。

检查方法：吸气压力也相应升高，缸盖发烫，排气压力表针摆动幅度加大。

排除方法：送液阀关闭，将制冷剂储藏在冷凝器内，打开储液器上部的放空气阀，把空气排出，直到有制冷剂放出。

4）制冷剂灌注太多

故障原因：加注的制冷剂超过系统的容量，占去了冷凝器的一部分容积，减少了散热面积，引起冷凝压力升高。

检查方法：吸气和排气压力均高于正常压力值，冷凝器温度高，压缩机电流增大，蒸发器结霜不实，吸气管挂霜，严重时出现液击现象。

排除方法：将过量的制冷剂放出，直至压力接近正常值。

5）排气管道与冷凝器管道不畅通

故障原因：系统不清洁，管道有异物或排气阀门未全部打开，致使排气压力升高。

检查方法：检查阀门是否完全打开，摸排气管及冷凝器管道的发热情况是否一致。

排除方法：拆下管道用氮气冲洗，清除异物。

6）制冷剂不纯或灌错

故障原因：不同的制冷剂蒸发温度不一致，都会引起压力升高。

检查方法：核对充注的制冷剂与系统使用的制冷剂。

排除方法：排出系统全部制冷剂，对系统进行抽真空，重新充注制冷剂。

7）排气压力表损坏

故障原因：压力表损坏，指示的高压值为伪值。

检查方法：在压缩机排气管工艺管口连接 1 只压力表与仪表进行对比。

排除方法：按操作程序更换压力表。

2. 排气压力过低

1）制冷剂不足

故障原因：系统的制冷剂不足，使系统的压力相应降低。

检查方法：排气压力也相应降低，同时制冷量下降，蒸发器出现结霜不均匀现象。

排除方法：查明制冷剂不足原因，补充适量的制冷剂。

2）环境温度过低，风量过大

故障原因：环境温度低，压缩机排出的制冷剂气体，经冷凝器冷却得到了过冷制冷剂液体。

检查方法：查看室外温度。

排除方法：通过设置压力控制调整室外风机的工作状态。

3）压力表损坏，停在低位

故障原因：压力表损坏，指示压力值为伪值。

检查方法：在压缩机排气管工艺管口连接 1 只压力表与仪表进行对比。

排除方法：按操作程序更换压力表。

18.2.4 结霜不均匀

蒸发排管结霜不均匀主要是以下几个方面引起的。

1. 制冷剂不足

故障原因：进入蒸发器的制冷剂较少，不能充满蒸发排管，在流动中就已完全蒸发，致使蒸发器不结霜或结浮霜。

检查方法：观察吸气、排气压力；在膨胀阀出口处能听到比平时要大的断续的“吱吱”气流声；停机后，系统内平衡压力一般低于相同环境温度对应的饱和压力。

排除方法：当制冷剂发生泄漏后，不能急于向系统内充注制冷剂，而应立即查找泄漏点，经修复后再充注制冷剂。检修后或新安装的机组，必须加充制冷剂，观察蒸发器的结霜情况。

2. 节流阀阻塞或开启度过小

故障原因：节流阀阻塞或开度过小，使进入蒸发器的制冷剂减少，致使蒸发器不结霜或结浮霜。

检查方法：在热膨胀阀阀体及出口管道上只有一段结霜，蒸发器结霜很少，甚至不结霜，应判断为节流阀阻塞或开启度过小。

排除方法：调大热力膨胀阀开度，吸气压力上升或开始结霜，说明膨胀阀开启度过小；若调大热力膨胀阀开度，吸气压力不变，仍是在热膨胀阀阀体及出口管道上只有一段结霜，说明膨胀阀有阻塞或感温饱内的制冷剂泄漏，应清洁膨胀阀过滤网或更换膨胀阀。

3. 蒸发排管内有油

故障原因：在制冷循环过程中，有些冷冻机油残留在蒸发器管路内，经过长时间的使用，蒸发器内残留的油较多时，会严重影响其传热效果。

检查方法：一般来说，可以通过结霜来判断，若蒸发器结霜不全不实，而此时又未发现其他故障，则可以判断是管路有冷冻油所致。

排除方法：清除蒸发器内的冷冻机油，需要将蒸发器拆下来，进行吹洗后再烘干。如果不易拆卸，可从蒸发器进口处充注制冷剂冲洗几次，然后用氮气吹干。

4. 蒸发排管中有脏堵

故障原因：制冷系统清洗不干净，经过长时间的使用后，污物堵塞了部分蒸发排管，致使部分蒸发排管不能发挥作用。

检查方法：吸气压力降低，吸气管道上有结露，严重时会造成液击现象。

排除方法：需要将蒸发器拆下来，进行吹洗后再烘干。

18.2.5 堵塞

1. 冰堵

当液态制冷剂流经热力膨胀阀的节流小孔时，温度骤然下降，这些混合在液态制冷剂中的水分极易在节流小孔或阀孔周围附近结成小颗粒，呈球状，当冰粒凝结到节流部位时，阻塞了节流通道，即“冰堵”。

故障原因：系统中的水分含量超过一定值时，就会在膨胀阀的出口处形成冰堵。

检查方法：用热毛巾给膨胀阀加热或用酒精灯烧阀体，几分钟后，听膨胀阀的内部有无“嘶嘶”气流声，若有则表明为冰堵故障。

排除方法：冰堵故障不是膨胀阀本身引起的，排除该故障时，不应该拆卸膨胀阀，应该换干燥剂将水分吸出。方法是，过滤器拆下打开，更换干燥剂。最好采用吸水量较大的氯化钙。为防止氯化钙吸水后变成糊状，应在24h内更换一次干燥剂，直至将系统内的水分全部吸出。在最后一次更换干燥剂时，最好采用硅胶，以免氯化钙的存在引起其他故障。

2. 脏堵

脏堵是指制冷系统中的各种污垢引起的堵塞。脏堵故障大多发生在干燥过滤器及热力膨胀阀或其他节流装置前的小过滤网等处。

故障原因：脏堵现象一般发生在膨胀阀的进口处，因进口有过滤网，当过滤出的有形杂物过多时，就会形成堵塞。出现脏堵不完全时，膨胀阀的进口处会结霜，并有微弱的气流声；完全堵塞时，膨胀阀此处无气流声，用酒精灯给阀体加热无效。

检查方法：可用对阀体进行加热的办法进行鉴别。以小块棉花球蘸上酒精，对阀体进行数分钟加热，如果是“冰塞”与“油塞”，通过加热后，可使低压吸气压力 P_0 恢复到正常工作压力（但又很快下降）；如果是“脏堵”，那么虽经加热，仍然丝毫不起变化。此外，若热力膨胀阀感温包中所充注的制冷剂泄漏掉，其现象与“脏堵”相同，但无小过滤网处结霜现象。

排除方法：用扳手拆下膨胀阀的进口端铜管，取出过滤网，用汽油清洗干净后，再装入原位即可。

18.2.6 电磁阀动作不正常

电磁阀动作不正常，常见现象有通电后电磁阀不动作，工作时有噪声，断电后电磁阀不关闭或关闭不严，制冷剂外漏。

1. 通电后电磁阀阀芯不动作

故障原因：电磁线圈烧坏或衔铁被卡住。

排除方法：更换电磁线圈，将阀体打开，检查衔铁被卡住原因，清洗干净后重新装好并进行试验。

2. 通电后出现跳动的“哒哒”声

故障原因：电源电压低于额定值80%以下；电磁阀进出口压力差超过开阀能力，阀芯吸不上去；电磁阀流向安装颠倒；衔铁被卡阻或损坏；短路磁环断裂开路。

排除方法：先查明故障原因，然后根据情况修复。如进出阀口压力差过大时，检查冷凝器散热是否良好，系统中是否有空气存在，并加以排除。电源电压过低时，应调整电源电压使其恢复正常。如电磁阀安错，应根据箭头的方向重新安装。当衔铁被卡阻损坏时，打开清洗修理阀芯或更换新阀芯。如果是短路磁环损坏，则更换短路磁环组件。

3. 断电后电磁阀不关闭

故障原因：剩磁吸住阀芯或阀芯被卡住。

排除方法：检查时，拆开电磁阀，用手拉动阀芯，然后向上推到顶，松手后阀芯下落（垂直）表明有剩磁存在。存在剩磁的原因是挡铁或衔铁的材料不好。

排除方法：更换挡铁或衔铁，并查明阀芯被卡的原因进行清洗修复。

4. 关闭不严

故障原因：存在污物，阀座或阀针受损拉毛，弹簧力过小等。机停后，用手摸电磁阀发凉，并能听到阀内有气流声，表明关闭不严。

排除方法：清洗出阀内的脏物，研磨修整阀座和阀针使其闭合严密，并调整或更换弹簧。

5. 制冷剂外漏

故障原因：密封垫圈受损、紧固螺丝松动或隔磁套管焊缝渗漏。

排除方法：更换密封垫圈，重新紧固各螺丝，补漏或更换隔磁套管。

18.2.7 风机运转不正常

1. 风机不运转

故障原因：风机电源断开或连接线路断路，电气设备损坏或电源控制板有故障，电机轴承卡住或电机烧毁。

检查方法：检查电源，查看电源开关是否接通，电压是否正常，交流接触器、热继电器、控制继电器、温度控制器等是否正常，测量线圈、触头是否良好；检查有无明显的烧损和异味，查看接线有无明显的松脱；测量电子元件有无损坏，风机或风扇电机是否烧毁；转动风机，检查轴承是否卡死。

排除方法：调整电源，更换损坏的电气开关、电源板；重新连接线路；更换损坏的电机或轴承。

2. 风机噪声过大

故障原因：风机平衡性不好，叶片有变形和损坏，风机与电机之间连接松动或间隙过大，轴承损坏，螺壳与叶片发生摩擦。

检查方法：检查叶轮有无明显的变形和损坏，转动风机查看风机的平衡性，听轴承处有无金属的摩擦声，拉动风机与电机查看有无松动。

排除方法：重新调整风机的平衡性，更换风机轴承，将风机与电机的间隙调整好，叶片损坏必须更换风机。

3. 风机风量不足

故障原因：风机出现反转时，风量明显减弱；风机缺相，转速上不去；风机轴承损坏，造成转速过低；风机叶片与螺壳之间的间隙过大；过滤网积尘较厚，堵塞进风量，均会造成风机风量不足。

检查方法：转动风机观察风机转向是否正确，测量电压是否正常，转动风机观察轴承处有无金属摩擦声，检查螺壳与叶片之间的间隙，查看滤网的清洁情况。

排除方法：调整电机的相位，恢复电源，更换轴承，清洁过滤网，或更换风机。

第19章

LF84N空调的部件更换

系统各单位采用的LF84N空调机组与LF86N空调机组的结构、原理基本一致，只是制冷的功率有所提高，本章主要围绕LF84N空调机组易损坏部件的更换进行讲解，LF84N型空调图纸见附图7。

19.1 压缩机的更换

压缩机是制冷剂循环流动的核心工作部件，LF84N空调机组采用的是涡旋式压缩机。如果润滑油不足、油路堵塞及润滑油中有污物杂质或本地区的电压不稳定，长时间运行，容易造成压缩机故障率上升，可能会出现压缩机机械故障或压缩机电机线圈烧毁等现象。压缩机出现故障后，大多采取的处理方法是对压缩机进行整体更换。在处理的过程中，先要判断压缩机是机械故障还是电机烧毁，可根据故障现象进行妥善处理。

19.1.1 压缩机故障的判断

压缩机无法启动，多是电路、电动机或机械方面出现故障，可从以下几个方面进行检查。

1. 电源、电气、电路的检查

压缩机不能启动，首先要检查电源是否正常，查看电源开关是否接通，用万用表测量电压是否正常，若出现电源问题，应查明原因排除问题。

其次要检查控制电路中的电气设备，如交流接触器、热继电器，控制继电器、温度控制器等，可用万用表测量线圈、触头是否良好。

再次要检查电源控制板及电路，通过外观检视方法检查有无明显的烧损和异味，查看接线有无明显的松脱；通过测量的方法检查电子元件有无损坏。

2. 压缩机的检查

判明电源、电气及电路确无故障后，加电短暂运行，压缩机仍不能启动，应对压缩机进行检查。

在检查压缩机绕组之前，先断其电源，取下电机接线柱保护盖，将压缩机绕组上的引线拆除。再选用万用表测量绕组的阻值，在使用万用表测量时，应将万用表转换为 Ωx1 挡位并调整好，压缩机绕组的阻值一般只有几欧姆。测量时可将表笔接触任意两个接线柱再交叉测量，检测时发现电阻值很小或趋于0 时，可将一表笔接触接线柱，另一表笔接地（压缩机的外壳），逐个接线柱测量，测量阻值趋于 0，则说明绕组已接地或是电机的绝缘损坏（电机烧毁），需要更换压缩机。检测如果绕组之间的阻值均有几欧姆，对地进行绝缘测量时，阻值在 2MΩ 以上，则说明电机正常，应判断为压缩机机械故障。

19.1.2 机械故障而更换压缩机

压缩机的机械故障主要表现在两个方面：抱轴与卡缸。抱轴，大多是由润滑油不足引起的，润滑系统油路堵塞或供油中断、润滑油中有污物杂质而使黏性增大等都会导致抱轴。卡缸，由于活塞与汽缸之间配合间隙过小或热膨胀关系而卡死。抱轴、卡缸是压缩机常见故障，严重时由于堵塞影响转动，电流迅速增大而使电机烧毁。轻微的抱轴、卡缸可酌情处理，严重时必须更换压缩机。

1. 轻微抱轴、卡缸的处理

在接通电源之前，可用木锤或橡胶锤轻轻敲击压缩机的外壳，并不断变换敲击位置，由于涡旋式压缩机电机在下部，因此主要敲击上半部周围。

在接通电源后，继续敲击压缩机的外壳直到故障排除。如果抱轴、卡缸严重，敲击无用，则需要更换压缩机。

2. 压缩机的更换

1）准备工作

更换压缩机时，要做到准备工作充分，具体如下：

（1）配备功率及使用制冷剂一致或同型号的压缩机。

（2）准备好焊接材料与维修工具。

（3）准备好制冷剂回收的器具。

（4）准备好同型号的制冷剂和润滑油。

（5）准备好焊接时的消防器材。

2）更换的步骤与操作方法

（1）关闭冷凝器内气、液管上的截止阀，使大部分制冷剂储存在冷凝器内与储液器内。LF84N 空调机组对储液器的安装位置不一致，有的在内机组，有的在外机组，虽然在结构上有所区别，但关闭内机组的截止阀能达到同样的效果。

（2）从压缩机吸气管道上的充注工艺管口收集压缩机、蒸发器、连接管道的制冷剂，避免造成制冷剂的浪费，直至压力基本为0MPa，即可停止收集。

（3）拆卸压缩机的电源引线，并标明相位，同时拆除压缩机吸气管道上的隔热材料。

（4）通过气焊设备分离进/排气管，松开固定螺钉，移开损坏压缩机，换上配备的新压缩机，在换上新压缩机前要检查润滑油量是否充足，如果润滑油损失过多要补充适量的润滑油。

（5）在安装压缩机时，减振橡胶垫圈不可损坏或不用，压缩机保持垂直，不可倾斜，固定螺母拧紧即可；同时调整好进排气管的位置，将气、液管管口插入压缩机的接口内，周围的缝隙做到基本一致，再进行焊接，焊接要美观可靠。

（6）焊接完毕后，用氮气进行压力试验，检查焊接的可靠性。压力试验完毕，进行保压试验，也可采用真空度进行保压试验的方法检查密封性。试验合格后，排出系统的氮气，当压力降低到低压范围时，将充注工艺管口的阀芯取出，这样有利于焊接时的氧化物的排出。

（7）系统的氮气排出后，装好充注工艺管口的阀芯，采用真空泵对系统进行抽真空处理，当真空度达到760mmHg（0.1MPa）即可。如果在上述过程中未进行保压试验，此时要进行真空度的保压试验。

（8）连接好压缩机的引线，打开系统各截止阀。

（9）合上电源开关，检查电源是否正常，启动压缩机，观察压缩机的运转方向是否正确，有异常时必须迅速调整，确保接线正确，并仔细观察压缩机的运行状态。

（10）压缩机正常后，开启 LF84N 空调机组，对系统补充制冷剂，逐步慢慢添加，要密切关注低压表的读数，当环境温度较高时，压力在 0.5MPa 左右，当环境温度较低时，压力在 0.4MPa 左右，一定要注意周围环境的温度。

（11）LF84N 空调机组调整完毕后，在 24h 内要密切监视设备的整体运行状态，尤其是压缩机，有无过热、异常声响等。

19.1.3 电机烧毁而更换压缩机

压缩机电机烧毁，对系统的制冷剂和润滑油造成极大的破坏，电机的烧毁使润滑油变质，较多的污物会进入系统，必须进行净化处理，变质严重则净化处理无价值，如果不处理，可能会导致更换后的压缩机再次损坏，现一般压缩机电机烧毁后，系统的制冷剂和润滑油不再使用。

1. 准备工作

准备工作在机械故障而更换压缩机时的准备工作基础上，若净化处理，需要多配备 1 ~ 2 只过滤器。

2. 更换的步骤与操作方法

1）系统的润滑油与制冷剂不再使用

（1）通过室外机组工艺管口将 LF84N 空调机组系统内的制冷剂及润滑油全部排出。

（2）拆卸压缩机的电源引线，并标明相位，同时拆除压缩机吸气管道上的隔热材料。

（3）通过气焊设备分离进/排气管，松开固定螺钉，移开损坏压缩机，换上配备的新压缩机。

（4）在安装压缩机时，减振橡胶垫圈不可损坏或不用，压缩机保持垂直，不可倾斜，固定螺母拧紧即可；同时调整好进排气管的位置，将气、液管管口插入压缩机的接口内，周围的缝隙做到基本一致，再进行焊接，焊接要美观可靠。

（5）焊接完毕后，用氮气进行压力试验，检查焊接的可靠性。压力试验完毕，进行保压试验，也可采用真空度进行保压试验的方法检查密封性。试验合格后，排出系统的氮气，当压力降低到低压范围时，将充注工艺管口的阀芯取出，这样有利于焊接时的氧化物的排除。

（6）系统的氮气排出后，装好充注工艺管口的阀芯，采用真空泵对系统进行抽真空处理，当真空度达到 760mmHg（0.1MPa）即可。如果在上述过程中未进行保压试验，此时要进行真空度的保压试验。

（7）通过吸入的方法对系统补充适量的润滑油，操作时防止空气进入。

（8）合上电源开关，检查电源是否正常，启动压缩机，检查压缩机接线是否正确，观察压缩机的运行状态。

(9) 开启 LF84N 空调机组，对系统补充制冷剂，逐步慢慢添加，要密切关注低压表的读数，当环境温度较高时，压力在 0.5MPa 左右，当环境温度较低时，压力在 0.4MPa 左右，一定要注意周围环境的温度。

(10) LF84N 空调机组调整完毕后，在 24h 内要密切关注设备的整体运行状态，尤其是压缩机，有无过热、异常声响等。

2) 系统的润滑油与制冷剂仍需使用

(1) 关闭冷凝器内气、液管管路上的截止阀，使大部分制冷剂储存在冷凝器内与储液器内。LF84N 空调机组对储液器的安装位置不一致，有的在内机组，有的在外机组，虽然在结构上有所区别，但关闭内机组的截止阀能达到同样的效果。

(2) 从压缩机吸气管道上的充注工艺管口把压缩机及蒸发器与连接管道的制冷剂进行收集，避免造成制冷剂的浪费，直至压力基本为 0MPa，即可停止收集。

(3) 拆卸压缩机的电源引线，并标明相位，同时拆除压缩机吸气管道上的隔热材料。

(4) 通过气焊设备分离进/排气管，松开固定螺钉，移开损坏压缩机，换上配备的新压缩机。

(5) 在安装压缩机时，减振橡胶垫圈不可损坏或不用，压缩机保持垂直，不可倾斜，固定螺母拧紧即可；同时调整好进排气管的位置，将气、液管管口插入压缩机的接口内，周围的缝隙做到基本一致，再进行焊接，焊接要美观可靠。

(6) 焊接完毕后，用氮气进行压力试验，检查焊接的可靠性。压力试验完毕，进行保压试验，也可采用真空度进行保压试验的方法检查密封性。试验合格后，排出系统的氮气，当压力降低到低压范围时，将充注工艺管口的阀芯取出，这样有利于焊接时的氧化物的排出。

(7) 系统的氮气排出后，装好充注工艺管口的阀芯，采用真空泵对系统进行抽真空处理，当真空度达到 760mmHg（0.1MPa）即可。如果在上述过程中未进行保压试验，此时要进行真空度的密封性试验。

(8) 通过吸入的方法对系统补充适量的润滑油，操作时防止空气进入。

(9) 连接好压缩机的引线，打开系统各截止阀。

(10) 合上电源开关，检查电源是否正常，启动压缩机，查看压缩机的运转方向是否正确，有异常时必须迅速调整，确保接线正确，并仔细观察压缩机的运行状态。

(11) 压缩机正常后，开启 LF84N 空调机组，对系统补充制冷剂，逐步慢慢添加，要密切监视低压表的读数，当环境温度较高时，吸气压力在 0.5MPa 左右，当环境温度较低时，吸气压力在 0.4MPa 左右，一定要注意周围环境的温度。

（12）LF84N 空调机组调整完毕后，运行 1～2h 后，检查吸气压力的变化，关闭过滤器前的截止阀，停止机组运行，更换过滤器。

（13）更换过滤器时，可以在管道上焊接 1 只工艺管口，便于此段检漏及抽真空，同时可以检查油质情况，如果过滤不彻底，机组运行 24h 后，再次更换过滤器，确保系统油质无污物。

（14）LF84N 空调机组调整完毕后，在 24h 内要密切监视设备的整体运行状态，尤其是压缩机，有无过热、异常声响及高低值的变化情况，并对焊接处再次用肥皂水进行检漏。

19.2 过滤器的更换

干燥过滤器是制冷系统中的净化设备，堵塞故障大多发生在过滤器及热力膨胀阀前的小过滤网等处。LF84N 空调机组采用的是密封式干燥过滤器，焊接在冷凝器与膨胀阀连接的管路中，进口侧安装了截止阀，出口侧连接电磁阀，如果出现堵塞故障现象，更换较为方便。

19.2.1 过滤器故障的判断

判断过滤器堵塞主要通过吸气压力和管路的温差来进行综合分析。

LF84N 空调机组运行后，如出现堵塞现象，吸气压力逐步下降，严重时，会因低压保护造成压缩机停止运行。当然制冷系统出现吸气压力过低的原因较多，如膨胀阀的阀口开度过小或阀口堵塞，系统中制冷剂量不足，回风温度过低，风机风量减少都会导致吸气压力降低，但过滤器出现堵塞最明显的特征是过滤器两端的温差较大，进口侧很凉，出口侧与环境温度接近。由于吸气压力降低，且过滤器两端的温差又较大，可以判断过滤器出现堵塞。

19.2.2 过滤器的更换

1. 准备工作

（1）准备型号与口径一致的过滤器 1～2 只。

（2）准备1只工艺管口。

（3）准备好焊接材料与维修工具。

2. 更换的步骤与方法

（1）关闭过滤器进口侧截止阀，开启机组，因压力降低，压缩机自动停止运行，电磁阀也随之关闭，管路较短，内部剩余的制冷剂较少，不必调整压力控制器让压缩机强行运行。

（2）为确保操作安全，断开主电源开关。

（3）可先用手电钻在连接过滤器的管道上钻小孔，将管道内的制冷剂排出，同时在小孔处安装1只工艺管口，便于对此段进行抽真空。

（4）用气焊设备对过滤器焊接处加热，拆除堵塞的过滤器，更换上新的过滤器，焊接要可靠。

（5）焊接完毕，通过焊接的工艺管口对此段进行抽真空，真空度达到0.1MPa即可，如果真空度一直达不到要求，则有可能是焊接不严，这时需要重新焊接，再次进行抽真空。如果在抽真空的过程中，有制冷剂气体溢出，则有可能是电磁阀或截至阀关闭不严，应停止抽真空，关闭工艺管口，打开截止阀，将制冷剂充满此段管道，然后迅速关闭截止阀。用卤素灯或肥皂水检查焊接处有无渗漏现象，如果密封良好，则更换成功。

（6）将此段的制冷剂通过工艺管口再次排出，略大于大气压时则关闭管口，内部基本无空气存在。

（7）打开截止阀，接通电源，对机组试运行。

（8）观察机组运行情况，观察更换后过滤器两端的温差情况，温度没有较大差异，则说明过滤器正常。

（9）根据压力及环境温度情况，决定是否需要补充制冷剂。

（10）更换过滤器后，要密切监视设备的运行情况。

19.3 室内外风机更换

风机是风冷设备不可缺少的元件之一，采用强制通风对流的方式进行热交换。LF84N空调机组室内机采用的是离心式风机，室外机采用的是轴流式风扇。室内外风机的性能，直接影响制冷的效果，如果风机叶轮或风扇叶片损坏，则必须更换风机或风扇，如果是电机烧毁，则需要重新更换电机或修理绕组。

19.3.1 室内外风机的故障判断

风机或风扇出现的故障一般有风机或风扇不运转、噪声过大，应根据故障现象查明原因再做处理。

1. 电源、电气、电路的检查

首先检查电源，查看电源开关是否接通，电压是否正常。

其次检查控制电路中的电气设备，如交流接触器、热继电器，控制继电器、温度控制器等是否正常，测量线圈、触头是否良好。（注意 LF86N 机组，室外风扇受压力控制，当排气压力低于 1.3MPa 时，风扇停止运行。）

再次检查电源控制板及电路，通过外观检视方法检查有无明显的烧损和异味，查看接线有无明显的松脱；测量电子元件有无损坏。

2. 风机或风扇电机烧毁

检查风机或风扇电机时，断其电源，将风机或风扇绕组上的引线拆除，选用万用表测量绕组的阻值，测量时可将表笔接触任意两个接线柱，再交叉测量，检测时发现电阻值很小或趋于 0 时，可将一表笔接触接线柱，另一表笔接地（电机的外壳），逐个接线柱测量，测量阻值趋于 0，则说明绕组已接地或是电机的绝缘损坏（电机烧毁），需要更换电机。

3. 风机或风扇电机轴承损坏

拨动风机叶轮，听有无明显的金属摩擦声，如转动时阻力较大，且在轴承部位发出金属的摩擦声，应判明轴承损坏。

4. 风机或风扇噪声过大

转动风机和风扇，检查平衡性是否良好，查看叶片有无变形和损坏，检查风扇与电机轴之间连接是否松动或间隙是否过大。

19.3.2 室内风机的更换

1. 准备工作

（1）准备功率、型号和外形尺寸一致的风机 1 ~ 2 台。

（2）准备常用的维修工具。

2. 更换的步骤方法

（1）断开主电源，拆除室内风机电机引线及引风口。

（2）打开顶盖板及机组上部前后各 2 块盖板。

（3）松开风机底座上的固定螺母，通过上部抬出损坏的风机。

（4）将配备的风机按原位固定好，安装方向要正确。

（5）连接好电源线，加电试运行，查看风机转向是否正确，如果出现方向错误，对相序进行调整即可。

（6）风机调整完毕后，装好顶盖板及机组上部前后盖板。

（7）对更换完毕的风机要进行一段时间的运行检查。

19.3.3 室外风机的更换

1. 准备工作

（1）准备功率、型号一致的风机 1～2 台。

（2）准备常用的维修工具。

2. 更换的步骤方法

（1）断开室外风机的电源，拆除风扇的防护网。

（2）打开冷凝器盖板，拆除风扇的电源线。

（3）松开固定螺母，通过上部抬出风扇与电机。

（4）将备用的室外风机安装在原位上，在安装时要检查支架有无锈蚀和损坏，安装时要保持电机的水平。

（5）安装好风扇防护网，连接好电机的电源线，开启机组运行，检查电机运转方向是否正确，轴流式风扇一般是向叶片低的一侧运行。如果不正确，可通过相序进行调整。

（6）安装好冷凝器的盖板，进行运行检查。

注：LF84N 与 LF86N 机组室外风机采用的均是 6 个叶片轴流式风扇，风扇固定在电机轴上，电动机与风扇可以单独更换，如果只需更换风扇叶片时，只要断其电源，拆除防护网，松开风扇轴中紧固螺母，拉出风扇，安装上新的叶片，安装时要注意不要使叶片变形。

19.4 电磁阀的更换

电磁阀在制冷系统中是关闭和开启管路的阀门，电磁阀在运行中与压缩机的运行一致，为防止压缩机停机时，制冷剂过多进入蒸发器，以便于压缩机再次启动。在工作中电磁阀常有通电后电磁阀不动作，工作时有噪声，断电后不关闭或关闭不严，制冷剂外漏等故障，需根据情况进行修理或更换。

19.4.1 电磁阀的故障判断

1. 通电后阀芯不动作

测量电磁线圈是否烧坏，查看衔铁是否被卡住。

2. 通电后出现跳动的“嗒嗒”声

检查电源电压低于额定值 80% 以下；电磁阀进出口压力差超过开阀能力，阀芯吸不上去；电磁阀流向安装颠倒；衔铁被卡阻或损坏；短路磁环断裂开路。

3. 断电后电磁阀不关闭

剩磁吸住阀芯或阀芯被卡住。

4. 关闭不严

故障原因一般是存在脏物，阀座或阀针受损拉毛，弹簧力过小等。停机后，用手摸电磁阀发凉，并能听到电磁阀内有气流声，表明关闭不严。

5. 制冷剂外漏

密封垫圈受损、紧固螺丝松动或套管焊缝渗漏。

如果出现上列现象，必须对电磁阀进行修理或更换。

19.4.2 电磁阀的更换

1. 准备工作

（1）配备型号、工作电压、阀门通径、适用介质、使用温度、工作压力及压力差一致的电磁阀1只。

（2）准备好焊接材料与维修工具。

2. 更换的步骤方法

（1）关闭过滤器前端的截止阀，打开压缩机运行，将制冷剂收集到储液器与冷凝器内，低压力表压力为0时，即可关闭压缩机排气管上的截止阀，停止压缩机运行。

（2）断开主电源开关，拔出电磁阀引线。

（3）用气焊设备对电磁阀焊接处加热，拆除电磁阀，更换新的电磁阀，更换时流向不可颠倒，箭头标示的方向与制冷剂的流向一致。

（4）电磁阀安装后应做切断或接通电路试验。若电路通断能听到铁芯上下撞击声，则说明电磁阀启闭灵活；否则，即有故障，应进行拆检或更换。

（5）通断试验完毕，通过高压管道上的工艺管口对此段进行抽真空，真空度达到0.1MPa即可。进行真空保压24h检查焊接的密封性，如无明显的压力变化，说明焊接可靠。

（6）打开各截止阀，接通电源，对机组试运行，对焊接处再次用肥皂水进行检漏。

19.5 仪表的更换

压力表可反映系统制冷剂的循环变化情况，对设备的运行提供参考依据，如果压力表损坏或指示不正确，既不便于掌握设备的运行状态，也不便于对设备进行调整，当压力表损坏时或指示不正确时，要及时更换。

19.5.1 压力表损坏的现象

为保证压力表的准确度，每年对压力表进行一次检验，如果指示误差超过表的精度等级乘以表的最大刻度值和正负允许值时，或在日常工作中压力表出现以下几种情况时，应对压力表进行更换。

（1）压力表误差过大，指示不准确。

（2）压力表指针被卡住，始终停在某一刻度，机组运行与停机后均无变化。

（3）压力表损坏，出现指针松脱、漏油现象。

（4）压力表抖动剧烈，无法正确读数。如果系统无空气，应为压力表损坏。

19.5.2 低压表的更换

1. 准备工作

（1）配备精度等级、压力范围、适用介质、连接口径、表面大小一致的压力表1~2只，并检查合格证与检验时间。

（2）准备常用的维修工具。

2. 更换的步骤方法

（1）在压缩机吸气管道上的工艺管口连接1只压力表，显示机组运行的低压值。

（2）关闭过滤器前端的截止阀，将压力控制器低压压力保护值调整至0.05MPa，开启机组运行，当机组自动停机后，迅速关闭排气管道上的截止阀。

（3）松开低压表的固定螺母及附件，将连接的铜管适当调整，移至便于压力表更换操作的空间，操作时要防止铜管凹陷和断裂。

（4）松开铜管与压力表连接的螺母，操作时要将铜管连接喇叭口与压力表端口紧贴，完全松开螺母后，迅速拿开损坏的压力表，用手指堵住喇叭口，此时会有少量的制冷剂溢出，由于内部有压力，空气不会进入内部，这样可省去抽真空的步骤。

（5）将准备好的压力表迅速与喇叭口对接并压紧，拧紧连接螺母。调整铜管将压力表固定在机组的面板上，动作不要过大，防止铜管损坏。

（6）打开过滤器前端的截止阀，将压力控制器低压压力保护值调整至0.3MPa，打开排气管道上的截止阀，开启机组运行，将更换的压力表与工艺管口连接的压力表的指示值进行比对，观察压力表的精确度，再拆除工艺管口连接的压力表。此时压力表的更换程序结束。

19.5.3 高压表的更换

1. 准备工作

（1）配备精度等级、压力范围、适用介质、连接口径、表面大小一致的压力表1~2只，并检查合格证与检验时间。

（2）准备常用的维修工具。

（3）准备补充制冷剂的工具及制冷剂。

（4）抽好真空的钢瓶1只。

2. 更换的步骤方法

（1）在压缩机排气管道上的工艺管口连接1只三通阀和1只压力表，显示机组运行的高压值。

（2）关闭过滤器前端的截止阀，将压力控制器低压压力保护值调整至0，开启机组运行，当机组自动停机后，迅速关闭排气管道上的截止阀。

（3）机组停运行3min后，通过三通阀与抽好真空的钢瓶连接，打开三通阀，排出连接管道的空气，因高压端管道较长，内部的制冷剂较多，将部分制冷剂回收至钢瓶，通过工艺管口连接的压力表观察压力值，若压力值较高，可通过对钢瓶冷却的方式继续回收，把压力降至0.05MPa，关闭连接的钢瓶。

（4）松开高压表的固定螺母及附件，将连接的铜管适当调整，移至便于压力表更换操作的空间，操作时要防止铜管凹陷和断裂。

（5）松开铜管与压力表连接的螺母，操作时要将铜管连接喇叭口与压力表端口紧贴，完全松开螺母后，迅速拿开损坏的压力表，用手指堵住喇叭口，此时会有少量的制冷剂气体溢出，由于内部有压力，空气不会进入内部，这样可省去抽真空的步骤。

（6）将准备好的压力表迅速与喇叭口对接并压紧，拧紧连接螺母。调整铜管将压力表固定在机组的面板上，动作不要过大，防止铜管损坏。

（7）打开过滤器前端的截止阀，将压力控制器低压压力保护值调整至0.3MPa，打开排气管道上的截止阀，开启机组运行，将更换的压力表与工艺管口连接的压力表的指示值进行比对，观察压力表的精确度，再拆除排气管道上工艺管口连接的压力表。

（8）由于系统放出了部分制冷剂，机组运行时，要检查高低压值的变化，通过低压管道上的工艺管口将放出的制冷剂补充至系统内。如果设备运行正常，制冷效果良好，压力值正常，可以不做补充（一般环境温度高时使用制冷剂量减少，温度低时使用的制冷剂量增加）。

第20章

独立式空调机和除湿机

自身带有冷、热源装置的空调机称为独立式空调机，只用于排出室内多余水蒸气的专用装置称为除湿机。独立式空调机包括房间空调机、柜式空调机、恒温恒湿空调机和汽车、飞机、船舶上使用的专用空调机等。本章介绍独立式空调机和除湿机的主要性能、基本结构、安装测试和故障排除等基本知识。

20.1 房间空调器概述

采用全封闭压缩机和风冷式冷凝器，制冷量在 14kW 以下，供面积不大的房间选用的独立式空调机，称为房间空调器，代号 K。本节主要介绍制冷量在 7kW 以下的家庭用房间空调器。

20.1.1 房间空调器的分类

1. 按功能不同分类

按功能不同，房间空调器主要可分为冷风型、热泵型、电热型和热泵辅助电热型等。

冷风型的代号为 L，在型号表示中通常省略不写。冷风型空调器只能用于夏季供冷风。

热泵型的代号为 R。它夏季可供冷风，冬季可供热风。

电热型的代号为 D。它夏季供冷风，冬季利用电热供热风。

热泵辅助电热型的代号为 Rd。这种空调器在冬季严寒时，可利用辅助电热来补偿热泵供热的不足。

有些房间空调器还具有独立抽湿功能，如冷风抽湿型、热泵抽湿型等。

2. 按结构型式和安装方式不同分类

按结构型式不同，房间空调器可分为整体式和分体式两类。整体式通常安装在房间窗户处，或在房间外墙上开设专用洞口安装，故又称窗式空调器，代号为C。分体式空调器代号为F，它由室内机组和室外机组两大部分组成。冷风型的室内机组包括蒸发器、毛细管、温度控制开关和电气控制器件及室内循环风机等；室外机组为压缩冷凝机组，包括压缩机、冷凝器及供冷凝器散热用的轴流风机等，室外机组代号为W。

分体式空调器按室内机组的安装方式不同，又可分为吊顶式（代号D）、挂墙式（代号G）、落地式（代号L）、嵌入式（代号K）和台式（代号T）等。

3. 可调制冷量空调器

20世纪80年代末世界各大空调器厂均开发了可调制冷量空调器。这种空调器在夏季制冷时可以快速将房间温度降低，而当室温接近设定的温度时即可减少空调器的制冷量，使之能形成平衡房间热量的冷负荷就可。在冬季供热时则可快速令房间升温，接近设定的室温时制热量即可减少到平衡房间的漏热量的水平。

现在可调制冷量的空调器多采用变频方式，称为变频式空调器。变频方式有交流变频和直流变频两种。变频式空调器通过调频（交流）或调压（直流）使压缩机的转速发生变化，从而使压缩机的排气量变化，以达改变制冷量或制热量的目的。

图20.1所示为日本研制的可调制冷量和制热量的热泵型空调器的调节范围。

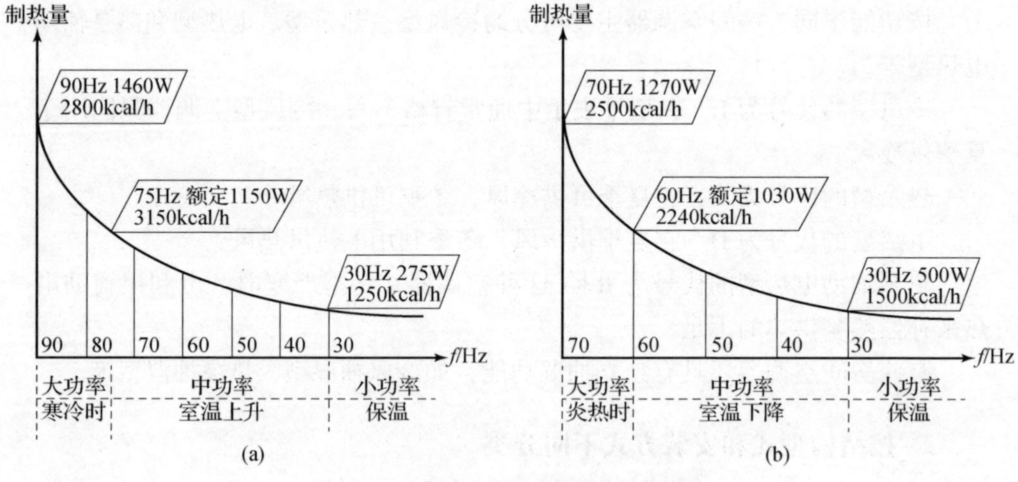

图20.1　变频式热泵型空调器的调节范围

交流变频式空调器的基本工作原理如图 20.2 所示。

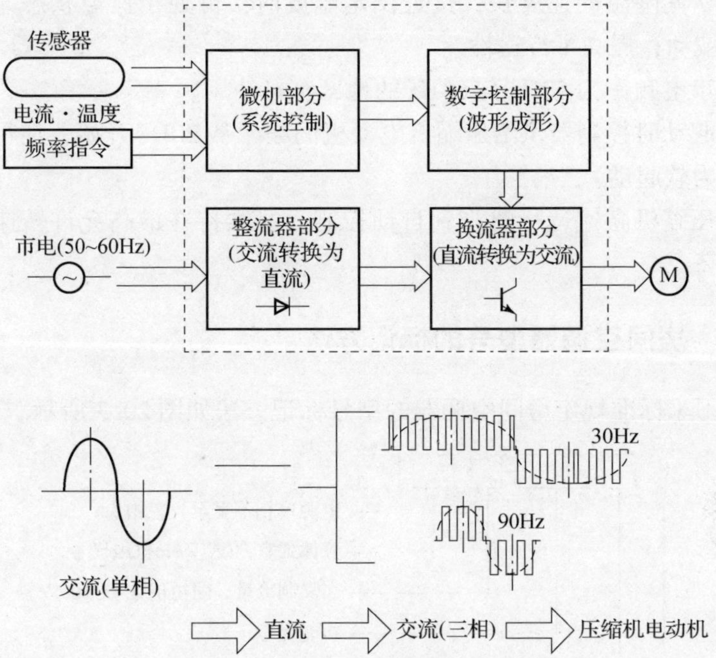

图 20.2　交流变频式空调器的工作原理

控制回路把设定的室内温度转换为频率指令，同时温度传感器测量出房间的实际温度。上述两值一起输入微机进行运算，其运算结果送入波形成形部分产生正弦脉宽调制（SPWM）系列脉冲波形，以控制换流器（又称逆变器）。

主回路将输入的单相交流电（50 ~ 60Hz 市电）经整流器整流变为直流，然后送入换流器，受波形成形部分输入换流器的指令控制。换流器再将直流转换为频率合乎要求的三相交流电，最后输入压缩机的电动机。

当传感器测出的室内实际温度与设定温度相差较大时，换流器输出的交流电频率较高（如 90Hz），压缩机电动机转动快，制冷剂流量大，空调器的制冷量或制热量相应也大。当传感器测出的室内实际温度接近设定值时，换流器输出的交流电频率较低（如 30Hz），压缩机电动机转动慢，制冷剂流量小，空调器的制冷量或制热量相应减小。

直流变频式空调器将交流市电整流变为直流电后，再经功率模块输出大小可调的直流电压，驱动压缩机的直流调速电动机。可见，它是通过调压来改变压缩机的转速的，从而使空调器制冷量可调。

可调制冷量空调器的优点如下：

（1）用调节制冷量的方法来调节房间温度，使制冷压缩机的输气量根据负荷变化成比例调节，可节省电能 30% 以上。

（2）房间降温的速度快，接近设定温度时，可处于保温状态，大大减小了室温的波动，提高了舒适性。

（3）市电频率为 50Hz 与 60Hz 的地区都可使用。

（4）起动时控制器供给压缩机电动机的频率从 20Hz 开始，使得起动电流小（常称为软起动）。

（5）压缩机高速运行时受到自动控制，能维持在最高允许转速以下，安全可靠性高。

20.1.2 房间空调器型号的标记方法

我国国家标准规定房间空调器的型号标记方法如图 20.3 所示。

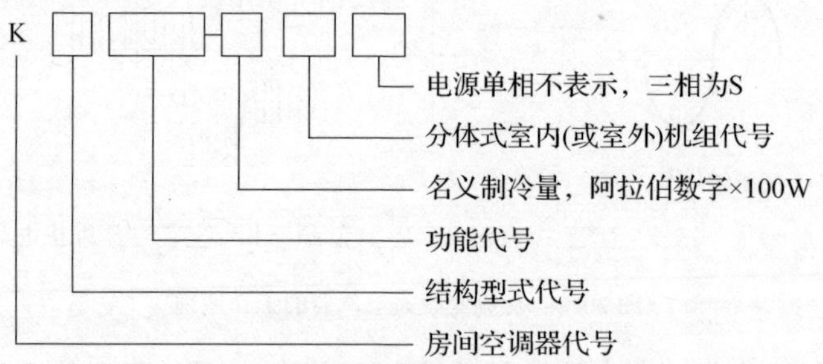

图 20.3　房间空调器的型号标记方法

例如，KC－18 代表冷风型窗式空调器，制冷量为 1800W，单相电源；KFR－45WS 代表分体式热泵型空调器的室外机组，制冷量为 4500W，采用三相电源。

随着空调技术的发展，国内一些空调器生产厂家相继推出了各自的新型空调器，在型号标记方法上也有所变化。例如，在型号标记尾部用字符 BP 表示变频空调器，用字符 M 表示模糊控制空调器等。

20.1.3 房间空调器的主要性能参数和能效要求

房间空调器的主要性能参数有制冷量、制热量、循环风量、冷风比、消耗功率、能效比和噪声等。

小型房间空调器要求制冷量不小于名义制冷量的 92%，名义制冷量的优先选用系列为（单位 W）：1250、1400、1600、1800、2000、2250、2500、2800、3150、3500，4000、4500、5000、5600、6300、7100、8000、9000 等。

空调器的冷风比和噪声的要求见表 20.1。

表 20.1 空调器的冷风比和噪声要求

名义制冷量/W		1163 ~ 2605	2908 ~ 4129	4652 ~ 6513
冷风比/(kJ · m^{-3})		≥14.6	≥15.9	≥18.8
噪声/dB	室内侧	≤54	≤58	≤60
	室外侧	≤62	≤65	≤68

通常对空调器的工作环境温度要求为冷风型 21 ~ 43℃，热泵型 5 ~ 43℃，电热型≤43℃，热泵辅助电热型 -5 ~ 43℃。

20.1.4 空调器安装负荷的概算指标

对给定的房间，确定选用的空调器所需的夏季制冷能力（安装冷负荷），理论计算较为复杂，一般可参考表 20.2 所列冷负荷指标的经验数据进行概算。

表 20.2 选择空调器冷负荷概算指标

房间功能	冷负荷指标/(W · m^{-2})	房间功能	冷负荷指标/(W · m^{-2})
普通房间	120 ~ 145	服装店、珠宝店	160 ~ 200
客厅、饭厅	145 ~ 175	百货商店	175 ~ 220
小型个人办公室	145	银行大厅	160 ~ 200
一般办公室	175	会议室、茶座、餐厅	350 ~ 440
理发厅	220 ~ 350	小型餐厅	190 ~ 220
博物馆、图书馆	145 ~ 175	戏院、电影院	每个人 290

20.1.5 热泵型空调器的特点

热泵型空调器夏季用于供冷，冬季用于供热，共用同一制冷系统，基本结构与普通空调器相同，只需增设一个电磁四通换向阀，用于制冷和制热切换时，改变制冷剂流经室内和室外换热器及毛细管的流向，使室内侧换热器在夏季作蒸发器、冬季作冷凝器，而室外侧换热器在夏季作冷凝器、冬季作蒸发器，如图 20.4 所示。

由于制冷循环与制热循环工况差别较大，在制热循环时，需要的节流毛细管较长，因此将节流毛细管分为主毛细管和辅助毛细管，让辅助毛细管和一只单向阀并联后与主毛细管串接。

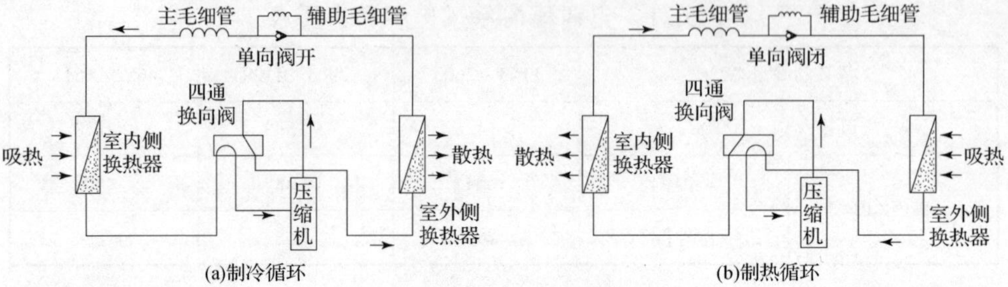

图 20.4　热泵型空调器结构

在制冷时，单向阀开，制冷剂通过单向阀流经主毛细管节流；制热时，单向阀闭，制冷剂需流经主毛细管和辅助毛细管两者节流。

冬季制热循环时，为了能在较低气温下吸收外部空气的热量，提高制热效率，需要增大室外侧换热器的传热面积；同时室外侧换热器冬季长期在低温（0～7℃）下工作，其翅片表面有可能结霜而降低制热效果，因此需考虑室外侧换热器在冬季的化霜问题。

20.2　窗式空调器和分体式空调器

本节介绍窗式空调器和分体式空调器的基本结构、使用与安装等知识。

20.2.1　窗式空调器

冷风型窗式空调器为整体式空调，结构较为简单，在20世纪90年代使用较为广泛。但由于压缩机、送风风机和冷却风机同装于一机体内，运行噪声较大。加上制冷量较小、美观性较差等原因，逐渐被市场淘汰。这里，不多做介绍。

20.2.2　分体式空调器

分体式空调器由室内机、室外机以及连接管道和电缆线组成。视室内机的种类不同，可分为挂墙式、吊顶式、吸顶式、落地式、柜式等。下面以使用最广泛的挂墙式为例进行介绍。

1. 基本结构

挂墙式空调器的基本结构主要由室内机组、室外机组和连接管道三部分组成。

1）室内机组

室内机体一般做成薄长方体，它由外壳、室内换热器（冷风型为蒸发器，热泵型夏季为蒸发器、冬季为冷凝器）、贯流式（或称横流式）风机及电动机、电气控制系统和接水盘组成。外壳前面上部是室内回风的百叶式进风栅及插入式过滤网，下部是百叶送风栅；室内换热器斜装于机壳内回风进风栅的后部，即机壳内上部；贯流式风机装于机壳内送风栅的后部，即机壳内下部，它把吸入的室内回风经室内换热器处理（夏季冷却去湿，冬季加热升温）后吹送入房间内；机壳后部装有与室外机中的压缩机和换热器连接的气管和液管接管头；电控系统与风机电动机装于机壳内的一端，电控系统位于上部，风机电动机位于下部，并与风机共轴；机壳底部为接水盘，并装有排放冷凝水的接管管头。贯流式风机具有径向尺寸小、送风量大、运行噪声低的优点。此外，为便于按需要调整送风方向，送风口设有控制出风角度的导风板和风向片。

电控系统包括微型计算机和电子温度控制器（采用红外遥控方式），机壳内还设有红外指令接收装置。

2）室外机组

室外机组包括外壳、底盘、全封闭式压缩机、室外换热器（夏季为冷凝器，冬季为蒸发器）、毛细管和冷却用轴流式风机及电动机等，以及制冷系统的附件（如气液分离器、过滤器、电磁继电器、高压开关、低压开关、超温保护器等）。热泵型的还有电磁换向阀和除霜温度控制器等。

外壳由薄钢板制成，后部顶部、下部及一侧面开有冷却冷凝器的进风口；前面设有轴流风扇的导风圈及排风护罩；外壳后面另侧下部装有供与室内机连接的制冷剂气管和液管的管接头；在侧面上方设有连接导线的接线窗口。

压缩机、冷凝器等制冷系统部件及冷却冷凝器的轴流风机都装在底盘上，并用固定于底盘上的隔板在外壳内一端形成一个放置压缩机及电气元件等的小室。电气室位于压缩机的上部，盖好外壳后，雨水不能淋入，以保证露天放置的室外机组能安全运行。

3）连接管道

连接室内、外机组的制冷剂管分两根：一根为液管，是高压管，较细；另一根为气管，是低压管，较粗。液管和气管都是紫铜管，并需经退火、酸洗处理，质地较软，表面无氧化层和油污。随机配带的连接管有一段是可绕软管，该段应置于室内侧，需弯曲时，弯曲处应尽可能位于管中部，弯曲半径越大越好。

室内、外机组连接管的管接头有的用扩口接头（又称喇叭口螺母连接法）；有的采用专用快速接头，快速接头又分为一次性和多次性两种。喇叭口螺母连接需用钳工技术在现场制作连接铜管的扩口，它依靠连接管两端的喇叭口与室内外机组上的管接头的锥端紧密接触，实现密封连接。扩口连接前还需对连接管及室内机先做排出空气处理，较为麻烦。现在为便于安装，中、小型分体式空调器已多采用快速接头。它的室内机端采用一次性快速接头，即膜片刃具接头；室外机端采用多次性快速接头，又称自封式弹簧接头；两接头间的管子内部充满制冷剂，安装时先接上室内机的接头，然后再接室外机的接头。一次性接头有两个接头本体，装在室内机上的一个内藏薄膜片密封；焊接在连接管上的一个内藏锋利刃具。两本体接合时，用两把扳手进行紧固，旋至一定程度，刃具将薄膜片削出一个圆洞，便形成制冷剂的流动通道，继续拧紧接头螺母，直至两本体内藏的密封圈紧密贴合，便可密封防止制冷剂泄漏。

多次性接头是弹簧阀式，两个接头未接合前，在各自内藏的弹簧作用下都处于密闭状态。当两个接头本体对接并拧紧接合螺母时，两本体内的弹簧皆被压缩，并且一个本体内的固定顶杆将把另一本体内的移动式托架阀门顶开，从而形成制冷剂的流动通道。拧接合螺母时，动作速度要快，直到把螺纹拧紧为止，务必使接头的金属密封圈被压紧，以防制冷剂泄漏。

2. 制冷循环

冷风型挂墙式分体空调器的制冷循环如图 20.5 所示。

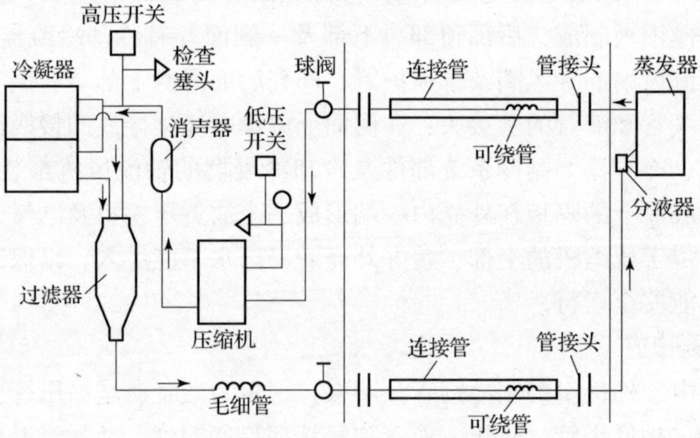

图 20.5　分体空调器制冷循环

3. 安装注意事项

1）位置选择

总原则是室内外机组应尽量靠近；要便于安装、操作和维修；室内机组位置选择应使气流组织合理，并尽量富于装饰；室外机组须避免太阳直射、远离热源和排风通畅，正面不要面向强风处。

2）配管安装

（1）采用机组原配管时，打开连接管两端护盖后，须立即与机组连接，不应搁置；非原配管，应尽量采用专供空调用管，否则应将自配的紫铜管做退火、酸洗和氮气吹污处理，连接时先排出管中空气。

（2）连接室内外机组的制冷剂管长度要在规定的范围之内。配管长度与室内外机组的安装高差（两机组底面间的高度差）和机组的名义制冷量有关。名义制冷量（铭牌上的制冷量）在4000W以下的机组，机组高差应不大于15m，单程管长应不大于20m；4000～8000W的机组，机组高差应不大于20m，单程管长应不大于30m；8000～15000W的机组，机组高差应不大于30m，单程管长应不大于40～45m。铭牌制冷量的确定是以连接管单程长度为5m作基准的，当单程水平管长超过5m时，阻力损失增大，制冷能力将下降，越长制冷能力下降越多。若室内机组高于室外机组不超过5m，单程制冷剂管的等效长度为10m、15m、20m、25m时，实际制冷能力分别为名义制冷量的0.965、0.950、0.930和0.910。单程等效长度为直管实际长度、弯管等效长度及存油弯等效长度的总和。为避免制冷量下降，单程制冷剂管长度超过5m时，应根据机组的制冷量和连接管的延长程度，适当补充制冷剂，补充多少参看厂家产品说明。

（3）当室外机高于室内机时，低压气管由下往上每10m应设一个存油弯，以利压缩机回油，而液管在上部则应设液环。

（4）连接管应尽量减少弯曲，必须弯曲时，弯曲角度不应小于90°。通常采用ϕ10和ϕ16的高低压管路最多弯曲10次，曲率半径应在40mm以上；采用ϕ12和ϕ20的高低压管路最多弯曲15次，曲率半径应在60mm以上。加工弯管时，应注意不要压扁和损坏管道。

（5）安装时，排水管应置于制冷剂管的下方；排水管的高度应低于接水盘的放水口，沿水流相应有不小于1/100的坡度；接水盘下端的排水弯头和短接管应采用钢管，并加保温。

（6）雨天进行室外连管时，应注意防止雨水进入管中。

（7）连接管过墙时应加保护套管；墙洞要稍向户外倾斜；安装完毕后，应将管与墙洞间缝隙封死。

3）制冷剂管的保温与包扎

机组原配制冷剂管通常都已用保温套管做好保温层。自做保温层时，宜采用合适的保温套管，并应注意：

（1）高、低压管要各自单独保温，然后才可与导线、放水管一起包扎。

（2）管子与压缩机、管子与管子之间的接头部分一定要用厚保温毡（垫）加以包裹，然后外面再用胶带包扎。

4）配电

空调器要专线供电，并装置专用开关及熔断器；配电导线的选择和安装应严格按照产品样本的说明和要求及电气接线图进行；特别要注意区分电源线和控制线，绝不可接错；电源线一般采用橡套线或电缆线；控制线一般用1.5mm^2的三芯线；使用旋转式压缩机的空调器，压缩机不允许反转，若采用三相电源，试运转时发现反转就应立即停机，调换任两根电源线接头即可改变转向。

20.3 柜式空调机和恒温恒湿空调机

单间面积较大的空调房间，如较大的会议室、办公室、商店和餐厅等，常采用柜式空调机。普通柜式空调机主要适用于舒适性空调场景，对空调精度有一定要求的房间，如实验室、测试室、计量室、计算机房和某些生产车间等，则需采用恒温恒湿空调机，甚至专用空调机组。

20.3.1 柜式空调机

柜式空调机的制冷量通常在7000W以上，最大可达120kW。按功能不同分类，有柜式冷风机和柜式冷热风机；按冷凝器的冷却方式不同分类，有风冷式和水冷式两种；按是否外接风管，又有接风管型和不接风管型。制冷量较小的柜式空调机，一般为风冷式和不接风管型。

1. 柜式冷风机

柜式冷风机只适用于房间在夏季降温除湿，它可使室温在18~30℃的范围内调节。其型号表示方法如图20.6所示。

1）风冷式冷风柜

与20.2节介绍的分体式空调器结构类似，风冷式冷风柜也分为室外机组和室内机组。不过风冷式冷风柜大多将压缩机设置在室内机组中，而室外机组中只设置冷凝器和冷却用轴流风扇。这种风冷式冷风机的运转噪声较将压缩机置于室外机中的柜式分体空调机要大些。风冷式冷风柜的节流装置多采用热力

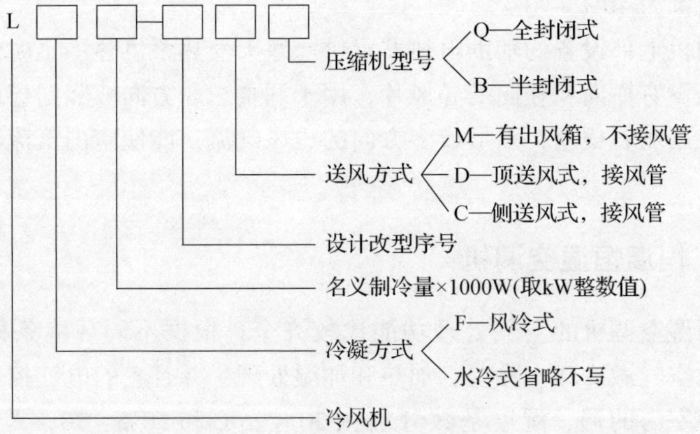

图 20.6 柜式冷风机型号表示方法

膨胀阀，并且制冷系统一般都有高低压力保护和热电保护。压缩机和风机电源一般采用三相，通风机可自动开停，压缩机则与冷凝器风机联锁，只有起动冷凝器冷却风机后，压缩机才能起动运转。室内温度由温度控制器自动控制压缩机的开与停进行调节。

2）水冷式冷风柜

水冷式冷风柜的冷凝器用水冷却。壳管式或套管式冷凝器可置于室内，因此水冷式冷风柜只有一个机组，直接安装在空调房间内，或置于与空调房间相邻的专用机房内。为使结构紧凑，冷凝器多采用套管式，并且将压缩机置于套管式冷凝器的中空处。为使冷却水能循环使用，需在室外通风条件较好且远离污染源处设置冷却水塔双冷却水泵，冷却塔和冷却水泵的水量应与冷凝器冷却水量相匹配。

水冷式冷风柜制冷系统的节流装置有的采用粗毛细管。制冷系统一般都设有高低压力保护、过载保护、冷却水断水保护和冷却塔供水保护，有的还设有用于空气过滤器积灰过多、阻力过大时的高阻继电器保护。压缩机、风机、水泵等的电动机电源采用三相，压缩机、冷却水泵、冷却塔风机三者的电动机应联锁。开机顺序为冷却水泵—冷却塔风机—压缩机，停机顺序则相反。室内温度由温度控制器自动控制压缩机的开停调节。

2. 柜式冷热风机

柜式冷热风机适用于需全年作舒适性空调的房间，它夏季用于降温除湿，冬季用于加热升温。其加热装置有的采用电热式（D）或蒸汽加热式，有的采用热泵式（R）或热泵辅助电热式。它对房间的温度调节范围为（18～30）±2℃，湿度调节范围为40%~70%。

在室内机上部设置的辅助电热器可供严寒天气热泵供热不足时使用。室内机送风口处设有横向和竖向的导风片，用于调整送风方向。竖向导风片可由摆动电动机控制左右摆动，以形成多方向的送风气流，能使室内气流和温度分布更趋均匀。

20.3.2 恒温恒湿空调机

恒温恒湿空调机的空气处理功能比较齐全，根据不同环境条件和使用要求，它可对空气做冷却、除湿、加热和加湿处理；并且它的电气控制系统较为完善，可使室内的温、湿度基数分别在20~25℃和50%~70%范围内调节；而空调精度，温度精度为±1℃，相对湿度的波动范围为±10%。这种空调机可满足大多数工艺性空调房间，如精密机械、光学仪器、电子仪表、印刷、医药、食品加工等车间及计量室、科研试验室等对空调基数和精度的要求。

恒温恒湿型空调机的代号为H，结构形式多为柜式。柜式恒温恒湿空调机的代号为LH。

恒温恒湿机的压缩机有用半封闭式的（B），也有用全封闭式的（Q）；冷凝器有用风冷式的（F），也有用水冷式的（不表示或用SH表示）；供热方式有电加热式（D）、蒸汽加热式（Z）或热泵式（R），蒸汽加热式的有些还辅以电加热器作精调。

H型恒温恒湿机为国家系列产品，压缩机为半封闭式，制冷剂原用R12，现有些改用R22，有些改用R407C或R134a。制冷量范围为风冷式7.3~27.2kW，水冷式8.7~30.2kW。

1. HF系列风冷式恒温恒湿机的基本结构

这一系列产品分室内机组和室外机组。室内机组包括制冷系统（冷凝器除外）及加热、加湿、通风和电气控制等部件；室外机组为风冷式冷凝器。加湿量由电接点水银温度计和晶体管继电器控制，温度（包括制冷和制热）由温度控制器控制。

2. 水冷式恒温恒湿机的基本结构

这种机组一般将水冷式卧式壳管型冷凝器与其他部件一起装于同一机壳中，构成结构紧凑的整体式机组。大型机组（如H100型）设两台压缩机，既可整体控制两机同时运转，也可根据负荷变化作单机运转。

H型恒温恒湿机组加热加湿采用电加热器和电加湿器，蒸发器为铜管套铝片式，卧式壳管型水冷冷凝器换热管采用低轧外肋的紫铜管。通风机采用低噪声离心风机，温度通过温度控制器控制压缩机的开停和电加热器的通断调节，湿度通过湿球温度计和晶体管继电器控制电加湿器调节，另外还设有能量调节与安全保护装置。机组可直接置于空调房内，也可置于专用机房内接风管送风，机组的回风口装有粗效空气过滤器。

LHR－20B热泵型恒温恒湿机组夏季供冷、冬季供热用手动四通阀切换，压缩机可根据负荷变换作快速或慢速运转；四通阀换向和压缩机换挡两种操作，必须在压缩机停车后进行。电接点干、湿球温度计与电子继电器配合用于控制室内的温、湿度。作制冷循环时，电接点湿球温度计通过电子继电器控制各组蒸发器盘管的供液管按需要启与闭，改变参与运行的蒸发器盘管组数，可调节产冷量；同时电接点干球温度计依据室温变化通过电子继电器控制压缩机的开与停，使压缩机间歇性运转。电加湿器的工作也是由电接点湿球温度计通过电子继电器控制的，按需要进行加湿或停止加湿。

3. 计算机房专用空调机

1）计算机房的空调特点

（1）温、湿度要求。当环境温度超过26℃，或计算机柜出口温度超过25℃时，计算机就不能正常工作；机房的相对湿度过高或过低容易引起机内电位不同的元件间放电，从而造成计算误差或工作失误。因此，计算机房的空调系统必须全年运转，不仅要使机房保持一定的恒温恒湿条件，而且要不断给发热量大的电子元件吹送冷风降温。计算机房的恒温恒湿条件，现在国内的推荐标准是：夏季 $t=23\pm2℃$，$\phi=50\%\pm10\%$；冬季 $t=20\pm2℃$，$\phi=50\%\pm10\%$；并且温度的变化值要求 $\Delta t<5℃/h$。

（2）空气净化要求。为避免部件积尘加速电子元件的磨损、腐蚀和改变电子元件的性能参数及降低绝缘性能，由空调系统送入机房的空气应全部经高效空气过滤器过滤，使得粒径在5μm以下的尘粒要除去95%以上，其中粒径为1μm的尘粒也至少需除去90%。

（3）换气次数要求。计算机等设备运行时散发的热量很大，空调系统需排出大量显热，因而送风量要大，换气次数应在20次/h以上（如30～60次/h），这比一般空调房间的换气次数（10次/h以下）要大得多。

（4）新风量的确定。一般集中式空调系统的新风量要求大于总风量的10%（常取15%～20%），但计算机房由于通风量大，常按人员所需新风量考虑确定，一般取总风量的3%～4%。确定新风量大小的同时应保证机房的正压要求。

(5) 气流组织形式。为使机房达到一定的恒温恒湿要求，同时能不断给发热量大的电子元件吹送冷风降温，设备容量大、数量多的计算机房，通常同时选用两类空调机。一类为恒温恒湿机，气流组织多为上送侧回或上送上回式；另一类为计算机房专用的下送气流空调机，送风道设在机房活动地板下，将空调机送出的冷风通过活动地板上的送风口自下而上吹向计算机，冷却电子元件，然后由设在天花板上的回风口经回风管向空调机回风，属下送上回方式。

由于计算机房具有上述特点，因此应选用计算机房专用空调机，与普通恒温恒湿机配合使用。

2）国产计算机房专用空调机

国产下送气流专用空调机，都采用进口的全封闭压缩机，蒸发器为蛇形铜管穿铝片式，冷凝器为水冷卧式管壳式，用电加热器加热和电加湿器加湿。

3）力博特计算机房专用空调机

国内销售的进口计算机房专用空调机有美国力博特（Liebert）计算机设备公司生产的产品，还有埃福公司的产品等。力博特专用空调机有风冷式、水冷式、乙二醇溶液冷凝式、通冷水式、自然冷却系统及小型的分体落地式恒温恒湿机等多种类型的机组。

4. 洁净式空调机

洁净度有严格要求的科研、生产和医卫场所需要使用洁净空调机，它是在恒温恒湿空调机或普通柜式空调机的基础上增加对空气的净化处理，达到亚高效或高效的过滤等级，并提供足够的机外静压，以克服风管和末端高效过滤器的阻力。医用洁净式空调机还有多种杀菌消毒设施。

20.4 除湿机

除湿的方法很多，常见的如用固体吸湿剂（硅胶、氯化钙等）吸附减湿、液体吸湿剂（氯化钙、氯化锂水溶液和三甘醇等）吸收减湿和冷冻减湿。本节介绍用冷冻减湿方法除湿的普通除湿机和新型的氯化锂－热泵除湿机。

20.4.1 普通除湿机的基本组成与工作原理

普通除湿机由蒸汽压缩式制冷系统、风机、电控系统及集水器（接水盘）

等组成，如图 20.7（a）所示；空气流经除湿机的状态变化如图 20.7（b）所示。

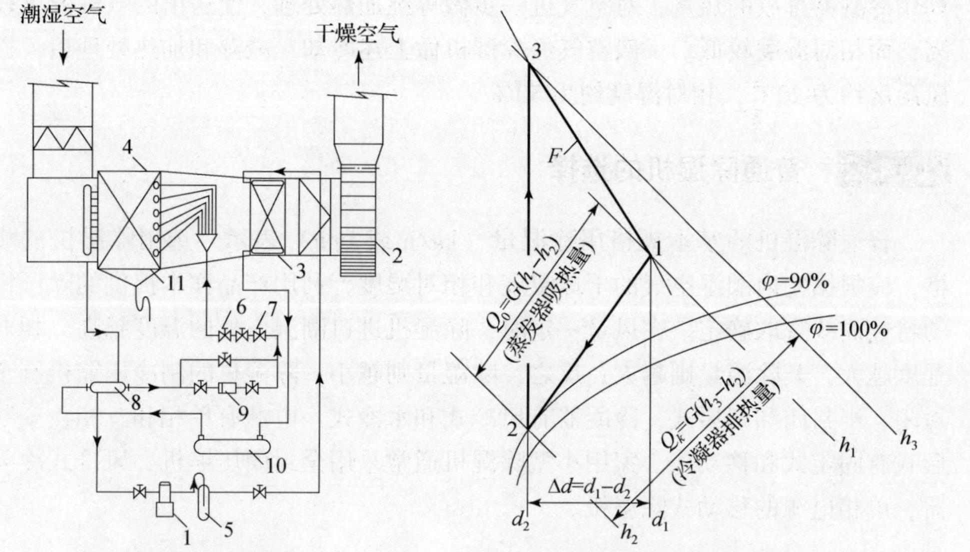

(a) 冷冻除湿机原理图　　(b) 除湿机中的空气状态变化

图 20.7　普通除湿机

1—压缩机；2—送风机；3—冷凝器；4—蒸发器；5—油分离器；6，7—节流阀；8—热交换器；9—过滤器；10—储液器；11—集水器。

除湿机制冷系统的构成与一般蒸气压缩式制冷机相同，除压缩机 1、蒸发器 4、冷凝器 3 和节流阀 6、7 四个基本部件外，还增设了油分离器 5、热交换器 8（使冷凝液节流前过冷和压缩机吸气过热）、过滤器 9 和储液器 10 等辅助装置，以保证制冷系统能安全可靠地运行。

除湿机工作时，压缩机和送风机 2 都运转。制冷剂在系统内循环流动制冷，使蒸发器的表面温度降至空气的露点温度以下；潮湿空气在风机作用下被吸入机内，先流经蒸发器冷却去湿（图 20.5（b）中的 1→2 过程），再流经冷凝器加热升温和降低相对湿度（图 20.5（b）中的 2→3 过程），便获得干燥空气，并由风机送入室内。

潮湿空气流经蒸发器时，由于蒸发器表面温度低于空气的露点温度，潮湿空气中的水蒸气便有部分会在蒸发器表面上结成露水析出，并经蒸发器下面的集水器 11 和排水孔、管（软管）排出。这样，空气被降温的同时，含湿量 d 减小了（$\Delta d = d_1 - d_2$），但相对湿度却增加了，一般状态 2 中的相对湿度可达 90% 以上，即达机器露点。

只要求除湿的情况（如地下建筑，或南方地区在每年清明前后的梅雨潮湿天气），希望室内空气温度不太低、相对湿度不太高（$\phi=50\%\sim60\%$）。因此，除湿机让经蒸发器冷却去湿达到机器露点2状态的空气，再流经冷凝器，利用冷凝器排放的热量，对空气进一步做等湿加热处理，使送出的空气温度较高，而相对湿度较低。一般空气经除湿机做上述冷却、减湿和加热处理后，送风温度约为20℃，相对湿度约为50%。

20.4.2 普通除湿机的选择

普通除湿机的基本规格用除湿量（kg/h或L/h）表示。选用除湿机的规格，应根据室内潮湿空气的干球温度和相对湿度，利用产品样本提供的除湿机的特性曲线查取确定。在风量一定时，除湿机进口潮湿空气的温度越高、相对湿度越大，其除湿量则越大；反之，除湿量则越小。除湿机的制冷压缩机有全封闭、半封闭和开启式，冷凝器有风冷式和水冷式，电源有单相和三相，安装形式有固定式和移动式。家用小型除湿机通常采用全封闭压缩机、风冷式冷凝器、单相电源的移动式除湿机。

20.4.3 普通除湿机的使用和安装注意事项

普通除湿机的使用条件一般要求为室温15～30℃（也有15～35℃的），相对湿度在90%以下。当相对湿度低于50%，或者空气露点温度低于4℃时，不宜使用。

除湿机送风温度较高，更适用于既需减湿、又需加热的场所。对室内余湿量大、余热量也大的场所，使用除湿机较难满足房间的温、湿度要求。

大型除湿机应固定安装在需除湿房间的适当位置，进出风口处不能有障碍物阻挡；小型移动式除湿机宜置于需除湿房间中心工作，以利于吸收室内潮湿空气。移动除湿机时应先切断电源。除湿房间的门窗应密闭，以防外界潮湿空气进入。

与小型制冷装置一样，除湿机在短时间内不可频繁开停，停车后间歇3min方可重新起动。单相电源除湿机的电源线，应使用3芯接地软线和三脚插头与接地良好的三孔插座。三相电源的除湿机接通电源后要注意风扇的转向，倒转时应立即停车调换任两相线接头，使风扇转向正确，否则不仅不能除湿，还可能烧毁风机电动机。

排水管应通到地漏或盛水容器中。对设有除湿盛水量报警装置的除湿机，在报警后应立即将机内盛水容器取出倒水。要保持空气过滤网的清洁，尽量减小空气流动阻力。过滤网一般应每隔1～2星期抽出用清水冲洗一次。

20.4.4 氯化锂-热泵除湿机

氯化锂水溶液在较低温度时有很强的吸收水分的能力，而在较高温度时氯化锂水溶液中的水又很容易汽化蒸发出来。因此，若将氯化锂水溶液吸收减湿与热泵相结合，不仅可收到更好的除湿效果，而且具有制冷功能。这种除湿制冷机由氯化锂吸湿区、再生区、压缩式热泵、溶液泵、过滤器和风机等部件组成。氯化锂吸湿区和再生区中填充了蜂窝状纤维介质作填料，溶液和空气就是在这种填料层中做热湿交换的。

氯化锂水溶液由溶液泵输送在吸湿区和再生区间循环流动。热泵的低温换热器（蒸发器）作高浓度氯化锂水溶液的冷却器，热泵的高温换热器（冷凝器）作低浓度氯化锂水溶液的加热器。高浓度的氯化锂水溶液经冷却器冷却后具有很强的吸湿能力，它自上而下沿吸湿区填料层各层表面流动，同时室内的热湿空气（回风）由风机吸入沿吸湿区填料层各层表面向上流动，低温高浓度的氯化锂水溶液与热湿空气在填料层中逆流做热湿交换。室内热湿空气被低温氯化锂水溶液吸湿降温后，变为干冷空气由送风口送入室内；氯化锂水溶液吸收了空气中的水分后浓度降低，进入再生区再生。低浓度的氯化锂水溶液先进入热泵冷凝器中被加热升温，然后在再生区填料层各层表面边向下流动边蒸发，释放出的水蒸气由风机吸入的室外空气流带走，并由排风口排出。为了使氯化锂水溶液再生（释放水蒸气）时的温度不致为室外空气流降低，因此，利用热泵冷凝盘管的尾端部分余热对吸入的室外空气先预热。在再生区释放水蒸气后的氯化锂水溶液浓度回高，再送入冷却器冷却，降温后的高浓度溶液重新进入吸湿区对热湿空气冷却减湿。

因为这种除湿制冷机是利用干燥剂吸收减湿，不像冷冻减湿需消耗较多外界能量将室内回风先冷却到较低的空气露点温度才能析出水分，所以它较冷冻除湿机的能耗小。这种机器的能耗主要是热泵运行所需外界提供的能量。但若考虑热泵即使高浓度干燥剂降温以利吸收并同时冷却空气，又给低浓度干燥剂加热以利干燥剂再生（蒸发吸收的水分）的双重功能和热泵自身运行的经济性，这种除湿制冷机的综合能效是较高的。

这种除湿制冷机有多种系列，既有可独立使用的单元机种，又有可与中央空调系统配合使用的机种，它们特别适用于湿负荷较大和对除湿要求较高的地域（如湿热天气较多的南方）、工厂和公众场所。

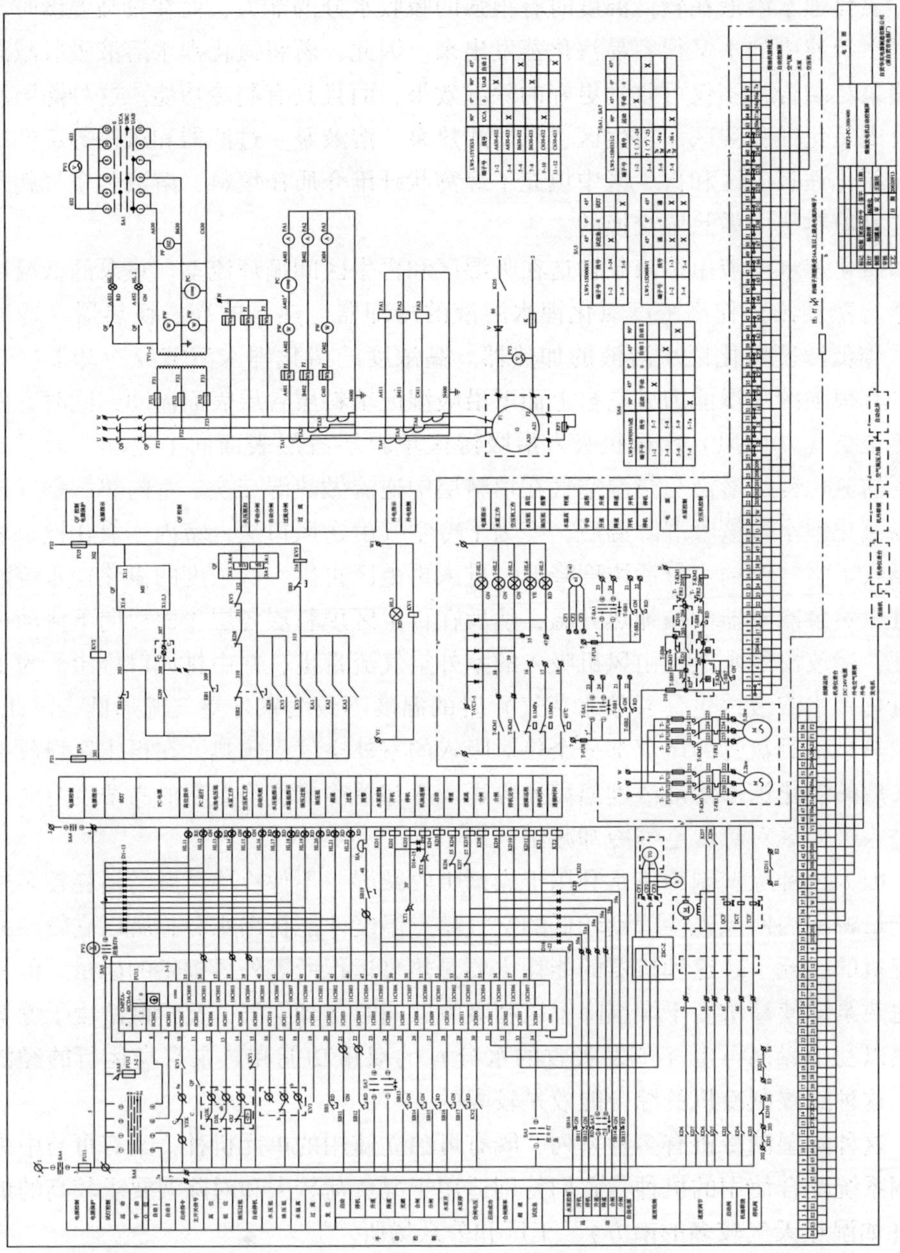

附图 1 柴油机配电屏图纸（荣成）

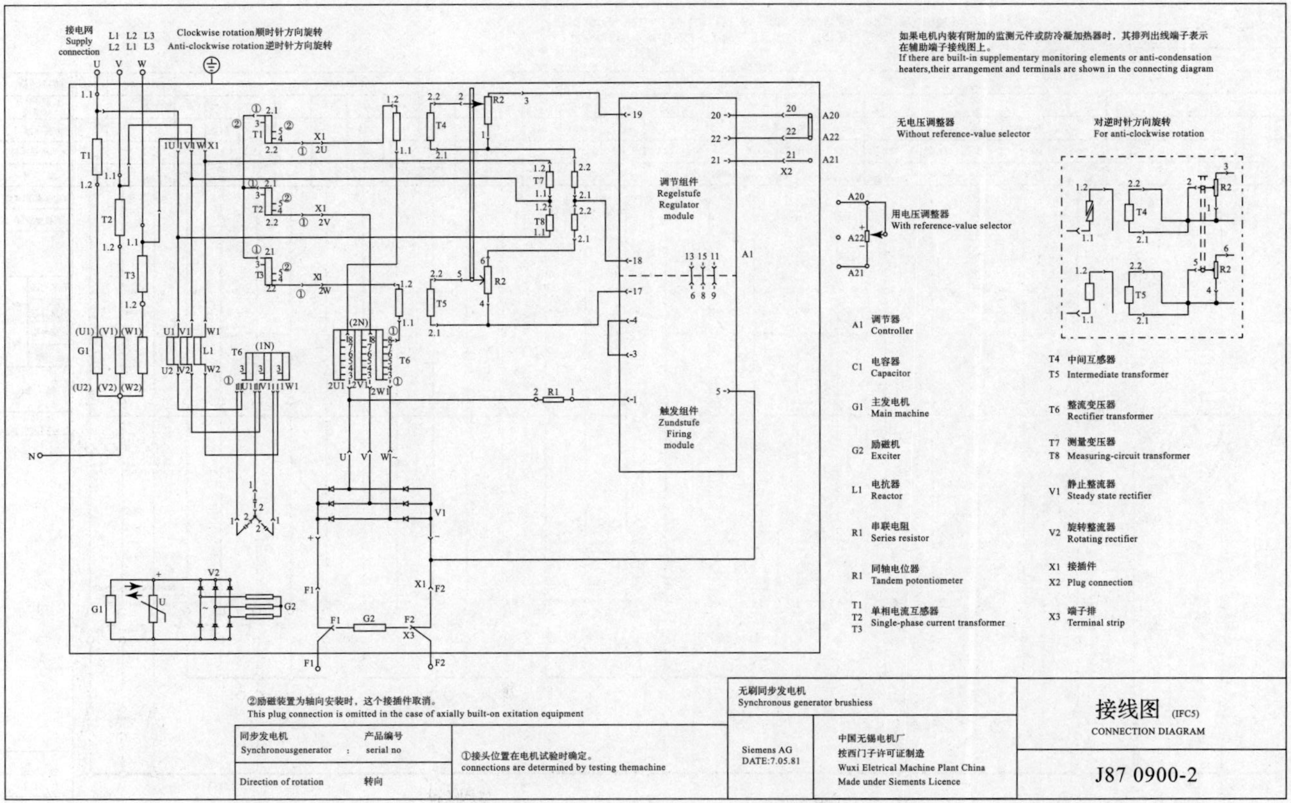

附图2 柴油机发电机图纸(荣成)

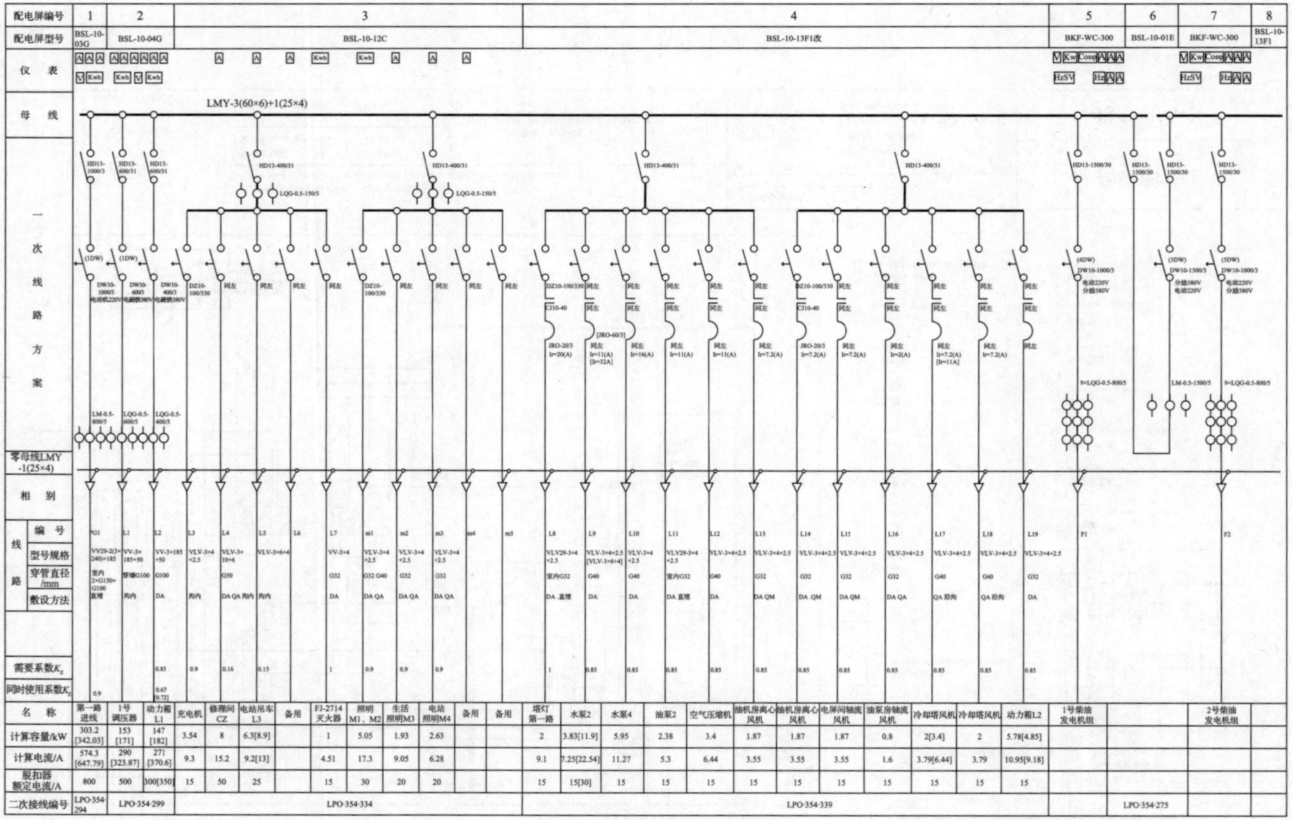

附注：1.本图兼作订货图。

2.调压器型号为SBW-225，上海松丰电源设备有限公司。

3.对203台，PG1、L1、L2、L5、L9、L17、L19数值有变化，括号内数字为203台数值。

附图 3　配电屏图纸一（贺州）

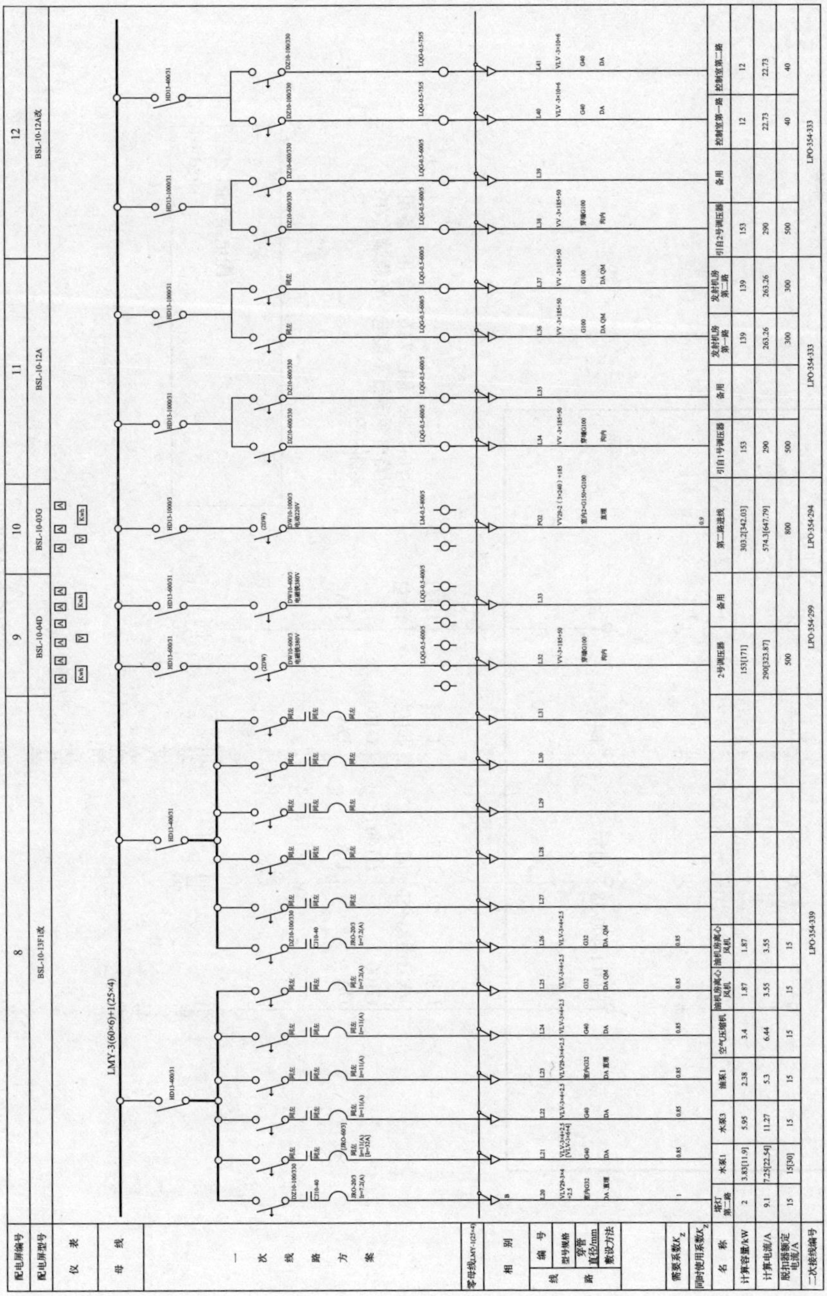

附注：1.本图兼作订货图。
2.对203台，L21、L32、PG2数值有变化，括号内数字为203台数值。

配电系统图之二
1980年

附图4 配电屏图纸二（贺州）

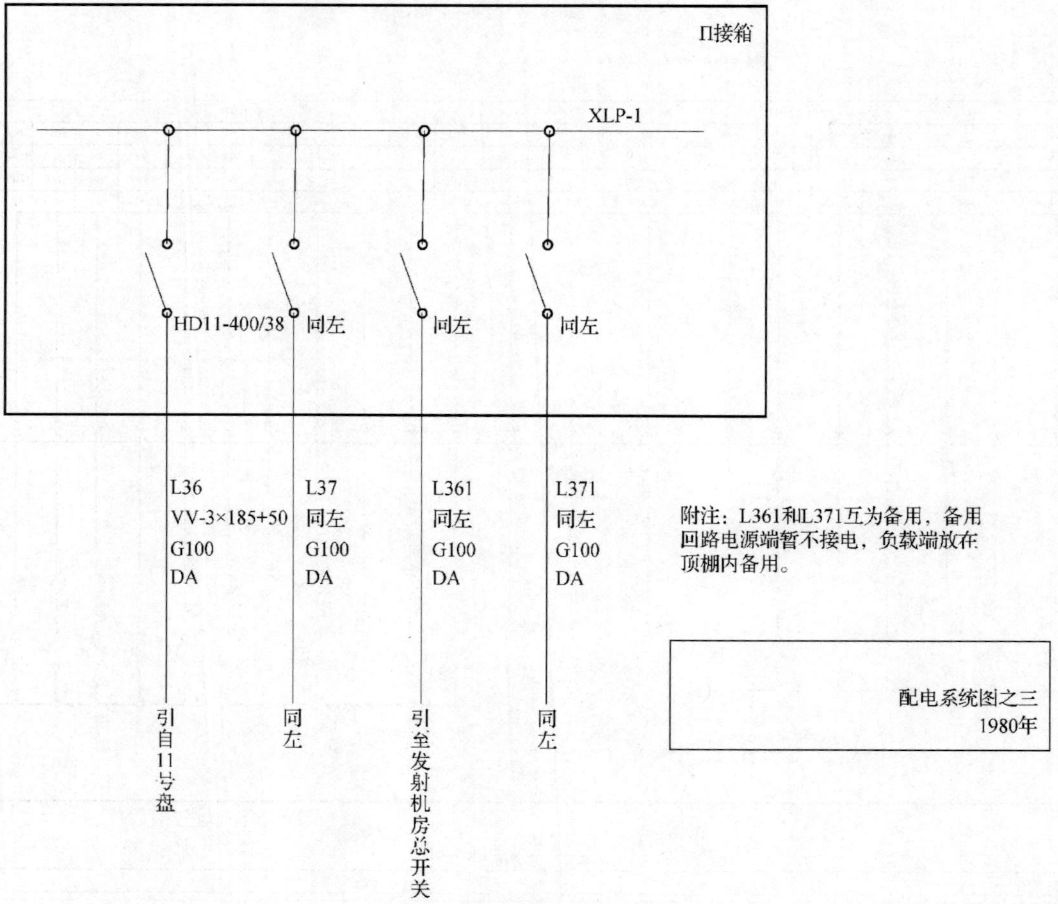

附图 5　配电屏图纸三(贺州)

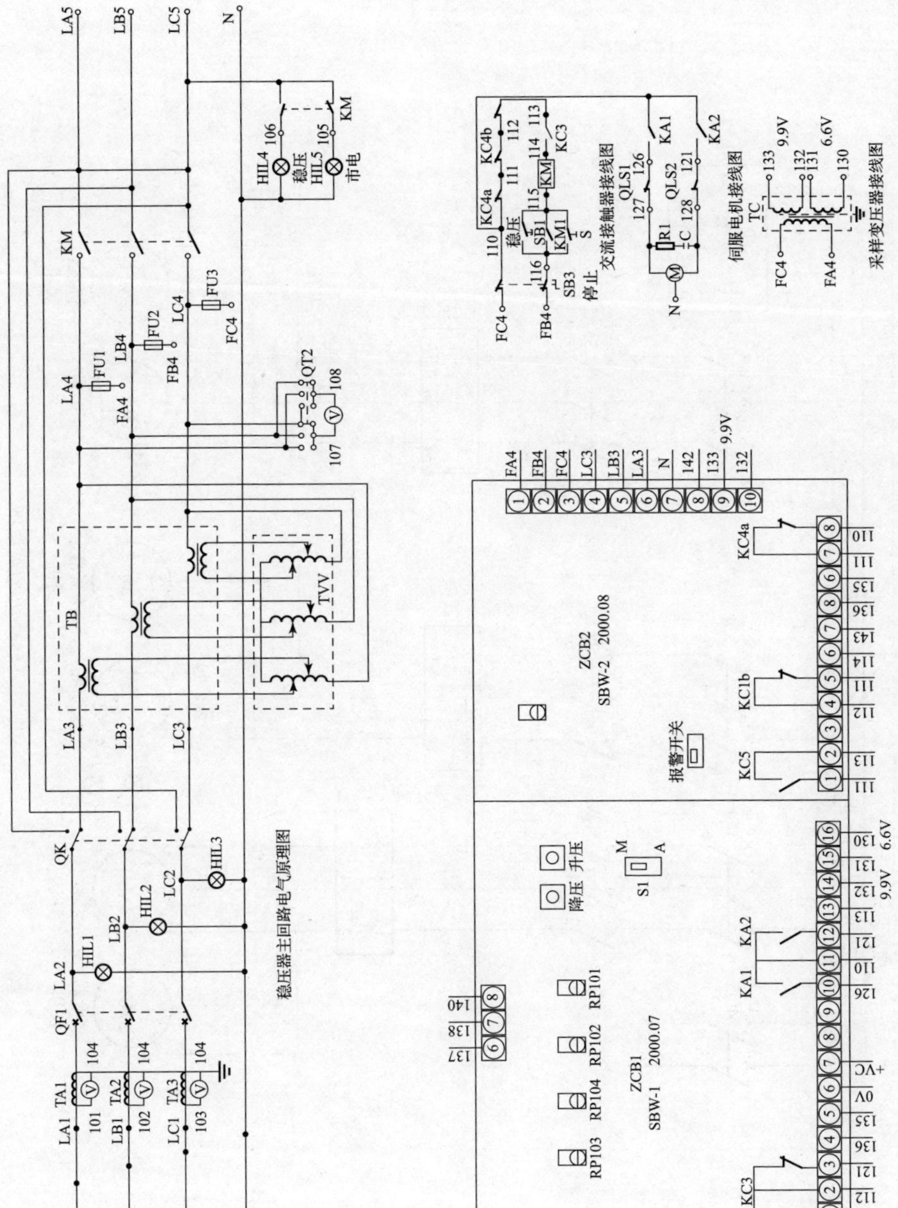

附图6 SBW225型稳压器图纸

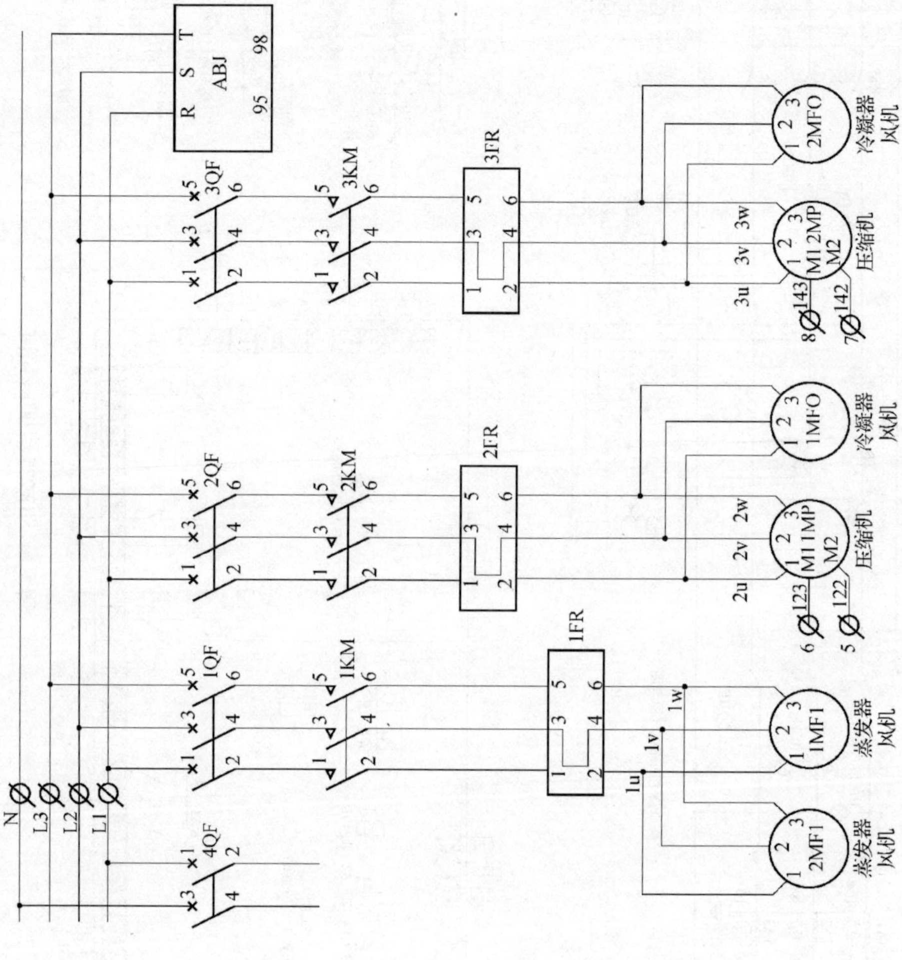

附图7 LF84N 型空调图纸

参考文献

[1] 苏石川. 现代柴油发电机组的应用与管理［M］. 北京：化学工业出版社，2005.

[2] 王昌一，常汉宝，夏志澜，等. 内燃机［M］. 长沙：国防科技大学出版社，2000.

[3] 孙克军. 电工手册［M］. 2版. 北京：化学工业出版社，2012.

[4] 王仁祥. 常用低压电器原理及其控制技术［M］. 北京：机械工业出版社，2008.

[5] 唐志平. 供配电技术［M］. 北京：电子工业出版社，2013.

[6] 注册电气工程师执业资格考试复习指导教材编委会. 注册电气工程师（供配电专业）［M］. 北京：中国电力出版社，2007.

[7] 杨淑英. 电力系统概述［M］. 2版. 北京：中国电力出版社，2013.

[8] 黄威，夏新民，黄一平，等. 电力电缆选型与敷设［M］. 北京：化学工业出版社，2017.

[9] 张郭鹏. 手持电动工具的使用与维修［M］. 北京：化学工业出版社，2010.

[10] 李佐周. 制冷与空调设备原理与维修［M］. 北京：高等教育出版社，2006.

[11] 韩雪涛，韩广兴，吴瑛. 空调器维修从入门到精通［M］. 北京：中国铁道出版社，2009.

[12] 孙立群，王喆. 空调器维修技能完全掌握［M］. 北京：化学工业出版社，2014.